易学易用系列

新编

Office 2016
从入门到精通

◉ 龙马高新教育 策划

◉ 许倩莹 主编

U0311223

人民邮电出版社

北 京

图书在版编目（CIP）数据

新编Office 2016从入门到精通 / 许倩莹主编. --
北京：人民邮电出版社，2016.11（2019.2重印）
ISBN 978-7-115-43289-6

Ⅰ. ①新… Ⅱ. ①许… Ⅲ. ①办公自动化－应用软件
Ⅳ. ①TP317.1

中国版本图书馆CIP数据核字(2016)第237675号

内 容 提 要

本书以零基础讲解为宗旨，用实例引导读者学习，深入浅出地介绍了 Office 2016 的相关知识和应用方法。

全书分为 7 篇，共 29 章。第 1 篇【基础篇】主要介绍了 Office 2016 的办公环境和基本操作等；第 2 篇【Word 文档篇】主要介绍了 Word 2016 的基本操作、文档的美化、排版以及文档的检查和审阅等；第 3 篇【Excel 报表篇】主要介绍了 Excel 2016 的基本操作、数据的输入和编辑、工作表的管理与美化、图表、公式、函数、数据分析以及数据透视表和数据透视图等；第 4 篇【PPT 文稿篇】主要介绍了 PowerPoint 2016 的基本操作、幻灯片的美化、多媒体、动画和交互效果以及幻灯片的演示等；第 5 篇【其他组件篇】主要介绍了 Outlook 2016 和 OneNote 2016 的使用方法；第 6 篇【行业应用篇】主要介绍了 Office 在人力资源管理、行政办公和市场营销中的应用；第 7 篇【高手秘技篇】主要介绍了 Office 2016 的宏与 VBA 的应用、Office 2016 的共享与安全、Office 组件间的协作应用、办公文件的打印以及如何进行移动办公等。

在本书附赠的 DVD 多媒体教学光盘中，包含了 22 小时与图书内容同步的教学录像以及所有案例的配套素材和结果文件。此外，还赠送了大量相关内容的教学录像和电子书，便于读者扩展学习。

本书不仅适合 Office 2016 的初、中级用户学习使用，也可以作为各类院校相关专业学生和电脑培训班学员的教材或辅导用书。

◆ 策　　划　龙马高新教育
主　　编　许倩莹

责任编辑　张　翼
责任印制　杨林杰

◆ 人民邮电出版社出版发行　　北京市丰台区成寿寺路 11 号
邮编　100164　　电子邮件　315@ptpress.com.cn
网址　http://www.ptpress.com.cn
固安县铭成印刷有限公司印刷

◆ 开本：787×1092　1/16
印张：33.75
字数：817 千字　　　　　　　　　2016 年 11 月第 1 版
印数：4 201 — 4 500 册　　　　　2019 年 2 月河北第 6 次印刷

定价：69.80 元（附光盘）

读者服务热线：(010)81055410　印装质量热线：(010)81055316
反盗版热线：(010)81055315
广告经营许可证：京东工商广登字 20170147 号

电脑是现代信息社会的重要象征。掌握丰富的电脑知识、正确熟练地操作电脑已成为信息时代对每个人的要求。为满足广大读者的学习需要，我们针对不同学习对象的接受能力，总结了多位电脑高手、高级设计师及电脑教育专家的经验，精心编写了"新编从入门到精通"系列丛书。

丛书主要内容

本套丛书涉及读者在日常工作和学习中各个常见的电脑应用领域，在介绍软硬件的基础知识及具体操作时，均以读者经常使用的版本为主，在必要的地方也兼顾了其他版本，以满足不同领域读者的需求。本套丛书主要包括以下品种。

新编学电脑从入门到精通	新编老年人学电脑从入门到精通
新编Windows 10从入门到精通	新编笔记本电脑应用从入门到精通
新编电脑打字与Word排版从入门到精通	新编电脑选购、组装、维护与故障处理从入门到精通
新编Word 2013从入门到精通	新编电脑办公（Windows 7+Office 2013版）从入门到精通
新编Excel 2003从入门到精通	新编电脑办公（Windows 7+Office 2016版）从入门到精通
新编Excel 2010从入门到精通	新编电脑办公（Windows 8+Office 2010版）从入门到精通
新编Excel 2013从入门到精通	新编电脑办公（Windows 8+Office 2013版）从入门到精通
新编Excel 2016从入门到精通	新编电脑办公（Windows 10+Office 2016版）从入门到精通
新编PowerPoint 2016从入门到精通	新编Word/Excel/PPT 2003从入门到精通
新编Word/Excel/PPT 2007从入门到精通	新编Word/Excel/PPT 2010从入门到精通
新编Word/Excel/PPT 2013从入门到精通	新编Word/Excel/PPT 2016从入门到精通
新编Office 2010从入门到精通	新编Office 2013从入门到精通
新编Office 2016从入门到精通	新编AutoCAD 2015从入门到精通
新编AutoCAD 2017从入门到精通	新编UG NX 10从入门到精通
新编SolidWorks 2015从入门到精通	新编Premiere Pro CC从入门到精通
新编Photoshop CC从入门到精通	新编网站设计与网页制作（Dreamweaver CC + Photoshop CC + Flash CC版）从入门到精通

本书特色

○ 零基础、入门级的讲解

无论读者是否从事计算机相关行业，是否使用过 Office 2016，都能从本书中找到最佳的起点。本书入门级的讲解可以帮助读者快速地从新手迈向高手行列。

○ 精选内容，实用至上

全部内容都经过精心选取编排，在贴近实际的同时，突出重点、难点，帮助读者对所学知识深化理解，触类旁通。

○ 实例为主，图文并茂

在介绍过程中，每一个知识点均配有实例辅助讲解，每一个操作步骤均配有对应的插图以加深认识。这种图文并茂的方法能够使读者在学习过程中直观、清晰地看到操作过程和效果，便于深刻理解和掌握。

○ 高手指导，扩展学习

本书以"高手支招"的形式为读者提炼了各种高级操作技巧，总结了大量系统、实用的操作方法，以便读者学习到更多的内容。

○ 双栏排版，超大容量

本书采用单双栏排版相结合的格式，大大扩充了信息容量，在 500 多页的篇幅中容纳了传统图书 800 多页的内容。这样就能在有限的篇幅中为读者奉送更多的知识和实战案例。

○ 书盘结合，互动教学

本书配套的多媒体教学光盘内容与书中知识紧密结合并互相补充。在多媒体光盘中，我们模拟工作、学习中的真实场景，帮助读者体验实际工作环境，并使其掌握日常所需的知识和技能以及处理各种问题的方法，达到学以致用的目的，从而大大增强了本书的实用性。

● 光盘特点

○ 22 小时全程同步教学录像

教学录像涵盖了本书所有知识点，详细讲解了每个实例及实战案例的操作过程和关键点。读者可以更轻松地掌握书中所有的知识和技巧，而且扩展的讲解部分可使读者获得更多的知识。

○ 超多、超值资源大放送

随书奉送了 Office 2016 软件安装教学录像、Office 2016 快捷键查询手册、2000 个 Word 精选文档模板、1800 个 Excel 典型表格模板、1500 个 PPT 精美演示模板、Excel 函数查询手册、Word/Excel/PPT 2016 技巧手册、Windows 10 操作系统安装教学录像、网络搜索与下载技巧手册、电脑维护与故障处理技巧查询手册、电脑技巧查询手册、移动办公技巧手册、常用五笔编码查询手册、5 小时 Photoshop CC 教学录像、9 小时电脑选购 / 组装 / 维护与故障处理教学录像以及本书内容的教学用 PPT 课件等超值资源，以方便读者扩展学习。

● 配套光盘运行方法

❶ 将光盘放入光驱中，几秒钟后系统会弹出【自动播放】对话框，如下图所示。

❷ 在 Windows 7 操作系统中单击【打开文件夹以查看文件】链接以打开光盘文件夹，用鼠标右键单击光盘文件夹中的 MyBook.exe 文件，并在弹出的快捷菜单中选择【以管理员身份运行】菜单项，打开【用户账户控制】对话框，如下图所示。单击【是】按钮，光盘即可自动播放。

❸ 在 Windows 10 操作系统中，桌面右上角会显示快捷操作界面，单击该界面后，在其列表中选择【运行 MyBook.exe】选项即可运行光盘系统。或者单击【打开文件夹以查看文件】选项打开光盘文件夹，双击光盘文件夹中的 MyBook.exe 文件，也可以运行光盘系统。

❹ 光盘运行后会首先播放片头动画，之后进入光盘的主界面。其中包括【课堂再现】、【龙马高新教育 APP 下载】、【支持网站】3 个学习通道，和【素材文件】、【结果文件】、【赠送资源】、【帮助文件】、【退出光盘】5 个功能按钮。

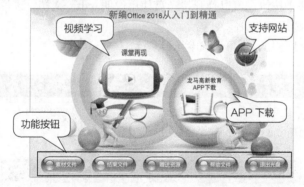

❺ 单击【课堂再现】按钮，进入多媒体同步教学录像界面。在左侧的章号按钮上单击鼠标左键，在弹出的快捷菜单上单击要播放的节名，即可开始播放相应的教学录像。

⑥ 单击【龙马高新教育 APP 下载】按钮，在打开的文件夹中包含有龙马高新教育 APP 的安装程序，可以使用 360 手机助手、应用宝等将程序安装到手机中，也可以将安装程序传输到手机中进行安装。

⑦ 单击【支持网站】按钮，用户可以访问龙马高新教育的支持网站，在网站中进行交流学习。

⑧ 单击【素材文件】、【结果文件】、【赠送资源】按钮，可以查看对应的文件和学习资源。

⑨ 单击【帮助文件】按钮，可以打开"光盘使用说明 .pdf"文档，该说明文档详细介绍了光盘在电脑上的运行环境和运行方法。

⑩ 单击【退出光盘】按钮，即可退出本光盘系统。

网站支持

更多学习资料，请访问 www.51pcbook.cn。

创作团队

本书由龙马高新教育策划，许情莹任主编，赵源源任副主编。参与本书编写，资料整理，多媒体开发及程序调试的人员有孔万里、周奎奎、张任、张田田、尚梦娟、李彩红、尹宗都、王果、陈小杰、左琨、邓艳丽、崔姝怡、侯蕾、左花苹、刘锦源、普宁、王常吉、师鸣若、钟宏伟、陈川、刘子威、徐永俊、朱涛和张允等。

在编写过程中，我们竭尽所能地将最好的讲解呈现给读者，但也难免有疏漏和不妥之处，敬请广大读者不吝指正。若读者在学习过程中产生疑问，或有任何建议，可发送电子邮件至 zhangyi@ptpress.com.cn。

编者

目录

第1篇 基础篇

第2篇 Word 文档篇

第3篇 Excel 报表篇

第4篇 PPT 文稿篇

第 5 篇 其他组件篇

赠送资源(光盘中)

- 赠送资源1　Office 2016软件安装教学录像
- 赠送资源2　Office 2016快捷键查询手册
- 赠送资源3　2000个Word精选文档模板
- 赠送资源4　1800个Excel典型表格模板
- 赠送资源5　1500个PPT精美演示模板
- 赠送资源6　Excel函数查询手册
- 赠送资源7　Word/Excel/PPT 2016技巧手册
- 赠送资源8　Windows 10操作系统安装教学录像
- 赠送资源9　网络搜索与下载技巧手册
- 赠送资源10　电脑维护与故障处理技巧查询手册
- 赠送资源11　电脑技巧查询手册
- 赠送资源12　移动办公技巧手册
- 赠送资源13　常用五笔编码查询手册
- 赠送资源14　5小时Photoshop CC教学录像
- 赠送资源15　9小时电脑选购、组装、维护与故障处理教学录像
- 赠送资源16　教学用PPT课件

第1篇
基础篇

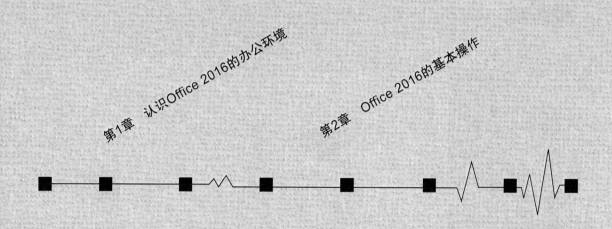

第1章 认识Office 2016的办公环境

第2章 Office 2016的基本操作

第 1 章

认识Office 2016的办公环境

在使用Office 2016之前，首先需要掌握Office 2016的安装与卸载，以及注册Microsoft账户等相关内容。

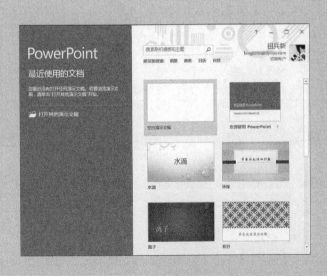

1.1 Office 2016的应用

🕐 **本节教学录像时间：4 分钟**

Office 2016主要应用于人力资源管理、行政管理、市场营销和财务管理等办公领域。下面分别介绍Office三大组件在这些领域的应用。

● 1. 在人力资源管理领域的应用

人力资源管理是一项系统又复杂的组织工作。使用Office 2016系列应用组件可以帮助人力资源管理者轻松快速地完成各种文档、数据报表及幻灯片的制作。如可以使用Word 2016制作各类规章制度、招聘启示等，使用Excel 2016制作绩效考核表、工资表、员工基本信息表等，使用PowerPoint 2016可以制作培训PPT、公司宣传PPT等。下图所示为使用Word 2016制作的员工规章制度文档。

● 2. 在行政管理领域的应用

在行政管理领域需要制作出各类严谨的文档，Office 2016系列办公软件提供有批注、审阅以及错误检查等动能，可以方便地核查制作的文档。如使用Word 2016制作委托书、合同等；使用Excel 2016制作项目评估表、会议议程记录表、差旅报销单等；使用PowerPoint 2016

可以制作企业文化宣传PPT、公司发展演讲PPT等。下图所示为使用PowerPoint 2016制作的企业形象宣传PPT。

● 3. 在市场营销领域的应用

在市场营销领域，可以使用Word 2016制作项目评估报告、企业营销计划书等；使用Excel 2016制作产品价目表、进销存管理系统等；使用PowerPoint 2016可以制作投标书、市场调研报告PPT等。下图所示为使用Excel 2016制作的产品目录价格表。

● 4. 在财务管理领域的应用

财务管理是一项涉及面广，综合性和制约性都很强的系统工程，通过价值形态对资金运动进行决策、计划和控制的综合性管理，是企业管理的核心内容。在财务管理领域，可以使用Word 2016制作询价单、公司财务分析报告等；使用Excel 2016可以制作企业财务查询表、成本统计表、年度预算表等；使用PowerPoint 2016可以制作年度财务报告PPT、项目资金需求PPT等。下图所示为使用Excel 2016制作的现金流量分析表。

1.2 Office 2016的安装与卸载

☕ 本节教学录像时间：6 分钟

使用软件之前，首先要将软件移植到计算机中，此过程为安装；如果不想使用此软件，可以将软件从计算机中清除，此过程为卸载。本节介绍Office 2016的安装与卸载。

1.2.1 电脑配置要求

处理器	1GHz 或更快的x86或x64位处理器（采用SSE2指令集）
内存	1GB RAM（32 位）；2GB RAM（64 位）
硬盘	3.0 GB 可用空间
显示器	图形硬件加速需要 DirectX 10显卡和1024×576分辨率
操作系统	Windows 7、Windows 8、Windows 10、Windows Server 2008 R2或Windows Server 2012
浏览器	Microsoft Internet Explorer 8、9或10；Mozilla Firefox 10.x或更高版本；Apple Safari 5；Google Chrome 17.x
.NET 版本	3.5、4.0 或 4.5
多点触控	需要支持触摸的设备才能使用任何多点触控功能。但始终可以通过键盘、鼠标或其他标准输入设备或可访问的输入设备使用所有功能。请注意，新的触控功能已经过优化，可与Windows 10配合使用

> **小提示**
>
> .NET是微软的新一代技术平台，为敏捷商务构建互联互通的应用系统，这些系统是基于标准的、联通的、适应变化的、稳定的和高性能的。对于Office软件来讲，有了.NET平台，用户能够进行Excel自动化数据处理、窗体和控件、菜单和工具栏、智能文档编程、图形与图表等操作。一般系统都会自带.NET，如果不小心删除了，可自行下载安装。下载地址：http://www.microsoft.com/zh-cn/download/it-pro-security.aspx。

1.2.2 获取安装文件

在安装Office软件之前首先需要根据电脑的安装系统选择合适的Office 2016安装软件，然后通过正规的途径获取安装文件才能进行安装。

1. 选择安装包类型

Office 2016提供有32位和64位的安装包，在Windows 10操作系统也包含32位和64位操作系统，理论上来说64位的Office软件速度快一点，但32位的操作系统仅能安装32位的Office 2016版本，不可安装64位Office 2016版本，而64位操作系统系统可以装32位和64位的Office 2016版本。

在电脑的【控制面板】中选择【系统】链接，即可打开【系统】窗口，查看有关计算机的基本信息，在下图中可以看到操作系统为"Windows 10专业版的64位操作系统"，因此，就仅能安装64位的Office 2016软件。

2. 不同Office 2016版本之间的对比

Office 2016办公软件提供有家庭与学生版、企业版以及专业版，另外，微软还推出了Office 365，其安装需求与Office相同。

	Microsoft Office 2016 家庭和学生版	Microsoft Office 小型企业版	Microsoft Office 2016 专业版
支持平台	Windows 7 或Windows 8/Windows 10，仅限32位或64位操作系统	Windows 7 或Windows 8/Windows 10，仅限32位或64位操作系统	Windows 7 或Windows 8/Windows 10，仅限32位或64位操作系统
系统需求	Microsoft账户，Internal访问权限，某些功能可能需要安装附加硬件	Microsoft账户，Internal访问权限，某些功能可能需要安装附加硬件	Microsoft账户，Internal访问权限，某些功能可能需要安装附加硬件
主要参数	支持SSE2的1GHz处理器，2GB RAM，3G可用硬盘空间，1280×800屏幕分辨率	支持SSE2的1GHz处理器，2GB RAM，3G可用硬盘空间，1280×800屏幕分辨率	支持SSE2的1GHz处理器，2GB RAM，3G可用硬盘空间，1280×800屏幕分辨率

Office 365拥有与Office 2016相同的应用程序，并且始终保持最新，可从任意位置访问。Office 365与Office 2016的区别如下。

（1）Office 365是一个网络服务，Office 2016是一个本地应用。

（2）Office 365可以比Office 2016支持更多的设备。

（3）Office 2016购买后可以一直使用，后续升级需要另外付费；而Office 365属于订阅的方式，可以按月或按年付费。

（4）Office 365是基于网络的Office，在使用过程中，会与网络有更紧密的联系。

3. 获取安装软件

可以在微软的官网商城中购买Office 2016的安装软件，在浏览器中输入微软中国官方商城网址http://www.microsoftstore.com.cn/，然后选择要购买的软件版本，即可购买安装软件。

试用软件。

此外，还可以在Office官网 "http://office.microsoft.com/zh-cn/" 中获取免费试用版本，

1.2.3 注意事项

在安装和卸载Office 2016及其组件时，需要注意以下几点。

（1）Office 2016支持Windows 7、Windows 8、Windows 10、Windows Server 2008 R2或Windows Server 2012操作系统，不支持Windows XP和Vista操作系统。

（2）在安装Office 2016的过程中，不能同时安装其他软件。

（3）安装过程中，选择安装常用的组件即可，否则将占用大量的磁盘空间。

（4）安装Office 2016后，需要激活才能使用。

（5）卸载Office 2016时，要卸载彻底，否则会占用大量的磁盘空间。

1.2.4 Office 2016的安装与卸载

电脑配置达到要求后就可以安装与卸载Office软件了。

● 1.安装Office 2016

电脑配置达到要求后就可以安装Office 2016软件。安装Office 2016比较简单，首先双击Office 2016的安装程序，系统即可自动安装Office 2016，稍等一段时间，即可成功安装Office 2016。

● 2.卸载Office 2016

步骤01 右键单击任务栏中的【开始】按钮，在弹出的菜单中选择【控件面板】菜单命令。

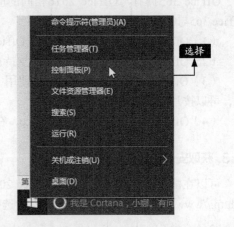

步骤02 打开【控制面板】窗口，然后单击【程序】下的【卸载程序】选项。

步骤 03 打开【卸载和更改程序】窗口，在列表中选中【Microsoft Office 专业增强版 2016】选项，单击上方的【卸载】按钮。

选中该选项后，右键单击鼠标，在弹出的快捷菜单中选择【删除】菜单命令，可实现同样的功能。

步骤 04 系统开始自动卸载，并显示卸载的进度。

步骤 05 卸载完成后，弹出【卸载完成】对话框，建议读者此时重启计算机，从而整理一些剩余文件。

1.3 注册Microsoft账户

⏱ **本节教学录像时间：5分钟**

Office 2016具有账户登录的功能，使用Office 2016登录Microsoft账户之前首先需要注册Microsoft账户。

1.3.1 Microsoft账户的作用

Microsoft账户有以下作用。

（1）使用Microsoft账户登录微软相关的所有网站，可以和朋友在线交流，向微软的技术人员或者微软MVP提出技术问题，并得到他们的解答。

（2）利用微软账户注册微软OneDrive（云服务）等应用。

（3）在Office 2016中登录Microsoft账户并在线保存Office文档、图像和视频等，可以随时通过其他PC、平板电脑中的Office 2016或WebApp，对它们进行访问、修改以及查看。

1.3.2 配置Microsoft账户

登录Office 2016不仅可以随时随地处理工作，还可以联机保存Office文件，但前提是需要拥有一个Microsoft 账户并且登录。

步骤 01 打开Word文档，单击软件界面右上角的【登录】链接。弹出【登录】界面，在文本框中输入电子邮件地址，单击【下一步】按钮。

步骤 02 在打开的界面输入账户密码，单击【登录】按钮，登录后即可在界面右上角显示用户名称。

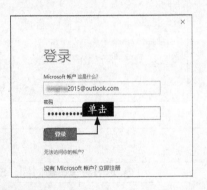

步骤 03 登录后单击【文件】选项卡，在弹出的界面左侧选择【帐户】选项，在右侧将显示账户信息，在该界面中可进行更改照片、注销以及切换账户等操作。

1.4 Office 2016的新功能

🎬 **本节教学录像时间：4分钟**

Office 2016与Office 2013从界面外观上并无太大差异，但是细节上有了诸多优化和提高，本节就介绍下Office 2016的主要新特性。

🔴 1. Tell me助手回归

Tell me（告诉我）是全新的Office助手，用户可以在"告诉我您想要做什么…"文本框中输入需要提供的帮助，Tell me能够引导至相关命令，利用带有"必应"支持的智能查找功能检查资料，如输入"表格"关键字，在下拉菜单中即会出现【插入表格】、【套用表格样式】、【表格样式】等，另外也可以获取有关表格的帮助和智能查找等。

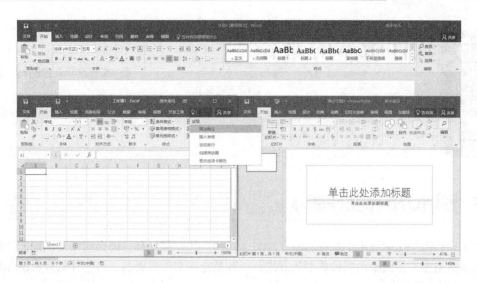

2.多彩新主题

Office 2016的主题也将得到更新，更多色彩丰富的选择将加入其中。据称，这种新的界面设计名叫Colorful，风格与Modern应用类似，而之前的默认主题名叫White。用户可在Office主题当中选择自己偏好的主题风格。

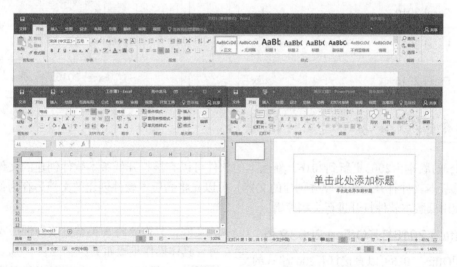

3.跨平台的通用应用

在新版Outlook、Word、Excel、PowerPoint和OneNote发布之后，用户在不同平台和设备之间都能获得非常相似的体验，无论他们使用的是Android手机/平板电脑、iPad、iPhone，还是Windows笔记本电脑/台式机。

4.第三方应用支持

通过全新的Office Graph社交功能，开发者可将自己的应用直接与Office数据建立连接，如此一来，Office套件将可通过插件接入第三方数据。举个例子，用户今后可以通过Outlook日历使用Uber叫车，或是在PowerPoint当中导入和购买来自PicHit的照片。

5.Insights引擎

新的Insights引擎可借助必应的能力为Office带来在线资源，让用户可直接在Word文档当中使用在线图片或文字定义。当你选定某个字词时，侧边栏当中将会出现更多的相关信息。

1.5 软件版本的兼容

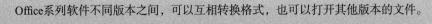

◎ **本节教学录像时间：5 分钟**

Office系列软件不同版本之间，可以互相转换格式，也可以打开其他版本的文件。

1.5.1 鉴别Office文件版本

目前，常用的Excel版本主要有2003、2007、2010、2013和2016。那么应如何识别文件使用的Excel版本类型呢？下面给出两种鉴别的方法：一种是查看文件扩展名，另一种是查看图标样式。具体对比情况见下表。

版本	扩展名	图标
Excel 2003	.xls	Excel 2003图标.xls Microsoft Excel 97-2003 工作表 13.5 KB
Excel 2007	.xlsx	Excel 2007 图标.xlsx Microsoft Office Excel 工作表 7.80 KB
Excel 2010	.xlsx	Excel 2010图标.xlsx Microsoft Excel 工作表 8.63 KB
Excel 2013	.xlsx	Excel 2013图标.xlsx Microsoft Excel 工作表 6.17 KB
Excel 2016	.xlsx	Excel 2016图标.xlsx

1.5.2 不同版本Office文件的兼容

Office的版本由2003更新到2016，新版本的软件可以直接打开低版本软件创建的文件。如果要使用低版本软件打开高版本软件创建的文档，可以先将高版本软件创建的文档另存为低版本类型，再使用低版本软件打开进行文档编辑。

● 1. Office 2016打开Office 2003文档

使用Office 2016可以直接打开2003格式的文件。将2003格式的文件在Word 2016文档中打开时，标题栏中则会显示出【兼容模式】字样。

● 2. Office 2003打开Office 2016文档

使用Word 2003也可以打开Word 2016创建

的文件，只需要将其类型更改为低版本类型即可，具体操作步骤如下。

步骤 01 使用Word 2016打开随书光盘中的"素材\ch01\产品宣传.docx"，单击【文件】选项卡，在【文件】选项卡下的左侧选择【另存为】选项，在右侧【计算机】选项下单击【浏览】按钮。

步骤 02 弹出【另存为】对话框，在【保存类型】下拉列表中选择【Word 97-2003文档】选项，单击【保存】按钮即可将其转换为低版本。之后，即可使用Word 2003打开。

小提示

Office 2007、Office 2010、Office 2013和Office 2016后缀名格式相同，四者之间均可互相打开，但使用高版本软件打开低版本文件时，将提示"兼容模式"。

1.6 其他格式文件的兼容

⏺ 本节教学录像时间：3分钟

使用Office 2016创建好文档后，有时为了工作的需要，需要把该文档保存为其他格式，除了另存为2003版本格式外，还可以转换为PDF、HTML和WPS等其他格式。

● 1. 将Word文档转换为PDF格式

步骤 01 打开随书光盘中的"素材\ch01\产品宣传.docx"文档，选择【文件】➤【导出】菜单项，在右侧【导出】区域选择【创建PDF/XPS文档】选项，并单击【创建PDF/XPS】按钮。

步骤 03 转换完成之后的格式如下图所示。

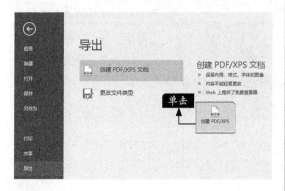

步骤 02 在弹出的【发布为PDF或XPS】对话框中选择文档存储的位置，单击【发布】按钮。

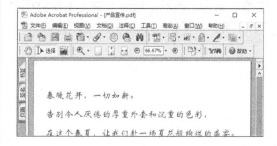

在【另存为】对话框中单击【保存类型】后的下拉按钮，在打开的下拉列表中选择【PDF】选项，也可以将文档以PDF格式存储。

● 2. 将Word文档转换为网页格式

步骤 01 打开随书光盘中的"素材\ch01\产品宣传.docx"文档，选择【文件】▶【另存为】菜单项，选择保存路径，弹出【另存为】对话框。

步骤 02 在弹出的【另存为】对话框中的【保存类型】下拉列表中选择【网页】，然后单击【保存】按钮。

步骤 03 转换完成之后在Word 2016文档中打开后，其后缀名显示为".htm"，如下图所示。

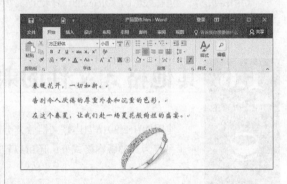

转换为其他格式的方法与上述相同，只需在【另存为】对话框中的【保存类型】下拉列表中选择相应的格式类型，然后单击【保存】按钮即可。

1.7 综合实战——灵活使用Office 2016的帮助系统

● 本节教学录像时间：4分钟

Office 2016有非常强大的帮助系统，可以帮助用户解决应用中遇到的问题，是自学Office 2016的好帮手。来自Office.com的帮助是网络在线支持站点，从中可以获得Office的最新信息，搜索本地帮助无法解决的问题，还可以参加在线培训课程。下面以Word 2016为例进行介绍。

步骤 01 单击文档右上角的【帮助】按钮或按【F1】键，弹出【Word 2016帮助】对话框。

步骤 02 在主要类别下列出了Word 2016常用的帮助类别，如入门、创建文档和设置文档格式、添加页眉和页脚等，单击要寻求帮助的类别，即可显示该类别下的详细选项。单击要查看的连接，如单击【添加页眉和页脚】类别下的【添加图像到页眉或页脚】连接。

步骤 03 即可看到详细的帮助内容。

步骤 04 此外，用户还可以通过搜索的方法获取帮助，返回主页，在搜索框中输入要搜索的内容，例如输入"设置字体"，单击【搜索】按钮。

步骤 05 即可显示搜索结果，单击要查看的帮助连接。例如这里单击第一个链接。

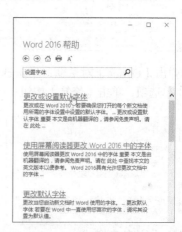

步骤 06 即可显示详细的帮助内容。

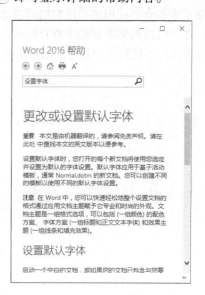

高手支招

● 修复Office 2016

安装Office 2016后，如果有组件出现问题不能正常使用，可以通过修复功能修复Office 2016，不需要重新卸载安装。修复Office 2016的具体操作步骤如下。

步骤01 重复卸载Office 2016的操作，打开【卸载和更改程序】窗口，在列表中选中【Microsoft Office 专业增强版 2016】选项，单击上方的【更改】按钮。

步骤02 弹出【Office】对话框，单击选中【快速修复】单选项，单击【修复】按钮。

步骤03 在【准备好开始快速修复】界面单击【修复】按钮。

步骤04 即可开始修复Office 2016，此时不需要任何操作，只需要等待自动修复完成即可。

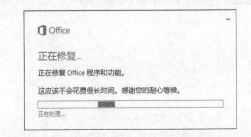

● 选择Word的兼容模式

除了本节介绍的PDF和网页格式外，Word 2016还可以与多种格式兼容，如纯文本、RTF格式等。用户可以根据需要选择兼容模式，打开【另存为】对话框后，单击【保存类型】的下拉按钮，在弹出的下拉列表中就可以根据需要选择要兼容的格式。

第 **2** 章

Office 2016的基本操作

学习目标

本章主要介绍软件的启动与退出、文件的保存、自定义功能区、通用命令操作、设置视图方式和比例，以及定制Office窗口等操作。

学习效果

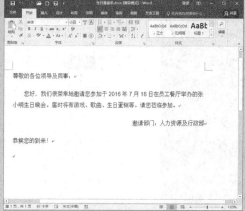

2.1 通用的基本操作

⏱ 本节教学录像时间：16 分钟

Office 2016各组件包含有很多相同或类似的操作。本节以Word 2016软件为例来讲解Office 2016的基本操作。

2.1.1 软件的启动与退出

使用Office办公软件编辑文档之前，首先需要启动软件，使用完成后还需要退出软件。本节以Word 2016为例，介绍启动与退出Word 2016的操作。

● 1.启动Word 2016

启动Word 2016的具体步骤如下。

步骤 01 在Windows 10操作系统的任务栏中选择【开始】▶【所有程序】▶【Word 2016】命令。

步骤 02 随即会启动Word 2016，在打开的界面中单击【空白文档】按钮。

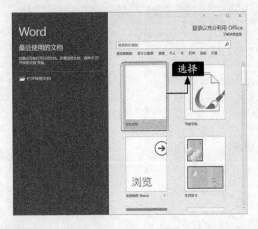

步骤 03 即可新建一个空白文档。

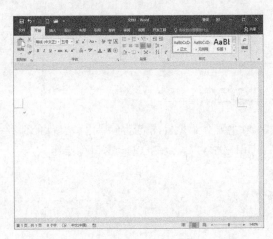

除了使用正常的方法启动Word 2016外，还可以在Windows桌面或文件夹的空白处单击鼠标右键，在弹出的快捷菜单中选择【新建】▶【Microsoft Word文档】命令。执行该命令后即可创建一个Word文档，用户可以直接重新命名该新建文档。双击该新建文档，Word 2016就会打开这篇新建的空白文档。

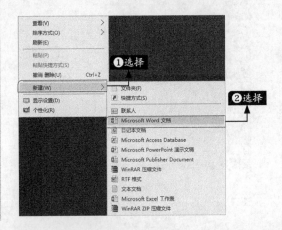

● 2.退出Word 2016

退出Word 2016文档有以下几种方法。

方法1：单击窗口右上角的【关闭】按钮。

方法2：在文档标题栏上单击鼠标右键，在弹出的控制菜单中选择【关闭】菜单命令。

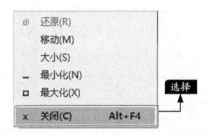

方法3：单击【文件】选项卡下的【关闭】选项。

方法4：直接按【Alt+F4】组合键。

2.1.2 文件的保存

文档的保存和导出是非常重要的，在使用Office 2016工作时，文档是以临时文件的形式保存在电脑中的，因此意外退出Office 2016，很容易造成工作成果的丢失。只有保存或导出文档后才能确保文档不会丢失。

● 1.保存新建文档

保存新建文档的具体操作步骤如下。

步骤01 新建并编辑Word文档后，单击【文件】选项卡，在左侧的列表中单击【保存】选项。

步骤02 此时为第一次保存文档，系统会显示【另存为】区域，在【另存为】界面中选择【这台电脑】，并单击【浏览】按钮。

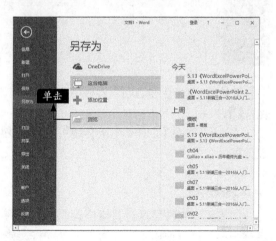

步骤03 打开【另存为】对话框，选择文件保存的位置，在【文件名】文本框中输入要保存的文档名称，在【保存类型】下拉列表框中选择【Word文档（*.docx）】选项，单击【保存】

按钮，即可完成保存文档的操作。

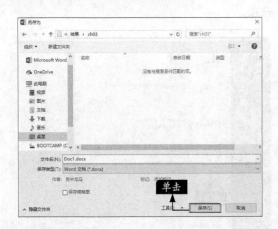

2.保存已有文档

对已存在文档有3种方法可以保存更新。

方法1：单击【文件】选项卡，在左侧的列表中单击【保存】选项。

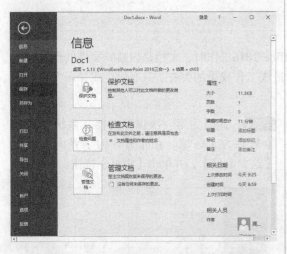

方法2：单击快速访问工具栏中的【保存】图标 。

方法3：使用【Ctrl+S】组合键可以实现快速保存。

3.另存文档

如需要将文件另存至其他位置或以其他的名称另存，可以使用【另存为】命令。将文档另存的具体操作步骤如下。

步骤 01 在已修改的文档中，单击【文件】选项卡，在左侧的列表中单击【另存为】选项。

步骤 02 在【另存为】界面中选择【这台电脑】选项，并单击【浏览】按钮。在弹出的【另存为】对话框中选择文档所要保存的位置，在【文件名】文本框中输入要另存的名称，单击【保存】按钮，即可完成文档的另存操作。

4.导出文档

我们还可以将文档导出为其他格式。将文档导出为PDF文档的具体操作如下。

步骤 01 在打开的文档中，单击【文件】选项卡，在左侧的列表中单击【导出】选项。在【导出】区域单击【创建PDF/XPS文档】项，并单击右侧的【创建PDF/XPS】按钮。

步骤 02 弹出【发布为PDF或XPS】对话框，在【文件名】文本框中输入要保存的文档名称，在【保存类型】下拉列表框中选择【PDF（*.pdf）】选项。单击【发布】按钮，即可将

Word文档导出为PDF文件。

2.1.3 自定义功能区

功能区中的各个选项卡可以由用户自定义设置，包括命令的添加、删除、重命名、次序调整等。以Word为例，自定义功能区的具体操作步骤如下。

步骤01 在功能区的空白处单击鼠标右键，在弹出的快捷菜单中选择【自定义功能区】选项。

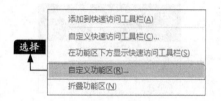

步骤02 打开【Word选项】对话框，单击【自定义功能区】选项下的【新建选项卡】按钮。

步骤03 系统会自动创建一个【新建选项卡】和一个【新建组】选项。

步骤04 单击选中【新建选项卡（自定义）】选项，单击【重命名】按钮。弹出【重命名】对话框，在【显示名称】文本框中输入"附加"字样，单击【确定】按钮。

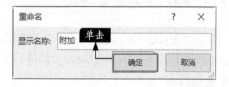

步骤05 单击选中【新建组（自定义）】选项，单击【重命名】按钮，弹出【重命名】对话框。在【符号】列表框中选择"组"图标，在【显示名称】文本框中输入"学习"字样，单击【确定】按钮。

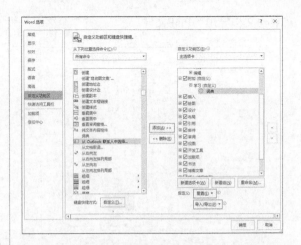

步骤 06 返回到【Word选项】对话框，即可看到选项卡和选项组已被重命名，单击【从下列位置选择命令】右侧的下拉按钮，在弹出的列表中选择【所有命令】选项，在列表框中选择【词典】项，单击【添加】按钮。

小提示

单击【上移】和【下移】按钮可改变选项卡和选项组的顺序和位置。

步骤 08 单击【确定】按钮，返回至Word界面，即可看到新增加的选项卡、选项组及按钮。

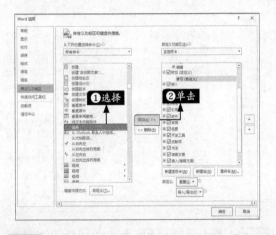

小提示

如果要删除新建的选项卡或选项组，只需要选择要删除的选项卡或选项组并单击鼠标右键，在弹出的快捷菜单中选择【删除】选项即可。

步骤 07 此时就将其添加至新建的【附加】选项卡下的【学习】组中。

2.1.4 通用的命令操作

Word、Excel和PowerPoint中包含有很多通用的命令操作，如复制、剪切、粘贴、撤消、恢复、查找和替换等。下面以Word为例进行介绍。

● 1.复制命令

选择要复制的文本，单击【开始】选项卡下【剪贴板】组中的【复制】按钮，或按【Ctrl+C】组合键都可以复制选择的文本。

● 2.剪切命令

选择要剪切的文本，单击【开始】选项卡下【剪贴板】组中的【剪切】按钮，或按【Ctrl+X】组合键都可以剪切选择的文本。

● 3.粘贴命令

复制或剪切文本后，将鼠标光标定位至要粘贴文本的位置，单击【开始】选项卡下【剪贴板】组中的【粘贴】按钮的下拉按钮，在弹出的下拉列表中选择相应的粘贴选项，或按【Ctrl+V】组合键都可以粘贴用户复制或剪切的文本。

> **小提示**
>
> 【粘贴】下拉列表各项含义如下。
>
> 【保留原格式】：被粘贴内容保留原始内容的格式。
>
> 【匹配目标格式】：被粘贴内容取消原始内容格式，并应用目标位置的格式。
>
> 【仅保留文本】：被粘贴内容清除原始内容和目标位置的所有格式，仅保留文本。

● 4. 撤消命令

当执行的命令有错误时，可以单击快速访问工具栏中的【撤消】按钮 ，或按【Ctrl+Z】组合键撤消上一步的操作。

● 5. 恢复命令

执行撤消命令后，可以单击快速访问工具栏中的【恢复】按钮 ，或按【Ctrl+Y】组合键恢复撤消的操作。

> **小提示**
>
> 输入新的内容后，【恢复】按钮 会变为【重复】按钮 ，单击该按钮，将重复输入新输入的内容。

● 6. 查找命令

需要查找文档中的内容时，单击【开始】选项卡下【编辑】组中的【查找】按钮右侧的下拉按钮，在弹出的下拉列表中选择【查找】

或【高级查找】选项，或按【Ctrl+F】组合键查找内容。

> **小提示**
>
> 选择【查找】选项或按【Ctrl+F】组合键，可以打开【导航】窗格查找。
>
> 选择【高级查找】选项可以弹出【查找和替换】对话框查找内容。

● 7. 替换命令

需要替换某些内容或格式时，可以使用替换命令。单击【开始】选项卡下【编辑】组中的【替换】按钮，即可打开【查找和替换】对话框，在【查找内容】和【替换为】文本框中输入要查找和替换为的内容，单击【替换】按钮即可。

2.1.5 设置视图方式和比例

Office 2016中不同的组件分别有各自的视图模式，可以根据需要选择视图方式。此外，还可以设置界面的显示比例，方便阅读。下面以Word 2016为例介绍。

● 1. 设置视图方式

单击【视图】选项卡，在【视图】选项中，可以看到5种视图，分别是阅读视图、页面视图、Web视图、大纲视图和草稿，选择不同的选项即可转换视图，通常默认为页面视图，在【视图】选项组中可以单击选择视图模式。

● 2.设置显示比例

可以通过【视图】选项卡或视图栏设置显示比例。

（1）使用【视图】选项卡设置

单击【视图】选项卡下【显示比例】组中的【显示比例】按钮 ，在打开的【显示比例】对话框中，可以单击选中【显示比例】选项组中的【200%】、【100%】、【75%】、【页宽】等单选项，设置文档显示比例，或者在【百分比】微调框中自定义显示比例。

（2）使用视图栏设置

在页面底部的视图栏中，单击【缩小】按钮 － 可以缩小文档的显示，单击【放大】按钮 ＋ 可放大显示文档，可以拖曳中间的滑块调整显示比例。

2.2 综合实战——定制Office窗口

◎ 本节教学录像时间：4分钟

良好舒适的工作环境是工作成功的一半，用户可以自定义Office 2016窗口，使其符合自己的习惯。下面以Word 2016为例讲解如何定制窗口。

● 第1步：添加快速访问工具栏按钮

通过自定义快速访问工具栏，可以在快速访问工具栏中添加或删除按钮，便于用户快捷操作。

步骤01 打开随书光盘中的"素材\ch02\生日邀请函.docx"文档，单击快速访问工具栏中的【自定义快速访问工具栏】按钮，在弹出的【自定义快速访问工具栏】下拉列表中选择要显示的按钮，这里选择【新建】选项。

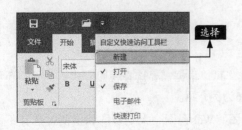

步骤02 此时在快速工具栏中就添加了【新建】按钮。

步骤03 如果【自定义快速访问工具栏】下拉列表中没有需要的按钮选项，可以在列表中选择【其他命令】选项。

步骤04 弹出【Word选项】对话框，选择【快速访问工具栏】选项卡，在【从下列位置选择命令】下拉列表框中选择【常用命令】选项，

在下方的列表框中选择要添加的按钮，这里选择【另存为】选项，单击【添加】按钮，即可将其添加至【自定义快速访问工具栏】列表，单击【确定】按钮。

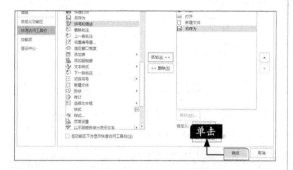

步骤 05 此时可看到快速访问工具栏中添加的【另存为】按钮。

● 第2步：设置快速访问工具栏的位置

快速访问工具栏默认在功能区上方显示，可以设置其显示在功能区下方。

步骤 01 单击快速访问工具栏中的【自定义快速访问工具栏】按钮 ，在弹出的【自定义快速访问工具栏】下拉列表中选择【功能区在下方显示】选项。

步骤 02 此时将快速访问工具栏移动到了功能区下方。

● 第3步：隐藏或显示功能区

隐藏功能区可以获得更大的编辑和查看空间，可以隐藏整个功能区或者折叠功能区，仅显示选项卡。

步骤 01 单击功能区任意选项卡下最右侧的【折叠功能区】按钮。

步骤 02 此时功能区折叠，仅显示选项卡。

步骤 03 单击文档页面右上方的【功能区显示选项】按钮，在弹出的列表中选择【显示选项卡和命令】选项。

> **小提示**
>
> 选择【自动隐藏功能区】选项可隐藏整个功能区。

步骤 04 此时显示功能区。

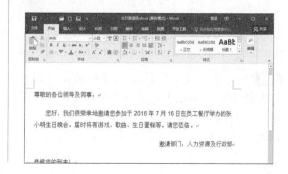

高手支招

快速删除工具栏中的按钮

在快速访问工具栏中选择需要删除的按钮，并单击鼠标右键，在弹出的快捷菜中选择【从快速访问工具栏删除】命令，即可将该按钮从快速访问工具栏中删除。

更改文档的默认保存格式和保存路径

在保存Word文档时，可以根据需要更改默认的保存格式和保存路径。

步骤 01 选择【文件】选项卡，单击【选项】选项，打开【Word选项】对话框，选择【保存】选项。在右侧的【保存文档】组中，单击【将文件保存为此格式】文本框右侧的下拉按钮，在弹出的列表中选择【Word模板（*.dotx）】选项，单击【确定】按钮，即可将Word默认保存方式更改为模板格式。

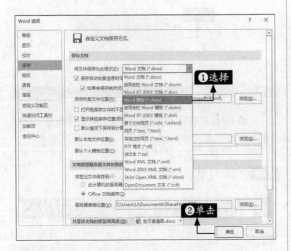

步骤 02 如果要更改默认的保存路径，可以在打开的【Word选项】对话框中选择【保存】选项。在右侧的【保存文档】组中，单击【默认本地文件位置】文本框后的【浏览】按钮。

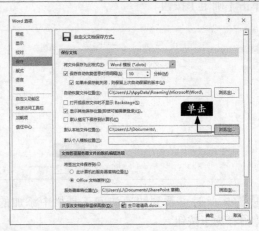

步骤 03 打开【修改位置】对话框，选择文件要保存的位置，单击【确定】按钮。

步骤 04 返回【Word选项】对话框，即可看到文件的默认保存路径已经发生了改变，单击【确定】按钮即可完成文档默认保存格式和保存路径的更改。

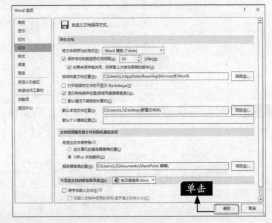

第2篇
Word文档篇

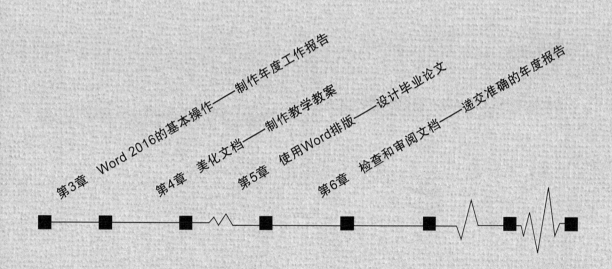

第**3**章

Word 2016的基本操作
——制作年度工作报告

学习目标

在文档中插入文本并进行简单的设置，是Word 2016最基本的操作，本章主要介绍Word文档的创建、在文档中输入文本内容、文本的选取、文本的剪切与复制以及文本的删除等基本操作。

学习效果

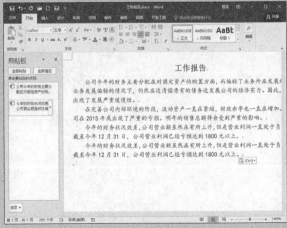

3.1 新建Word文档

⊗ **本节教学录像时间：7分钟**

在使用Word 2016处理文档之前，首先需要创建一个新文档。新建文档的方法有以下几种。

3.1.1 创建空白文档

在不同的Windows系统中创建空白文档的具体操作步骤如下。

步骤01 单击电脑左下角的【开始】按钮，在弹出的下拉列表中选择【所有程序】➤【Word 2016】选项，单击Word 2016图标，打开Word 2016的初始界面。

步骤02 打开Word 2016的初始界面，在Word初始界面，单击【空白文档】按钮。

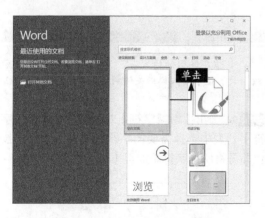

> **小提示**
>
> 在桌面上单击鼠标右键，在弹出的快捷菜单中选择【新建】➤【Microsoft Word文档】选项，也可在桌面上新建一个Word文档，双击新建的文档图标可打开该文档。

步骤03 即可创建一个名称为"文档1"的空白文档。

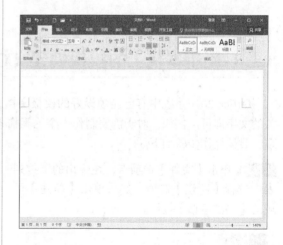

3.1.2 使用现有文件创建文档

使用现有文件新建文档，可以创建一个和原始文档内容完全一致的新文档，具体操作步骤如下。

步骤 01 单击【文件】选项卡，在弹出的下拉列表中选择【打开】选项，在【打开】区域选择【计算机】选项，然后单击右下角的【浏览】按钮。

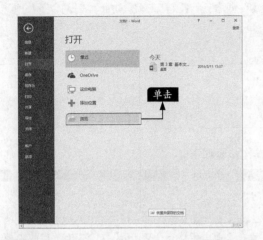

步骤 02 在弹出的【打开】对话框中选择要新建的文档名称，此处选择"Doc1.docx"文件，单击右下角的【打开】按钮右侧的下拉箭头，在弹出的下拉列表中选择【以副本方式打开】选项。

步骤 03 此时创建了一个名称为"副本(1)Doc1.docx"的文档。

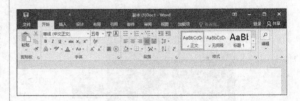

3.1.3 使用本机上的模板创建文档

Office 2016系统中有已经预设好的模板文档，用户在使用的过程中，只需在指定位置填写相关的文字即可。例如，对于需要制作一个毛笔临摹字帖的用户来说，通过Word 2016就可以轻松实现，具体操作步骤如下。

步骤 01 单击【文件】选项卡，在弹出的下拉列表中选择【新建】选项，然后单击【新建】区域的【书法字帖】按钮。

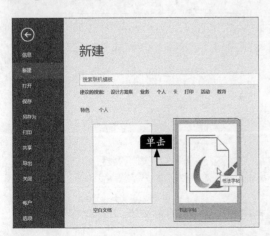

> **小提示**
>
> 电脑在联网的情况下，可以在"搜索联机模板"文本框中输入模板关键词进行搜索并下载。

步骤 02 弹出【增减字符】对话框，在【可用字符】列表中选择需要的字符，单击【添加】按钮即可将所选字符添加至【已用字符】列表。

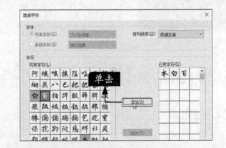

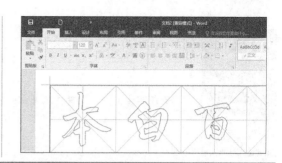

步骤 03 添加完成后单击【关闭】按钮，即可完成对书法字帖的创建。

3.1.4 使用联机模板创建文档

除了Office 2016软件自带的模板外，微软公司还提供有很多精美的专业联机模板。

步骤 01 单击【文件】选项卡，在弹出的下拉列表中选择【新建】选项，在【搜索联机模板】搜索框中输入想要的模板类型，这里输入"卡片"，单击【开始搜索】按钮 🔍。

步骤 02 在搜索的结果中选择"字母教学卡片"选项。

步骤 03 在弹出的"字母教学卡片"预览界面中

单击【创建】按钮，即可下载该模板。下载完成后，会自动打开该模板。

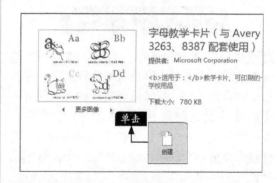

步骤 04 创建效果如下图所示。

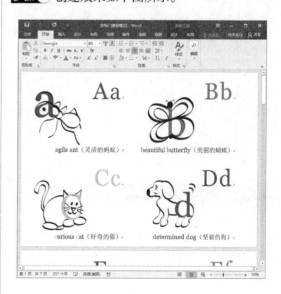

3.2 输入文本内容

本节教学录像时间：8分钟

Word的文本输入功能使用非常简便，只要会使用键盘打字，就可以在文档的编辑区域输入文本内容。

3.2.1 中文和标点

由于Windows的默认语言是英语，语言栏显示的是美式键盘图标 **英**，因此如果不进行中/英文切换就以汉语拼音的形式输入的话，那么在文档中输出的文本就是英文。

新建一个Word文档，将英文输入法转变为中文输入法，再进行输入。具体的转变方法如下。

步骤 01 单击位于Windows操作系统下的任务栏上的美式键盘图标 **英**，即可将输入法切换为中文。

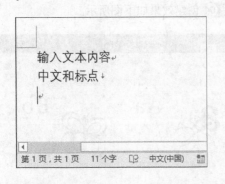

步骤 02 在输入的过程中，当文字到达一行的最右端时，输入的文本将自动跳转到下一行。如果在未输入完一行时就要换行输入，则可按【Enter】键来结束一个段落，这样会产生一个段落标记"↵"。如果按【Shift+Enter】组合键来结束一个段落，也会产生一个段落标记"↓"。

> **小提示**
>
> 虽然此时也达到换行输入的目的，但这样并不会结束这个段落，而只是换行输入而已，实际上前一个段落和后一个段落之间仍为一个整体，在Word中仍默认它们为一个段落。

步骤 03 如果用户需要输入标点，按键盘上的标点键即可，如这里输入一个句号。

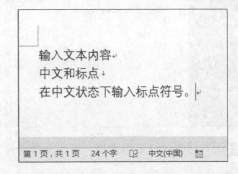

以上就是一些简单的中文和标点的输入方法，用户可以使用自己习惯的输入法，输入文本内容。

3.2.2 英文和标点

在编辑文档时，有时也需要输入英文和英文标点符号，按【Shift】键即可在中文和英文输入法之间切换，下面以使用搜狗拼音输入法为例，介绍输入英文和英文标点符号的方法，具体操作步骤如下。

步骤 01 在中文输入法的状态下，按【Shift】键，即可切换至英文输入法状态，然后在键盘上按相应的英文按键，即可输入英文。

房屋租赁合同书

出租方（以下简称甲方）：
Microsoft word

步骤 02 输入英文标点和输入中文标点的方法相同，如按【Shift+1】组合键，即可在文档中输入一个英文的感叹符号"！"。

房屋租赁合同书

出租方（以下简称甲方）：
Microsoft word！

3.2.3 日期和时间

在文档中插入日期和时间，具体操作步骤如下。

步骤 01 单击【插入】选项卡下【文本】选项组中【时间和日期】按钮。

步骤 02 在弹出的【日期和时间】对话框中，任选一种日期和时间的格式，然后单击选中【自动更新】复选框，单击【确定】按钮。

步骤 03 此时即可将时间插入文档中，且插入文档的日期和时间会根据系统时间自动更新。

3.2.4 符号和特殊符号

编辑Word文档时会使用到符号，例如一些常用的符号和特殊的符号等，这些可以直接通过键盘输入。如果键盘上没有，则可通过选择符号的方式插入。本节介绍如何在文档中插入键盘上没有的符号。

● **1. 符号**

在文档中插入符号的具体操作步骤如下。

步骤 01 新建一个空白文档，选择【插入】选项

卡的【符号】组中的【符号】按钮 Ω符号▾ 。在弹出的下拉列表中会显示一些常用的符号，单击符号即可快速插入，这里单击【其他符号】选项。

步骤 02 弹出【符号】对话框，在【符号】选项卡下【字体】下拉列表框中选择所需的字体，在【子集】下拉列表框中选择一个专用字符集，选择后的字符将全部显示在下方的字符列表框中。

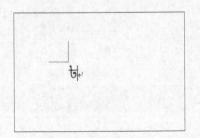

步骤 03 用鼠标指针指向某个符号并单击选中，单击【插入】按钮即可插入符号，也可以直接双击符号来插入，插入完成后，关闭【插入】对话框，可以看到符号已经插入到文档中的鼠标光标所在的位置。

小提示

单击【插入】按钮后【符号】对话框不会关闭。

如果在文档编辑中经常要用到某些符号，可以单击【符号】对话框中的【快捷键】按钮为其定义快捷键。

2. 特殊符号

通常情况下，文档中除了包含一些汉字和标点符号外，为了美化版面还会使用一些特殊符号，如※、♀和♂等。插入特殊符号的具体操作步骤如下。

步骤 01 单击【插入】选项卡下【符号】组中的【符号】按钮 Ω符号。在弹出的下拉列表中选择【其他符号】选项。

步骤 02 弹出【符号】对话框，选择【特殊符号】选项卡，在【字符】列表框中选中需要插入的符号即可。系统还为某些特殊符号定义了快捷键，用户直接按下这些快捷键即可插入该符号。这里以插入"版权所有"符号为例。

步骤 03 单击【插入】按钮，关闭【插入】对话框，可以看到版权标志已经插入到文档中的鼠标光标所在的位置。

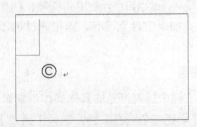

3.3 文本的选取方法

选定文本时既可以选择单个字符，也可以选择整篇文档。选定文本的方法主要有以下几种。

1.拖曳鼠标选定文本

选定文本最常用的方法就是拖曳鼠标选取。采用这种方法可以选择文档中的任意文字，该方法是最基本和最灵活的选取方法。

步骤 01 打开随书光盘中的"素材\ch03\工作报告.docx"文件，将鼠标光标放在要选择的文本的开始位置，如放置在第2行的中间位置。

工作报告
公司今年的财务主要分配在对固定资产的购置方面，而偏轻了业务外在发展的投资。在业务发展偏轻的情况下，仍然在边清偿原有的债务边发展公司的经济实力。因此，财务方面出现了发展严重缓慢性。
在完善公司内部环境的阶段，流动资产一直在紧缩，财政赤字也一直在增加。因此，公司在2015年底出现了严重的亏损。明年的销售总额将会受到严重的影响。
今年的财务状况效差，公司营业额虽然有所上升，但是营业利润一直处于负盈利状态，截至今年12月31日，公司营业利润已经亏损达到1800元以上。

步骤 02 按住鼠标左键并拖曳，这时选中的文本

会以阴影的形式显示。选择完成，释放鼠标左键，鼠标光标经过的文字就被选定了。单击文档的空白区域，即可取消文本的选择。

工作报告
公司今年的财务主要分配在对固定资产的购置方面，而偏轻了业务外在发展的投资。在业务发展偏轻的情况下，仍然在边清偿原有的债务边发展公司的经济实力。因此，财务方面出现了发展严重缓慢性。
在完善公司内部环境的阶段，流动资产一直在紧缩，财政赤字也一直在增加。因此，公司在2015年底出现了严重的亏损。明年的销售总额将会受到严重的影响。
今年的财务状况效差，公司营业额虽然有所上升，但是营业利润一直处于负盈利状态，截至今年12月31日，公司营业利润已经亏损达到1800元以上。

2.用键盘选定文本

在不使用鼠标的情况下，我们可以利用键盘组合键来选择文本。使用键盘选定文本时，需先将插入点移动到将选文本的开始位置，然后按相关的组合键即可。

组合键	功能
【Shift+←】	选择光标左边的一个字符
【Shift+→】	选择光标右边的一个字符
【Shift+↑】	选择至光标上一行同一位置之间的所有字符
【Shift+↓】	选择至光标上一行同一位置之间的所有字符
【Ctrl+ Home】	选择至当前行的开始位置
【Ctrl+ End】	选择至当前行的结束位置
【Ctrl+A】/【Ctrl+5】	选择全部文档
【Ctrl+Shift+↑】	选择至当前段落的开始位置
【Ctrl+Shift+↓】	选择至当前段落的结束位置
【Ctrl+Shift+Home】	选择至文档的开始位置
【Ctrl+Shift+End】	选择至文档的结束位置

步骤 01 用鼠标在起始位置单击，然后按住【Shift】键的同时单击文本的终止位置，此时可以看到起始位置和终止位置之间的文本已被选中。

工作报告
公司今年的财务主要分配在对固定资产的购置方面，而偏轻了业务外在发展的投资。在业务发展偏轻的情况下，仍然在边清偿原有的债务边发展公司的经济实力。因此，财务方面出现了发展严重缓慢性。
在完善公司内部环境的阶段，流动资产一直在紧缩，财政赤字也一直在增加。因此，公司在2015年底出现了严重的亏损。明年的销售总额将会受到严重的影响。
今年的财务状况效差，公司营业额虽然有所上升，但是营业利润一直处于负盈利状态，截至今年12月31日，公司营业利润已经亏损达到1800元以上。

步骤02 取消之前的文本选择，然后按住【Ctrl】键的同时拖曳鼠标，可以选择多个不连续的文本。

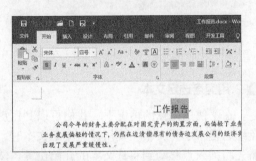

● 3.使用鼠标双击或三击选中

步骤01 通常情况下，在Word文档中的文字上双击鼠标左键，可选中鼠标光标所在位置处的词语，如果在单个文字上双击鼠标左键，如"的""嗯"等，则只能选中一个文字。

步骤02 将鼠标光标放置在段落前，双击鼠标左键，可选择整个段落。如果将鼠标光标放置在段落内，双击鼠标左键，可选择鼠标光标所在位置后的词组。

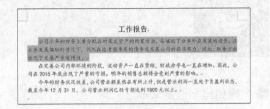

步骤03 将鼠标光标放置在段落前，连续3次单击鼠标左键，可选择整篇文档。如果将鼠标光标放置在段落内，连续3次单击鼠标左键，可选择整个段落。

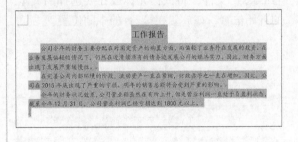

3.4 文本的剪切与复制

● 本节教学录像时间：4分钟

文本的编辑方法包括粘贴文本、剪切文本、复制文本及使用剪贴板等。

3.4.1 认识粘贴功能

Word 2016的粘贴功能分3种类型，即保留源格式、合并格式以及只保留文本。

（1）保留源格式，即保留原来文本中的格式，将复制的文本完全粘贴至目标区域。

（2）合并格式，即将复制的文本应用要粘贴的目标位置处的格式。

（3）只保留文本，即将复制的文本内容完全以文本的形式粘贴至目标位置。

3.4.2 剪切文本

在输入文本内容时，使用剪切功能可以大大缩短工作时间，增大工作效率。

步骤01 打开随书光盘中的"素材\ch03\工作报告.docx"文档，选中第1段文本内容，单击【开始】选项卡下【剪贴板】组中的【剪贴】按钮 。

步骤02 将鼠标光标定位在文本内容最后，按组合键【Ctrl+V】粘贴剪切的文本。

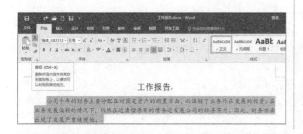

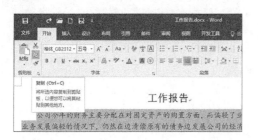

3.4.3 复制文本

对于需要重复输入的文本，可以使用复制功能，快速粘贴所复制的内容。

步骤01 打开随书光盘中的"素材\ch03\工作报告.docx"文档，选中第1段文本内容，单击【开始】选项卡下【剪贴板】组中的【复制】按钮 。

步骤02 将鼠标光标定位在文本内容最后，按组合键【Ctrl+V】粘贴复制的文本。

3.4.4 使用剪贴板

在文档中多次复制不同内容之后，需要在此输入第1次复制或剪切的文本内容，这时可以使用剪贴板，具体的操作步骤如下。

步骤 01 打开随书光盘中的"素材\ch03\工作报告．docx"文档，复制第1段文本内容，再次复制第3段文本内容，将光标定位在文本最后，单击【开始】选项卡下【剪贴板】组中的【剪贴板】按钮。

步骤 02 在文档的左侧弹出【剪贴板】窗格，在该窗格中会显示最近剪切的内容，单击最下面的内容，即第1次复制的文本内容，即可将其粘贴至文档中的目标位置。

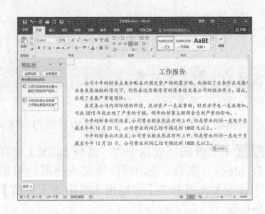

3.5 文本的删除

◎ 本节教学录像时间：5 分钟

删除错误的文本或使用正确的文本内容替换错误的文本内容，是文档编辑过程中常用的操作。本节介绍删除文本的方法。

3.5.1 删除选定的文本

将错误的文本内容删除，替换为正确的文本，具体的操作步骤如下。

步骤 01 打开随书光盘中的"素材\ch03\工作报告.docx"文档，选中要删除的文本内容，如这里选中"1800"文本内容。

步骤 02 直接输入正确的文本内容，如这里直接输入文本"2700"，即可将选中文本删除，并重新输入新文本。

3.5.2 【Backspace】和【Delete】两个删除键

在键盘中有两个删除键，分别为【Backspace】键和【Delete】键。【Backspace】键是退格键，它的作用是使光标左移一格，同时删除光标左边位置上的字符或删除选中的内容。【Delete】键是删除光标右侧的1个文字或选中的文件。

● 1.使用【Delete】键删除文本

当输入错误时，选定错误的文本，然后按键盘上的【Delete】键即可将其删除，或将鼠标光标定位在要删除的文本内容前面，按【Delete】键可将错误的文本删除。

● 2.使用【Backspace】键删除文本

当正在输入数据，输入错误时，按键盘上的【Backspace】键即可退格将其删除。

3.5.3 撤消和恢复

在Word 2016的快速工具栏中有3个很有用的按钮——【撤消】按钮、【重复】按钮和【恢复】按钮。

> **小提示**
>
> 重复操作是在没有进行过撤消操作的前提下重复对Word文档进行的最后一次操作。例如改变某一段文字的字体后，也想对另外几个段落进行同样的字体设置，那么就可以选定这些段落，然后使用【重复】按钮，重新对它们进行字体设置。
>
> 在进行撤消操作之后，【重复】按钮将会变为【恢复键入】按钮。

● 1. 撤消输入

每按一次【撤消】按钮可以撤消前一步的操作；若要撤消连续的前几步操作，则可单击【撤消】按钮右边的倒三角按钮，在弹出的下拉列表中拖动鼠标选择要撤消的前几步操作。单击鼠标左键就可以实现选中操作的撤消。

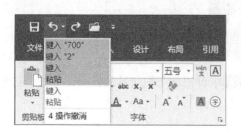

● 2. 重复键入

编辑文档时，有些内容需要重复输入或重复操作，如果按照常规一个一个地输入将是一件很费时费力的事。Word有这方面的记忆功能，当下一步输入的还是这些内容或操作相同时，可以使用【重复】按钮实现这些内容的重复操作。具体的操作步骤如下。

步骤01 打开随书光盘中的"素材\ch03\工作报告.docx"文档，设置第1段文本内容字体为"仿宋"，字号为"小四"。

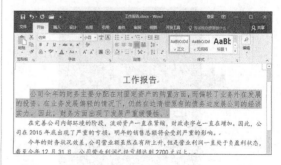

步骤02 选中第2段文字，单击【重复】按钮，可重复之前的操作。

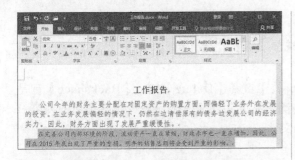

3. 恢复

在进行撤销操作时，如果撤销的操作步骤太多，希望恢复撤消前的文本内容，可单击快速访问工具栏中的【恢复】按钮 。

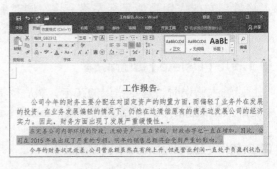

小提示

在文档中必须对文档先进行操作，【重复】按钮 才会被激活。

在进行第1步操作之后，按【Ctrl+Y】组合键或者【F4】键即可重复操作。

3.6 综合实战——制作年度工作报告

⊙ **本节教学录像时间：5 分钟**

年度工作总结报告是公司会计年度的财务报告及其他相关文件，也可以是公司一年历程的简单总结，如向公司员工介绍公司一年的经营状况、举办的活动、制度的改革以及企业的文化活动等内容，以激发员工工作热情、增进员工与领导之间的交流、促进公司的良性发展。根据实际情况的不同，每个公司年度报告也不相同，但是对于年度报告的制作者来说，递交的年度报告必须是准确无误的。

● **第1步：新建联机模板**

步骤 01 单击电脑左下角的【开始】键，在弹出的下拉列表中选择【所有程序】➤【Word 2016】选项，单击Word 2016图标，打开Word 2016的初始界面。

步骤 02 打开Word 2016的初始界面，在Word初始界面，在右侧的文本框中输入"年度报告"文本内容，单击【开始搜索】按钮 ，搜索出

年度报告的模板，单击需要创建的模版。

步骤 03 弹出如下图所示的界面，单击【创建】按钮 。

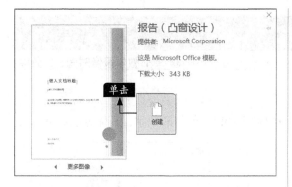

步骤 04 即可创建一个年度报告模版，将其保存为"年度工作报告.docx"。

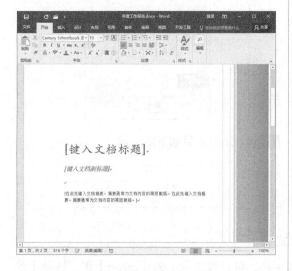

● 第2步：输入文本

步骤 01 在文档中单击"键入文档标题"文本字样，并输入"XX电器销售公司年度报告"文本内容，在副标题文本框中输入"龙马工作室"文本字样。

步骤 02 在第1页下方键入作者姓名，并选择日期。

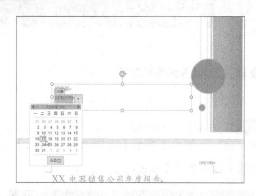

步骤 03 打开随书光盘中的"素材\ch03\年度报告.txt"文档，选中文档中的全部内容，按键盘上的组合键【Ctrl+C】复制，单击选中创建的年度报告文档正文文本框，按【Ctrl+V】组合键进行粘贴。

步骤 04 单击左上角的【保存】按钮将其保存即可。

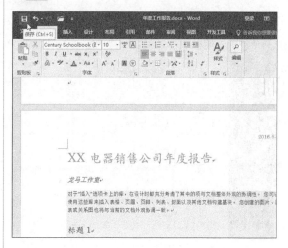

新编 **Office 2016从入门到精通**

高手支招

⊗ 本节教学录像时间：3 分钟

● 输入20以内的带圈数字

在Word中可以插入数字1~10带圈的编号，还可以输入10以上的带圈数字，具体方法如下。

步骤01 在新建文档中输入数字"20"，选中数字"20"，单击【开始】选项卡下【字体】组中的【带圈数字】按钮。

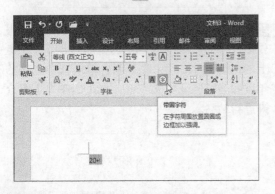

步骤02 弹出【带圈字符】对话框，选择显示的样式，如选中【增大圈号】样式，单击【确定】按钮。

步骤03 最终效果如下图所示。

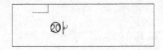

● 使用【Insert】键选择"插入"和"改写"模式

在文档中插入字符时，如果需要删除后面的字符，可以按键盘上的【Insert】键，选择【改写】模式，如果不需要删除插入字符后的其他字符，可以再次按【Insert】键，切换到插入模式。

步骤01 在打开的文档中，单击【文件】选项卡，在弹出的界面左侧选择【选项】选项。

选择【高级】选项卡，在右侧勾选【用Insert键控制改写模式】复选框，单击【确定】按钮。按键盘上的【Insert】键即可切换"插入"和"改写"模式。

步骤02 在弹出的【Word选项】对话框中左侧

40

第4章

美化文档——制作教学教案

学习目标

一篇图文并茂的文档，不仅看起来生动形象、充满活力，而且更具有吸引力。本章就介绍字体和段落格式的设置、项目符号和编号的插入、页面设置、插入表格、插入图片、使用SmartArt图形、插入艺术字及使用图表等美化文档操作。

学习效果

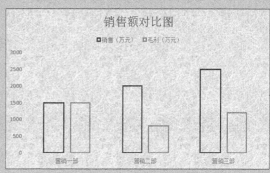

4.1 设置字体格式

⚫ **本节教学录像时间：7分钟**

字体外观的设置好坏，直接影响到文本内容的阅读效果，美观大方的文本样式可以给人以简洁、清新、赏心悦目的阅读感觉。

4.1.1 设置字体、字号和字形

在Word 2016中，文本默认为宋体、五号、黑色，用户可以根据需要进行修改，主要方法有以下3种。

● 1. 使用【字体】选项组设置字体

在【开始】选项卡下的【字体】选项组中单击相应的按钮来修改字体格式是最常用的字体格式设置方法。

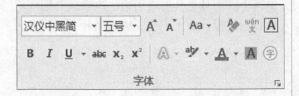

● 2.使用【字体】对话框来设置字体

选择要设置的文字，单击【开始】选项卡下【字体】选项组右下角的按钮 或单击鼠标右键，在弹出的快捷菜单中选择【字体】选项，都会弹出【字体】对话框，从中可以设置字体的格式。

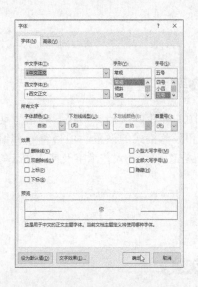

● 3.使用浮动工具栏设置字体

选择要设置字体格式的文本，此时选中的文本区域右上角会弹出一个浮动工具栏，单击相应的按钮即可修改字体格式。

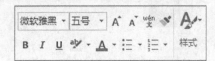

4.1.2 设置字符间距

字符间距指文档中字与字之间的间距、位置等，按【Ctrl+D】组合键打开【字体】对话框，选择【高级】选项卡，在【字符间距】区域可设置字体的【缩放】、【间距】和【位置】等。

小提示

【间距】：增加或减小字符之间的间距。在"磅值"框中键入或选择一个数值。

【为字体调整字间距】：自动调整特定字符组合之间的间距量，以使整个单词的分布看起来更加均匀。此命令仅适用于TrueType和Adobe PostScript字体。若要使用此功能，在"磅或更大"框中键入或选择要应用字距调整的最小字号。

4.1.3 设置文字效果

为文字添加艺术效果，可以使文字看起来更加美观，具体操作步骤如下。

步骤01 选择要设置的文本，在【开始】选项卡【字体】组中，单击【文本效果和版式】按钮 A·，在弹出的下拉列表中，可以选择文本效果，如选择第2行第2个效果。

步骤02 所选择的文本内容即会应用上文本效果，如下图所示。

4.2 设置段落格式

⊗ **本节教学录像时间：8分钟**

段落样式是指以段落为单位所进行的格式设置。本节主要来讲解段落的对齐方式、段落的缩进、行间距及段落间距等。

4.2.1 对齐方式

整齐的排版效果可以使文本更为美观，对齐方式就是段落中文本的排列方式。Word中提供了5种常用的对齐方式，分别为左对齐、右对齐、居中对齐、两端对齐和分散对齐。

我们不仅可以通过工具栏中的【段落】选项组中的对齐方式按钮来设置对齐，还可以通过【段落】对话框来设置对齐。具体操作步骤如下。

单击【开始】选项卡下【段落】选项组右下角的按钮，或单击鼠标右键，在弹出的快捷菜单中选择【段落】菜单项，都会弹出【段落】对话框。在【缩进和间距】选项卡下，单击【常规】组中【对齐方式】右侧的下拉按钮，在弹出的列表中可选择需要的对齐方式。

4.2.2 段落的缩进

段落缩进是指段落到左右页边距的距离。根据中文的书写形式，通常情况下，正文中的每个段落都会首行缩进两个字符。段落缩进的具体步骤如下。

步骤 01 打开随书光盘中的"素材\ch04\办公室保密制度.docx"文件，选中要设置缩进的文本，单击【段落】选项组右下角的 按钮。

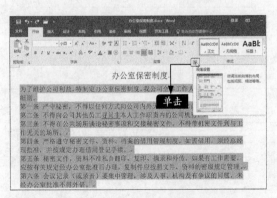

小提示

在【开始】选项卡下【段落】组中单击【减小缩进量】按钮和【增加缩进量】按钮也可以调整缩进。

步骤 02 在弹出的【段落】对话框中，单击【特

殊格式】下方文本框右侧的下拉按钮，在弹出的列表中选择【首行缩进】选项，在【缩进值】文本框输入"2字符"，单击【确定】按钮。

步骤 03 缩进效果如下图所示。

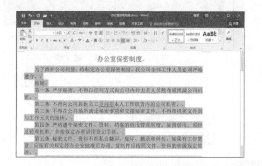

4.2.3 段落间距及行距

段落间距是指文档中段落与段落之间的距离，行距是指行与行之间的距离。

步骤 01 在打开的"素材\ch04\办公室保密制度.docx"文件中，选择文本。单击【段落】选项组右下角的 按钮。

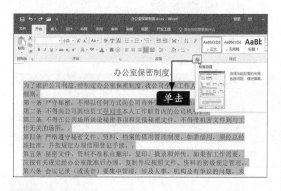

步骤 03 单击【确定】按钮，效果如下图所示。

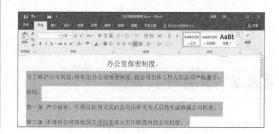

步骤 02 在弹出的【段落】对话框中，选择【缩进和间距】选项卡。在【间距】组中分别设置段前和段后为"0.5行"，在【行距】下拉列表中选择【1.5倍行距】选项。

4.3 使用项目符号和编号

添加项目符号和编号可以美化文档，精美的项目符号，统一的编号样式可以使单调的文本内容变得更生动、专业。

4.3.1 添加项目符号

项目符号就是在一些段落的前面加上完全相同的符号。下面介绍如何在文档中添加项目符号，具体的操作步骤如下。

步骤01 打开随书光盘中的"素材\ch04\秘书职责书.docx"文档，选中要添加项目符号的文本内容。

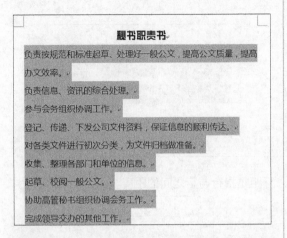

步骤02 单击【开始】选项卡的【段落】组中的【项目符号】按钮右侧的下拉箭头，在弹出的下拉列表中选择项目符号的样式。如这里选择【菱形】，此时就在文档中添加了菱形的项目符号。

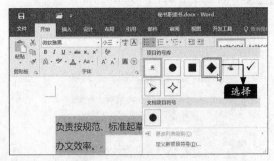

步骤03 最终效果如下图所示。

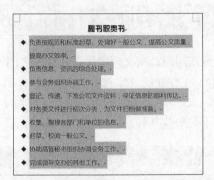

小提示

还可以使用快捷菜单打开【项目符号】下拉列表。具体方法是：选中要添加项目符号的文本内容，右键单击，然后在弹出的快捷菜单中选择【项目符号】命令即可。

4.3.2 添加项目编号

编号是按照大小顺序为文档中的行或段落添加编号。下面介绍如何在文档中添加编号，具体的操作步骤如下。

步骤01 打开随书光盘中的"素材\ch04\秘书职责书.docx"文档，选中要添加项目编号的文本内容，单击【开始】选项卡的【段落】组中的【编号】按钮右侧的下拉箭头，在弹出的下拉列表中选择编号的样式，此时就在文档中添加了编号。

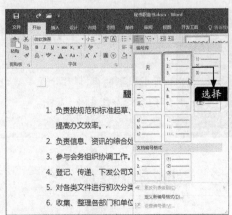

步骤 02 选中文本内容，再次单击【编号】按钮 ⊞ 右侧的下拉箭头，在弹出的下拉列表中选择【定义新编号格式】选项，弹出【定义新编号格式】对话框，在【编号样式】下拉列表框中选择编号的样式（这里选择【001，002，003，…】样式），在【对齐方式】下拉列表框中选择对齐方式，单击【确定】按钮。

步骤 03 此时便可插入所选的编号样式。

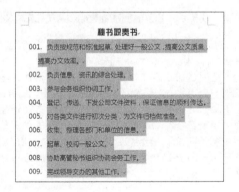

更改编号起始值的具体操作步骤如下。

步骤 01 将光标放置在已添加编号的段落前，如定位在"负责按规范……"之前，然后单击【编号】按钮 ⊞ 右侧的下拉箭头，在弹出的下拉列表中选择【设置编号值】选项，弹出【起始编号】对话框，在【值设置为】微调框中可以输入起始值，这里输入"2"。

步骤 02 单击【确定】按钮，可以看到编号将会以"002"开始进行编号。

4.4 页面设置

🔅 本节教学录像时间：10 分钟

页面设置是指对文档页面布局的设置，主要包括设置文字方向、页边距、纸张大小、分栏等。Word 2016有默认的页面设置，但默认的页面设置并不一定适合所有用户，用户可以根据需要对页面进行设置。

4.4.1 设置页边距

页边距有两个作用：一是出于装订的需要；二是形成更加美观的文档。设置页边距，包括上、下、左、右边距以及页眉和页脚距页边界的距离，使用该功能来设置页边距十分精确。

步骤01 在【布局】选项卡【页面设置】选项组中单击【页边距】按钮，在弹出的下拉列表中选择一种页边距样式并单击，即可快速设置页边距。

距】选项卡下【页边距】区域可以自定义设置"上""下""左""右"页边距，如将"上""下""左""右"页边距均设为"1厘米"，在【预览】区域可以查看设置后的效果。

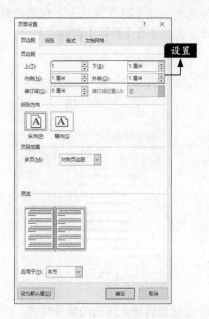

步骤02 除此之外，我们还可以自定义页边距。单击【布局】选项卡下【页面设置】组中的【页边距】按钮，在弹出的下拉列表中单击选择【自定义边距（A）】选项。

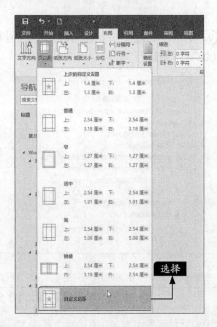

小提示

如果页边距的设置超出了打印机默认的范围，将出现【Microsoft Word】提示框，提示"有一处或多处页边距设在了页面的可打印区域之外，选择'调整'按钮可适当增加页边距。"，单击【调整】按钮自动调整，当然也可以忽略后手动调整。页边距太窄会影响文档的装订，而太宽不仅影响美观还浪费纸张。一般情况下，如果使用A4纸，可以采用Word提供的默认值，具体设置可根据用户的要求设定。

步骤03 弹出【页面设置】对话框，在【页边

4.4.2 设置纸张

纸张的大小和纸张方向也影响着文档的打印效果，因此设置合适的纸张在Word文档制作过程中也是非常重要的。设置纸张包括设置纸张的方向和大小，具体操作步骤如下。

步骤 01 单击【布局】选项卡下【页面设置】组中的【纸张方向】按钮，在弹出的下拉列表中可以设置纸张方向为"横向"或"纵向"，如单击【横向】选项。

也可以在【页面设置】对话框中的【页边距】选项卡中，在【纸张方向】区域设置纸张的方向。

步骤 02 单击【布局】选项卡【页面设置】选项组中的【纸张大小】按钮，在弹出的下拉列表中可以选择纸张大小，如单击【A4】选项。

在【页面设置】对话框中的【纸张】选项卡下可以精确设置纸张大小和纸张来源等内容。

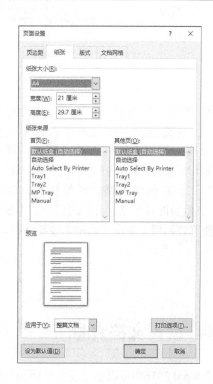

4.4.3 设置分栏

在对文档进行排版时，常需要将文档进行分栏。在Word 2016中可以将文档分为两栏、三栏或更多栏，具体操作步骤如下。

步骤 01 打开随书光盘中的"素材\ch04\毕业自我鉴定.docx"文档，选中要分栏的文本后，在【布局】选项卡下单击【分栏】按钮，在弹出的下拉列表中选择对应的栏数即可，如这里选择【两栏】选项。

步骤 02 设置两栏后的效果如下图所示。

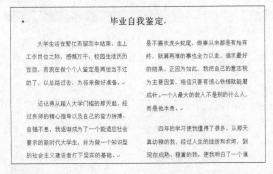

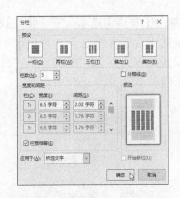

步骤 03 选中分栏的文本，再次单击【分栏】按钮，在弹出的下拉列表中选择【更多分栏】选项，弹出【分栏】对话框，在该对话框中显示了系统预设的5种分栏效果。在【栏数（N）】右侧输入要分栏的栏数，如输入"5"，然后设置栏宽、分割线后，在【预览】区域预览效果后，单击【确定】按钮即可。

步骤 04 最终效果如图所示。

4.4.4 设置文档背景

在Word 2016中可以通过设置页面颜色以及添加页面边框使文档更加美观。

1. 纯色背景

在Word 2016中可以改变整个页面的背景颜色，或者对整个页面进行渐变、纹理、图案和图片的填充等。本节介绍最简单的使用纯色背景填充文档。具体操作步骤如下。

步骤 01 新建Word文档，单击【设计】选项卡下【页面背景】选项组中的【页面颜色】按钮，在下拉列表中选择背景颜色，如这里选择"蓝色"。

步骤 02 此时页面颜色会填充为蓝色。

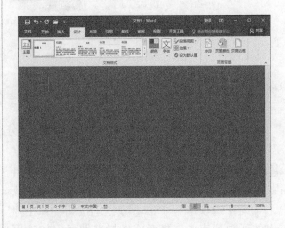

2. 填充背景

除了使用纯色填充以外，我们还可使用填充效果来填充文档的背景，具体操作步骤如下。

步骤 01 新建Word文档，单击【设计】选项卡下【页面背景】选项组中的【页面颜色】按钮，在弹出的下拉列表中选择【填充效果】选项。

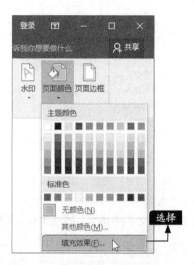

步骤 02 弹出【填充效果】对话框，单击选中【双色】单选项，分别设置右侧的【颜色1】和【颜色2】为"蓝色"和"黄色"，在下方的【底纹样式】组中，单击选中【角部辐射】单选项，然后单击【确定】按钮。

步骤 03 设置的填充效果如下图所示。

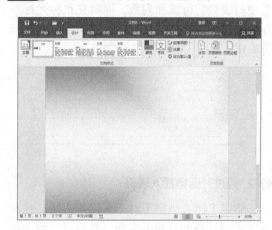

4.5 使用表格

🌐 **本节教学录像时间：18分钟**

一个表格是由多个行×多个列的单元格组成的，用户可以在单元格中添加文字或图片。合理地使用表格可以使文本结构化、数据清晰化。

4.5.1 插入表格

在Word 2016中插入表格的方法有4种，下面介绍具体的操作方法。

● 1. 快速插入10列8行以内的表格

在Word 2016的【表格】下拉列表中可以快速创建10列8行以内的表格，具体操作步骤如下。

步骤 01 新建Word文档，单击【插入】选项卡下【表格】选项组中的【表格】按钮，在弹出的下拉列表中选择【插入表格】选项下方的网格显示框。

步骤 02 将鼠标光标指向网格，向右下方拖曳鼠标，鼠标光标所掠过的单元格就会被全部选中并高亮显示。在网格顶部的提示栏中会显示被选中的表格的行数和列数，同时在鼠标光标所在区域也可以预览到所要插入的表格，单击即可确定所要插入的表格。

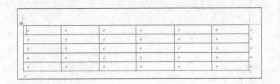

2. 通过对话框插入表格

使用【插入表格】对话框创建表格，这种方法不受行数和列数的限制，并且可以对表格的宽度进行调整。

步骤 01 单击【插入】选项卡下【表格】选项组中的【表格】按钮，在其下拉菜单中选择【插入表格】选项。

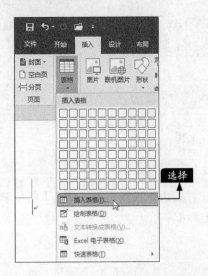

步骤 02 弹出【插入表格】对话框，在【表格尺寸】组中设置【列数】为"3"、【行数】为"4"，其他为默认，然后单击【确定】按钮。

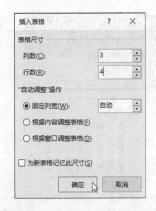

步骤 03 即可在文档中插入一个3列4行的表格。

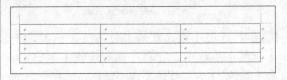

3. 手动绘制不规则的表格

当用户需要创建不规则的表格时，可以使用表格绘制工具来创建表格。手动绘制表格的具体操作步骤如下。

步骤 01 单击【插入】选项卡下【表格】选项组中的【表格】按钮，在其下拉菜单中选择【绘制表格】选项。

步骤 02 鼠标指针变为铅笔形状 ∅ 时，在需要绘制表格的地方单击并拖曳鼠标绘制出表格的外边界，形状为矩形。

步骤 03 在该矩形中绘制行线、列线和斜线，直至满意为止。按【Esc】键退出表格绘制模式。

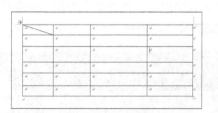

> **小提示**
>
> 单击【表格工具】▶【布局】选项卡下【绘图】选项组中的【擦除】按钮，当鼠标光标变为橡皮擦形状时可擦除多余的线条。

4. 使用快速表格

Word 2016中内置了一些快速表格样式，用户可以根据需要选择要插入的表格样式来创建表格，具体操作步骤如下。

步骤 01 单击【插入】选项卡下【表格】选项组中的【表格】按钮，在其下拉菜单中选择【快速表格】选项，在【快速表格】选项的子菜单中选择一种表格样式。

步骤 02 即可利用快速表格功能快速地插入选择的表格。

4.5.2 编辑表格

在Word中插入表格后，还可以对表格进行编辑，如添加、删除行和列，合并与拆分表格，设置表格的对齐方式，以及设置行高和列宽等。

1. 添加、删除行和列

使用表格时，经常会出现行数、列数或单元格不够用或多余的情况，Word 2016提供了多种添加或删除行、列及单元格的方法。

（1）插入行或列。

方法1：指定插入行或列的位置，然后单击

【布局】选项卡下【行和列】选项组中的相应插入方式按钮即可。

各种插入方式的含义如下所示。

在上方插入：在选中单元格所在行的上方插入一行表格。

在下方插入：在选中单元格所在行的下方插入一行表格。

在左侧插入：在选中单元格所在列的左侧插入一列表格。

在右侧插入：在选中单元格所在列的右侧插入一列表格。

方法2：指定插入行或列的位置，直接在插入的单元格中单击鼠标右键，在弹出的快捷菜单中选择【插入】菜单项，在其子菜单中选择插入方式即可。其插入方式与【表格工具】▶【布局】选项卡中的各插入方式一样。

方法3：将鼠标光标定位至想要插入行或列的位置处，此时在表格的行与行（或列与列）之间会出现⊕按钮，单击此按钮即可在该位置处插入一行（或一列）。

（2）删除行或列。

删除行或列有以下两种方法。

方法1：选择需要删除的行或列，按【Backspace】键，即可删除选定的行或列。在使用该方法时，应选中整行或整列，然后按【Backspace】键方可删除，否则会弹出【删除

单元格】对话框，提示删除哪些单元格。

方法2：选择需要删除的行或列，单击【布局】选项卡下【行和列】选项组中的【删除】按钮，在弹出的下拉菜单中选择【删除行】或【删除列】选项即可。

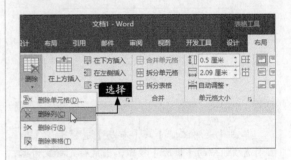

● 2. 合并与拆分表格

把相邻单元格之间的边线擦除，就可以将两个或多个单元格合并成一个大的单元格；而在一个单元格中添加一条或多条边线，就可以将一个单元格拆分成两个或多个小单元格。下面介绍如何合并与拆分单元格。

步骤 01 打开随书光盘中的"素材\ch04\表格操作.docx"文件，选择要合并的单元格。

产品销量表		
序号	产品	销量/吨
1	白菜	21307
2	海带	15940
3	冬瓜	17979
4	西红柿	25351
5	南瓜	17491
6	黄瓜	18852
7	玉米	21586
8	红豆	15263

步骤 02 单击【布局】选项卡的【合并】组中的【合并单元格】按钮 ⊞ 合并单元格，即可删除所选单元格之间的边界线，形成一个新的单元格。

拆分单元格就是将选中的单元格拆分成等宽的多个小单元格。可以同时对多个单元格进行拆分。

步骤01 选中要拆分的单元格或者将光标移动到要拆分的单元格中，单击【布局】选项卡的【合并】组中的【拆分单元格】按钮 **拆分单元格**。

步骤02 弹出【拆分单元格】对话框，单击【列数】和【行数】微调框右侧的上下按钮，分别调节单元格要拆分成的列数和行数，还可以直接在微调框中输入数值。这里设置【列数】为"3"，【行数】为"1"，单击【确定】按钮。

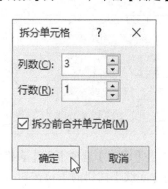

步骤03 即可将单元格拆分为3行1列的单元格。

3. 设置表格对齐方式

通过设置表格的对齐方式，可以使表格看起来更工整美观，具体操作步骤如下。

步骤01 打开随书光盘中的"素材\ch04\表格操作.docx"文件，并将第一行合并为一个单元格。选择单元格中的所有内容。

步骤02 单击【布局】选项卡下【对齐方式】选项组中的【水平居中】按钮 ⊟。

步骤03 即可将所选内容设置为水平居中对齐。

其他对齐按钮的含义如下。

【靠上两端对齐】按钮：文字靠单元格左上角对齐。

【靠上居中对齐】按钮：文字居中，并靠单元格顶部对齐。

【靠上右对齐】按钮：文字靠单元格右上角对齐。

【中部两端对齐】按钮：文字垂直居中，并靠单元格左侧对齐。

【水平居中】按钮：文字在单元格内水平和垂直都居中。

【中部右对齐】按钮：文字垂直居中，并靠单元格右侧对齐。

【靠下两端对齐】按钮：文字靠单元格左下角对齐。

【靠下居中对齐】按钮：文字居中，并靠单元格底部对齐。

【靠下右对齐】按钮：文字靠单元格右下角对齐。

4.5.3 表格的美化

在Word 2016中制作完表格后，可对表格的边框、底纹及表格内的文本进行美化设置，使表格看起来更加美观。

● 1. 快速应用表格样式

Word 2016中内置了多种表格样式，用户根据需要选择要设置的表格样式，即可将其应用到表格中。快速应用表格样式的具体操作步骤如下。

步骤01 打开随书光盘中的 "素材\ch04\表格美化.docx" 文件，将鼠标光标置于要设置样式的表格的任意单元格内。

步骤02 单击【设计】选项卡下【表格样式】选项组中的【其他】按钮▼，在弹出的下拉列表中选择一种表格样式并单击。

步骤03 即可将选择的表格样式应用到表格中。

● 2. 填充表格底纹

为了突出表格内的某些内容，可以为其填充底纹，以便查阅者能够清楚地看到要突出的数据。填充表格底纹的具体操作步骤如下。

步骤01 打开随书光盘中的 "素材\ch04\表格美化.docx" 文件，选择要填充底纹的单元格，这里选择第2列。

步骤02 单击【设计】选项卡下【表格样式】选项组中的【底纹】按钮的下拉按钮，在弹出的下拉列表中选择一种底纹颜色。

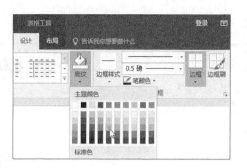

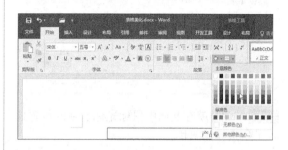

小提示

选择要设置底纹的表格，单击【开始】选项卡下【段落】选项组中的【底纹】按钮，在弹出的下拉列表中也可以填充表格底纹。

步骤 03 即可看到为第2列设置底纹后的效果。

产品销量表		
序号	产品	销量/吨
1	白菜	21307
2	海带	15940
3	冬瓜	17979
4	西红柿	25351
5	南瓜	17491
6	黄瓜	18852
7	玉米	21586
8	大豆	15263

4.6 插入图片

🕐 **本节教学录像时间：7分钟**

在文档中插入一些图片可以使文档更加生动形象，插入的图片可以是一个剪贴画、一张照片或一幅图画。

4.6.1 插入图片

在Word 2016中，用户可以在文档中插入本地图片，还可以插入联机图片。

● 1. 插入本地图片

在Word中可以插入保存在计算机硬盘中的图片，具体操作步骤如下。

步骤 01 打开随书光盘中的"素材\ch04\公司宣传.docx"文件，将鼠标光标定位于需要插入图片的位置。

步骤 02 单击【插入】选项卡下【插图】选项组中的【图片】按钮。

步骤 03 在弹出的【插入图片】对话框中选择需要插入的图片，单击【插入】按钮，即可插入该图片。

步骤04 此时就在文档中鼠标光标所在的位置插入了所选择的图片。

● 2. 插入联机图片

在文档中插入联机图片即从各种联机来源中查找和插入图片，具体操作步骤如下。

步骤01 新建一个Word文档，将鼠标光标定位于需要插入图片的位置，然后单击【插入】选项卡【插图】选项组中的【联机图片】按钮，弹出【插入图片】窗格，在【Office.com剪贴画】右侧的搜索框中输入"图书"，单击【搜索】按

钮。

步骤02 在搜索结果中选择喜欢的图片，单击【插入】按钮。

步骤03 此时就在文档中插入了选择的联机图片，效果如下图所示。

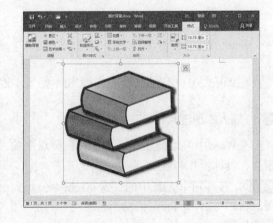

4.6.2 图片的编辑

图片在插入到文档中之后，图片的设置不一定符合要求，这时就需要对图片进行适当的调整。

步骤01 接上节插入的图片，选中图片，单击【图片工具】▶【格式】选项卡下【调整】选项组中的【颜色】按钮，在弹出的下拉列表中选择一种样式。

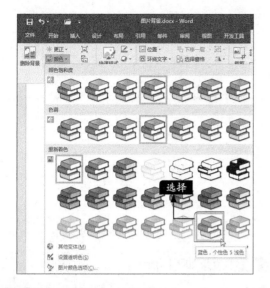

步骤 02 应用效果如下图所示。

步骤 03 单击【大小】选项组【裁剪】按钮 下方的下拉按钮，在弹出的下拉菜单中选择【裁剪为形状】▶【心形】选项。

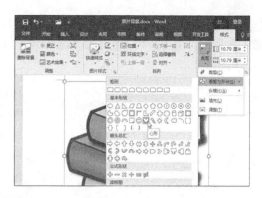

步骤 04 单击【图片样式】选项组中的【其他】按钮 ，在弹出的下拉列表中选择【柔化边缘椭圆】选项，效果如下图所示。

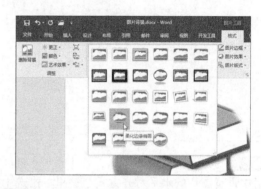

步骤 05 柔化边缘的效果如下图所示。

4.6.3 调整图片的位置

　　调整图片在文档中的位置的方法有两种：一是使用鼠标拖曳移动至目标位置；二是使用【布局】对话框来调整图片位置。使用【布局】对话框调整图片位置的具体操作步骤如下。

步骤 01 打开随书光盘中的"素材\ch04\宣传.docx"文档，选中要编辑的图片，单击【格式】选项卡下【排列】选项组中的【位置】按钮 ，在弹出的下拉列表中选择【其他布局选项】选项。

步骤 02 弹出【布局】对话框，选择【文字环绕】选项卡，在【环绕方式】组中选择【四周型】选项。

步骤 03 选择【位置】选项卡，在【水平】选项组中设置图片的水平对齐方式。这里单击选中【对齐方式】单选项，在其下拉列表框中选择【居中】选项，单击【确定】按钮。

步骤 04 效果如下图所示。

> **小提示**
>
> 　　使用【布局】对话框来调整图片位置的方法对"嵌入型"图片无效。

4.7 使用SmartArt图形

　　● 本节教学录像时间：5分钟

　　SmartArt图形是用来表现结构、关系或过程的图表，它以非常直观的方式与读者交流信息，包括图形列表、流程图、关系图和组织结构图等各种图形。

4.7.1 创建SmartArt图形

　　在Word 2016中提供了非常丰富的SmartArt图形类型。在文档中插入SmartArt图形的具体操作步骤如下。

步骤 01 新建文档，将鼠标光标移动到需要插入图形的位置，然后单击【插入】选项卡的【插图】组中的【SmartArt】按钮 SmartArt 。

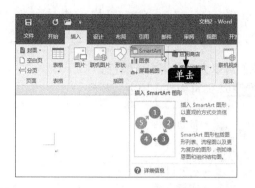

步骤 02 弹出【选择SmartArt图形】对话框，选择【流程】选项卡，然后选择【流程箭头】选项。

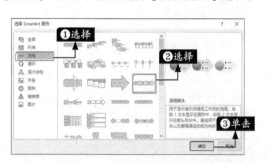

步骤 03 单击【确定】按钮，即可将图形插入到文档中。

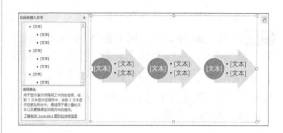

步骤 04 在SmartArt图形的【文本】处单击，输入相应的文字。输入完成后，单击SmartArt图形以外的任意位置，完成SmartArt图形的编辑。

4.7.2 改变SmartArt图形布局

对创建的SmartArt图形布局不满意时，可以改变其图形布局，具体的操作方法如下。

步骤 01 接上节的操作，选中创建的SmartArt图形，单击【SmartArt工具】➤【设计】选项卡下【版式】组中的【其他】按钮，在弹出的下拉列表中选择一种布局。

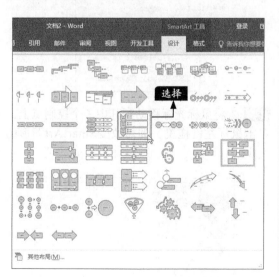

步骤 02 即可改变SmartArt图形布局。

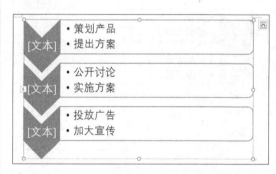

> **小提示**
>
> 单击【SmartArt工具】➤【设计】选项卡下【版式】组中的【其他】按钮，在弹出的下拉列表中选择【其他布局】选项，可弹出【选择SmartArt图形】对话框，可选择其他类型的SmartArt图形布局。

4.7.3 应用颜色和主题

SmartArt图形中某些部分需要重点突出，这时我们可以为其使用主体颜色。

步骤01 接上面的操作，选中插入的SmartArt图形，单击【SmartArt工具】▶【设计】选项卡下【SmartArt样式】组中的【更改颜色】按钮，在弹出的下拉列表中选择一种主题颜色，如这里选择一种彩色主题。

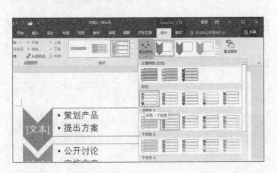

步骤02 即可为其应用主题颜色。

4.7.4 调整SmartArt图形的大小

为了使插入的SmartArt图形适合页面的大小，我们可以对其进行调整。

步骤01 选中插入的SmartArt图形，在图形四周会出现7个控制点以及左侧的向左箭头。

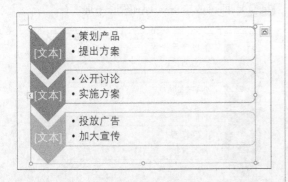

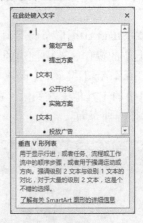

小提示

单击左侧的 按钮，可弹出【在此处键入文字】对话框，在该对话框中可输入SmartArt图形中形状块中的文字。

步骤02 将鼠标光标移动到其中一个控制点上，单击鼠标左键拖曳，即可改变SmartArt图形的大小。

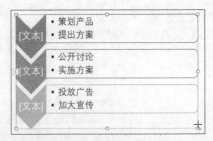

4.8 插入艺术字

☺ **本节教学录像时间：4 分钟**

艺术字，是指文档中具有特殊效果的字体。艺术字不是普通的文字，而是图形对象，可以像处理其他的图形那样对其进行处理。利用Word 2016提供的插入艺术字功能不仅可以制作出美轮美奂的艺术字，而且操作十分简单。

4.8.1 创建艺术字

创建艺术字的具体操作步骤如下。

步骤 01 新建文档，单击【插入】选项卡的【文本】组中的【艺术字】按钮 艺术字 ，在弹出的下拉列表中选择一种艺术字样式。

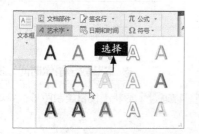

步骤 02 此时在文档中插入了一个相同的艺术字文本框。

步骤 03 在"请在此放置您的文字"文本框中输入"我们的家"字样，即可完成艺术字的创建。

4.8.2 更改艺术字样式

在Word 2016中提供了非常丰富的艺术字类型。在文档中更改艺术字样式的具体操作步骤如下。

步骤 01 接上节操作，选择艺术字文本卡框，单击【绘图工具】▶【格式】选项卡下【形状样式】选择组中的【其他】按钮 ，在弹出的下拉列表中选择一种样式。

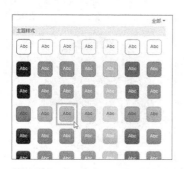

步骤 02 然后在【形状样式】选择组中单击【形状效果】按钮 形状效果 ，在弹出的下拉列表中单击【棱台】▶【棱台】▶【松散嵌入】选项。

步骤 03 选择文本内容，单击【艺术字样式】选项组中的【其他】按钮 ，在弹出的下拉列表中选择艺术字样式，即可更改原有的样式。

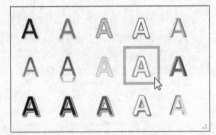

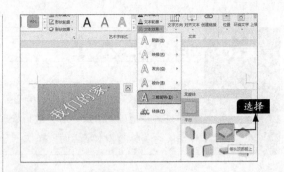

步骤 04 在【艺术字样式】选择组中单击【文本效果】按钮 ，在弹出的下拉列表中单击【三维格式】▶【平行】▶【等长顶部朝上】选项。

步骤 05 最终效果如下图所示。

4.9 绘制和编辑图形

🕙 本节教学录像时间：3 分钟

　除了插入图片和SmartArt图形之外，我们还可以通过【形状】按钮绘制图形，并对其进行编辑。

4.9.1 绘制图形

通过"形状"按钮中的图形可以在文档中绘制基本图形，如直线、箭头、方框和椭圆等。在文档中绘制基本图形的方法如下。

步骤 01 新建一个文档，移动鼠标指针到需要绘制图形的位置，然后单击【插入】选项卡【插图】组中的【形状】按钮 ，在弹出的下拉列表中选择【基本图形】中的【笑脸】。

步骤 02 移动鼠标光标到绘图画布区域，鼠标指针会变为"十"字形状，这时按下鼠标左键不放，拖曳鼠标到一定的位置后放开，在绘图画布上就会显示出绘制的笑脸。

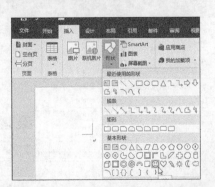

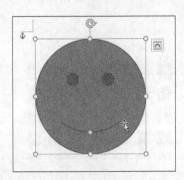

正方形是矩形的特例，而圆形是椭圆形的特例。绘制正方形或圆形，要先单击【矩形】或【椭圆】按钮，然后在绘图画布上进行绘制时，要先按住【Shift】键，再拖曳鼠标进行绘制。

4.9.2 编辑图形

图形绘制完成之后，还可以对其进行编辑。具体的操作方法如下。

步骤 01 选中插入的图形，单击【格式】选项卡下的【形状样式】选项组中的【形状填充】按钮右侧的下拉箭头，在弹出的下拉列表中选择一种形状颜色。

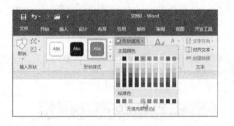

步骤 02 即可更改形状的颜色。

步骤 03 单击【形状轮廓】按钮右侧的下拉箭头，在弹出的下拉列表中选择一种颜色，即可更改形状轮廓的颜色。

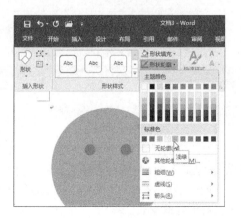

步骤 04 单击【格式】选项卡下【形状样式】选项组中的【形状效果】按钮，在弹出的下拉列表中选择【棱台】选项中的【圆】选项。

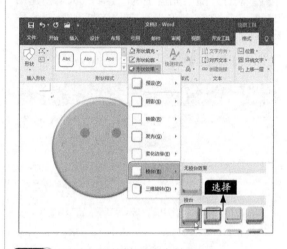

步骤 05 即可为形状设置棱台效果。

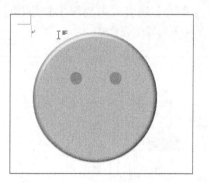

单击【格式】选项卡下【形状样式】选项组中的【其他】按钮，在弹出的下拉列表中可以选择预设好的形状、颜色及效果。

4.10 使用图表

🔊 **本节教学录像时间：6 分钟**

利用Word 2016强大的图表功能可以使表格中原本单调的数据信息变得十分生动，方便用户查看数据的差异、图案和预测趋势。

4.10.1 创建图表

Word 2016为用户提供了大量预设的图表，这样用户可以快速地创建所需的图表。

步骤01 打开随书光盘中的"素材\ch04\创建图表.docx"文档，将光标定位于插入图表的位置，单击【插入】选项卡的【插图】组中的【图表】按钮 ▮▮图表。

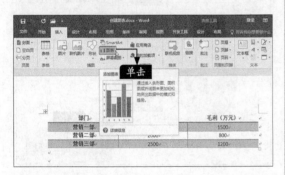

步骤02 弹出【插入图表】对话框，在左侧的【图表类型】列表框中选择【柱形图】列表项，在右侧选择图表样式。

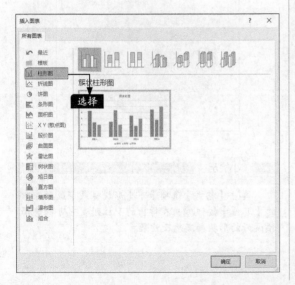

步骤03 单击【确定】按钮，系统随即弹出标题为【Microsoft Word中的图表】的Excel 2016窗口，表中显示的是示例数据。

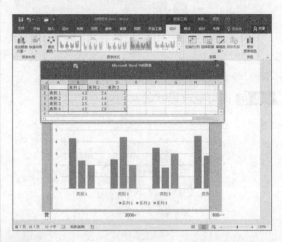

步骤04 在Excel表中删除全部示例数据，将Word文档表格中的数据全部复制粘贴至Excel表中的蓝色方框内，并拖动蓝色方框的右下角，使之和数据范围一致。

部门	销售（万元）	毛利（万元）
营销一部	1500	1500
营销二部	2000	800
营销三部	2500	1200

步骤05 Word 2016将按照数据区域的内容调整图表，最后单击Excel的【关闭】按钮返回Word中可查看创建的图表。

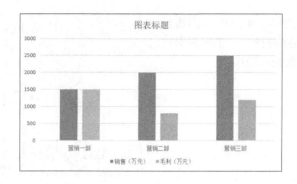

4.10.2 美化图表

在图表创建完毕后，还可以对图表的样式、布局、图表标题、坐标轴标题、图例、数据标签、数据表、坐标轴和网络线等内容进行设置。

步骤01 接上节的操作，单击选中插入的图表，单击【设计】选项卡的【图表样式】组中的【其他】按钮▾，在弹出的下拉列表中选择一种图表样式。

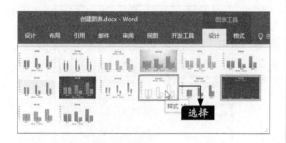

步骤02 即可为图表更改样式。

步骤03 单击【格式】选项卡下【形状样式】组中的【设置形状格式】按钮⬓，在文档右侧会弹出【设置图表区格式】窗格。

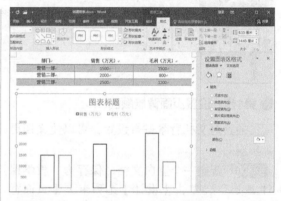

步骤04 在【设置图表区格式】窗格中，在【图表选项】下【填充线条】选项卡的【填充】组中勾选【图片或纹理填充】单选项，在【纹理】右侧单击【纹理】按钮，在弹出的下拉列表中选择一种纹理。

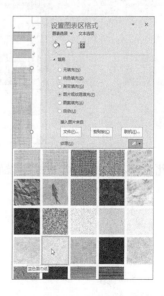

步骤 05 添加图表背景之后，单选中"图表标题"文本字样，将其删除并输入"销售额对比图"文本字样，最终效果如右图所示。

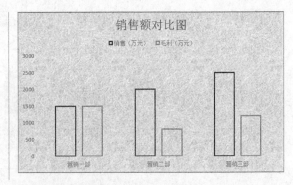

4.11 综合实战——制作教学教案

🕐 **本节教学录像时间：11分钟**

教师在教学过程中离不开制作教学课件。一般的教案内容枯燥、繁琐，在这一节中通过在文档中设置页面背景、插入图片等操作，我们可以制作更加精美的教学教案，使阅读者心情愉悦。

● 第1步：设置页面背景颜色

通过对文档背景进行设置，可以使文档更加美观。

步骤 01 新建一个空白文档，保存为"教学课件.docx"，单击【设计】选项卡下【页面背景】选项组中的【页面颜色】按钮，在弹出的下拉列表中选择"灰色-25%，背景2"选项。

步骤 02 此时就将文档的背景颜色设置为"灰色"。

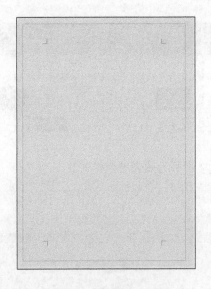

● 第2步：插入图片及艺术字

插入图片及艺术字的具体步骤如下。

步骤 01 单击【插入】选项卡下【插图】选项组中的【图片】按钮，弹出【插入图片】对话框，在该对话框中选择所需要的图片，单击【插入】按钮。

步骤 02 此时就将图片插入到文档中，调整图片大小后的效果如下图所示。

步骤 03 单击【插入】选项卡下【文本】选项组中的【艺术字】按钮，在弹出的下拉列表中选择一种艺术字样式。

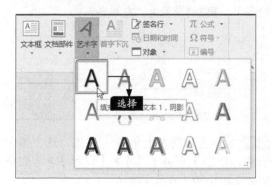

步骤 04 在"请在此放置您的文字"处输入文字，设置【字号】为"小初"，并调整艺术字的位置。

第3步：设置文本格式

设置完标题后，就需要对正文进行设置，具体步骤如下。

步骤 01 在文档中输入文本内容（用户不必全部输入，可打开随书光盘中的"素材\ch04\教学课件.docx"文件，复制并粘贴到新建文档中即可）。

步骤 02 将标题【教学目标及重点】、【教学思路】、【教学步骤】字体格式设置为"华文行楷、四号、蓝色"。

步骤03 将正文字体格式设置为"华文宋体、五号"，首行缩进设置为"2字符"、行距设置为"1.5倍行距"，如下图所示。

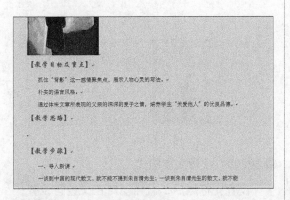

步骤04 为【教学目标及重点】标题下的正文设置项目符号，如下图所示。

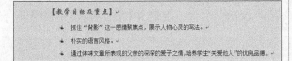

步骤05 为【教学步骤】标题下的正文设置编号，如下图所示。

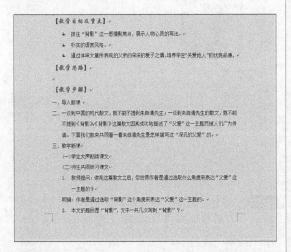

步骤06 添加编号后，多行文字的段落，其段落缩进会发生变化，使用【Ctrl】键选择这些文本，然后打开【段落】对话框，将"左侧缩进"设置为"0"，"首行缩进"设置为"2字

符"。

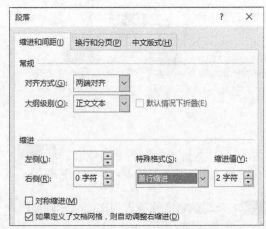

第4步：绘制表格

文本格式设置完后，可以为【教学思路】添加表格，具体步骤如下。

步骤01 将鼠标光标定位至【教学思路】标题下，插入"3×6"表格，如下图所示。

【教学思路】		

步骤02 调整表格列宽，并在单元格中输入表头和表格内容，并将第1列和第3列设置为"居中对齐"，第2列设置为"左对齐"。

【教学思路】		
序号	学习内容	学习时间
1	老师导入新课	5分钟
2	学生朗读课文	10分钟
3	师生共同研习课文	15分钟
4	学生讨论	10分钟
5	总结梳理，课后反思	5分钟

步骤03 单击表格左上角的⊞按钮，选中整个表格，单击【表格工具】➤【设计】➤【表格样式】组中的【其他】按钮▾。

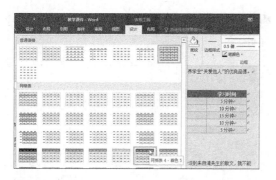

步骤 04 在展开的表格样式列表中，单击并选择所应用的样式即可，如下图所示。

【教学思路】		
序号	学习内容	学习时间
1	老师导入新课	5分钟
2	学生朗读课文	10分钟
3	师生共同研习课文	15分钟
4	学生讨论	10分钟
5	总结梳理，课后反思	5分钟
【教学步骤】		

步骤 05 此时，教学课件即制作完毕，按【Ctrl+S】组合键保存文档，最终效果图如下图所示。

高手支招

🔊 本节教学录像时间：2分钟

● 在页首表格上方插入空行

有些 Word 文档，没有输入任何文字而是直接插入了表格，如果用户想要在表格前面输入标题或文字，是很难操作的。下面介绍使用一个小技巧在页首表格上方插入空行，具体的操作步骤如下。

步骤 01 打开随书光盘中的"素材\ch04\表格操作.docx"文档，将鼠标光标置于任意一个单元格中或选中第一行单元格。

序号	产品	销量/吨
1	白菜	21307
2	海带	15940
3	冬瓜	17979
4	西红柿	25351
5	南瓜	17491
6	黄瓜	18852
7	玉米	21586
8	红豆	15263

步骤 02 单击【布局】选项卡下【合并】选项组中的【拆分表格】按钮 ⊞ 拆分表格，即可在第一行单元格上方插入一行空行。

序号	产品	销量/吨
1	白菜	21307
2	海带	15940
3	冬瓜	17979
4	西红柿	25351
5	南瓜	17491
6	黄瓜	18852
7	玉米	21586
8	红豆	15263

● 导出文档中的图片

如果发现某一篇文档中的图片比较好，希望得到这些图片，具体操作步骤如下。

步骤 01 在需要保存的图片上单击鼠标右键，在弹出的快捷菜单中选择【另存为图片】选项。

步骤 02 在弹出的【保存文件】对话框中选择保存的路径和文件名，在【保存类型】中选择【JPEG文件交换格式】选项，单击【保存】按钮。

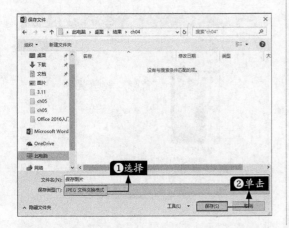

步骤 03 在保存的文件夹中即可找到保存的图片文件。

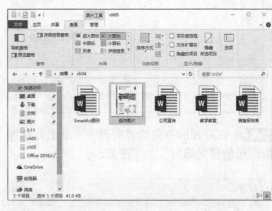

第 **5** 章

使用Word排版
——设计毕业论文

Word具有强大的文字排版功能，通过对本章知识的学习，读者应掌握设置格式和样式、使用分隔符、添加页眉和页脚、插入页码、查看与编辑大纲以及创建目录和索引等操作。

5.1 格式和样式

样式包含字符样式和段落样式，字符样式的设置是以单个字符为单位，段落样式的设置是以段落为单位。样式是特定格式的集合，它规定了文本和段落的格式，并以不同的样式名称标记。使用样式可以简化操作、节约时间，还有助于保持整篇文档的一致性。

5.1.1 查看/显示样式

在Word 2016中，如果没有应用自定义或者系统内置的样式，输入的文本将会以默认的样式显示；应用了自定义或者系统内置的样式，文本将以应用的样式进行显示。在Word 2016中可以方便地查看文本的格式及样式。

步骤01 打开随书光盘中的"素材\ch05\植物与动物.docx"文件，将鼠标光标置于要查看样式的文本内或者选择要查看样式的文本。

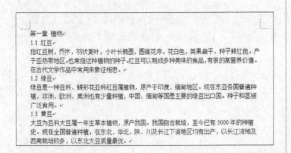

步骤02 在【开始】选项卡下【样式】选项组的【样式】列表框中将会显示所选段落的样式名称，这里可以看到文本的样式名称为"正文"。如果要查看详细的格式，可以单击【样式】按钮 。

步骤03 即可打开【样式】窗格，处于选中状态的样式名称"正文"即为所选段落的样式，单击【样式检查器】按钮 。

步骤04 弹出【样式检查器】窗格，在其中也可以看到段落的样式名称。单击段落样式后的 按钮，在弹出的下拉列表中单击【显示格式】按钮 。

步骤 05 即可在打开的【显示格式】窗格中查看详细的格式。

5.1.2 应用样式

从上一节的【显示格式】窗格中可以看出，样式是被命名并保存的特定格式的集合，它规定了文档中正文和段落等的格式。段落样式应用于整个文档，包括字体、行间距、对齐方式、缩进格式、制表位、边框和编号等。字符样式可以应用于任何文字，包括字体、字体大小和修饰等。

1. 快速使用样式

在打开的"素材\ch05\植物与动物.docx"文件中，选择要应用样式的文本（或者将鼠标光标定位于要应用样式的段落内），这里将光标定位至第一段段内。单击【开始】选项卡下【样式】组右下角的 按钮，从弹出的【样式】下拉列表中选择【标题】样式，此时第一段即变为标题样式。

2. 使用样式列表

使用样式列表也可以应用样式。

步骤 01 选中需要应用样式的文本。

步骤 02 在【开始】选项卡的【样式】组中单击【样式】按钮 ，弹出【样式】窗格，在【样式】窗格的列表中单击需要的样式选项即可，如单击【目录1】选项。

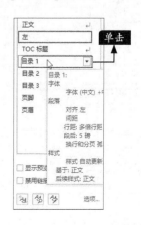

步骤 03 单击右上角的【关闭】按钮，关闭【样式】窗格，即可将样式应用于文档，效果如右图所示。

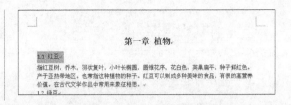

5.1.3 自定义样式

当系统内置的样式不能满足需求时，用户还可以自行创建样式，具体操作步骤如下。

步骤 01 打开随书光盘中的"素材\ch05\植物与动物.docx"文件，选中需要应用样式的文本，或者将插入符移至需要应用样式的段落内的任意一个位置，然后在【开始】选项卡的【样式】组中单击【样式】按钮，弹出【样式】窗格。

步骤 02 单击【新建样式】按钮，弹出【根据格式设置创建新样式】窗口。

步骤 03 在【名称】文本框中输入新建样式的名称，例如输入"内正文"，在【属性】区域分别在【样式类型】、【样式基准】和【后续段落样式】下拉列表中选择需要的样式类型或样式基准，并在【格式】区域根据需要设置字体格式，并单击【倾斜】按钮 *I* 。

步骤 04 单击左下角的【格式】按钮，在弹出的下拉列表中选择【段落】选项。

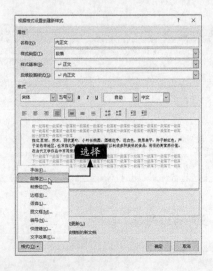

步骤05 弹出【段落】对话框，在段落对话框中设置"首行缩进，2字符"，单击【确定】按钮。

步骤06 返回【根据格式设置创建新样式】对话框，在中间区域浏览效果，单击【确定】按钮。

步骤07 在【样式】窗格中可以看到创建的新样式，在文档中显示设置后的效果。

步骤08 选择其他要应用该样式的段落，单击【样式】窗格中的【内正文】样式，即可将该样式应用到新选择的段落。

5.1.4 修改样式

当样式不能满足编辑需求时，则可以进行修改，具体操作步骤如下。

步骤01 在【样式】窗格中单击下方的【管理样式】按钮。

步骤 02 弹出【管理样式】对话框，在【选择要编辑的样式】列表框中单击需要修改的样式名称，然后单击【修改】按钮。

步骤 03 弹出【修改样式】对话框，参照新建样式的**步骤 03** ~**步骤 06** ，分别设置字体、字

号、加粗、段间距、对齐方式和缩进量等选项。单击【修改样式】对话框中的【确定】按钮，完成样式的修改。

步骤 04 最后单击【管理样式】窗口中的【确定】按钮返回，修改后的效果如下图所示。

5.1.5 刷新样式

设置样式之后，可以选择要应用样式的段落，然后单击样式名称来应用样式，还可以使用【格式刷】工具来快速地刷新样式。使用格式刷的具体操作步骤如下。

步骤 01 接上一节操作，将鼠标光标定位于应用样式后的段落中，单击【开始】选项卡下【剪贴板】选项组中的【格式刷】按钮 格式刷 。

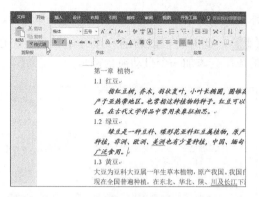

步骤 02 即可看到鼠标光标变为 形状，在要刷新格式的段落中单击，即可快速将样式应用到所选段落中。

第一章 植物

1.1 红豆

  招红豆树，乔木，羽状复叶，小叶长椭圆，圆锥花序，花白色，荚果扁平，种子鲜红色。产于亚热带地区。也常指这种植物的种子。红豆可以制成多种美味的食品，有很高营养养分佳。在古代文学作品中常用来象征相思。

1.2 绿豆

  绿豆是一种豆科、蝶形花亚科红豆属植物，原产于印度、缅甸地区。现在东亚各国普遍种植，非洲、欧洲、美洲也有少量种植，中国、缅甸等国是主要的绿豆出口国。种子和茎被广泛食用。

1.3 黄豆

  大豆为豆科大豆属一年生草本植物，原产我国。我国自古栽培，至今已有5000年的栽培史。现在全国普遍种植，在东北、华北、陕、川及长江下游地区均有出户，以长江流域及西南栽培较多，以东北大豆质量最优。

> **小提示**
>
>   单击【格式刷】按钮一次，刷新段落样式后，即可结束样式的刷新，如果要为多个段落应用样式，可以连续两次单击【格式刷】按钮，按【Esc】键，即可结束样式刷新。

5.1.6 清除样式

  当某个样式不再使用时，可以将其删除，具体操作步骤如下。

步骤 01 在【样式】窗格中单击【管理样式】按钮 。

名称，单击【删除】按钮即可删除所选的样式，最后单击【确定】按钮返回即可。

步骤 02 弹出【管理样式】对话框，在【选择要编辑的样式】列表框中单击需要删除的样式

5.2 使用分隔符

🎬 **本节教学录像时间：4 分钟**

  排版文档时，部分内容需要另起一节或另起一页显示，这时就需要在文档中插入分节符或者分页符。

5.2.1 插入分页符

  在【分页符】选项组中又包含有分页符、分栏符和自动换行符，用户可以根据需要选择不同的分页符插入到文档中。下面以插入自动换行符为例，介绍在文档中插入分页符的具体操作步骤。

步骤 01 打开随书光盘中的"素材\ch05\植物与动物.docx"文件，移动光标到要换行的位置。单击【布局】选项卡下【页面设置】组中的【分隔符】按钮 ，在弹出的下拉列表中的【分页符】选项组中单击【自动换行符】选项。

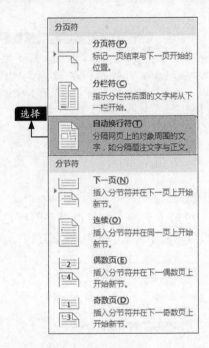

步骤 02 此时文档以新的一段开始，且上一段的段尾会添加一个自动换行符↓。

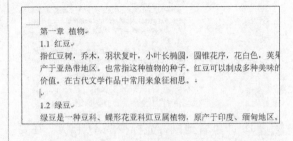

> **小提示**
>
> 【分页符】选项组中的各选项功能如下。
> 【分页符】插入该分页符后，标记一页终止并在下一页显示；
> 【分栏符】插入该分页符后，分栏符后面的文字将从下一栏开始；
> 【自动换行符】插入该分页符后，自动换行符后面的文字将从下一段开始。

5.2.2 插入分节符

为了便于同一文档中不同部分的文本进行不同的格式化操作，可以将文档分隔成多节。节是文档格式化的最大单位，只有在不同的节中才可以设置与前面文本不同的页眉、页脚、页边距、页面方向、文字方向或者分栏等。分节可使文档的编辑排版更灵活、版面更美观。

【分节符】选项组中各选项的功能如下。

【下一页】：插入该分节符后，Word将使分节符后的那一节从下一页的顶部开始。

【连续】：插入该分节符后，文档将在同一页上开始新节。

【偶数页】：插入该分节符后，将使分节符后的一节从下一个偶数页开始，对于普通的书就是从左手页开始。

【奇数页】：插入该分节符后，将使分节符后的一节从下一个奇数页开始，对于普通的书就是从右手页开始。

步骤 01 移动光标到要插入分节符的位置。单击【布局】选项卡下【页面设置】组中的【分

隔符】按钮，在弹出的下拉列表中的【分节符】选项组中选择【下一页】选项。

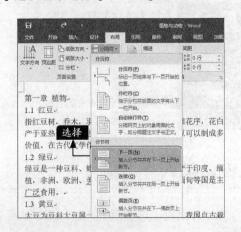

步骤 02 在插入分节符后，将在下一页开始新节。

> **小提示**
>
> 　　移动鼠标光标到分节符标记之后，按【Backspace】键或者在分节符之前按【Delete】键均可删除分节符标记。

5.3 添加页眉和页脚

⊙ **本节教学录像时间：9分钟**

 Word 2016提供了丰富的页眉和页脚模板，使用户插入页眉和页脚变得更为快捷。

5.3.1 插入页眉和页脚

在页眉和页脚中可以输入创建文档的基本信息，例如在页眉中输入文档名称、章节标题或者作者名称等信息，在页脚中输入文档的创建时间、页码等，这样不仅能使文档更美观，还能向读者快速传递文档要表达的信息。在Word 2016中插入页眉和页脚的具体操作步骤如下。

✐ 1. 插入页眉

插入页眉的具体操作步骤如下。

步骤 01 打开随书光盘中的"素材\ch05\植物与动物.docx"文件，单击【插入】选项卡【页眉和页脚】组中的【页眉】按钮，弹出【页眉】下拉列表。

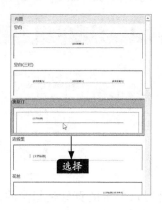

步骤 02 选择需要的页眉，如选择【奥斯汀】选项，Word 2016会在文档每一页的顶部插入页眉，并显示【文档标题】文本域。

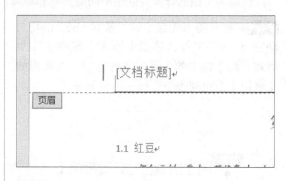

步骤 03 在页眉的文本域中输入文档的标题和页眉，单击【设计】选项卡下【关闭】选项组中的【关闭页眉和页脚】按钮。

步骤 04 插入页眉的效果如下图所示。

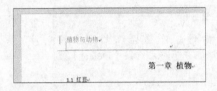

● 2. 插入页脚

插入页脚的具体操作步骤如下。

步骤 01 在【设计】选项卡中单击【页眉和页脚】组中的【页脚】按钮，弹出【页脚】下拉列表，这里选择【怀旧】选项。

步骤 02 文档自动跳转至页脚编辑状态，输入页脚内容。

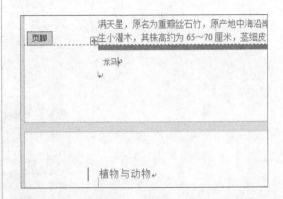

步骤 03 单击【设计】选项卡下【关闭】选项组中的【关闭页眉和页脚】按钮，即可看到插入页脚的效果。

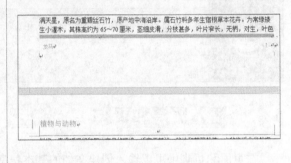

5.3.2 为奇偶页创建不同的页眉和页脚

可以为文档的奇偶页创建不同的页眉和页脚，具体操作步骤如下。

步骤 01 打开随书光盘中的"素材\ch05\植物与动物.docx"文件，单击【插入】选项卡【页眉和页脚】组中的【页眉】按钮，在弹出的【页眉】下拉列表中选择一种页眉样式。

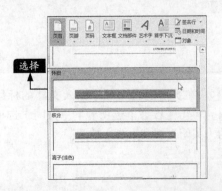

步骤 02 即可在文档插入页眉，在页眉的文本域中输入相关的信息。

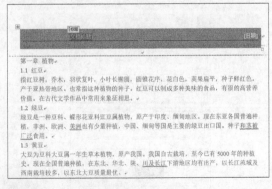

步骤 03 此时奇偶页的页眉是相同的，单击选

中【设计】选项卡下【选项】选项组中的【奇偶页不同】复选框。选择文档的第2页，即可看到页眉位置显示"偶数页页眉"字样，并且页眉位置的页眉信息也已经被清除。

步骤04 将鼠标光标定位于任意一个偶数页的页眉中，单击【设计】选项卡下【页眉和页脚】选项组中的【页眉】按钮 ，在弹出的下拉列表中选择一种页眉样式。

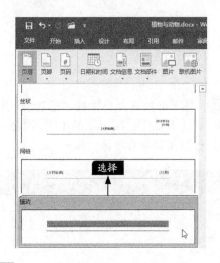

步骤05 即可为偶数页插入页眉，输入相关信息，完成偶数页页眉的设置。

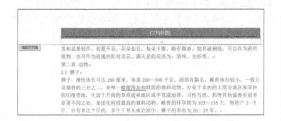

步骤06 至此，就完成了奇偶页不同页眉的设置。

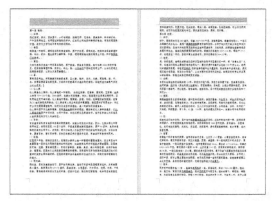

步骤07 选择第1页的页眉，单击【设计】选项卡下【导航】选项组中的【转至页脚】按钮 ，切换至奇数页的页脚位置。

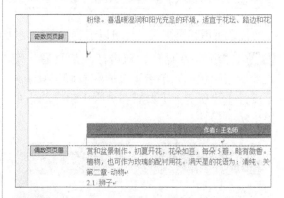

步骤08 单击【设计】选项卡下【页眉和页脚】选项组中的【页脚】按钮，在弹出的下拉列表中选择一种页脚样式并根据需要输入页脚信息。完成奇数页页脚的设置。

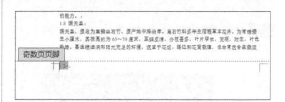

步骤09 选择第2页的页脚，单击【设计】选项卡下【页眉和页脚】选项组中的【页脚】按钮，在弹出的下拉列表中选择一种页脚样式并根据需要输入页脚信息。完成偶数页页脚的设置。

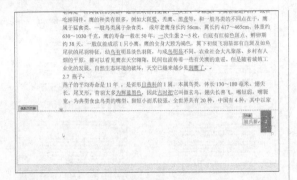

奇偶页创建了不同的页眉和页脚。

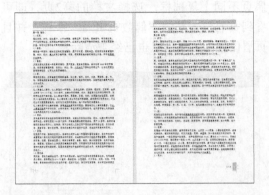

步骤 10 单击【关闭页眉和页脚】按钮，就为

5.3.3 修改页眉和页脚

插入页眉和页脚后，还可以根据需要修改页眉和页脚，具体操作步骤如下。

步骤 01 接上一节操作，双击插入的页眉，使其处于编辑状态。单击【页眉和页脚工具】➤【设计】选项卡下【页眉和页脚】组中的【页眉】按钮。

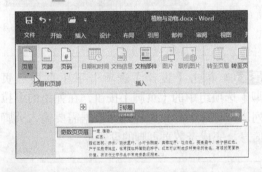

步骤 02 在弹出的下拉列表中选择一种页眉样式。

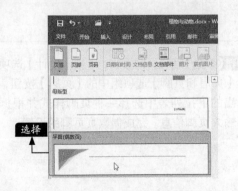

步骤 03 即可完成奇数页页眉的更改，输入新的标题。使用同样的方法还可以更改其他的页眉或页脚。

步骤 04 选择奇数页页眉中的"植物与动物"文本，在【开始】选项卡下的【字体】选项组中可以根据需要更改字体的样式。

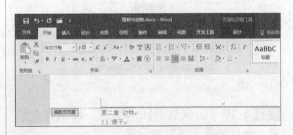

步骤 05 单击【设计】选项卡下【导航】选项组中的【转至页脚】按钮，切换至奇数页的页脚位置，根据需要设置奇数页的页脚文本样式。

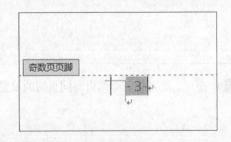

步骤 06 单击【设计】选项卡下【关闭】选项组中的【关闭页眉和页脚】按钮，即可看到修改页眉和页脚后的效果。

5.4 插入页码

本节教学录像时间：4分钟

在文档中插入页码，可以让阅读者更方便地查找文档中的信息。

5.4.1 设置页码格式

Word 2016内置了默认的页码格式，在插入页码之前，用户可以根据需要首先设置页码格式，设置页码格式的具体操作步骤如下。

步骤 01 打开随书光盘中的"素材\ch05\植物与动物.docx"文件，单击【插入】选项卡【页眉和页脚】组中的【页码】按钮，在弹出的下拉列表中选择【设置页码格式】选项。

步骤 02 弹出【页码格式】对话框，单击【编号格式】选择框后的 ∨ 按钮，在弹出的下拉列表中选择一种编号格式。在【页码编号】组中单击选中【续前节】单选项，单击【确定】按钮即可。

> **小提示**
>
> 【包含章节号】复选框：可以将章节号插入到页码中，可以选择章节起始样式和分隔符。
> 【续前节】单选项：接着上一节的页码连续设置页码。
> 【起始页码】单选项：选中此单选项后，可以在后方的微调框中输入起始页码数。

5.4.2 从首页开始插入页码

插入页码时，一般情况下从首页开始插入，并且首页的页码为"1"，从首页开始插入页码的具体操作步骤如下。

步骤 01 接上一节操作，将鼠标光标定位至第1页，单击【插入】选项卡【页眉和页脚】组中的【页码】按钮，在弹出的下拉列表中选择【页面底端】▶【普通数字2】选项。

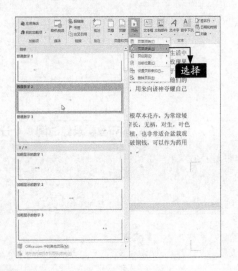

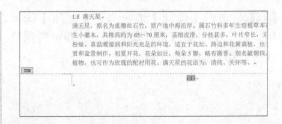

步骤 03 选择插入的页码，还可以在【开始】选项卡下的【字体】选项组中更改页码的字体样式，更改完成，单击【设计】选项卡下【关闭】选项组中的【关闭页眉和页脚】按钮，完成页码插入。

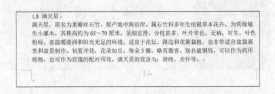

步骤 02 即可在页面的底端插入页码。

小提示

如果需要首页不显示页码，可以在【设计】选项卡下【选项】选项组中单击选中【首页不同】复选框，即可取消首页页码显示。

5.5 添加题注、脚注和尾注

⊙ **本节教学录像时间：7分钟**

本节介绍在Word 2016中添加题注、脚注和尾注的方法。

5.5.1 插入题注

插入题注可以为图片或者对象添加标签，插入题注后，可以通过交叉引用在文档的任意位置引用对象。

步骤 01 打开随书光盘中的"素材\ch05\教学教案.docx"文件，选择"教学思路"标题下的SmartArt图形。

步骤 02 单击【引用】选项卡【题注】选项组中的【插入题注】按钮。

步骤 03 弹出【题注】对话框，在【选项】组下的【标签】下拉列表中可以选择标签，选择标签后，【题注】文本框中的名称会相应发生改变，如果要设置其他标签，单击【新建标签】按钮。

步骤 04 弹出【新建标签】对话框，在【标签】文本框中输入标签名称，这里输入"SmartArt"。单击【确定】按钮。

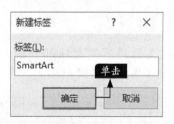

步骤 05 返回【题注】对话框，即可看到标签名称更改为新建的标签，在【位置】下拉列表中选择【所选项目下方】选项。单击【确定】按钮。

步骤 06 即可看到选择文本添加题注后的效果。

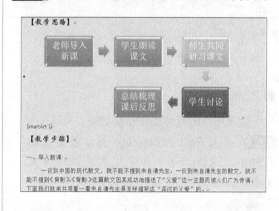

5.5.2 插入脚注和尾注

在文档中使用脚注和尾注可以为文档中所述的某个事项提供解释、批注或参考。通常，脚注显示在页面底部，尾注显示在文档或小节末尾。

1. 插入脚注

插入脚注的具体操作步骤如下。

步骤 01 在打开的"素材\ch05\教学教案.docx"文件中，选择"一、导入新课"标题下的"朱自清"文本。

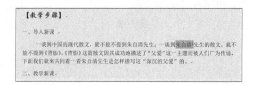

步骤 02 单击【引用】选项卡【脚注】选项组中的【插入脚注】按钮。

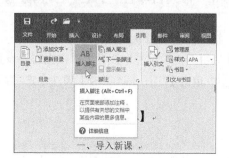

步骤 03 即可看到选择的文本由"朱自清"变为"朱自清[1]"，并在页面的底部显示脚注。

> 一谈到中国的现代散文，就不能不提到朱自清先生；一谈到
> 能不提到《背影》，《背影》这篇散文因其成功地描述了"父爱"这一主
> 下面我们就来共同看一看朱自清先生是怎样描写这"深沉的父爱"
> 二、教学新课。
> 　（一）学生大声朗读课文。
> 　（二）师生共同研习课文。
> 　1.教师提问：读完这篇散文之后，你觉得作者是通过选取什么
> 主题的？
> 　明确：作者是通过选取"背影"这个角度来表达"父爱"这一

步骤 04 在底部的脚注部分输入相关注释，即完成了脚注的添加。

> 　（一）学生大声朗读课文。
> 　（二）师生共同研习课文。
> 　1.教师提问：读完这篇散文之后，你觉得作者是通过选取什么角度来表达"父爱"这一
> 主题的？
> 　明确：作者是通过选取"背影"这个角度来表达"父爱"这一主题的。
> 　2.本文的题目是"背影"，文中一共几次写到"背影"？
> 　明确：第一次，点题的背影；第二次，买橘子的背影；第三次，离别时的背影；第四次，
> 思念中的背影。
> 　3.这四次对背影的描写中，哪一次给你留下的印象最深？
> ─────────
> [1] 朱自清原名朱自华，号秋实，后改名自清，字佩弦。

2.插入尾注

插入尾注的具体操作步骤如下。

步骤 01 在打开的"素材\ch05\教学教案.docx"文件中，选择"（一）学生大声朗读课文"文本。

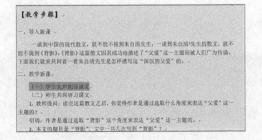

步骤 02 单击【引用】选项卡【脚注】选项组中的【插入尾注】按钮 插入尾注。

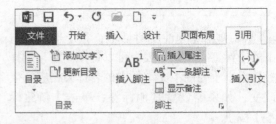

步骤 03 即可看到在选择的文本最后显示尾注，即"（一）学生大声朗读课文[i]"。

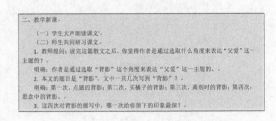

> 三、总结梳理，回扣目标。
> 　这篇文章通过抓住"背影"这个聚焦点的写法，运用朴素的语言，表达了"深深的
> 这一主题。

步骤 04 在文档最后的尾注部分输入相关注释，即完成了尾注的添加。

> （5）"进去吧，里头没人。"这句话的言外之意是什么？（父亲担心行李的安全。）大家
> 看，这真是"儿行千里父担忧啊！"
> 这五句话没有华丽的辞藻，语言朴实，但一言一语都充满了父亲对儿子的关心体贴之情。
> 谁说父爱不细腻，谁说父爱不伟大，这就是伟大的父爱！
> 三、总结梳理，回扣目标。
> 　这篇文章通过抓住"背影"这个聚焦点的写法，运用朴素的语言，表达了"深深的父爱"
> 这一主题。
> ─────────
> [i] 除了大声朗读课文外，还需要挑选学生有感情地朗读或者分组轮流朗读。

5.5.3 设置脚注与尾注的编号格式

插入脚注时默认是按照数字"1、2……"进行编号，插入尾注时默认情况是按照罗马数字"ⅰ、ⅱ……"编号，读者可以根据需要设置脚注与尾注的编号格式。具体操作步骤如下。

步骤 01 单击【引用】选项卡【脚注】选项组中的【脚注和尾注】按钮 。

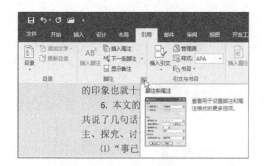

步骤 02 弹出【脚注和尾注】对话框，在【位置】组下单击选中【脚注】单选项，就可以设置脚注的编号样式，单击其后的下拉按钮，选择【页面底端】选项，在【格式】组下即可设置编号的格式，单击【编号格式】文本框后的下拉按钮，在弹出的下拉列表中选择一种编号样式，设置【编号】为"每页重新编号"。

步骤 03 设置完成，单击选中【尾注】单选项，就可以设置尾注的编号样式，根据需要进

行相关设置，设置方法与设置脚注类似，设置完成，单击【应用】按钮。

步骤 04 即可看到文档中脚注和尾注的编号样式发生了改变。

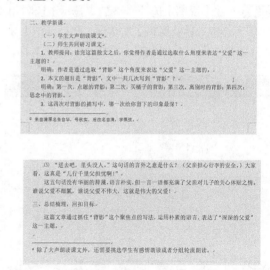

5.6 查看与编辑大纲

🎬 **本节教学录像时间：4 分钟**

　　在Word 2016中设置段落的大纲级别是提取文档目录的前提，此外，设置段落的大纲级别不仅能够通过【导航】窗格快速地定位文档，还可以根据大纲级别展开和折叠文档内容。

5.6.1 设置大纲级别

　　设置段落的大纲级别通常有以下两种方法。

1. 在【引用】选项卡下设置

在【引用】选项卡下设置大纲级别的具体操作步骤如下。

步骤01 在打开的"素材\ch05\教学教案.docx"文件中，选择"【教学目标及重点】"文本。单击【引用】选项卡下【目录】选项组中的【添加文字】按钮右侧的下拉按钮 。在弹出的下拉列表中选择【1级】选项。

步骤02 在【视图】选项卡下的【显示】选项组中单击选中【导航窗格】复选框，在打开的【导航】窗格中即可看到设置大纲级别后的文本。

小提示

如果要设置为【2级】段落级别，只需要在下拉列表中选择【2级】选项即可。

---

2. 使用【段落】对话框设置

使用【段落】对话框设置大纲级别的具体操作步骤如下。

步骤01 在打开的"素材\ch05\教学教案.docx"文件中选择"【教学思路】"文本并单击鼠标右键，在弹出的快捷菜单中选择【段落】菜单命令。

步骤02 打开【段落】对话框，在【缩进和间距】选项卡下的【常规】组中单击【大纲级别】文本框后的下拉按钮，在弹出的下拉列表中选择【1级】选项，单击【确定】按钮。

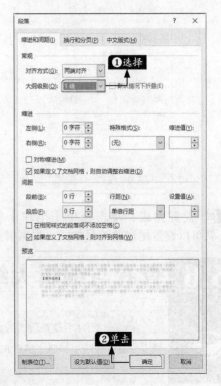

步骤03 选择"一、导入新课"文本，并单击鼠标右键，选择【段落】菜单命令，在打开的【段落】对话框中设置【大纲级别】为"2级"，单击【确定】按钮。

步骤 04 使用同样的方法，设置其他标题的段落级别，即可在【导航】窗格中看到设置大纲级别后的效果。

5.6.2 大纲展开和折叠按钮

在文档中折叠和展开内容的方式基于其大纲级别。添加大纲级别后就可以使用大纲的展开和折叠按钮使文档的部分内容折叠或展开。

步骤 01 为段落设置大纲级别后，可以在段落前看到 ◢ 按钮，单击 ◢ 按钮，即可将该级别下的正文内容折叠，如单击【教学目标及重点】前的 ◢ 按钮后的效果如下图所示。

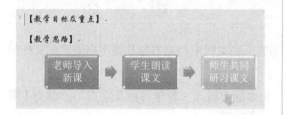

步骤 02 使用同样的方法可以折叠其他正文文本。

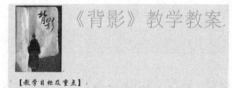

步骤 03 折叠后，可以看到 ◢ 按钮将变为 ▷ 按钮，单击【教学目标及重点】前的 ▷ 按钮即可展开其下方的内容。

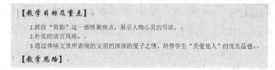

5.7 在长文档中快速定位

☕ 本节教学录像时间：4 分钟

在长文档中，可以使用Word 2016进行定位，例如定位至文档的某一页、某一行等。

5.7.1 使用"转到"命令定位

Word 2016提供了【转到】命令，可以快速地定位至文档的某一页、某一节、某一行，甚至可以根据书签、批注、脚注、尾注、域、表格、图形、公式、对象以及标题等进行定位，使用【转到】命令定位文档的具体操作步骤如下。

步骤 01 打开随书光盘中的"素材\ch05\教学案例1.docx"文档，单击【开始】选项卡【编辑】组中的【查找】按钮右侧的下拉按钮 ▾，在弹出的下拉菜单中选择【转到】选项。

步骤 02 弹出【查找和替换】对话框，并自动选择【定位】选项卡。

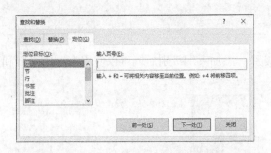

步骤 03 在【定位目标】列表框中选择定位方式（这里选择【行】），在右侧【输入行号】文本框中输入行号，如下图所示将定位到第10行。

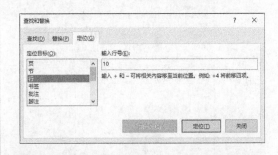

步骤 04 单击【定位】按钮，即可定位至第10行。

5.7.2 使用书签定位

使用书签定位文档，首先需要在文档中添加书签，在文档中添加书签并使用书签定位文档的具体操作步骤如下。

步骤 01 打开随书光盘中的"素材\ch05\教学案例1.docx"文档，将鼠标光标定位至要插入书签的位置，单击【插入】选项卡下【链接】选项组中的【书签】按钮 书签。

文本框中输入"教学目标及重点"，单击【添加】按钮。

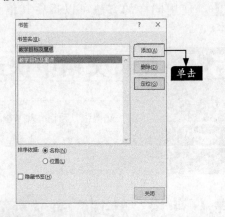

步骤 03 即可完成书签的添加，使用同样的方法创建其他书签。

步骤 02 弹出【书签】对话框，在【书签名】

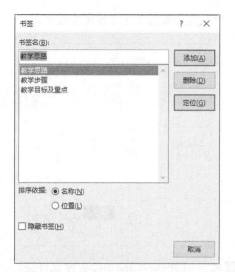

小提示

在【书签】对话框中单击选中【位置】单选项，书签名将会以在文档中由上到下的顺序进行显示。

步骤 04 单击【开始】选项卡【编辑】组中的【查找】按钮右侧的下拉按钮 ，在弹出的下拉菜单中选择【转到】选项。

步骤 05 弹出【查找和替换】对话框，在【定位目标】列表框中选择"书签"，在右侧【请输入书签名称】文本框下拉列表中选择【教学思路】选项，单击【定位】按钮。

步骤 06 即可定位至"教学思路"书签所在位置。

小提示

在【书签】对话框中选择书签名并单击【定位】按钮即可快速定位位置。

5.8 创建目录和索引

◉ 本节教学录像时间：4 分钟

对于长文档来说，查看文档中的内容时，不容易找到需要的文本内容，这时就需要为文档创建一个目录，以方便阅读者查找需要的文本内容。

5.8.1 创建目录

插入文档的页码并为目录段落设置大纲级别是提取目录的前提条件。提取目录的具体操作步骤如下。

步骤 01 打开随书光盘中的"素材\ch05\教学案例1.docx"文档，将鼠标光标定位于文档最前的位置，单击【插入】选项卡下【页面】选项组中的【空白页】按钮 空白页 。

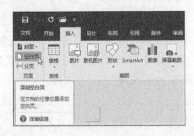

步骤 02 添加一个空白页，在空白页中输入"目录"文本，并根据需要设置字头样式。

步骤 03 单击【引用】选项卡的【目录】组中的【目录】按钮，在弹出的下拉列表中选择【自定义目录】选项。

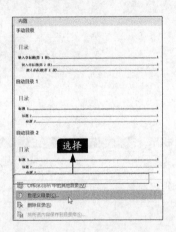

步骤 04 在弹出的【目录】对话框中，在【格式】下拉列表中选择【正式】选项，在【显示级别】微调框中输入或者选择显示级别为"2"，在预览区域可以看到设置后的效果，

各选项设置完成后单击【确定】按钮。

步骤 05 此时就会在指定的位置建立目录。

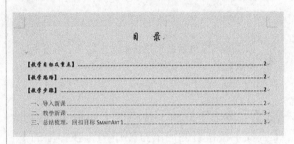

步骤 06 将鼠标指针移动到目录中要查看的内容上，按【Ctrl】键，鼠标指针就会变为形状，单击鼠标即可跳转到文档中的相应标题处。

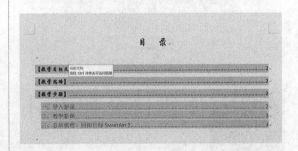

5.8.2 创建索引

通过添加索引，可以列出关键字和这些关键字出现的页码。创建索引的具体操作步骤如下。

步骤 01 打开随书光盘中的"素材\ch05\教学案例1.docx"文档中需要标记索引项的文本，单击【引用】选项卡【索引】组中的【标记索引项】按钮。

步骤 02 在弹出的【标记索引项】对话框中设置【主索引项】、【次索引项】和【所属拼音项】等索引信息，设置完成单击【标记】按钮。

步骤 03 单击【关闭】按钮，查看添加索引的效果。

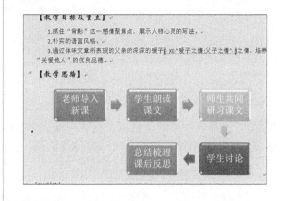

5.8.3 更新目录

提取目录后，如果文档的页码或者标题位置发生改变，目录中的页码和标题不会随之自动更新，这时就需要更新目录，更新目录的具体操作步骤如下。

步骤 01 选择要更新的目录，单击【引用】选项卡下【目录】选项组中的【更新目录】按钮 更新目录 。

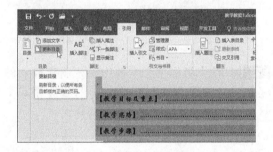

步骤 02 弹出【更新目录】对话框，单击选中【更新整个目录】单选项，单击【确定】按钮即可完成目录的更新操作。

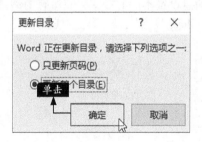

5.9 综合实战——设计毕业论文

🌐 **本节教学录像时间：11 分钟**

设计毕业论文时需要注意的是文档中同一类别的文本的格式要统一，层次要有明显的区分，要对同一级别的段落设置相同的大纲级别，还要将需要单独显示的页面单独显示。本节将排版一篇毕业论文。

● 第1步：设计毕业论文首页

在制作毕业论文的时候，首先需要为论文添加首页，来描述个人信息。

步骤 01 打开随书光盘中的"素材\ch05\毕业论文.docx"文档，将鼠标光标定位至文档最前的位置，按【Ctrl+Enter】组合键，插入空白页面。

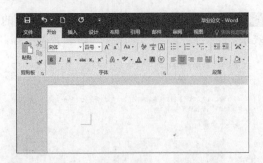

步骤 02 选择新创建的空白页，在其中输入学校信息、个人介绍信息和指导教师名称等信息。

步骤 03 分别选择不同的信息，并根据需要为不同的信息设置不同的格式，使所有的信息占满论文首页。

第2步：设计毕业论文格式

在撰写毕业论文的时候，学校会统一毕业论文的格式，需要根据提供的格式统一样式。

步骤 01 选中需要应用样式的文本，或者将插入符移至"前言"文本段落内，然后单击【开始】选项卡的【样式】组中的【样式】按钮 ▫，弹出【样式】窗格。

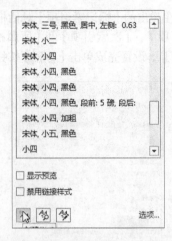

步骤 02 单击【新建样式】按钮，弹出【根据格式设置创建新样式】窗口。

步骤 03 在【名称】文本框中输入新建样式的名称，例如输入"论文标题1"，在【格式】区域分别根据学校规定设置字体样式。

步骤 04 单击左下角的【格式】按钮，在弹出的下拉列表中选择【段落】选项。

步骤 05 弹出【段落】对话框，根据要求设置段落样式，在【缩进和间距】选项卡下的【常规】组中单击【大纲级别】文本框后的下拉按钮，在弹出的下拉列表中选择【1级】选项，单击【确定】按钮。

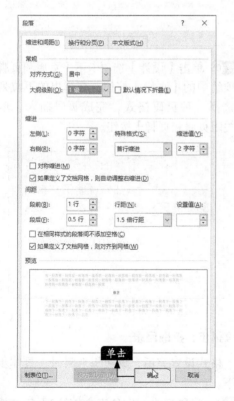

步骤 06 返回【根据格式设置创建新样式】对话框，在中间区域浏览效果，单击【确定】按钮。

步骤 07 在【样式】窗格中可以看到创建的新样式，在文档中显示设置后的效果。

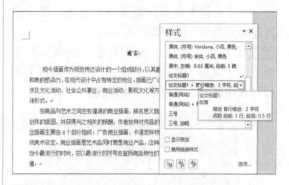

步骤 08 选择其他需要应用该样式的段落，单击【样式】窗格中的【论文标题1】样式，即可将该样式应用到新选择的段落。

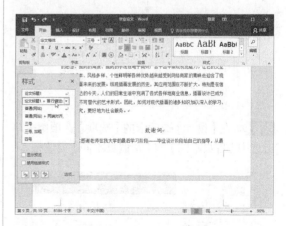

步骤 09 使用同样的方法为其他标题及正文设计样式。最终效果如下图所示。

（四）形象和直观。

在对产品特征做表述时，外在的一些特征容易描绘，对内在的概念作形象化的说明，也就是图解。商业插画要求将图形和文字的关系处理妥贴，只有这样才能让人很轻松地理解并信服，最终可以加深人们对这个效果的印象。

五、商业插画的表现手法分析。

作为大众文化传播的表现形式之一，中国当代商业插画是顺应时代发展需要的产物，经济一体化的加剧、大众物质生活水平的提升使得人们生活的方方面面都直接或间接受到西方外来文化的影响与冲击，经济发展和图形信息时代的到来共同提升了商业插画在市场上的需求量，有了商业活动的推动作为经济启蒙，中国当代商业插画在商业领域日益活跃并成为引领商业活动的主体表现手段之一。由于商业插画具有实用性的特征，故而常常需要忠实地表现客观的事物。商业插画的表现风格有写实、象征、漫画等；它的表现技法有手绘、精绘、肌理效果处理、喷绘等。

（一）写实与抽象。

在商业插画的表现手法中，写实手法主要有两种手段，绘画和摄影。

写实手法融入了超现实主义和很相现实主义的手法，借助摄影、写真喷绘、电脑等手段，能够取得十分真实的视觉效果，为视觉传达开拓了一个崭新的空间，摄影的手法快捷通真，是最佳写实手法之一，当今的摄影技术非常先进，影像越来越细，色彩还原越来越好。

而抽象的表现手法则会大量使用抽象观念性主题，受现代一些艺术流派的影响。

🔵 第3步：设置页眉并插入页码

在毕业论文中可能需要插入页眉，使文档看起来更美观，还需要插入页码。

步骤 01 单击【插入】选项卡【页眉和页脚】组中的【页眉】按钮，在弹出的【页眉】下拉列表中选择【空白】页眉样式。

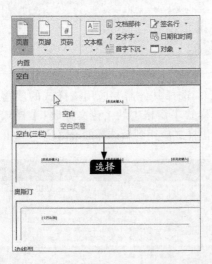

步骤 02 在【设计】选项卡的【选项】选项组中单击选中【首页不同】和【奇偶页不同】复选框。

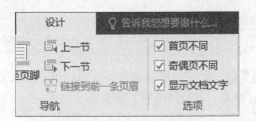

步骤 03 在奇数页页眉中输入内容，并根据需要设置字体样式。

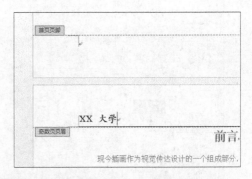

步骤 04 创建偶数页页眉，并设置字体样式。

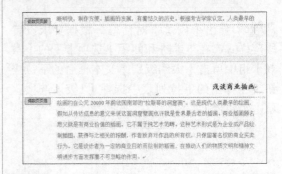

步骤 05 单击【设计】选项卡下【页眉和页脚】选项组中的【页码】按钮，在弹出的下拉列表中选择一种页码格式，完成页码插入。单击【关闭页眉和页脚】按钮。

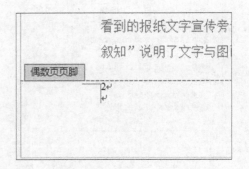

🔵 第4步：提取目录

格式设置完后，即可提取目录，具体步骤如下。

步骤 01 将鼠标光标定位于文档第2页最前的位置，单击【插入】选项卡下【页面】选项组中的【空白页】按钮。添加一个空白页，在空白页中输入"目录"文本，并根据需要设置字头样式。

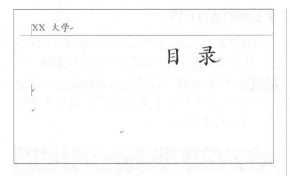

步骤02 单击【引用】选项卡的【目录】组中的【目录】按钮 📄，在弹出的下拉列表中选择【自定义目录】选项。

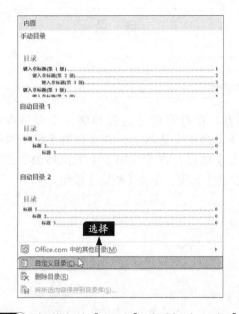

步骤03 在弹出的【目录】对话框中，在【格式】下拉列表中选择【正式】选项，在【显示级别】微调框中输入或者选择显示级别为"3"，在预览区域可以看到设置后的效果，各选项设置完成后单击【确定】按钮。

步骤04 此时就会在指定的位置建立目录。

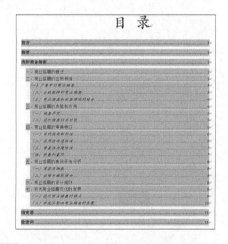

步骤05 根据需要，设置目录字体大小和段落间距，至此就完成了毕业论文的排版。

高手支招

🕐 **本节教学录像时间：2分钟**

● 指定样式的快捷键

在创建样式时，可以为样式指定快捷键，只需要选择要应用样式的段落并按快捷键即可应用样式。

步骤01 在【样式】窗格中单击要指定快捷键的样式后的下拉按钮 ▼，在弹出的下拉列表中选择【修改】选项。

步骤 02 打开【修改样式】对话框,单击【格式】按钮,在弹出的列表中选择【快捷键】选项。

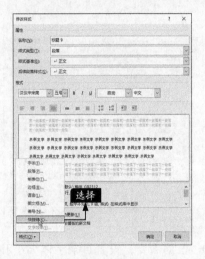

步骤 03 弹出【自定义键盘】对话框,将鼠标光标定位至【请按新快捷键】文本框中,并在键盘上按要设置的快捷键,这里按【Alt+C】组合键,单击【指定】按钮,即完成了指定样式快捷键的操作。

删除页眉分割线

在添加页眉时,经常会看到自动添加的分割线,我们可以将这些自动添加的分割线删除。

步骤 01 双击页眉,进入页眉编辑状态。单击【设计】选项卡下【页面背景】选项组中的【页面边框】按钮。

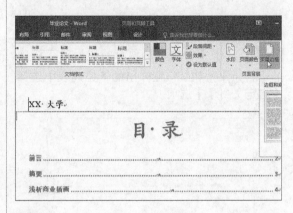

步骤 02 在打开的【边框和底纹】对话框中选择【边框】选项卡,在【设置】组下选择【无】选项,在【应用于】下拉列表中选择【段落】选项,单击【确定】按钮。

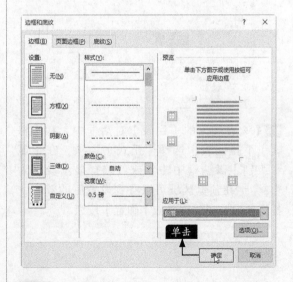

步骤 03 即可看到页眉中的分割线已经被删除。

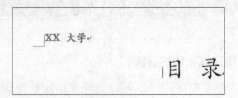

第 **6** 章

检查和审阅文档
——递交准确的年度报告

学习目标

使用Word编辑文档之后，又有通过了其检查和审阅功能，才能递交出专业的文档，本章就来介绍窗口的视图方式、文档的校对及语言的转换、查找与替换功能以及批注和修订等检查和审阅文档的方法。

学习效果

6.1 认识窗口的视图方式

本节教学录像时间：5分钟

视图是指文档的显示方式。在编辑的过程中用户常常因不同的编辑目的而需要突出文档中的某一部分内容，以便能更有效地编辑文档，这可以通过更改视图方式实现。

1.页面视图——分页查看文档

在进行文本输入和编辑时通常采用页面视图，该视图的页面布局简单，是一种常用的文档视图，它按照文档的打印效果显示文档，使文档在屏幕上看上去就像在纸上一样。

单击【视图】选项卡的【视图】组中的【页面视图】按钮后，文档即转换为页面视图。

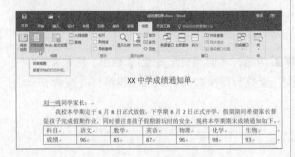

2.阅读视图——让阅读更方便

阅读版式视图主要用于以阅读视图方式查看文档。它最大的优点是利用最大的空间来阅读或批注文档。在阅读视图下，Word会隐藏许多工具栏，从而使窗口工作区中显示最多的内容，仅留有部分工具栏用于文档的简单修改。

单击【视图】选项卡的【文档视图】组中的【阅读视图】按钮后，文档即转换为阅读版式视图。

小提示

单击状态栏中的【阅读视图】按钮也可进入阅读视图。

要关闭阅读视图方式，按【Esc】键即可切换到页面视图。

3. Web版式视图——联机阅读更方便

Web版式视图主要用于查看网页形式的文档外观。当选择显示Web版式视图时，编辑窗口将显示得更大，并自动换行以适应窗口。此外，还可以在Web版式视图下设置文档背景以及浏览和制作网页等。

单击【视图】选项卡的【文档视图】组中的【Web版式视图】按钮后，文档即转换为Web版式视图。

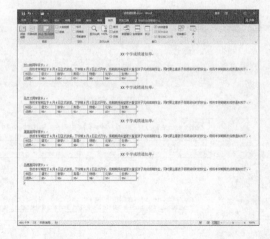

4. 大纲视图——让文档的框架一目了然

大纲视图是显示文档结构和大纲工具的视图，它将所有的标题分级显示出来，层次分明，特别适合较多层次的文档，如报告文体和章节排版等。在大纲视图方式下，用户可以方便地移动和重组长文档。

单击【视图】选项卡的【文档视图】组中的【大纲视图】按钮，即转换为大纲视图。

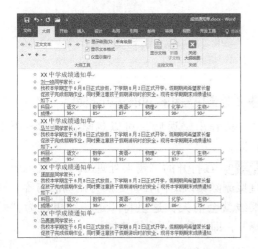

单击【降级】按钮，所选标题的级别就会降低一级。用户也可以单击【降级为正文】按钮将标题直接变为正文文本。同样，单击【升级】按钮和【提升至标题1】按钮则可将标题的级别升高。

5. 草稿——最简洁的方式

草稿主要用于查看草稿形式的文档，便于快速编辑文本。在草稿视图中不会显示页眉、页脚等文档元素。

单击【视图】选项卡的【文档视图】组中的【草稿】按钮后文档即转换为草稿视图。

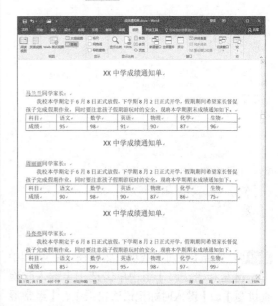

6.2 文档的校对与语言的转换

🎥 本节教学录像时间：10 分钟

Word 2016提供了强大的错误处理功能，包括检查拼写和语法、自定义拼写和语法检查、自动处理错误以及自动更改字母大小写等。使用这些功能，可以减少文档中的各类错误。

6.2.1 自动拼写和语法检查

使用拼写和语法检查功能，可以减少文档中的单词拼写错误以及中文语法错误。

1.开启检查拼写和校对语法功能

如果我们在工作时输入的文本有错误，开启检查拼写和校对语法功能之后，Word 2016就会在错误部分下用红色或绿色的波浪线进行标记。

步骤 01 打开随书光盘中的"素材\ch06\错误处理.docx"文档，其中包含了几处错误。

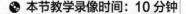

返一下面的句子。

1. 你几岁了？
翻译：Hwo old are you？
2. can I help you？
翻译：我可以帮你吗？

素材中的"返一"应为"翻译","Hwo"应为"How"。

步骤 02 单击【文件】选项卡，在右侧列表中选择【选项】选项，打开【Word 选项】对话框。

步骤 03 单击【校对】选项，然后在【在Word中更正拼写和语法时】组中单击选中【键入时检查拼写】、【键入时标记语法错误】、【经常混淆的单词】和【随拼写检查语法】复选框。

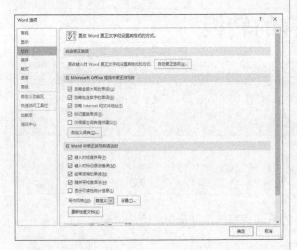

步骤 04 单击【确定】按钮，在文档中就可以看到在错误位置标示的提示波浪线。

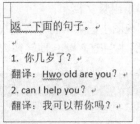

2.检查拼写和校对语法功能使用

检查出错误后，可以忽略错误或者更正错误。

步骤 01 在打开的"错误处理.docx"文档中，直接删除错误的内容，更换为正确的内容，波浪线就会消失，这里将"返一"更换为"翻译"，即可看到波浪线消失。

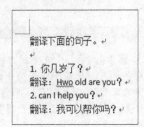

步骤 02 单击【审阅】选项卡【校对】组中的【拼写和语法】按钮，可打开【拼写检查】窗格，在列表框中选择正确的单词，单击【更改】按钮。

小提示

单击【忽略】按钮，错误内容下方的波浪线将会消失。

步骤03 弹出【Microsoft Word】提示框，单击【确定】按钮，此时，正确的单词替换了错误的单词。

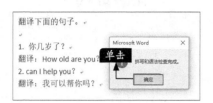

小提示

在拼写错误的单词上单击鼠标右键，在弹出的快捷菜单顶部会提示拼写正确的单词。选择正确的单词替换错误的单词后，错误单词下方的红色波浪线就会消失。

6.2.2 使用自动更正功能

使用自动更正功能可以检查和更正错误的输入。例如，输入"hwo"和一个空格，则会自动更正为"how"。如果用户键入"hwo are you"，则自动更正为"how are you"。

步骤01 单击【文件】选项卡，然后单击左侧列表中的【选项】按钮。

步骤02 弹出【Word选项】对话框。

步骤03 选中【校对】选项，在自动更正选项组下单击【自动更正选项】按钮。

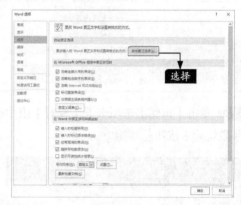

步骤04 弹出【自动更正】对话框，在【自动更正】对话框中可以设置自动更正、数学符号自动更正、键入时自动套用格式、自动套用格式和操作等。这里在【替换】文本框中输入"hwo"，在【替换为】文本框中输入"how"，单击【添加】按钮。

步骤 05 即可将文本替换添加到自动更正列表中，单击【确定】按钮，返回【Word选项】对话框中，再次单击【确定】按钮。返回到文档编辑模式，此时，键入"hwo are you"，则自动更正为"How are you"。

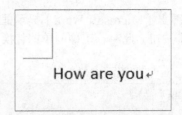

6.2.3 统计文档字数

在Word文档中我们还可以快速统计出文档中的字数以及某一段落的字数，具体的操作方法如下。

步骤 01 打开随书光盘中的"素材\ch06\成绩通知单.docx"文档，选中要统计字数的段落。

步骤 02 单击【审阅】选项卡下【校对】组中的【字数统计】按钮 字数统计 。

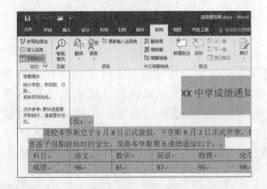

步骤 03 弹出【字数统计】对话框，在该对话框中清晰显示出选中文本的字数。

步骤 04 在状态栏上单击鼠标右键，在弹出的快捷菜单中勾选【字数统计】选项。

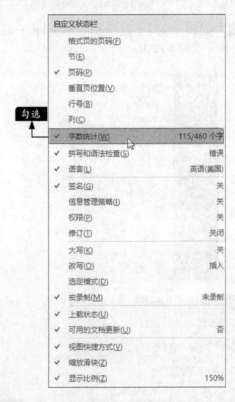

步骤 05 即可在状态栏中显示选中文本的字数以及文档中的总字数。

6.2.4 自动更改字母大小写

Word 2016提供了多种单词拼写检查模式，如【句首字母大写】、【全部小写】、【全部大写】、【每个单词首字母大写】、【切换大小写】、【半角】和【全角】等。

步骤 01 打开随书光盘中的"素材\ch06\错误处理.docx"文档，选中需要更改大小写的单词、句子或段落。在【开始】选项卡【字体】组中单击【更改大小写】按钮 Aa ▾，在弹出的下拉菜单中选择所需要的选项即可，这里选择【句首字母大写】选项。

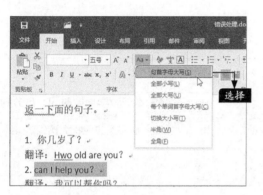

步骤 02 此时，即可看到所选内容句首字母变为了大写。

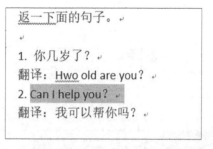

返一下面的句子。

1. 你几岁了？

翻译：Hwo old are you？

2. Can I help you？

翻译：我可以帮你吗？

小提示

如果要更改文档中所有的单词，先选中所有文档，再选择【每个单词首字母大写】命令，则文档中所有的英文单词的首字母都会更改为大写。

6.2.5 使用翻译功能

Word 2016提供了文本翻译的功能，使用户在使用文档的过程中会感到更加方便快捷。

步骤 01 新建Word文档，在文档中输入一句话并选中，然后单击【审阅】选项卡下【语言】选项组中的【翻译】按钮，在弹出的下拉列表中选择【翻译所选文字】选项。

步骤 02 在文档的右侧弹出【信息检索】窗格，设置翻译的类型，如这里翻译为"英语"。单击【开始搜索】按钮 ➡。

步骤 03 即可进行翻译，单击【插入】按钮，即可将该句子的翻译内容插入到文档中。

在【信息检索】窗格【翻译】区域，单击【翻译为】文本框右侧的下拉按钮，在弹出的列表中可以选择需要的语言类型。

步骤 04 插入后的效果如下图所示。

We go to dinner?

6.3 查找与替换

🎬 本节教学录像时间：6 分钟

查找功能可以帮助读者查找到要查找的内容，用户也可以使用替换功能将查找到的文本或文本格式替换为新的文本或文本格式。

6.3.1 查找

查找功能可以帮助用户定位到目标位置以便快速找到想要的信息，查找分为查找和高级查找。

● 1.查找

步骤 01 打开随书光盘中的"素材\ch06\定位、查找与替换. docx"文档，单击【开始】选项卡下【编辑】组中的【查找】按钮 🔎 查找 ▼ 右侧的下拉按钮，在弹出的下拉菜单中选择【查找】命令。

步骤 02 在文档的左侧打开【导航】任务窗格，在下方的文本框中输入要查找的内容，这里输入"2016"，此时在文本框的下方提示"6个结果"，并且在文档中查找到的内容都会以黄色背景显示。

步骤 03 单击任务窗格中的【下一条】按钮 ▼，定位第2个匹配项。再次单击【下一条】按钮，

就可快速查找到下一条符合的匹配项。

2.高级查找

使用【高级查找】命令可以打开【查找和替换】对话框来查找内容。

步骤 01 单击【开始】选项卡下【编辑】组中的【查找】按钮 🔎 查找 ▾ 右侧的下拉按钮，在弹出的下拉菜单中选择【高级查找】命令，弹出【查找和替换】对话框。

步骤 02 单击【更多】按钮可限制更多的条件，

单击【更少】按钮可隐藏下方的搜索选项。

步骤 03 在【查找】选项卡中的【查找内容】文本框中输入要查找的内容，单击【查找下一处】按钮，Word即可开始查找。如果查找不到，则弹出提示信息对话框，提示未找到搜索项，单击【确定】按钮返回。如果查找到文本，Word将会定位到文本位置并将查找到的文本背景用灰色显示。

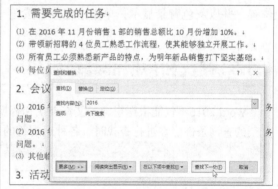

小提示

按【Esc】键或单击【取消】按钮，可以取消正在进行的查找，并关闭【查找和替换】对话框。

6.3.2 替换

替换功能可以帮助用户快捷地更改查找到的文本或批量修改相同的内容。

步骤 01 在打开的"定位、查找与替换.docx"文档中，单击【开始】选项卡下【编辑】组中的【查找】按钮 ᵃᵇc 替换 按钮，弹出【查找和替换】对话框。

步骤 02 在【替换】选项卡中的【查找内容】文本框中输入需要被替换的内容（这里输入"一部"），在【替换为】文本框中输入替换后的新内容（这里输入"1部"）。

就可以将查找到的内容替换为新的内容，并跳转至第2个查找内容。

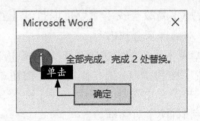

步骤 04 如果用户需要将文档中所有相同的内容都替换掉，单击【全部替换】按钮 `全部替换(A)` ，Word就会自动将整个文档内所有查找到的内容替换为新的内容，并弹出相应的提示框显示完成替换的数量。单击【确定】按钮关闭提示框。

步骤 03 单击【查找下一处】按钮，定位到从当前光标所在位置起第一个满足查找条件的文本位置，并以灰色背景显示，单击【替换】按钮

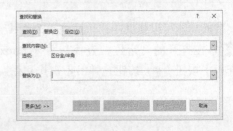

6.3.3 查找和替换的高级应用

Word 2016不仅能根据指定的文本查找和替换，还能根据指定的格式进行查找和替换，以满足复杂的查询条件。在进行查找时，各种通配符的作用如下表所示。

通配符	功能
?	任意单个字符
*	任意字符串
<	单词的开头
>	单词的结尾
[ ]	指定字符之一
[−]	指定范围内任意单个字符
[!×−z]	括号内范围中的字符以外的任意单字符
{n}	n个重复的前一字符或表达式
{n,}	至少n个重复的前一字符或表达式
{n,m}	n到m个前一字符或表达式
@	一个或一个以上的前一字符或表达式

将段落标记统一替换为手动换行符的具体操作步骤如下。

步骤 01 在打开的"定位、查找与替换.docx"文档中，单击【开始】选项卡下【编辑】组中的【替换】按钮 `替换` ，弹出【查找和替换】对话框。

步骤 02 在【查找和替换】对话框中，单击【更多】按钮，在弹出的【搜索选项】组中可以选择需要查找的条件。将鼠标光标定位在【查找内容】文本框中，然后在【替换】组中单击【特殊格式】按钮，在弹出的快捷菜单中选择【段落标记】命令。

步骤 03 将鼠标光标定位在【替换为】文本框中，然后在【替换】组中单击【特殊格式】按钮，在弹出的快捷菜单中选择【手动换行符】命令。

步骤 04 单击【全部替换】按钮，即可将文档中的所有段落标记替换为手动换行符。此时，弹出提示框，显示替换总数。单击【确定】按钮即可完成文档的替换。

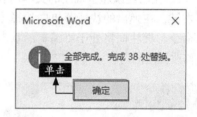

6.4 批注文档

🔊 **本节教学录像时间：6 分钟**

批注是文档的审阅者为文档添加的注释、说明、建议、意见等信息。在把文档分发给审阅者前设置文档保护，可以使审阅者只能添加批注而不能对文档正文进行修改。添加批注可以方便工作组的成员之间的交流。

6.4.1 添加批注

批注也是对文档的特殊说明，添加批注的对象可以是文本、表格或图片等文档内的所有内容。Word 2016将使用有颜色的括号将批注的内容括起来，背景色也将变为相同的颜色。默认情况下，批注显示在文档页边距外的标记区，批注与被批注的文本使用与批注相同颜色的虚线连接。添加批注的具体操作步骤如下。

步骤01 打开随书光盘中的"素材\ch06\批注.docx"文档，然后单击【审阅】选项卡，在文档中选择要添加批注的文字，然后单击【新建批注】按钮。

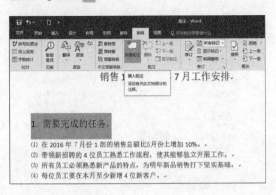

步骤02 在后方的批注框中输入批注的内容即可。

> **亮中龙马** 几秒以前
> 1.需要总结出新产品的优点，并形成系统的书面文字。
> 2.及时收集客户的反馈意见，帮助客户解决实际问题。

小提示

选择要添加批注的文本并单击鼠标右键，在弹出的快捷菜单中选择【新建批注】选项也可以快速添加批注。此外，还可以将【插入批注】按钮添加至快速访问工具栏。

6.4.2 编辑批注

如果对批注的内容不满意，还可以修改批注，修改批注有两种方法。

方法1：在已经添加了批注的文本内容上单击鼠标右键，在弹出的快捷菜单中选择【编辑批注】命令，批注框将处于可编辑的状态，此时即可修改批注的内容。

小提示

在弹出的快捷菜单中选择【答复批注】命令，可以对批注进行答复，选择【将批注标记为完成】命令，可以将批注以"灰色"显示。

方法2：直接单击需要修改的批注，即可进入编辑状态，编辑批注。

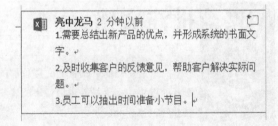

> **亮中龙马** 2 分钟以前
> 1.需要总结出新产品的优点，并形成系统的书面文字。
> 2.及时收集客户的反馈意见，帮助客户解决实际问题。
> 3.员工可以抽出时间准备小节目。

6.4.3 查看不同审阅者的批注

在查看批注时，用户可以查看所有审阅者的批注，也可以根据需要分别查看不同审阅者的批注。

步骤01 打开随书光盘中的"素材\ch06\多人批注.docx"文档，单击【审阅】选项卡下【修订】组中的【显示标记】按钮，弹出的快捷菜单中选择【特定人员】菜单命令。此时可以看到在【特定人员】命令的下一级菜单中选中了所有审阅者。

注者的名称，这样用户就可以根据自己的需要查看不同审阅者的批注了。

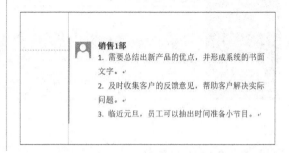

步骤 02 撤消选中"销售1部"前的复选框，即可隐藏"销售1部"的全部批注。保留要查看批

6.4.4 删除批注

当不需要文档中的批注时，用户可以将其删除，删除批注常用的方法有以下两种。

● 1.使用【删除】按钮

选择要删除的批注，此时【审阅】选项卡下【批注】组的【删除】按钮处于可用状态，单击该按钮即可将选中的批注删除。删除之后，【删除】按钮处于不可用状态。

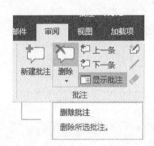

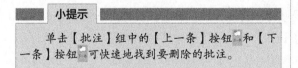

> **小提示**
>
> 单击【批注】组中的【上一条】按钮和【下一条】按钮可快速地找到要删除的批注。

● 2.使用快捷菜单命令

在需要删除的批注或批注文本上单击鼠标右键，在弹出的快捷菜单中选择【删除批注】菜单命令也可删除选中的批注。

6.4.5 删除所有批注

单击【审阅】选项卡下【修订】组中的【删除】按钮下方的下拉按钮，在弹出的快捷菜单中选择【删除文档中的所有批注】命令，可删除所有的批注。

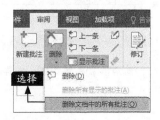

6.5 使用修订

🔵 **本节教学录像时间：4 分钟**

修订是显示文档中所做的诸如删除、插入或其他编辑更改的标记。启用修订功能，审阅者的每一次插入、删除或是格式更改都会被标记出来。这样能够让文档作者跟踪多位审阅者对文档所做的修改，并接受或者拒绝这些修订。

6.5.1 修订文档

修订文档首先需要使文档处于修订的状态，方法如下。

步骤 01 打开随书光盘中的 "素材\ch06\修订.docx" 文档，单击【审阅】选项卡下【修订】组中的【修订】按钮，即可使文档处于修订状态。

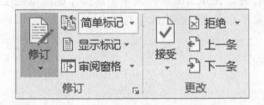

步骤 02 此后，对文档所做的所有修改将会被记录下来。

6.5.2 接受修订

如果修订的内容是正确的，这时就可以接受修订。将光标放在需要接受修订的内容处，然后单击【审阅】选项卡下【更改】组中的【接受】按钮，即可接受文档中的修订。此时系统将选中下一条修订。

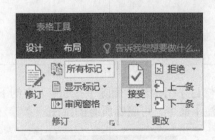

小提示

将光标放在需要接受修订的内容处，然后单击鼠标右键，在弹出的快捷菜单中选择【接受修订】命令，也可接受文档中的修订。

6.5.3 接受所有修订

如果所有修订都是正确的，需要全部接受，可以使用【接受所有修订】命令。单击【审阅】选项卡下【更改】组中的【接受】按钮下方的下拉按钮，在弹出的下拉列表中选择【接受所有修订】命令，即可接受所有修订。

6.5.4 拒绝修订

如果要拒绝修订，可以将光标放在需要拒绝修订的内容处，单击【审阅】选项卡下【更改】组中的【拒绝】按钮下方的下拉按钮，在弹出的下拉列表中选择【拒绝更改】/【拒绝并移到下一条】命令，即可拒绝修订。此时系统将选中下一条修订。

> **小提示**
>
> 将光标放在需要拒绝修订的内容处，然后单击鼠标右键，在弹出的快捷菜单中选择【拒绝修订】命令，也可拒绝文档中的修订。

6.5.5 删除修订

单击【审阅】选项卡下【更改】组中【拒绝】按钮下方的下拉按钮，在弹出的快捷菜单中选择【拒绝所有修订】命令，即可删除文档中的所有修订。

6.6 域和邮件合并

本节教学录像时间：4 分钟

邮件合并功能是先建立两个文档，即一个包括所有文件共有内容的主文档和一个包括变化信息的数据源，然后使用邮件合并功能在主文档中插入变化的信息。合成后的文件可以保存为Word文档打印出来，也可以以邮件形式发出去。

步骤 01 打开随书光盘中的"素材\ch06\通知单.docx"文档，单击【邮件】选项卡下【开始邮件合并】组中【开始邮件合并】按钮，在弹出的列表中选择【普通Word文档】选项。

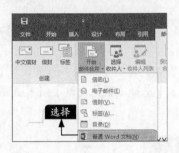

步骤 02 单击【开始邮件合并】组中【选择收件人】按钮，在弹出的列表中选择【使用现有列表】选项。

步骤 03 打开【选取数据源】对话框，选择数据源存放的位置，这里选择随书光盘中的"素材\ch06\名单.docx"文档，单击【打开】按钮。

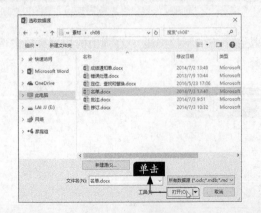

步骤 04 将鼠标光标定位至"同学家长："文本前，单击【编写和插入域】选项组中【插入合并域】按钮右下角的下拉按钮，在弹出的列表中选择【姓名】选项。

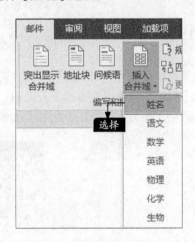

步骤 05 此时就将姓名域插入到鼠标光标所在的位置。

《姓名》同学家长：

我校本学期定于 1 月 8 日正式放假，促孩子完成假期作业，同时要注意孩子假

科目	语文	数学	英
成绩			

步骤 06 使用相同的方法插入各科的成绩。

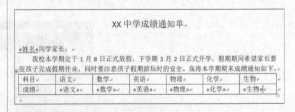

步骤 07 插入完成，单击【邮件】选项卡下【完

成】组中【完成并合并】按钮 下方的下拉按钮，在弹出的列表中选择【编辑单个文档】选项。

步骤 08 弹出【合并到新文档】对话框，单击选中【全部】单选项，并单击【确定】按钮。

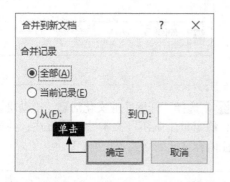

步骤 09 此时新建了名称为"信函1"的Word文档，显示每个学生的成绩，完成成绩通知单的制作。

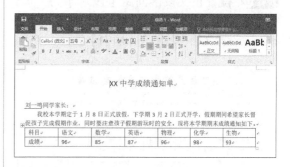

步骤 10 此时每个通知单单独占用一个页面，可以删除相邻通知单之间的分隔符，使其集中显示，节约纸张。

6.7 综合实战——递交准确的年度报告

🕐 **本节教学录像时间：8分钟**

年度报告是公司会计年度的财务报告及其他相关文件，也可以是公司一年历程的简单总结，如向公司员工介绍公司一年的经营状况、举办的活动、制度的改革以及企业的文化活动等内容，以激发员工工作热情、增进员工与领导之间的交流、促进公司的良性发展。根据实际情况的不同，每个公司年度报告也不相同，但是对于年度报告的制作者来说，递交的年度报告必须是准确无误的。

● 第1步：设置字体、段落样式

本节主要涉及Word的一些基本功能的使用，如设置字体、字号、段落等内容。

步骤 01 打开随书光盘中的"素材\ch06\年度报告.docx"文档，选择标题文字，设置其【字体】为"华文行楷"、【字号】为"二号"，并设置【居中】显示。

步骤 02 设置正文段落间距【段后】为 "0.5 行"，设置正文段落【首行缩进】为 "2字符"。设置文档中的图表【居中】显示。

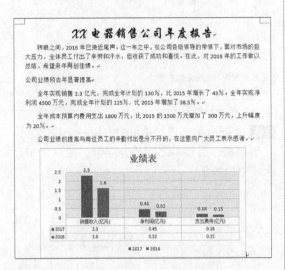

步骤 03 选中 "公司业绩较去年显著提高" 文本内容，设置其字体格式为 "华文行楷"，字号大小为 "四号"。

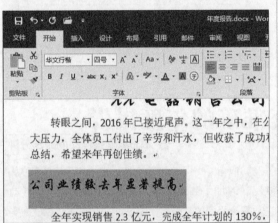

第2步：批注文档

通过批注文档，可以让作者根据批注内容修改文档。

步骤 01 选择 "完善制度，改善管理" 文本，单击【审阅】选项卡【批注】选项组中的【新建批注】按钮。

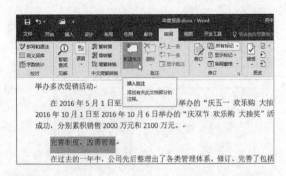

步骤 02 在新建的批注中输入 "核对管理体系内容是否有误。" 文本。

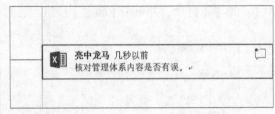

步骤 03 选择 "开展企业文化活动，推动培训机制，稳定员工队伍" 文本，新建批注，并添加批注内容 "此处格式不正确。"

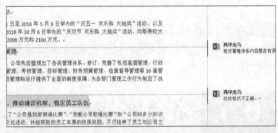

步骤 04 根据需要为其他存在错误的地方添加批注，最终效果如下图所示。

第3步：修订文档

根据添加的批注，可以对文档进行修订，改正错误的内容。

步骤 01 单击【审阅】选项卡下【修订】组中的【修订】按钮，使文档处于修订状态。

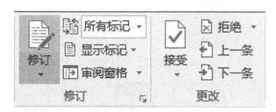

步骤 02 根据批注内容"核对管理体系内容是否有误。"，检查输入的管理体系内容，发现错误则需要改正。这里将其下方第2行中的"目标管理"改为"后勤管理"。删除"目标"2个字符并输入"后勤"。

在 2016 年 5 月 1 日至 2016 年 5 月 6 日举办的"庆五一 欢乐购 大抽奖"活动，2016 年 10 月 1 日至 2016 年 10 月 6 日举办的"庆双节 欢乐购 大抽奖"活动，均取得成功，分别累积销售 2000 万元和 2100 万元。

完善制度，改善管理。

在过去的一年中，公司先后整理出了各类管理体系。修订、完善了包括高层管理、基础管理、人力资源管理、考核管理、后勤目标管理、财务预算管理、检查督导管套管理体系。为公司的规范管理和运行提供了全面的制度保障，为各部门管理工作行了执行依据。

步骤 03 将鼠标光标定位在"公司业绩较去年显著提高"文本内，双击【开始】选项卡下【剪贴板】组中的【格式刷】按钮，复制其格式。

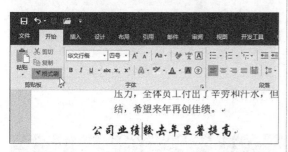

步骤 04 选择"开展企业文化活动，推动培训机制，稳定员工队伍"文本，将复制的格式应用到选择的文本，完成字体格式的修订，并使用格式刷功能设置其他标题的格式。根据批注内容修改其他内容，修订后的文档如下图所示。

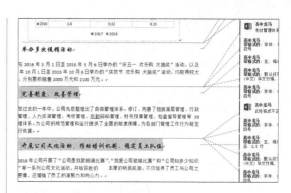

第4步：删除批注

根据批注的内容修改完文档之后，就可以将批注删除。

步骤 01 单击【审阅】选项卡【批注】选项组中【删除】按钮下方的下拉按钮，在弹出的列表中选择【删除文档中的所有批注】选项。

步骤 02 此时就将文档中的所有批注删除了。

第5步：查找和替换

一些需要统一替换的词或内容可以利用 Word 2016 的查找和替换功能完成。

步骤 01 单击【开始】选项卡【编辑】选项组中的【替换】按钮，弹出【查找和替换】

对话框。在【查找内容】文本框中输入"公司"，在【替换为】文本框中输入"企业"，单击【全部替换】按钮，即可完成文本内容的替换。

步骤 02 弹出信息提示框显示替换结果，单击【确定】按钮。

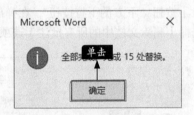

步骤 03 关闭【查找和替换】对话框，此时，可以看到替换的文本都以修订的形式显示。

第6步：接受或拒绝修订

根据修订的内容检查文档，如修订的内容无误，则可以接受全部修订。

步骤 01 单击【审阅】选项卡【更改】选项组中【接受】按钮下方的下拉按钮，在弹出的下拉列表中选择【接受所有修订】选项。

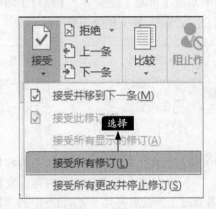

步骤 02 此时就接受了对文档所做的所有修订，并再次单击【修订】按钮，结束修订状态。最终效果如下图所示。至此，就制作完成了一份准确的年度报告，用户可以递交年度报告了。

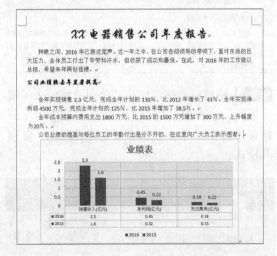

🔊 本节教学录像时间：3 分钟

在审阅窗格中显示修订或批注

当审阅修订和批注时，可以接受或拒绝每一项更改。在接受或拒绝文档中的所有修订和批注之前，即使是你发送或显示的文档中的隐藏更改，审阅者也能够看到。

步骤 01 单击【审阅】选项卡的【修订】组中的【审阅窗格】按钮右侧的下拉按钮，在弹出的下拉列表中选择【水平审阅窗格】选项。

步骤 02 即可打开【修订】水平审阅窗格，显示文档中的所有修订和批注。

合并批注

可以将不同作者的修订或批注组合到一个文档中，具体操作步骤如下。

步骤 01 单击【审阅】选项卡的【比较】组中的【比较】按钮，在弹出的下拉列表中选择【合并】选项。

步骤 02 弹出【合并文档】对话框，单击【原文档】后的按钮。

步骤 03 弹出【打开】对话框，选择原文档，这里选择"素材\ch06\批注.docx"文件，单击【打开】按钮。

步骤 04 返回至【合并文档】对话框，即可看到添加的原文件。使用同样的方法选择"修订的文档"，这里选择"素材\ch06\多人批注.docx"文件，在【合并文档】对话框中单击【确定】按钮。

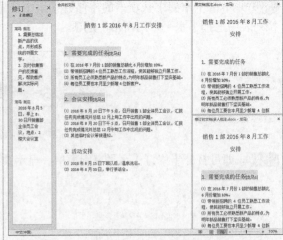

步骤 05 即可新建一个文档，并将原文档和修订的文档合并在一起显示。

第3篇
Excel 报表篇

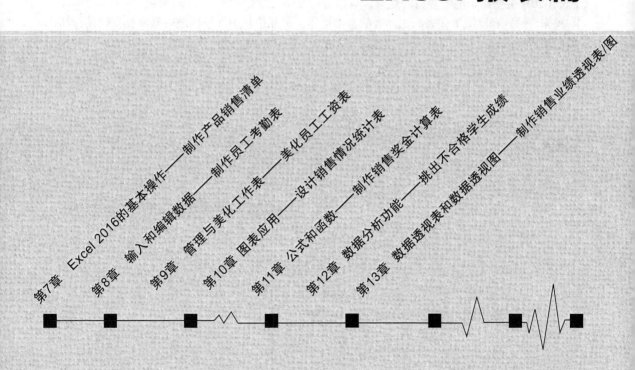

第 **7** 章

Excel 2016的基本操作
——制作产品销售清单

学习目标

Excel 2016主要用于电子表格的处理，可以进行复杂的数据运算。本章主要介绍工作簿的基本操作、插入和删除工作表、工作表的基本操作、单元格和单元格区域的基本操作以及行和列的基本操作等内容。

学习效果

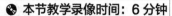

7.1 认识工作簿、工作表和单元格

⏺ 本节教学录像时间：6分钟

Excel 2016是Office 2016软件的一个重要组成部分，主要用于电子表格的处理，可以高效地完成各种表格的设计、进行复杂的数据计算和分析。要进行电子表格的管理，首先要分清楚工作簿、工作表、单元格的概念。

◑ 1.工作簿

工作簿是指在Excel中用来存储并处理工作数据的文件，其扩展名是.xlsx。在Excel中，一个工作簿就类似一本书，其中包含许多工作表，工作表中可以存储不同类型的数据。通常所说的Excel文件指的就是工作簿文件。

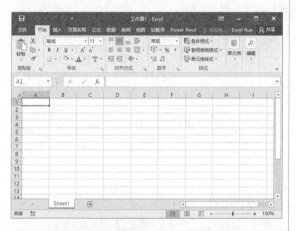

小提示

在一个工作簿中，无论有多少个工作表，将其保存时，都将会保存在同一个工作簿文件中，而不是按照工作表的个数保存。

◑ 2.工作表

工作表是工作簿里的一个表。Excel 2016的一个工作簿默认有1个工作表，用户可以根据需要添加工作表，每一个工作簿最多可以包括255个工作表。在工作表的标签上显示了系统默认的工作表名称为Sheet1、Sheet2、Sheet3……工作表名也可以自行命名。

◑ 3.单元格

工作表中行、列交汇处的区域称为单元格，它可以存放文字、数字、公式和声音等信息。在Excel中，单元格是存储数据的基本单位。

7.2 新建工作簿

⏺ 本节教学录像时间：6分钟

工作簿是指在Excel中用来存储并处理工作数据的文件，在Excel 2016中，其扩展名是.xlsx。通常所说的Excel文件指的就是工作簿文件。

7.2.1 创建空白工作簿

使用Excel之前，要创建一个工作簿。

步骤01 启动Excel 2016后，在初始界面单击右侧的【空白工作簿】选项。

步骤02 系统会自动创建一个名称为"工作簿1"的工作簿。

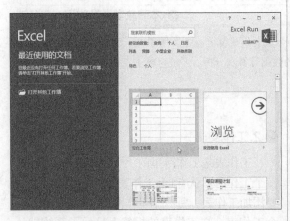

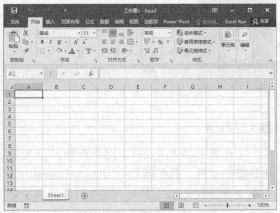

7.2.2 基于现有工作簿创建工作簿

如果要创建的工作簿的格式和现有的某个工作簿相同或类似，则可基于该工作簿创建，然后在其基础上修改即可。

步骤01 单击【文件】选项卡，在弹出的下拉列表中选择【打开】选项，在【打开】区域双击【这台电脑】选项。

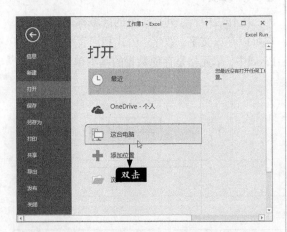

步骤02 在弹出的【打开】对话框中选择要新建的工作簿名称，此处选择"员工信息表.xlsx"文件,单击右下角的【打开】按钮，在弹出的快捷菜单中选择【以副本方式打开】选项。

步骤03 即可创建一个名为"副本（1）员工信息表.xlsx"的工作簿。

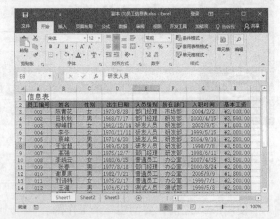

7.2.3 使用模板创建工作簿

用户在使用Excel的过程中，可以使用系统自带的模版或搜索联机模板，以方便在模板上进行修改并使用。例如，可以通过Excel模板创建一个课程表，具体的操作步骤如下。

步骤01 单击【文件】选项卡，在弹出的下拉列表中选择【新建】选项，然后单击【新建】区域的【课程表】按钮。

> **小提示**
>
> 在【搜索联机模板】文本框中输入需要的模板类别，单击【搜索】按钮 可快速搜索模板。

步骤02 在弹出的"课程表"预览界面中单击【创建】按钮，即可下载该模板。

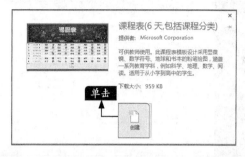

步骤03 下载完成后，系统会自动打开该模板，此时用户只需在表格中输入或修改相应的数据即可。

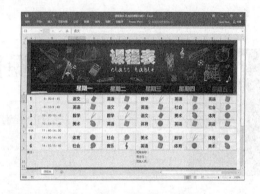

7.2.4 设置工作簿的信息

工作簿的属性包括大小、作者、创建日期、修改日期、标题、备注等信息。有些信息是由系统自动生成的，如大小、创建日期、修改日期等；有些信息是可以修改的，如作者、标题等。

步骤01 选择【文件】选项卡，在弹出的列表中选择【信息】选项，窗口右侧就是此文档的属性信息，包括基本属性、相关日期、相关人员等，单击【显示所有属性】，即可显示更多的属性。

步骤 02 单击【显示所有属性】超链接，可以显示该文档的所有属性，如下图所示。

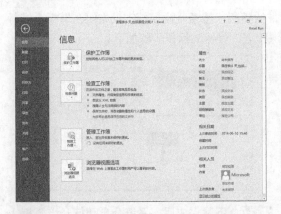

步骤 03 在属性类别右侧，可进行对应修改，如标题、标记、备注等，修改后的效果如图所示。

步骤 04 关闭Excel，在文件的所在窗口中，即可看到它的属性信息。

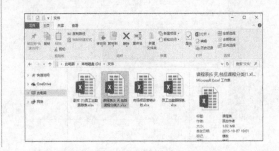

7.3 工作簿的基本操作

🔊 本节教学录像时间：4 分钟

在实际工作中，常常会打开已有的工作簿，对其进行修改、添加等操作。

7.3.1 打开工作簿

打开Excel 2016工作簿的方法有很多种，下面介绍几种常用的方法。

方法1：双击图标打开。

一般情况下，找到要打开的工作簿所处位置，双击图标即可打开文档。

员工出勤跟踪表.xlsx

方法2：右键菜单命令打开。

用户可以通过单击鼠标右键，在弹出的快捷菜单中单击【打开】命令打开工作簿，或选择【打开方式】选项，在弹出的列表中选择【Excel】命令打开工作簿。

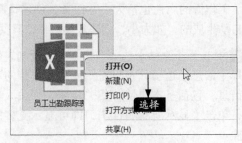

方法3：使用【文件】选项卡打开。

步骤 01 在Excel 2016程序中，单击【文件】选项卡，在弹出的下拉列表中选择【打开】选项，在【打开】区域单击【浏览】按钮。

步骤 02 在弹出的【打开】对话框中选择要打开的工作簿，然后单击【打开】按钮即可。

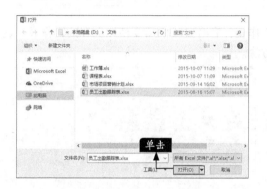

方法4：拖曳法。

将要打开的工作簿拖曳到Excel 2016程序中任意位置，即可快速打开该工作簿。

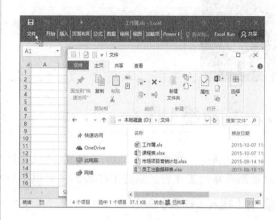

7.3.2 关闭工作簿

关闭工作簿的常用操作方法有以下4种。

方法1：

单击Excel界面右上角的【关闭】按钮 ，即可退出Excel 2016。

方法2：

单击【文件】选项卡，在弹出的列表中选择【关闭】选项，可以关闭当前工作簿。

方法3：

在窗口功能区上右键单击，在弹出的快捷菜单中选择【关闭】菜单命令。

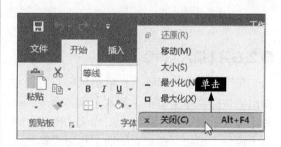

方法4：

单击Excel窗口，直接按【Alt+F4】组合键也可关闭当前工作簿。

7.4 插入和删除工作表

⊙ 本节教学录像时间：8 分钟

本节主要介绍工作表的创建、插入、移动、复制和删除等操作。

7.4.1 新建工作表

创建新的工作簿时，Excel 2016默认只有1个工作表，有时候我们需要使用更多的工作表，这时就需要新建工作表。新建工作表的主要以下3种方法。

1.【插入工作表】命令

在【开始】选项卡【单元格】组中，单击【插入】▶【插入工作表】命令，即可在当前工作簿左侧插入新的工作表。

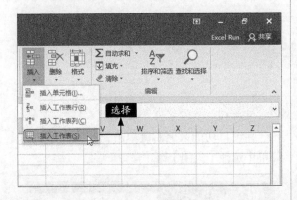

2.右键【插入】命令

在当前工作表标签上，单击鼠标右键，在弹出的快捷菜单上单击【插入】菜单命令，打开【插入】对话框，选择【工作表】图标，单击【确定】按钮，即可在当前工作簿左侧插入新的工作表。

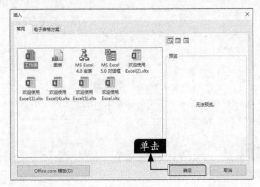

3.【新工作表】按钮

单击工作表标签右侧的【新工作表】按钮 ⊕，即可在工作表标签最右侧插入一个新工作表。

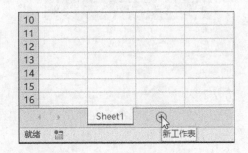

4.快捷键

在键盘上按【Shift+F11】组合键，即可在当前工作簿左侧插入新的工作表。

7.4.2 插入工作表

除了新建工作表外，还可以插入新的工作表来满足多工作表的需求。下面介绍几种插入工作表的方法。

● 1. 使用【插入】按钮插入工作表

步骤01 新建一个Excel工作簿，单击【开始】选项卡下【单元格】组中【插入】按钮 插入 右侧的下拉按钮，在弹出的下拉列表中选择【插入工作表】选项。

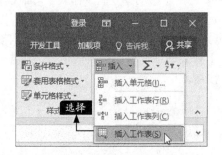

步骤02 即可创建一个新工作表。

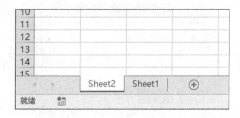

● 2. 使用快捷菜单插入工作表

步骤01 在Sheet2工作表标签上单击鼠标右键，在弹出的快捷菜单中选择【插入】菜单项。

步骤02 弹出【插入】对话框，选择【工作表】图标，单击【确定】按钮。

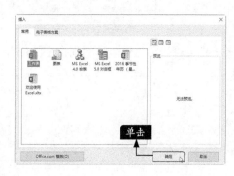

步骤03 即可在当前工作表的前面插入一个新工作表。

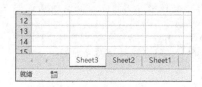

7.4.3 工作表的移动和复制

移动与复制工作表的具体操作步骤如下。

● 1. 移动工作表

可以将工作表移动到同一个工作簿的指定位置，也可以移动到不同工作簿的指定位置。

（1）在同一工作簿内移动。

步骤01 接上一节的操作，在要移动的工作表标签上单击鼠标右键，在弹出的快捷菜单中选择【移动或复制】菜单项。

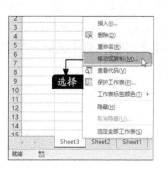

步骤 02 在弹出的【移动或复制工作表】对话框中选择要移动的位置，单击【确定】按钮。

步骤 03 即可将当前工作表移动到指定的位置。

小提示

选择要移动的工作表标签，按住鼠标左键不放，拖曳鼠标，可看到随鼠标指针移动时，伴随一个黑色倒三角。移动黑色倒三角到目标位置，释放鼠标左键，工作表即可被移动到新的位置。

（2）在不同工作簿内移动。

我们不但可以在同一个Excel工作簿中移动工作表，还可以在不同的工作簿中移动。若要在不同的工作簿中移动工作表，则要求这些工作簿必须是打开的。具体操作步骤如下。

步骤 01 在要移动的工作表标签上单击鼠标右键，在弹出的快捷菜单中选择【移动或复制】选项。

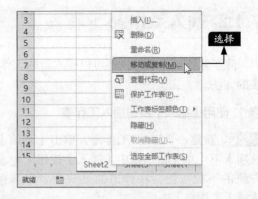

步骤 02 弹出【移动或复制工作表】对话框，在【将选定工作表移至 工作簿：】下拉列表中选择要移动的目标位置，在【下列选定工作表之前：】列表框中选择要插入的位置，单击【确定】按钮。

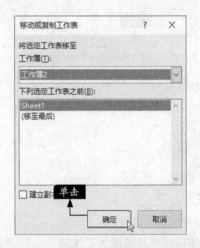

步骤 03 即可将当前工作表移动到指定的位置。

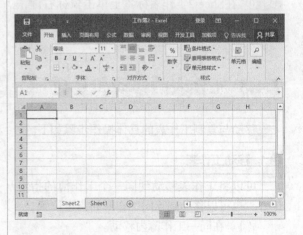

● 2. 复制工作表

用户可以在一个或多个Excel工作簿中复制

工作表，有以下两种方法。

（1）使用鼠标复制。

用鼠标复制工作表的步骤与移动工作表的步骤相似，只是在拖动鼠标的同时按住【Ctrl】键即可。

步骤01 选择要复制的工作表，按住【Ctrl】键的同时单击该工作表。

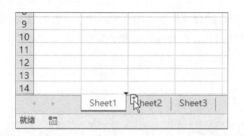

步骤02 拖曳鼠标让指针到工作表的新位置，黑色倒三角会随鼠标指针移动，释放鼠标左键，工作表即被复制到新的位置。

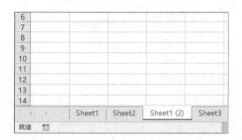

（2）使用快捷菜单复制。

选择要复制的工作表，在工作表标签上右击，在弹出的快捷菜单中选择【移动或复制】菜单项。在弹出的【移动或复制工作表】对话框中选择要复制的目标工作簿和插入的位置，然后选中【建立副本】复选框。如果要复制到其他工作簿中，将该工作簿打开，在工作簿列表中选择该工作簿名称，勾选【建立副本】复选框，单击【确定】按钮即可。

7.4.4 删除工作表

为了便于对Excel表格进行管理，对无用的Excel表格应及时删除，以节省存储空间。删除Excel表格的方法主要有以下两种。

● 1. 使用【删除工作表】命令

选择要删除的工作表，单击【开始】选项卡【单元格】选项组中的【删除】按钮 ，在弹出的下拉菜单中选择【删除工作表】命令，即可删除当前所选工作表。

● 2. 右键删除

在要删除的工作表的标签上右击，在弹出的快捷菜单中选择【删除】菜单命令，即可将当前所选工作表删除。

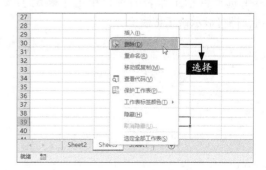

小提示

选择【删除】菜单项，工作表即被永久删除，该命令的效果不能被撤消。

7.5 工作表的基本操作

🕐 本节教学录像时间：11 分钟

工作簿是由工作表组成的，工作表是Excel 2016存放和管理数据的核心。数据输入、统计分析和图形处理等相关操作均是在工作表中进行。只有熟练掌握工作表的基本常用操作，才能准确地完成数据的处理任务。

7.5.1 选择单个或多个工作表

在操作Excel表格之前必须先选择它，方法有以下几种。

🔵 1.鼠标单击选择单个工作表

用鼠标选定Excel表格是最常用、最快速的方法，只需在Excel表格最下方的工作表标签上单击即可选定该工作表。

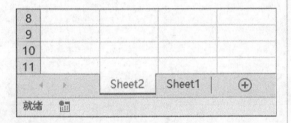

🔵 2.用工作表标签列表选择

如果工作簿中的工作表较多，选择目标工作表就比较麻烦，此时用户可以在工作表导航栏上单击鼠标右键，在弹出的工作表标签列表中显示了当前工作簿包含的所有工作表。在列表中选择目标工作表名称，单击【确定】按钮，即可显示该工作表。

🔵 3.用快捷键切换工作表

按【Ctrl+Page UP/Page Down】组合键，可以快速切换工作表，大大提高工作效率。

🔵 4. 选定连续的Excel表格

步骤 01 在Excel表格下方的第1个工作表标签上单击，选定该Excel表格。

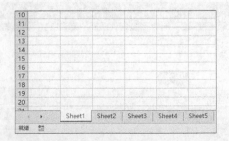

步骤02 按住【Shift】键的同时选定最后一个表格的标签，即可选定连续的Excel表格。此时，工作簿标题栏上会多了"工作组"字样。

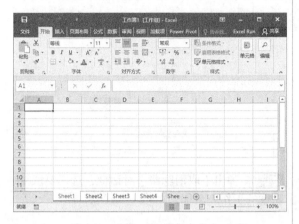

● 5. 选择不连续的工作表

要选定不连续的Excel表格，按住【Ctrl】键的同时选择相应的Excel表格即可。

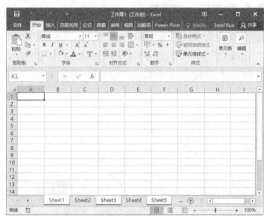

7.5.2 重命名工作表

每个工作表都有自己的名称，默认情况下以Sheet1、Sheet2、Sheet3……命名工作表。这种命名方式不便于管理工作表，为此可以对工作表重命名，以便更好地管理工作表。

重命名工作表的方法有以下3种。

● 1. 在标签上直接重命名

步骤01 双击要重命名的工作表的标签Sheet1（此时该标签以阴影显示），进入可编辑状态。

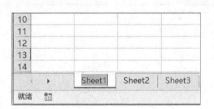

步骤02 输入新的标签名后，按【Enter】键，即可完成对该工作表标签的重命名操作。

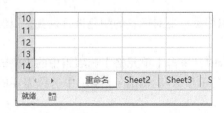

● 2. 使用快捷菜单重命名

步骤01 在要重命名的工作表标签上右击，在弹

出的快捷菜单中选择【重命名】菜单项。

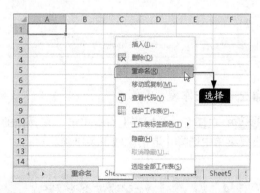

步骤02 此时工作表标签会高亮显示，在标签上输入新的标签名，即可完成工作表的重命名。

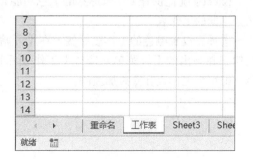

7.5.3 隐藏和显示工作表

在实际应用中，可以将暂时用不到的Excel表格隐藏起来，在需要的时候再将它们显示出来。

1. 隐藏Excel表格

步骤 01 选择要隐藏的工作表标签（如"Sheet2"）。右击标签，在弹出的快捷菜单中选择【隐藏】菜单项。

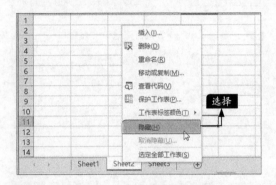

步骤 03 当前所选工作表即被隐藏起来。

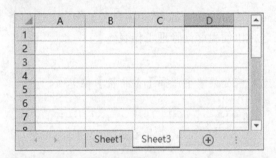

2. 显示工作表

步骤 01 在任意一个标签上右键单击，在弹出的快捷菜单中选择【取消隐藏】菜单项。

步骤 02 弹出【取消隐藏】对话框，选择要恢复隐藏的工作表名称。

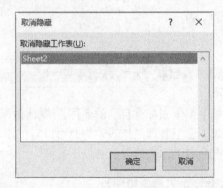

步骤 03 单击【确定】按钮，隐藏的工作表即被显示出来。

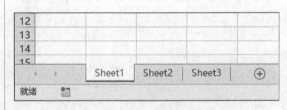

7.5.4 设置工作表标签颜色

Excel系统提供有工作表标签的上色功能，用户可以根据需要对标签的颜色进行设置，以便于区分不同的工作表。

选择要设置颜色的工作表标签。在【开始】选项卡中，单击【单元格】选项组中的【格式】按钮，在弹出的下拉菜单中选择【工作表标签颜色】菜单项，从弹出的子菜单中选择需要的颜色，即可为工作表标签添加颜色。

也可以在工作表标签上右键单击，在弹出的

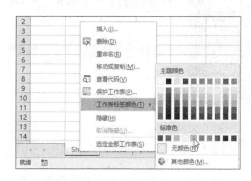

快捷菜单中选择【工作表标签颜色】菜单项，然后在右侧的颜色列表中选择需要的颜色。

7.5.5 保护工作表

Excel系统提供有保护工作表的功能，以防止工作表被更改、移动或删除某些重要的数据。保护工作表的具体操作步骤如下。

步骤 01 选择要保护的工作表，单击鼠标右键，在弹出的下拉菜单中选择【保护工作表】选项，或者在【开始】选项卡【单元格】选项组中的【格式】▶【保护工作表】选项。

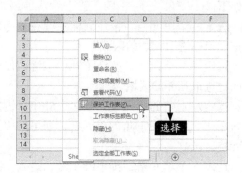

步骤 02 在弹出的【保护工作表】对话框中，用户可以根据需要，勾选保护内容。

步骤 03 单击【确定】按钮，在弹出的【确认密码】对话框中重新输入密码，单击【确定】按钮即可完成工作表的保护。

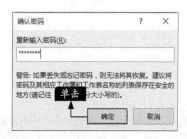

小提示

也可以在【审阅】选项卡的【更改】组中单击【保护工作表】按钮或右键单击要保护的工作表标签，在弹出的快捷菜单中选择【保护工作表】命令，打开【保护工作表】对话框。

如果要取消工作表保护，在该工作表上单击鼠标右键，在弹出的快捷菜单中选择【撤消工作表保护】命令，在弹出的【撤消工作表保护】对话框中输入保护密码，单击【确定】按钮即可。

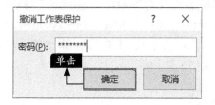

7.6 单元格的基本操作

🔘 **本节教学录像时间：7分钟**

☕ 单元格是Excel的基本元素，要学好Excel，首先就需要掌握单元格的操作方法。

7.6.1 选择单元格

对单元格进行编辑操作，首先要选择单元格或单元格区域。注意，启动Excel并创建新的工作簿时，单元格A1处于自动选定状态。

● 1.选择一个单元格

单击某一单元格，若单元格的边框线变成青粗线，则说明此单元格处于选定状态。当前单元格的地址显示在名称框中，在工作表格区内，鼠标指针会呈白色"➕"字形状。

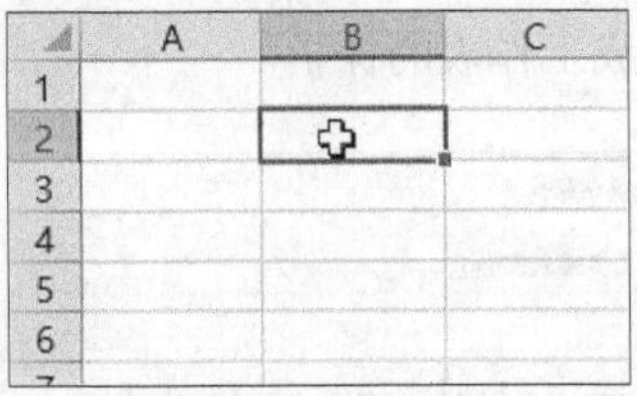

小提示

在名称框中输入目标单元格的地址，如"B7"，按【Enter】键即可选定第B列和第7行交汇处的单元格。此外，使用键盘上的上、下、左、右4个方向键，也可以选定单元格。

● 2.选择连续的单元格区域

连续区域指多个单元格之间是相互连续，紧密衔接的，连接的区域形状呈规则的矩形。连续区域的单元格地址标识一般使用"左上角单元格地址:右下角单元格地址"表示，如下图所示既是一个连续区域，单元格地址为A1:C5，包含了从A1单元格到C5单元格的区域，共15个单元格。

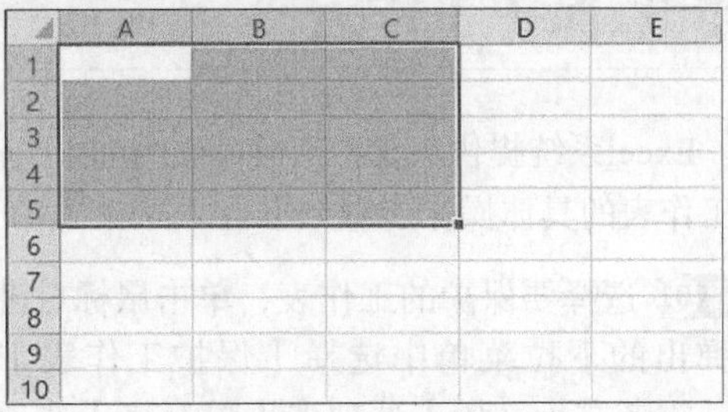

如果要选择连续的单元格区域，常用的方法如下。

选定一个单元格，按住鼠标左键在工作表中拖曳鼠标选取相邻的区域。

选定一个单元格，按住【Shift】键，使用方向键选取相邻的区域。

选定左上角的单元格，按住【Shift】键的同时单击该区域右下角的单元格，即可选中该单元格区域。

选定一个单元格，按【F8】键，进入"扩展"模式，此时状态栏中显示"扩展式选定"字样，用鼠标单击另一个单元格区域，即可选中该单元格区域。再次按【F8】或【Esc】键，退出"扩展"模式。

在工作表名称框中输入连续区域的单元格地址，按【Enter】键，即可选取该区域。

选定一个单元格，然后按【Ctrl+Shift+End】组合键将单元格选定区域扩展至工作表中最后一个所用单元格（右下角）。

选定一个单元格，然后按【Ctrl+Shift+Home】组合键将单元格选定区域扩展至工作表开头。

3.选择不连续的单元格区域

不连续单元格区域是指选择不相邻的单元格或单元格区域，不连续区域的单元格地址主要由单元格或单元格区域的地址组成，以英文"，"分隔，例如"A1:B4,C7:C9,G10"即为一个不连续区域的单元格地址，表示该不连续区域包含了A1:B4、C7:C9两个连续区域和一个G10单元格，如下图所示。

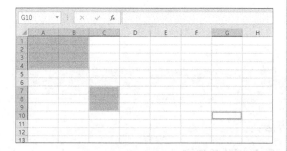

不连续区域的选择，可以使用以下3种方法。

（1）选定一个单元格或连续区域，按住【Ctrl】键不放，使用鼠标左键单击或者拖曳鼠标选择多个单元格或连续区域，选择完毕后，松开【Ctrl】键即可。

（2）选定一个单元格或连续区域，按住【Shift+F8】组合键，可以进入"添加"模式，与【Ctrl】键效果相同，使用鼠标左键单击或者拖曳鼠标选择多个单元格或连续区域，选择完毕后，按【Esc】键或【Shift+F8】组合键退出"添加"模式。

（3）在工作表名称栏中，输入不连续区域的单元格地址，按【Enter】键，即可选取该单元格区域。

除了选择连续和不连续单元格区域外，还可以选择所有单元格，即选择整个工作表，方法有以下两种。

（1）单击工作表左上角行号与列标相交处的【选定全部】按钮 ◢，即可选定整个工作表。

（2）按【Ctrl+A】组合键也可以选择整个表格。

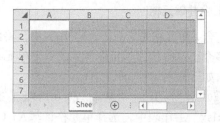

7.6.2 插入和删除单元格

在工作表中，可以在活动单元格的上方或左侧插入空白单元格，不需要的单元格也可以将其删除。

1.插入单元格

选择要插入单元格的位置，在【开始】选项卡的【单元格】组中，单击【插入】下方的箭头，然后单击【插入单元格】菜单命令，在弹出的【插入】对话框中，单击要移动周围单元格的方向即可。

插入的单元格数量相同的单元格。例如，要插入3个空白单元格，则选择3个单元格。

> **小提示**
>
> 要重复插入单元格的操作，请单击要插入单元格的位置，然后按【Ctrl+Y】组合键执行重复键入命令。

2.删除单元格

选中将要删除的单元格，单击【开始】选项卡下【单元格】选项组中的【删除】按钮下方的箭头，在弹出的下拉列表中选择【删除单元格】菜单命令即可。

如果要删除单元格或单元格范围，在弹出

如果要插入多个单元格，则需要选择与要

的【删除】对话框中，单击【右侧单元格左移】、【下方单元格上移】、【整行】或【整列】单选项，然后单击【确定】按钮。

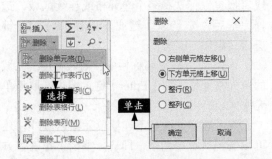

7.6.3 合并与拆分单元格

合并与拆分单元格是最常用的调整单元格的方法。

1.合并单元格

合并单元格是指在Excel工作表中，将两个或多个选定的相邻单元格合并成一个单元格。方法如下。

步骤 01 在打开的"素材\ch07\职工通讯录.xlsx"工作表中，选择单元格区域A1:G1，单击【开始】选项卡下【对齐方式】选项组中【合并后居中】按钮右侧的下拉按钮，在弹出的列表中选择【合并后居中】选项。

步骤 02 该表格标题行即合并且居中显示。

2.拆分单元格

在Excel工作表中，还可以将合并后的单元格拆分成多个单元格。

步骤 01 选择合并后的单元格，单击【开始】选项卡下【对齐方式】选项组中【合并后居中】按钮右侧的下拉按钮，在弹出的列表中选择【取消单元格合并】选项。

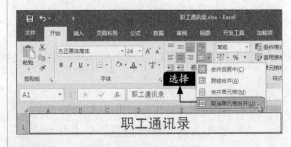

步骤 02 该表格标题行即被取消合并，恢复成合并前的单元格。

工号	姓名	性别	部门	住址	联系电话	备注
	通讯					
制作人：				时间：		
工号	姓名	性别	部门	住址	联系电话	备注
1020601	李丽	女	办公室	XXX	1010069	
1020602	韩小冰	男	办公室	XXX	1010070	
1020603	张红	女	办公室	XXX	1010071	
1020604	王建	男	销售部	XXX	1010072	
1020605	周丽丽	女	销售部	XXX	1010073	
1020606	李华华	男	销售部	XXX	1010074	
1020607	董琳琳	女	销售部	XXX	1010075	

小提示

在合并后的单元格上单击鼠标右键，在弹出的快捷菜单中选择【设置单元格格式】选项，弹出【设置单元格格式】对话框，在【对齐】选项卡下撤消选中【合并单元格】复选框，然后单击【确定】按钮，也可拆分合并后的单元格。

7.7 复制和移动单元格区域

⊙ **本节教学录像时间：5 分钟**

在编辑Excel工作表时，使用复制和移动功能可以快速完成工作任务。

7.7.1 使用鼠标

使用鼠标复制与移动单元格区域是编辑工作表最快捷的方法。

◆ 1. 复制单元格区域

步骤01 打开随书光盘中的"素材\ch07\职工通讯录.xlsx"工作簿，选择单元格区域I3:J3。

步骤02 将鼠标指针移动到所选区域的边框线上，按住【Ctrl】键不放，当指针变为复制指针 ▷ 时，拖动到单元格区域I6:J6，即可将单元格区域I3:J3复制到新的位置。

◆ 2. 移动单元格区域

在上述操作中，拖动单元格区域时不按【Ctrl】键，即可移动单元格区域。

7.7.2 使用剪贴板

利用剪贴板复制与移动单元格区域是编辑工作表常用的方法之一。

1. 复制单元格区域

步骤01 打开随书光盘中的"素材\ch07\职工通讯录.xlsx"工作簿，选择单元格区域A4:G4，并按【Ctrl+C】组合键进行复制。

步骤02 选择目标位置（如选定目标区域的第1个单元格A13），按【Ctrl+V】（粘贴）组合键，单元格区域即被复制到单元格区域A13:G13中。

2. 移动单元格区域

移动单元格区域的方法是先选择单元格区域，按【Ctrl+X】组合键将此区域剪切到剪贴板中，然后通过粘贴（按【Ctrl+V】组合键）的方式移动到目标区域。

7.7.3 使用插入方式

在编辑Excel工作表的过程中，有时需要插入包含数据和公式的单元格。使用插入方式复制单元格区域的具体步骤如下。

步骤01 打开随书光盘中的"素材\ch07\职工通讯录.xlsx"工作簿，选择单元格区域A11:G11，并按【Ctrl+C】组合键进行复制。

击鼠标右键，在弹出的快捷菜单中选择【插入复制的单元格】菜单项。

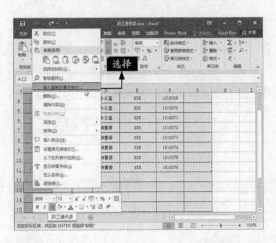

步骤02 选定目标区域的第1个单元格A13，单

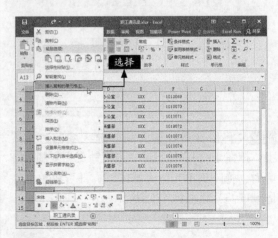

步骤03 弹出【插入粘贴】对话框，选中【活动单元格下移】单选按钮，单击【确定】按钮。

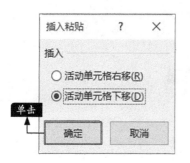 

步骤 04 即可将复制的数据插入到目标单元格中。

7.8 行与列的基本操作

🕐 本节教学录像时间：8分钟

在使用Excel 2016处理数据之前，先要对行与列的基本操作有一定的了解。

7.8.1 选择行与列

将鼠标光标放在行标签或列标签上，当光标变为向右的箭头 ➡ 或向下的箭头 ⬇ 时，单击鼠标左键，即可选中该行或该列。

用鼠标选中单元格后，按【Shift+空格键】组合键，可选中单元格所在的行；按【Ctrl+空格键】组合键，可选中单元格所在的列。也可以通过选择第一个单元格，然后按【Ctrl+Shift+方向键】组合键（选择行中的单元格时为向右键或向左键，选择列中的单元格时为向上键或向下键）来选择行或列中的单元格。

> **小提示**
>
> 如果行或列包含数据，则按【Ctrl+Shift+方向键】组合键将选择该行或该列至最后一个所用单元格。再次按【Ctrl+Shift+方向键】组合键将选择整个行或列。

在选择多行或多列时，如果按【Shift】键再进行选择，那么就可选中连续的多行或多列；如果按【Ctrl】键再选，可选中不连续的行或列。

7.8.2 插入行与列

在工作表中插入新行，当前行则向下移动；而插入新列，当前列则向右移动。如选中某行或某列后，单击鼠标右键，在弹出的快捷菜单中选择【插入】菜单命令，即可插入行或列。

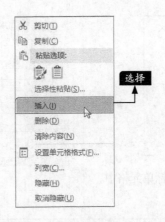

7.8.3 删除行与列

工作表中多余的行或列,可以将其删除。删除行和列的方法有多种,最常用的有以下3种。

(1)选择要删除的行或列,单击鼠标右键,在弹出的快捷菜单中选择【删除】菜单项,即可将其删除。

(2)选择要删除的行或列,单击【开始】选项卡下【单元格】组中的【删除】按钮 右侧的下拉箭头,在弹出的下拉列表中选择【删除单元格】选项,即可将选中的行或列删除。

(3)选择要删除的行或列中的一个单元格,单击鼠标右键,在弹出的快捷菜单中选择【删除】菜单项,在弹出的【删除】对话框中选中【整行】或【整列】单选项,然后单击【确定】按钮即可。

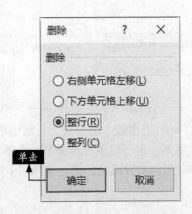

7.8.4 显示/隐藏行与列

用户可以将暂时不需要编辑或查看的行或列隐藏起来,使用时再取消隐藏。显示/隐藏行和列的操作方法类似,这里以显示和隐藏行为例进行介绍。

● 1.隐藏行与列

在Excel工作表中,有时需要将一些不需要公开的数据隐藏起来。Excel提供有将整行或整列隐藏起来的功能。

步骤01 打开随书光盘中的"素材\ch07\职工通讯录.xlsx"工作簿，选择要隐藏的第5行中的任意一个单元格。在【开始】选项卡中，单击【单元格】选项组中的【格式】按钮 格式▾，在弹出的下拉菜单中选择【隐藏和取消隐藏】▶【隐藏行】菜单项。

小提示

在Excel中，按【Ctrl+9】组合键，可以快速隐藏选定的行；按【Ctrl+0】组合键，可以快速隐藏选定的列。

2.显示隐藏的行与列

将行或列隐藏后，这些行或列中单元格的数据就变得不可见了。如果需要查看这些数据，就需要将这些隐藏的行或列显示出来。本节介绍如何将上一步节隐藏的行显示出来。

步骤01 选择第4、6行，在【开始】选项卡中，单击【单元格】选项组中的【格式】按钮 格式，在弹出的下拉菜单中选择【隐藏和取消隐藏】▶【取消隐藏行】菜单项。

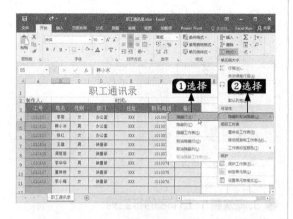

小提示

使用右键菜单命令，也可以实现隐藏行与列，其与在功能区操作原理基本一致，在此不再赘述。

步骤02 工作表中选定的第5行即被隐藏起来了。

步骤02 工作表中被隐藏的第5行即可显示出来。

7.9 设置行高与列宽

🕐 本节教学录像时间：6 分钟

在Excel工作表中，当单元格的宽度或高度不足时，会导致数据显示不完整，这时就需要调整行高和列宽。

7.9.1 手动调整行高与列宽

在Excel工作表中，使用鼠标可以快速调整行高和列宽，其具体操作步骤如下。

1. 调整单行或单列

如果要调整行高，将鼠标指针移动到两行的列号之间，当指针变成 ✚ 形状时，按住鼠标左键向上拖动可以使行变小，向下拖动则可使行变高。拖动时将显示出以点和像素为单位的宽度工具提示。如果要调整列宽，将鼠标指针移动到两列的列标之间，当指针变成 ➕ 形状时，按住鼠标左键向左拖动可以使列变窄，向右拖动则可使列变宽。

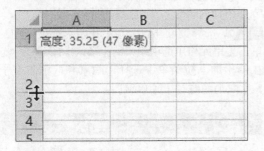

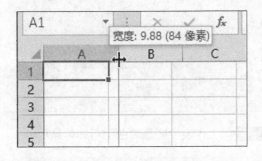

2.调整多行或多列

如果要调整多行或多列的宽度，选择要更改的行或列，然后拖动所选行号或列标的下侧或右侧边界，调整行高或列宽。

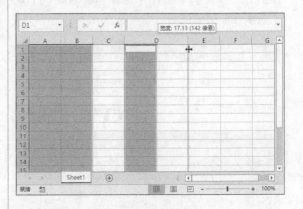

3.调整整个工作表的行或列

如果要调整工作表中所有列的宽度，单击【全选】按钮 ◢，然后拖动任意列标题的边界调整行高或列宽。

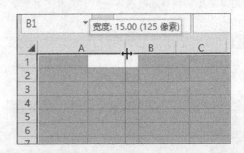

7.9.2 自动调整行高与列宽

用户也可根据单元格中的内容，自动调整行高与列宽，其具体操作步骤如下。

步骤 01 打开随书光盘中的"素材\ch07\职工通讯录.xlsx"工作簿，选择要调整的行或列，如这里选择E列。在【开始】选项卡中，单击【单元格】选项组中的【格式】按钮 格式▼，在弹出的下拉菜单中选择【自动调整列宽】菜单项。

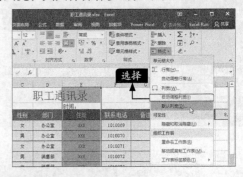

步骤 02 即可看到E列根据内容自动调整了列宽。

步骤 03 如果要自动调整行高，在弹出的下拉菜单中选择【自动调整行高】菜单项，即可自动调整行高。

7.9.3 将行高与列宽设置为固定数值

虽然使用鼠标可以快速调整行高或列宽，但是其精确度不高，如果需要调整行高或列宽为固定值，那么就需要使用【行高】或【列宽】命令进行调整。

步骤 01 打开随书光盘中的"素材\ch07\职工通讯录.xlsx"工作簿，如这里选择B列和C列。在列标上单击鼠标右键，在弹出的快捷菜单中选择【列宽】菜单命令。

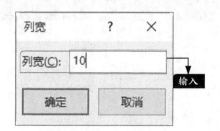

步骤 02 弹出【列宽】对话框，在【列宽】文本框中输入"10"。

> **小提示**
>
> 列宽的数值范围为0~255，此值表示以标准字体进行格式设置的单元格中可显示的字符数，默认列宽为8.43个字符。如果列宽设置为0，则此列被隐藏。
>
> 行高的数值范围为0~409，此值表示以点计量的高度（1点约等于0.035厘米），默认行高为12.75点（约0.4厘米）。如果行高设置为0，则该行被隐藏。

步骤 03 单击【确定】按钮，B列和C列即被调整为宽度均为"10"的列。

如果要调整行高，在弹出的快捷菜单中选择【行高】命令，设置行高的数值即可，具体操作方法不再赘述。

7.10 综合实战——制作产品销售清单

本节教学录像时间：3分钟

产品销售清单详细列出了企业中各类产品的销售情况，适当地对制作好的产品销售清单进行设置，不仅可以使其更美观，还方便查看、阅读。

● 第1步：合并单元格区域

步骤 01 打开随书光盘中的"素材\ch07\产品销售清单.xlsx"文件，选中单元格区域A1:H1，单击【开始】选项卡下【对齐方式】组中的【合并后居中】按钮 📊·。

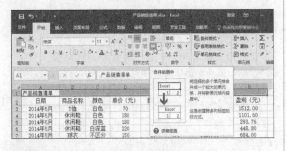

步骤 02 合并后的效果如下图所示。

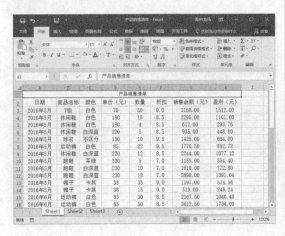

● 第2步：设置背景颜色

步骤 01 单击【页面布局】选项卡下【页面设置】选项组中的【背景】按钮 🖼，弹出【插入图片】对话框，单击【来自文件】组中的【浏览】按钮。

步骤 02 在弹出的【工作表背景】对话框中选择一幅图片，然后单击【插入】按钮。

步骤 03 设置表格背景图案的效果如下图如示。

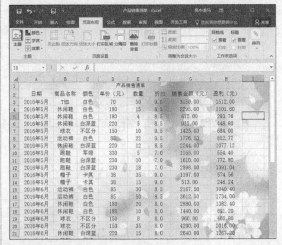

第3步：更改工作表名称

步骤 01 选中工作表标签名称，单击鼠标右键，在弹出的快捷菜单中选择【重命名】选项。

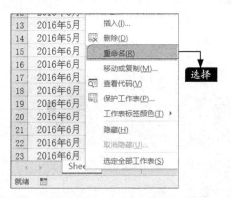

步骤 02 修改工作表标签名称为"产品销售清单"，单击任意单元格确定输入。

步骤 03 再次使用鼠标右键单击工作表标签，在弹出的快捷菜单中选择【保护工作表】选项，弹出【保护工作表】对话框，选中【删除列】和【删除行】复选框，单击【确定】按钮。

步骤 04 最终效果如下图所示。

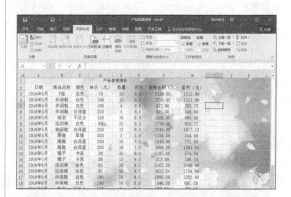

高手支招

● 本节教学录像时间：2分钟

当工作表很多时如何快速切换

如果工作簿中包含大量工作表，例如十几个甚至数十个，在Excel窗口底部就没有办法显示出这么多的工作表标签，本小节介绍如何快速定位至某一特定工作表。

步骤 01 打开含有多个工作表的工作簿，在工作簿窗口左下角的工作表导航按钮区域任一位置单击右键，弹出【激活】对话框。

步骤 02 选中要定位的工作表，如"10月"，单击【确定】按钮，即可快速定位至"10月"工作表中。

● 插入多个行和列

如在工作表中快速插入5行，具体的操作步骤如下。

步骤 01 打开随书光盘中的"素材\ch07\职工通讯录.xlsx"文件，选择要插入行的位置，这里选择第4行，在第4行上方插入5行，那么要选中第4行至第8行。

A	B	C	D	E	F	G	H
职工通讯录							
制作人：			时间：				
工号	姓名	性别	部门	住址	联系电话	备注	
1020601	李丽	女	办公室	XXX	1010069		
1020602	韩小冰	男	办公室	XXX	1010070		
1020603	张红	女	办公室	XXX	1010071		
1020604	王建	男	销售部	XXX	1010072		
1020605	周丽丽	女	销售部	XXX	1010073		
1020606	李华华	男	销售部	XXX	1010074		

步骤 02 单击鼠标右键，在弹出的快捷菜单中选择【插入】选项。

步骤 03 即可在原第4行上方插入5行，如下图所示。

A	B	C	D	E	F	G	H
职工通讯录							
制作人：			时间：				
工号	姓名	性别	部门	住址	联系电话	备注	
1020601	李丽	女	办公室	XXX	1010069		
1020602	韩小冰	男	办公室	XXX	1010070		
1020603	张红	女	办公室	XXX	1010071		
1020604	王建	男	销售部	XXX	1010072		
1020605	周丽丽	女	销售部	XXX	1010073		

第**8**章

输入和编辑数据
——制作员工考勤表

学习目标

使用Excel 2016处理数据之前首先要掌握输入和编辑数据的操作，本章就来介绍输入数据、快速填充和编辑数据的方法。

学习效果

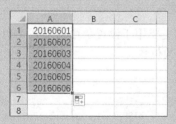

8.1 认识数据类型

 选择一个单元格，单击鼠标右键，在弹出的下拉列表中选择【设置单元格格式】选项，弹出【设置单元格格式】对话框，选择【数字】选项卡，左侧列表中列出了各种数据的类型，如下图所示。

● 1. 常规格式

常规格式是不包含特定格式的数据格式，Excel中默认的数据格式即为常规格式。下图A列为常规格式的数据显示，B列为文本格式，C列为数值格式。

	A	B	C
1	常规	文本	数值
2	123	123	123.00
3	1.23457E+12	1234567890123	1234567890123.00
4			
5			

● 2. 数值格式

数值格式主要用于设置小数点位数，用数值表示金额时，还可以使用千位分隔符表示。

	A	B	C
1	2016年1季度分店销售额		
2	分店	销售额	
3	一分店	15,230.0	
4	二分店	25,654.0	
5	三分店	15,862.0	
6	四分店	45,820.0	
7	五分店	9,548.0	

● 3. 货币格式

货币格式主要用于设置货币的形式，包括货币类型和小数位数。

	A	B	C	D
1	月份	收入		
2	1月份	¥2,563.0		
3	2月份	¥3,012.0		
4	3月份	¥3,520.0		
5	4月份	¥3,549.0		

● 4. 会计专用格式

会计专用格式也是用货币符号表示数字，

货币符号包括人民币符号和美元符号等。与货币符号不同的是，会计专用格式可对一列数值进行货币符号和小数点对齐，主要用于设置货币的形式，包括货币类型和小数位数。

5. 日期和时间格式

在单元格中输入日期或时间时，系统会以默认的日期和时间格式显示。也可以用其他的日期和时间的格式来显示数字。

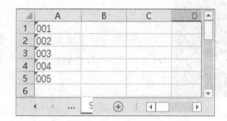

6. 百分比格式

将单元格中的数字转换为百分比格式，有以下两种情况。

（1）先设置后输入。

先设置单元格的数字格式为百分比，在输入数值时Excel会自动在输入的数字末尾加上"%"，显示的数字和输入的数字一致。

（2）先输入后设置。

在单元格中输入相同的数据，置单元格数字格式为【百分比】，小数位数为"2"，单击【确定】按钮。即可设置两位小数并添加"%"符号。

7. 分数格式

使用"分数"格式将以实际分数（而不是小数）的形式显示或键入数字。例如，如果没有对单元格应用分数格式，输入"1/2"，将显示为日期格式。要将它显示为分数，可以先应用分数格式，再输入相应的数值。

8. 文本格式

文本格式包含字母、数字和符号等。在文本单元格格式中数字作为文本处理，单元格显示的内容与输入的内容完全一致。如果输入"001"，默认情况下显示为"1"；若设置为文本格式，则显示为"001"。

9. 特殊格式

如邮政编码、电话号码和身份证号等，全部由数字组成，为避免Excel将其默认为数字格式，可以使用特殊格式。

10. 自定义格式

如果上述的格式不能满足需要，用户可以设置自定义格式。例如在输入学生基本信息时，学号的前几位是相同的，对于这样的字符可以简化输入的过程，且能保证位数一致。

8.2 输入数据

🖲 **本节教学录像时间：10 分钟**

 对于单元格中输入的数据，Excel会自动地根据数据的特征进行处理并显示出来。本节介绍Excel如何自动地处理这些数据以及输入的技巧。

8.2.1 输入文本

单元格中的文本包括汉字、英文字母、数字和符号等。每个单元格最多可包含32 767个字符。例如，在单元格中输入"5个小孩"，Excel会将它显示为文本形式；若将"5"和"个小孩"分别输入到不同的单元格中，Excel则会把"个小孩"作为文本处理，而将"5"作为数值处理。

	A	B	C
1	5个小孩		
2		5	个小孩
3			
4			
5			

要在单元格中输入文本，应先选择该单元格，输入文本后按【Enter】键，Excel会自动识别文本类型，并将文本对齐方式默认设置为"左对齐"。如果单元格列宽容纳不下文本字符串，则可占用相邻的单元格，若相邻的单元格中已有数据，就截断显示。

	A	B	C	D	E
1	姓名	性别	家庭住址	联系方式	
2	张亮	男	北京市朝阳区		
3	李艳	女	上海市徐汇	021-12345XX	
4					
5					

如果在单元格中输入的是多行数据，在换行处按【Alt+Enter】组合键，可以实现换行。换行后在一个单元格中将显示多行文本，行的高度也会自动增大。

	A	B	C	D	E
1	姓名	性别	家庭住址	联系方式	
2	张亮	男	北京市朝阳区		
3	李艳	女	上海市徐汇区XX号	021-12345XX	
4					
5					

8.2.2 输入数值

数值型数据是Excel中使用最多的数据类型。在输入数值时，数值将显示在活动单元格和编辑栏中。单击编辑栏左侧的【取消】按钮 ✕，可将输入但未确认的内容取消。如果要确认输入的内容，则可按【Enter】键或单击编辑栏左侧的【输入】按钮 ✔。

在单元格中输入数值型数据后按【Enter】键，Excel会自动将数值的对齐方式设置为"右对齐"。

（2）如果输入以数字0开头的数字串，Excel将自动省略0。如果要保持输入的内容不变，可以先输入英文标点单引号（'），再输入数字或字符。

在单元格中输入数值型数据的规则如下。

（1）输入分数时，为了与日期型数据区分，需要在分数之前加一个零和一个空格。例如，在A1中输入"1/4"，则显示"1月4日"；在B1中输入"0 1/4"，则显示"1/4"，值为0.25。

（3）若单元格容纳不下较长的数字，则会用科学计数法显示该数据。

8.2.3 输入日期和时间

在工作表中输入日期或时间时，需要用特定的格式定义。日期和时间也可以参加运算。Excel内置了一些日期与时间的格式。当输入的数据与这些格式相匹配时，Excel会自动将它们识别为日期或时间数据。

● 1. 输入日期

在输入日期时，可以用左斜线或短线分隔日期的年、月、日。例如，可以输入"2016/6/1"或者"2016-6-1"；如果要输入当前的日期，按下【Ctrl+;】组合键即可。

● 2. 输入时间

在输入时间时，小时、分、秒之间用英文

冒号（：）作为分隔符。如果按12小时制输入时间，需要在时间的后面空一格再输入字母am（上午）或pm（下午）。例如，输入"10:00 pm"，按【Enter】键的时间结果是10:00 PM。如果要输入当前的时间，按【Ctrl+Shift+;】组合键即可。

	A	B
1	10:00 PM	
2		22:32
3		
4		
5		

日期和时间型数据在单元格中靠右对齐。如果Excel不能识别输入的日期或时间格式，

输入的数据将被视为文本并在单元格中靠左对齐，如下图所示。

	A	B	C	D
1	正确格式	10:30 PM	2016/6/1	
2	错误格式	10:30pm	2016/6/1	
3				
4				

小提示

特别需要注意的是：若单元格中首次输入的是日期，则单元格就自动格式化为日期格式，以后如果输入一个普通数值，系统仍然会换算成日期显示。

8.2.4 快速输入身份证号码

默认情况下，输入身份证号后会以科学计数法显示，这时我们可使用以下方法输入。

方法1：设置单元格格式。

步骤 01 打开Excel工作簿，选中要输入身份证号的单元格区域，单击鼠标右键，在弹出的快捷菜单中选择【设置单元格格式】选项，弹出【设置单元格格式】对话框，在该对话框【数字】选项卡下【分类】列表中选中【文本】选项，单击【确定】按钮。

小提示

在【设置单元格格式】对话框的【分类】列表中选择【自定义】选项，在右侧的【类型】列表中选中【@】选项，单击【确定】按钮，也可以在工作表中输入身份证号。

步骤 02 在设置有单元格格式的单元格中输入身份证号，按【Tab】键或【Enter】键确认。

	A	B	C
1	411XXX548732154124		
2			
3			

方法2：输入半角单引号"'"。

输入身份证号前，先输入一个半角单引号"'"，即可输入完整的身份证号了。

步骤 01 在打开的工作表中，选中要输入身份证号的单元格，先输入一个半角单引号"'"，继续输入身份证号。

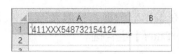

显示全部的号码。

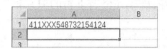

步骤 02 按【Tab】键或【Enter】键确认，即可

8.2.5 输入以0开头的数字

如果输入以数字0开头的数字串，Excel将自动省略0。如果要保持输入的内容不变，可以先输入单引号"'"，再输入数字或字符。

步骤 01 先输入一个半角单引号"'"，在单元格中输入以0开头的数字。

	A	B	C
1	'0123456		
2			

步骤 02 按【Tab】键或【Enter】键确认。

	A	B	C
1	0123456		
2			

8.2.6 输入带货币符号的金额

当输入的数据为金额时，需要设置单元格格式为"货币"，如果输入的数据不多，可以直接在单元格中输入带货币符号的金额。

步骤 01 在单元格中按组合键【Shift+4】，出现货币符号，继续输入金额数值。

	A	B	C
1	￥123456		
2			
3			
4			

> **小提示**
>
> 这里的数字"4"为键盘中字母上方的数字键，而并非小键盘中的数字键，在英文输入法下，按下组合键【Shift+4】，会出现"$"符号；在中文输入法下，则出现"￥"符号。

步骤 02 按【Tab】键或【Enter】键确认，适当调整列宽，最终效果如下图所示。

	A	B
1	￥123456	
2		

8.3 快速填充

⏱ **本节教学录像时间：8 分钟**

在输入数据时，除了常规的输入外，如果要输入的数据本身有关联性，用户可以使用填充功能，批量录入数据。

8.3.1 填充相同的数据

使用填充柄可以在表格中输入相同的数据，相当于复制数据，具体的操作步骤如下。

步骤 01 选定A1单元格，输入"龙马"，将鼠标指针指向该单元格右下角的填充柄。

	A	B	C
1	龙马		
2			
3			
4			

步骤 02 然后拖曳鼠标光标至A4单元格，结果如下图所示。

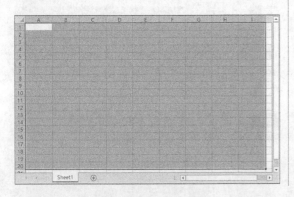

另外，用户可以使用快捷键进行快速填充相同的数据或公式，具体操作步骤如下。

步骤 01 选择要填充的单元格区域，如选择A1:I20。

步骤 02 在编辑框中输入要填充的文本或公式，按【Ctrl+Enter】组合键。

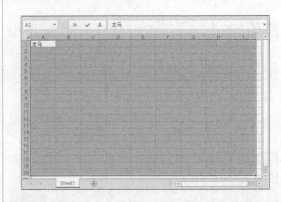

步骤 03 输入的文本或公式即可填充到所选的单元格区域中，如下图所示。

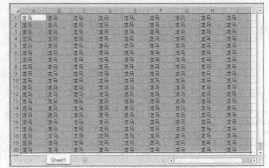

8.3.2 填充有序的数据

使用填充柄还可以填充序列数据，例如，等差或等比序列。首先选取序列的第1个单元格并输入数据，再在序列的第2个单元格中输入数据，之后利用填充柄填充，前两个单元格内容的差就是步长。具体操作步骤如下。

步骤 01 分别在A1和A2单元格中输入"20160601"和"20160602"，选中A1、A2单元格，将鼠标指针指向该单元格右下角的填充柄。

	A	B	C	D
1	20160601			
2	20160602			
3				
4				
5				

步骤 02 待鼠标指针变为+时，拖曳鼠标至A6单元格，即可完成等差序列的填充，如右图所示。

8.3.3 多个单元格的数据填充

用相同数据或是有序的数据填充一行或一列，同样可以使用填充功能实现快速填充。具体的操作方法如下。

步骤 01 在Excel表格中输入如下图所示数据，选中单元格区域A2:B3，将鼠标指针指向该单元格区域右下角的填充柄。

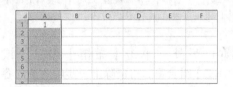

步骤 02 待鼠标指针变为+时，拖曳鼠标至B5单元格，即可完成在工作表列中填充多个单元格数据，如下图所示。

8.3.4 自定义序列填充

在Excel中填充等差数列时，系统默认增长值为"1"，这时我们可以自定义序列的填充值。

步骤 01 选中工作表中所填充的等差数列所在的单元格区域。

步骤 02 单击【开始】选项卡下【编辑】选项组中的【填充】按钮，在弹出的下拉列表中选择【序列】选项。

步骤 03 弹出【序列】对话框，单击【类型】区域中的【等差序列】选项，在【步长值】文本框中输入数字"2"，单击【确定】按钮。

步骤 04 所选中的等差数列就会转换为步长值为"2"的等差数列，如下图所示。

8.4 编辑数据

本节教学录像时间：14分钟

数据有多种格式，在表格中输入数据错误或者格式不正确时，就需要对数据进行编辑，接下来就介绍数据的编辑。

8.4.1 修改数据

当数据输入错误时，左键单击需要修改数据的单元格，然后输入要修改的数据，则该单元格将自动更改数据。

步骤 01 右键单击需要修改数据的单元格，在弹出的快捷菜单中选择【清除内容】选项。

步骤 02 数据清除之后，在原单元格中重新输入数据即可。

步骤 03 另外，单击【撤销】按钮 或按【Ctrl+Z】组合键，可清除上一步输入的内容。

8.4.2 移动复制单元格数据

在编辑Excel工作表时，若数据输错了位置，不必重新输入，可将其移动到正确的单元格或单元格区域；若单元格区域数据与其他区域数据相同，为了避免重复输入、提高效率，可采用复制的方法来编辑工作表。

● 1. 移动单元格数据

步骤 01 在单元格中输入如右图所示数据，选中单元格区域A1:A4，将鼠标光标移至选中的单元格区域边框处，鼠标光标变为 时，单击按住不放。

步骤 02 移动鼠标光标至合适的位置,松开鼠标左键,数据即可移动。

	A	B	C
1		姓名	
2		张三	
3		李四	
4		王五	
5			
6			

小提示

按【Ctrl+X】组合键将要移动的单元格或单元格区域剪切到剪贴板中,然后通过粘贴(按【Ctrl+V】组合键)的方式也可将目标区域进行移动。

2. 复制单元格数据

步骤 01 选择单元格区域A1:A4,并按【Ctrl+C】组合键进行复制。

	A	B	C
1	姓名		
2	张三		
3	李四		
4	王五		
5			
6			

步骤 02 选择目标位置(如选定目标区域的第1个单元格C1),按【Ctrl+V】(粘贴)组合键,单元格区域即被复制到单元格区域C1:C4中。

	A	B	C
1	姓名		姓名
2	张三		张三
3	李四		李四
4	王五		王五
5			

8.4.3 粘贴单元格数据

当需要重复输入单元格数据时,可以选择复制/粘贴命令来减少工作量。当粘贴复制的数据时,可以保留数据的格式,也可以仅粘贴不包含数据格式的内容。

步骤 01 选择单元格区域A1:A4,并按【Ctrl+C】组合键进行复制。

步骤 02 选择目标位置(这里选择单元格C1),单击【开始】选项卡下【剪贴板】选项组中的【粘贴】按钮,在弹出的下拉列表中选择【值】选项。

步骤 03 即可将不包含格式的数据粘贴到指定的单元格区域中。

	A	B	C	D
1	姓名		姓名	
2	张三		张三	
3	李四		李四	
4	王五		王五	
5				
6				

小提示

也可以按【Ctrl+V】组合键进行粘贴,粘贴后数据区域的右下侧会出现【粘贴选项】按钮,按【Ctrl】键,可展开下拉列表,选择需要粘贴的选项。

8.4.4 查找与替换数据

使用查找和替换功能，可以在工作表中快速地定位要找的信息，并且可以有选择地用其他值代替。在Excel中，用户可以在一个工作表或多个工作表中进行查找与替换。

> **小提示**
>
> 在进行查找、替换操作之前，应该先选定一个搜索区域。如果只选定一个单元格，则仅在当前工作表内进行搜索；如果选定一个单元格区域，则只在该区域内进行搜索；如果选定多个工作表，则在多个工作表中进行搜索。

> **小提示**
>
> 可以按【Ctrl+F】组合键打开【查找和替换】对话框，此时默认选择的是【查找】选项卡。

步骤03 单击【查找和替换】对话框中的【选项】按钮，可以设置查找的格式、范围、方式（按行或按列）等。

● 1. 查找数据

步骤01 打开随书光盘中的"素材\ch08\学生成绩表.xlsx"文件，单击【开始】选项卡下【编辑】选项组中的【查找和选择】按钮，在弹出的下拉列表中选择【查找】菜单项。

步骤02 弹出【查找和替换】对话框。在【查找内容】文本框中输入要查找的内容，单击【查找下一个】按钮，查找下一个符合条件的单元格，而且这个单元格会自动被选中。

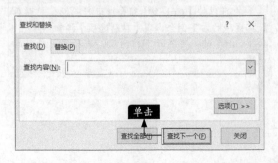

● 2. 替换数据

步骤01 打开随书光盘中的"素材\ch08\学生成绩表.xlsx"文件，单击【开始】选项卡下【编辑】选项组中的【查找和选择】按钮，在弹出的下拉菜单中选择【替换】菜单项。

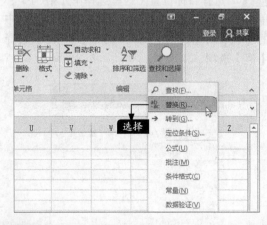

步骤02 弹出【查找和替换】对话框。在【查找内容】文本框中输入要查找的内容，在【替

换为】文本框中输入要替换的内容，单击【查找下一个】按钮，查找到相应的内容后，单击【替换】按钮，将替换成指定的内容。再单击【查找下一个】按钮，可以继续查找并替换。

单击

步骤 03 单击【全部替换】按钮，则替换整个工作表中所有符合条件的单元格数据。当全部替换完成，会弹出如下图所示的提示框。

8.4.5 撤销与恢复数据

撤销可以是取消刚刚完成的一步或多步操作；恢复是取消刚刚完成的一步或多步已经撤销的操作；重复是再进行一次上一步的操作。

● 1. 撤销

在进行输入、删除和更改等单元格操作时，Excel 会自动记录下最新的操作和刚执行过的命令。所以当不小心错误地编辑了表格中的数据时，可以利用【撤销】按钮 ↶ 恢复上一步的操作，快捷键为【Ctrl+Z】。

● 2. 恢复

在经过撤销操作后，【撤销】按钮右边的【恢复】按钮 ↷ 将被置亮，表明可以用【恢复】按钮来恢复已被撤销的操作，快捷键为【Ctrl+Y】。

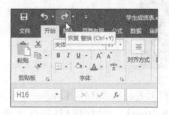

8.4.6 清除数据

清除数据包括清除单元格中的内容（公式和数据）、格式（包括数字格式、条件格式和边框等）以及任何附加的批注。具体操作步骤如下。

步骤 01 打开随书光盘中的"素材\ch08\学生成绩表.xlsx"工作簿，选择要清除数据的单元格A1。

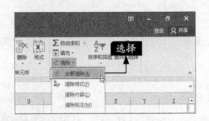

步骤 02 单击【开始】选项卡下【编辑】选项组中的【清除】按钮，在弹出的下拉列表中选择【全部清除】选项。

步骤 03 单元格A1中的数据和格式即被全部删除了。

> **小提示**
>
> 如果选定单元格后按【Delete】键，仅清除该单元格的内容，而不清除单元格的格式或批注。

8.5 综合实战——制作员工考勤表

⏱ **本节教学录像时间：8 分钟**

通过制作本实例的员工考勤表，我们主要需要掌握Excel的输入技巧和填充柄的使用等，巩固本章学习的理论知识。

步骤 01 打开Excel 2016，新建一个工作簿，在A1单元格中输入"2016年1月份员工考勤表"

步骤 02 在工作表中分别输入如下图所示内容。

步骤 03 分别合并单元格A2:A3和B2:B3，然后选择D2:F3单元格区域，向右填充至数字31，即AH列，如下图所示。

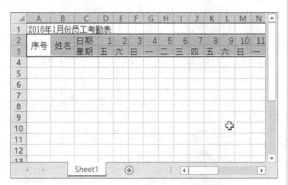

步骤04 选择A2:AH3单元格区域,将其列宽设置为"自动调整列宽"。

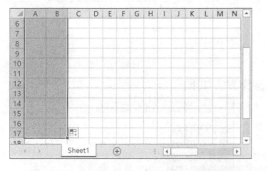

步骤05 分别合并A4:A4和B4:B5单元格区域,并拖曳合并后的A4和B4单元格向下填充至第17行,如下图所示。

步骤06 选择A列,将其设置为【文本】数字格式,输入序号"001",进行递增填充,分别在C4和C5单元格中输入"上午"和"下午",并使用填充柄向下填充,然后在B列输入员工姓名,如下图所示。

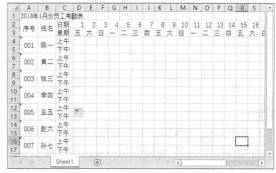

步骤07 合并A1:AH1和A18:AH18单元格区域,然后在第18行输入如下图所示的备注内容,即可完成简单的员工考勤表,然后保存为"员工考勤表"。

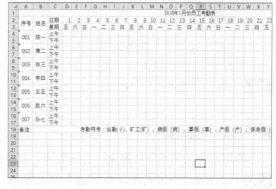

高手支招

🔘 **本节教学录像时间:3分钟**

● 多个工作表填充相同数据

如果需要在不同的工作表的相同位置(如每个单元表的A1:A10单元格区域)输入相同的数据,可以同时对多个工作表进行数据的填充。具体的操作步骤如下。

步骤01 新建空白工作簿并添加两个工作表,在"Sheet1""Sheet2"和"Sheet3"工作表中的A1单元格中输入"星期一"。

	A	B	C	D	E
1	星期一				
2					
3					
4					
5					

步骤 02 按住【Ctrl】键，同时单击"Sheet1""Sheet2"和"Sheet3"工作表。

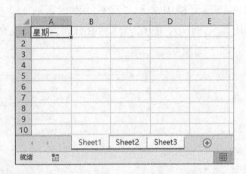

步骤 03 选择"Sheet1"工作表中的单元格A1，将鼠标指针指向该单元格右下角的填充柄，待鼠标指针变为"+"时，拖曳鼠标至A10单元格。

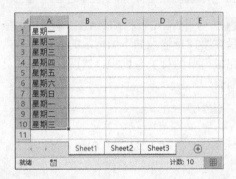

步骤 04 即可填充3个工作表中的A1:A10单元格

区域。

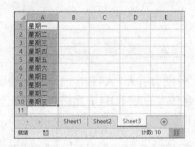

快速输入等差序列

使用填充功能可以快速输入等差数列，具体的操作方法如下。

步骤 01 在Excel工作表相邻单元格中输入等差数列的前两个数值，将鼠标光标移动至单元格区域右下角。

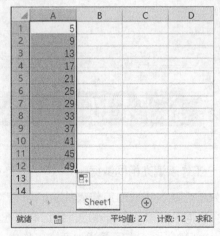

步骤 02 单击鼠标左键并拖曳，即可填充一组公差为4的等差数列。

第**9**章

管理与美化工作表
——美化员工工资表

通过进行工作表的管理和美化操作，可以设置表格文本的样式，并且使表格层次分明、结构清晰、重点突出。本章就来介绍设置对齐方式、字体、边框、表格样式、单元格样式的方法，以及使用图形、图片、SmartArt图形的操作。

学习效果

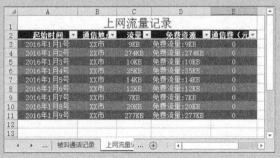

9.1 设置对齐方式

🕐 本节教学录像时间：7分钟

对齐方式是指单元格中的数据显示在单元格中上、下、左、右的相对位置。本节就介绍设置对齐方式的方法。

9.1.1 对齐方式

Excel 2016允许为单元格数据设置的对齐方式有左对齐、右对齐和合并居中对齐等。

	A	B	C
1	工号	姓名	性别
2			
3			
4			

小提示

默认情况下，单元格的文本是左对齐，数字是右对齐。

【开始】选项卡中的【对齐方式】选项组中，对齐按钮的功能如下。

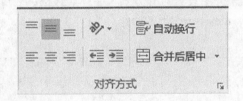

（1）【顶端对齐】按钮 。
单击该按钮，可使选定的单元格或单元格区域内的数据沿单元格的顶端对齐。
（2）【垂直居中】按钮 。
单击该按钮，可使选定的单元格或单元格区域内的数据在单元格内上下居中。
（3）【底端对齐】按钮 。
单击该按钮，可使选定的单元格或单元格区域内的数据沿单元格的底端对齐。
（4）【方向】按钮 。
单击该按钮，将弹出如下图所示的下拉菜单，可根据各个菜单命令左侧显示的样式进行选择。

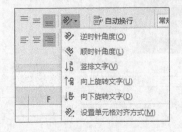

（5）【左对齐】按钮 。
单击该按钮，可使选定的单元格或单元格区域内的数据在单元格内左对齐。

（6）【居中】按钮 ▤ 。

单击该按钮，可使选定的单元格或单元格区域内的数据在单元格内水平居中显示。

（7）【右对齐】按钮 ▤ 。

单击该按钮，可使选定的单元格或单元格区域内的数据在单元格内右对齐。

（8）【减少缩进量】按钮 ◀▤ 。

单击该按钮，可以减少边框与单元格文字间的边距。

（9）【增加缩进量】按钮 ▤▶ 。

单击该按钮，可以增加边框与单元格文字间的边距。

（10）【自动换行】按钮 ▤ 自动换行 。

单击该按钮，可以使单元格中的所有内容以多行的形式全部显示出来。

（11）【合并后居中】按钮 ▤ 合并后居中 ▾ 。

单击该按钮，可以使选定的各个单元格合并为一个较大的单元格，并将合并后的单元格内容水平居中显示。单击此按钮右边的下拉按钮 ▾ ，可弹出如下图所示的菜单，用来设置合并的形式。

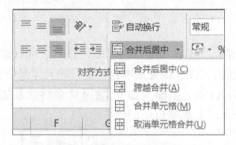

使用功能区中的按钮设置数据对齐方式的具体步骤如下。

步骤01 打开随书光盘中的"素材\ch09\实验作业.xlsx"工作簿，选择单元格区域A1:G1，单击【对齐方式】组中【合并后居中】按钮 ▤ 合并后居中 ▾ 右侧的下拉按钮，在弹出的下拉列表中选择【合并后居中】菜单命令。

步骤02 此时选定的单元格区域合并为一个单元格，且文本居中显示。

步骤03 选择单元格区域A2:G26，单击【对齐方式】组中的【垂直居中】按钮 ▤ 和【居中】按钮 ▤ ，则选择的区域中的数据将被居中显示，如下图所示。

步骤 04 对齐方式的设置还可以通过对话框来操作。选择要设置对齐方式的单元格区域，在【开始】选项卡中选择【对齐方式】选项组右下角的【对齐设置】按钮 ，在弹出的【设置单元格格式】对话框中选择【对齐】选项卡，在【文本对齐方式】区域下的【水平对齐】列表框中选择【居中】选项，在【垂直对齐】列表框中选择【居中】选项。

9.1.2 自动换行

设置文本换行的目的就是将文本在单元格内以多行显示。可以设置单元格格式为自动换行，但应注意的是要先设置好所需的宽度。设置文本自动换行的具体操作步骤如下。

步骤 01 新建一个工作表，在A1单元格输入如下图所示字样，单击【对齐方式】选项组中的【自动换行】按钮 。

步骤 02 最终效果如下图所示。

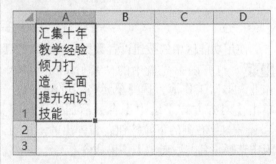

9.2 设置字体

⏱ 本节教学录像时间：10分钟

在Excel 2016中，可以更改工作表中选定区域的字体格式，也可以更改Excel表格中的默认字体、字号、字体颜色和文本方向等。

9.2.1 设置字体和字号

默认的情况下，Excel 2016表格中的字体格式是"黑色、等线、11号"。如果对此字体格式不满意，可以更改。

步骤 01 启动Excel 2016，新建一个空白工作簿，在单元格中输入内容，并选择该单元格区域，在【开始】选项卡中，单击【字体】选项组中的【字体】列表框，在弹出的下拉列表中，选择需要的字体，即可更改所选字体的格式。

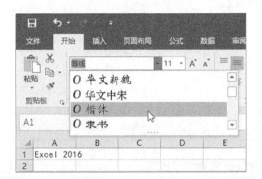

步骤 02 在【开始】选项卡中，单击【字体】选项组中的【字号】列表框，在弹出的下拉列表中选择所需的字号即可。

小提示

在【字号】下拉列表中，最大的字号是72磅，Excel支持的最大字号是409磅。设置字号也可以直接将字号数值（如120）输入到【字号】下拉列表文本框中，然后按【Enter】键确认即可。

此外，也可以在要改变格式的字体上右击，在弹出的浮动工具条中设置字体和字号；还可以单击【字体】选项组右下角的按钮 或按【Ctrl+Shift+F】组合键，在弹出的【设置单元格格式】对话框中设置字体和字号大小。

9.2.2 设置字体颜色

默认的情况下，Excel 2016表格中的字体颜色是黑色的。如果对此字体的颜色不满意，可以更改。

步骤 01 启动Excel 2016，新建一个空白工作簿，在单元格中输入内容，并选择该单元格区域，单击【开始】选项卡下【字体】选项组中的【字体颜色】按钮 右侧的下拉按钮，在弹出的调色板中选择需要的字体颜色即可。

选项卡中选择需要的颜色，或者在【自定义】选项卡中调整适合的颜色，单击【确定】按钮，即可应用重新定义的字体颜色。

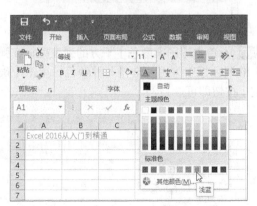

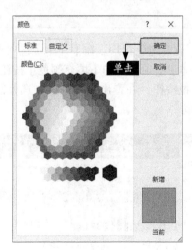

步骤 02 如果调色板中没有所需的颜色，可以自定义颜色。在弹出的调色板中选择【其他颜色】选项，弹出【颜色】对话框，在【标准】

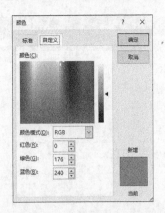

9.2.3 设置背景颜色和图案

要使单元格的外观更漂亮，可以为单元格设置背景颜色和背景图案。

1. 设置单元格的背景颜色

可以为单元格设置的背景颜色包括纯色、彩色网纹和渐变颜色等3种。

步骤 01 打开随书光盘中的"素材\ch09\员工工资表.xlsx"工作簿，选择要设置背景色的单元格或区域。

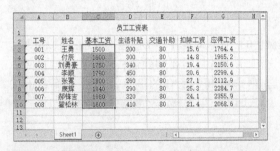

步骤 02 设置纯色背景。在【开始】选项卡中单击【字体】选项组中的【填充颜色】按钮右侧的下拉按钮，在弹出的调色板中选择需要的颜色即可。

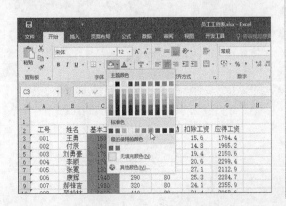

步骤 03 设置彩色网纹效果。按【Ctrl+1】组合键，打开【设置单元格格式】对话框，在【填充】选项卡中单击【图案样式】下方的列表框，在弹出的下拉列表中选择一种网纹图案。

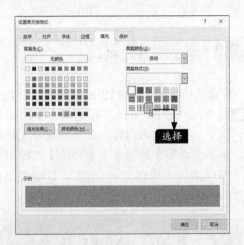

步骤 04 单击【图案颜色】下方的列表框，在弹出的调色板中为网纹选择一种颜色，单击【确定】按钮即可。

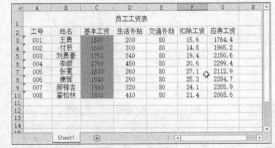

步骤 05 设置填充渐变颜色。在【设置单元格格式】对话框的【填充】选项卡中单击【填充效果】按钮。

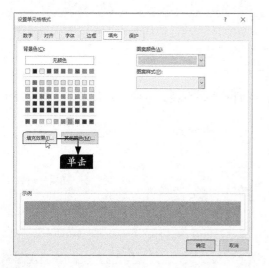

步骤 06 在弹出的【填充效果】对话框中，对渐变的【颜色】和【底纹样式】等选项进行设置。

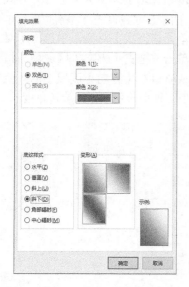

步骤 07 单击【确定】按钮，渐变颜色即被填充到相应的单元格区域中。

2. 设置工作表的背景图案

Excel 2016支持多种格式的图片作为背景图案，比较常用的有jpg、gif、bmp、png等格式。工作表的背景图案一般选用颜色比较淡的图片，以免遮挡工作表中的文字。具体的操作步骤如下。

步骤 01 单击【页面布局】选项卡下【页面设置】选项组中的【背景】按钮，弹出【插入图片】对话框，选择图片的来源，如这里单击【来自文件】。

步骤 02 在弹出的【工作表背景】对话框中，选择随书光盘中的"素材\ch09\背景.jpg"文件，然后单击【插入】按钮。

步骤 03 设置好表格背景图案的效果如下图如示。

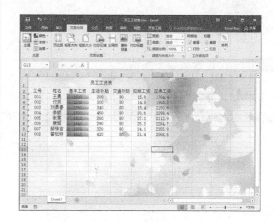

9.2.4 设置文本方向

在Excel 2016中，文本默认为按水平方向显示，我们还可以调整其方向，使其以多个角度显示在表格中。

步骤 01 打开随书光盘中的"素材\ch09\员工工资表.xlsx"工作簿，选择单元格区域A3:A10。

步骤 02 在【开始】选项卡中单击【对齐方式】选项组中的【方向】按钮 ，在弹出的下拉列表中选择需要的文本方向，如选择【逆时针角度】菜单命令。

步骤 03 设置效果如下图所示。

也可以选择需要设置文本方向的单元格区域，单击【开始】选项卡下【对齐方式】选项组右下角的【对齐设置】按钮 ，在弹出的【设置单元格格式】对话框中选择【对齐】选项卡，单击并拖曳【方向】区域中的指针进行调整，或直接在【方向】区域下的数值框中输入角度值，即可改变字体的旋转角度。

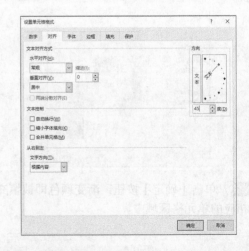

9.3 设置边框

在Excel 2016中，单元格四周的灰色网格线默认是不能被打印出来的。为了使表格更加规范、美观，可以为表格设置边框。

9.3.1 使用功能区设置边框

使用功能区设置边框的具体操作步骤如下。

步骤01 打开随书光盘中的"素材\ch09\家庭收入支出表.xlsx"文件，选中要添加边框的单元格区域A1:E15，单击【开始】选项卡下【字体】选项组中【边框】按钮 右侧的下拉按钮，在弹出的列表中选择【所有框线】选项。

步骤02 即可为表格添加所有的边框。

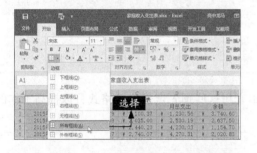

9.3.2 使用对话框设置边框

使用对话框设置边框的具体操作步骤如下。

步骤01 选中要添加边框的单元格区域A1:E15，单击【开始】选项卡下【字体】选项组右下角的 按钮。

步骤02 弹出【设置单元格格式】对话框，选择【边框】选项卡，在【线条样式】列表框中选择一种样式，然后在【颜色】下拉列表中选择"深蓝，文字2"，在【预置】区域单击【外

边框】选项；使用同样方法设置【内边框】选项，如下图所示。

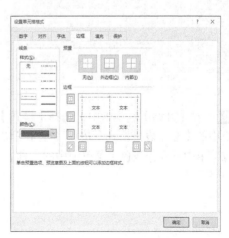

步骤 03 最终效果如下图所示。

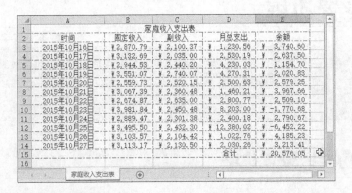

9.4 设置表格样式

◎ 本节教学录像时间：5 分钟

Excel 2016提供了自动套用格式功能，便于用户从众多预设好的表格格式中选择一种样式，快速地套用到某一个工作表中。

9.4.1 套用浅色样式美化表格

Excel预置有60种常用的格式，用户可以自动地套用这些预先定义好的格式，以提高工作的效率。

步骤 01 打开随书光盘中的"素材\ch09\设置表格样式.xlsx"文件，在"主叫通话记录"表中选择要套用格式的单元格区域A4:G18。

步骤 02 在【开始】选项卡中，选择【样式】选项组中的【套用表格格式】按钮 ，在弹出的下拉菜单中选择【浅色】菜单项中的一种。

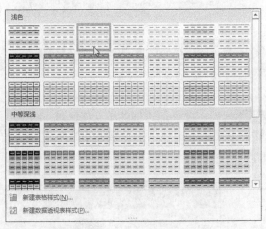

步骤 03 单击样式，则会弹出【套用表格式】对话框，单击【确定】按钮即可套用一种浅色样式。

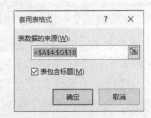

步骤 04 最终效果如下图所示。

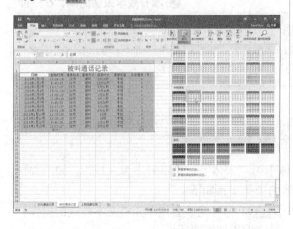

9.4.2 套用中等深浅样式美化表格

套用中等深浅样式更适合内容较复杂的表格，具体的操作步骤如下。

步骤 01 打开随书光盘中的"素材\ch09\设置表格样式.xlsx"文件，在"被叫通话记录"表中选择要套用格式的单元格区域A2:G111，单击【开始】选项卡【样式】组中的【套用表格格式】按钮。

步骤 02 在弹出的下拉菜单中选择【中等深浅】菜单项中的一种，弹出【套用表格式】对话框，单击【确定】按钮即可套用一种中等深浅色样式。最终效果如下图所示。

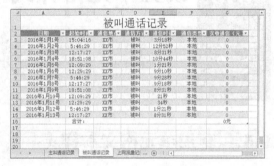

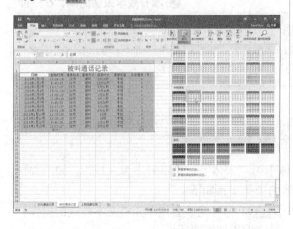

9.4.3 套用深色样式美化表格

套用深色样式美化表格时，为了将字体显示得更加清楚，可以对字体添加"加粗"效果，具体的操作步骤如下。

步骤 01 打开随书光盘中的"素材\ch09\设置表格样式.xlsx"文件，在"上网流量记录"表中选择要套用格式的单元格区域A2:D11。

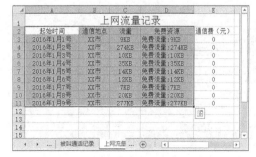

步骤 02 单击【开始】选项卡【样式】选项组中的【套用表格格式】按钮，在弹出的下拉菜单中选择【深色】菜单项中的一种。

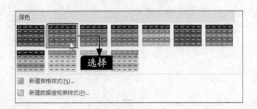

步骤 03 弹出【套用表格式】对话框，单击【确定】按钮，套用样式后，右下角会出现一个小正方形，将鼠标指针放上去，当指针变成↘形状时，单击并向下或向右拖曳，即可扩大应用样式的区域。

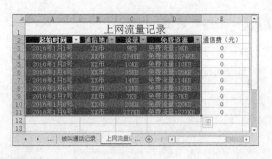

步骤 04 最终效果如下图所示。

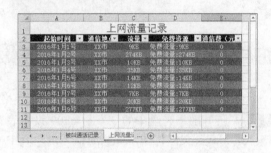

9.5 设置单元格样式

⊙ 本节教学录像时间：5分钟

单元格样式是一组已定义的格式特征，在Excel 2016的内置单元格样式中还可以创建自定义单元格样式。若要在一个表格中应用多种样式，就可以使用自动套用单元格样式功能。

9.5.1 套用单元格文本样式

在创建的默认工作表中，单元格文本的【字体】为"宋体"、【字号】为"11"。如果要快速改变文本样式，可以套用单元格文本样式，具体的操作步骤如下。

步骤 01 打开随书光盘中的"素材\ch09\设置单元格样式.xlsx"工作簿，并选择单元格区域B6:E15，单击【开始】选项卡【样式】选项组中的【单元格样式】按钮，在弹出的下拉列表中选择要套用的单元格格式，如选择"20%-着色1"样式。

步骤 02 即可完成套用单元格文本样式的操作，最终效果如下图所示。

9.5.2　套用单元格背景样式

在创建的默认工作表中，单元格的背景色为白色。如果要快速改变背景颜色，可以套用单元格背景样式，具体的操作步骤如下。

步骤01 打开随书光盘中的"素材\ch09\设置单元格样式.xlsx"文件，选择单元格区域B6:E13，单击【开始】选项卡下【样式】组中的【单元格样式】按钮 单元格样式▾，在弹出的下拉列表中选择【差】样式。

步骤02 选择单元格区域B14:E14，设置单元格样式为【好】样式，选择单元格区域B15:E15，设置单元格样式为【适中】样式，效果如图所示。

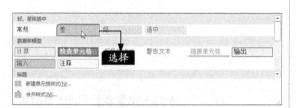

9.5.3　套用单元格标题样式

自动套用单元格中标题样式的具体操作步骤如下。

步骤01 打开随书光盘中的"素材\ch09\设置单元格样式.xlsx"文件，选择标题区域，单击【开始】选项卡下【样式】选项组中的【单元格样式】按钮 单元格样式▾，在弹出的下拉菜单中单击【标题1】样式。

步骤02 最终效果如下图所示。

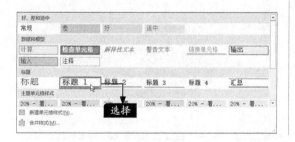

9.5.4　套用单元格数字样式

在Excel 2016中，单元格中输入的数据格式默认为右对齐，小数点保留0位。如果要快速改变数字样式，可以套用单元格数字样式，具体的操作步骤如下。

步骤01 打开随书光盘中的"素材\ch09\设置单元格样式.xlsx"文件，选择单元格区域B6:E111。单击【开始】选项卡【样式】选项组中的【单元格样式】按钮 单元格样式▾，在弹出的下拉列表中选择【货币（0）】样式。

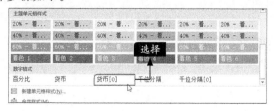

步骤 02 返回到工作表中，即可发现单元格数字的样式已经发生了变化，适当调整列宽，最终效果如下图所示。

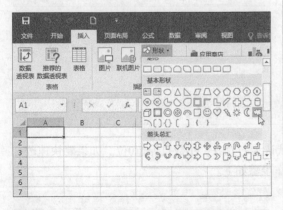

9.6 使用图形

🕐 本节教学录像时间：9分钟

 Excel 2016中内置有8大类图形，分别为线条、矩形、基本形状、箭头总汇、公式形状、流程图、星与旗帜、标注等。

9.6.1 插入形状

在Excel工作表中绘制形状的具体步骤如下。

步骤 01 新建一个空白工作簿，在【插入】选项卡中，单击【插图】选项组中的【形状】按钮 📷形状▾，弹出形状下拉列表，在形状列表中单击选择要插入的形状。

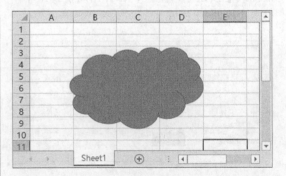

> **小提示**
>
> 当在工作表区域内添加并选择图形时，会在功能区中出现【绘图工具】➤【格式】选项卡，针对所添加的图形可以设置图形的格式。

步骤 02 返回到工作表中，在任意位置处单击并拖动鼠标，即可绘制出相应的图形。

曲线的绘制需要确定多个定点，与其他形状的绘制稍有差别。绘制曲线的具体步骤如下。

步骤 01 在【插入】选项卡中，单击【插图】选项组中的【形状】按钮 📷形状▾，在弹出的下拉列表中选择【线条】选项中的【曲线】选项。

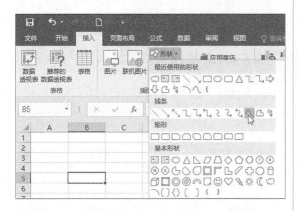

步骤 02 在工作表中单击，确定曲线的起点，拖曳鼠标到适当的位置再次单击，确定曲线第2点的位置，然后拖曳鼠标确定前面两点之间曲线的弧度，满足需要后双击，一条曲线即可绘制好。

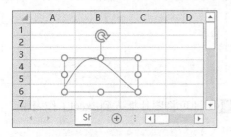

> **小提示**
>
> 一些形状的应用需要使用不同的方法。比如添加"任意多边形"形状，需要重复单击来完成线条的创建，或单击并拖曳鼠标来创建非线性的形状，双击鼠标结束绘制并创建形状。当绘制曲线形状时，也需要多次点击才能绘制。

在上面绘制的曲线中，只确定了两个点之间的弧度。还可以确定第3点、第4点的位置，拖曳鼠标确定每一段的弧度，这样可以绘制连续的曲线。

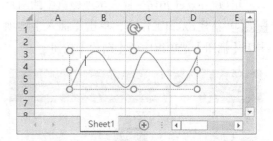

> **小提示**
>
> 绘制曲线时，拖曳鼠标只能改变当前两点之间曲线的弧度，在这之前所有点之间的弧度都已确定。

9.6.2 在形状中添加文字

许多形状中提供有插入文字的功能，具体的操作步骤如下。

步骤 01 在Excel工作表中插入形状后，单击鼠标右键，在弹出的快捷菜单中选择【编辑文字】菜单项，形状中会出现输入光标。

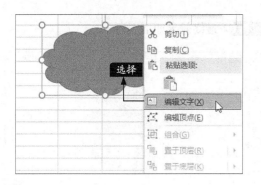

步骤 02 在光标处输入文字即可。

> **小提示**
>
> 当形状包含文本时，单击对象即可进入编辑模式。若要退出编辑模式，首先确定对象被选中，然后按【Esc】键即可。

9.7 使用图片

⏱ **本节教学录像时间：7 分钟**

在Excel工作表中插入图片，可以使工作表更加生动形象。而所选图片既可以在磁盘上，也可以在网络驱动器上，甚至可以在Internet上。

9.7.1 插入图片

可以在Excel 2016中插入本地磁盘中的图片。

步骤01 新建Excel工作表，单击【插入】选项卡下【插图】选项组中的【图片】按钮。

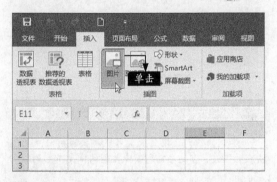

步骤02 弹出【工作表背景】对话框，选择随书光盘中的"素材\ch09\玫瑰.jpg"，单击【插入】按钮。

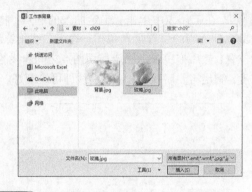

步骤03 即可将图片插入到Excel工作表中。

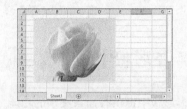

9.7.2 颜色调整

对插入的图片还可以进行颜色的调整。

步骤01 选中图片，单击【图片工具】➤【格式】选项卡下【调整】组中的【颜色】按钮，在弹出的下拉列表中选择【蓝色，个性1浅色】选项。

步骤02 最终效果如下图所示。

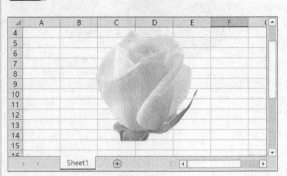

9.7.3 裁剪图片

本节介绍如何裁剪图片，具体操作步骤如下。

步骤01 选中要裁剪的图片，在【图片工具】➤【格式】选项卡中，单击【大小】选项组中的【裁剪】按钮，随即在图片的周围会出现8个裁剪控制柄。

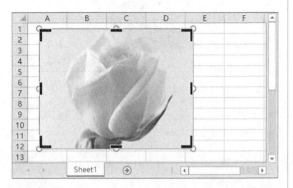

步骤02 拖动这8个裁剪控制柄，即可进行图片的裁剪操作。

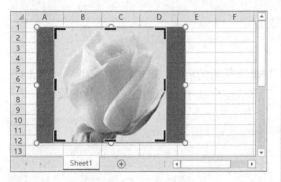

步骤03 图片裁剪完毕，再次单击【大小】选项组中的【裁剪】按钮，即可退出裁剪模式，完成图片的裁剪。

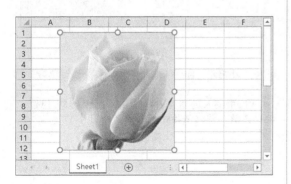

在【图片工具】➤【格式】选项卡中，单击【大小】选项组中【裁剪】按钮的下拉箭头，弹出裁剪选项的菜单。

（1）【裁剪】：拖动裁剪控制柄进行手动裁剪。

（2）【裁剪为形状】：自动根据选择的形状进行裁剪。下图是选择 形状后，系统自动裁剪的效果。

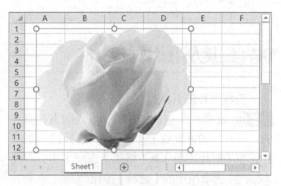

（3）【纵横比】：根据选择的宽、高比例进行裁剪。下图是选择比例为4:5的效果。

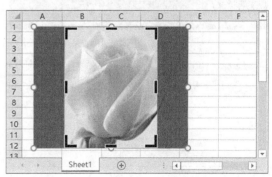

（4）【填充】：调整图片的大小，以便填充整个图片区域，同时保持原始图片的纵横比，图片区域外的部分将被裁剪掉。

（5）【调整】：调整图片，以便在图片区域中尽可能多地显示整个图片。

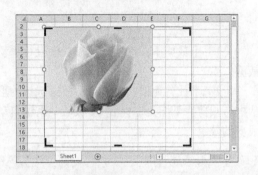

9.7.4 旋转图片

旋转图片的具体操作方法如下。

步骤01 新建一个空白工作簿，插入随书光盘中的"素材\ch09\玫瑰.jpg"图片，选择插入的图片，在【图片工具】➤【格式】选项卡中，单击【排列】选项组中的【旋转】按钮，在弹出的下拉列表中选择【其他旋转选项】选项。

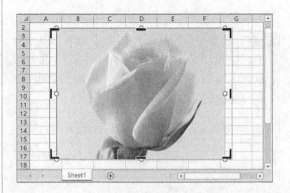

步骤02 弹出【设置图片格式】窗格，在【大小属性】选项卡下【大小】组中的【旋转】微调框

裁剪结束后，再次选择【调整】按钮或在空白位置处单击，图片将随区域大小进行调整。

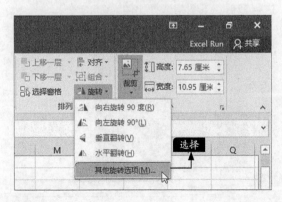

中输入旋转的度数，这里输入"30°"，鼠标在工作表空白处单击，即可完成图片的旋转。

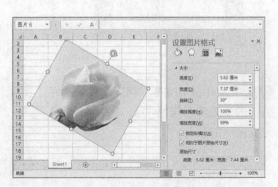

--- **小提示** ---

选中插入的图片，单击图片上方的 按钮，按住不放，拖动该按钮也可以旋转图片。

9.8 使用SmartArt图形

本节教学录像时间：6分钟

SmartArt图形是数据信息的艺术表示形式。可以在多种不同的布局中创建SmartArt图形，以便快速、轻松、高效地表达信息。

9.8.1 创建SmartArt图形

在创建SmartArt图形之前，应清楚需要通过SmartArt图形表达什么信息以及是否希望信息以某种特定方式显示。创建SmartArt图形的具体操作步骤如下。

步骤01 单击【插入】选项卡下【插图】选项组中的【SmartArt】按钮 ，弹出【选择SmartArt图形】对话框。

步骤02 选择左侧列表中的【层次结构】选项，在右侧的列表框中选择【组织结构图】选项，单击【确定】按钮。

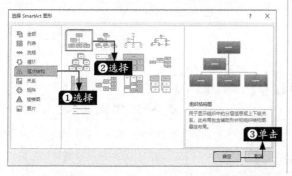

步骤03 即可在工作表中插入选择的SmartArt图形。

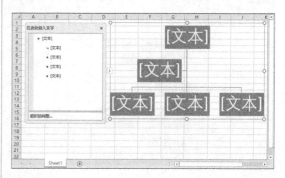

步骤04 在【在此处键入文字】窗格中添加如下图所示的内容，SmartArt图形会自动更新显示的内容。

9.8.2 改变SmartArt图形布局

我们也可以通过改变SmartArt图形的布局来改变外观，以使图形更能体现出层次结构。

1.改变悬挂结构

步骤 01 选择SmartArt图形的最上层形状，在【设计】选项卡下【创建图形】选项组中，单击【布局】按钮 ，在弹出的下拉菜单中选择【两者】选项。

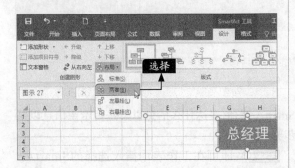

步骤 02 即可改变SmartArt图形结构，如下图所示。

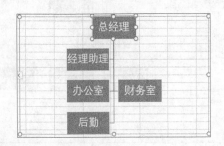

2.改变布局样式

步骤 01 单击【SmartArt工具】➤【设计】选项卡下【布局】选项组右侧的【其他】按钮 ，在弹出的类表中选择【层次结构】形式。

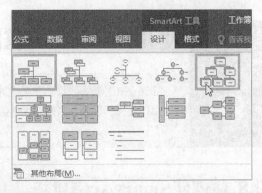

步骤 02 即可快速更改SmartArt图形的布局。

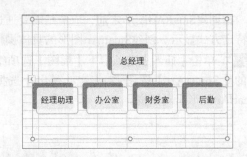

步骤 03 也可以在列表中选择【其他布局】选项，在弹出的【选择SmartArt图形】对话框中选择需要的布局样式。

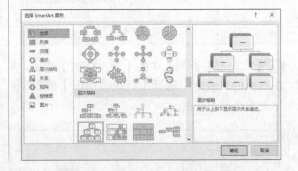

9.9 综合实战——美化员工工资表

🔘 本节教学录像时间：4分钟

制作员工工资表是企业人力资源部门的主要工作之一，它涉及对企业所有员工的基本信息、基本工资、津贴、薪级工资等数据进行整理分类，计算以及汇总等比较复杂的处理。在本案例中，主要练习字体的设置、套用表格及单元格样式等。

第1步：设置单元格对齐方式及字体

步骤 01 打开随书光盘中的"素材\ch09\员工工资表.xlsx"工作簿，选择单元格A1，在【开始】选项卡下【字体】选项组中设置【字体】为"华文行楷"，【字号】为"22"，【字体颜色】为"蓝色"。

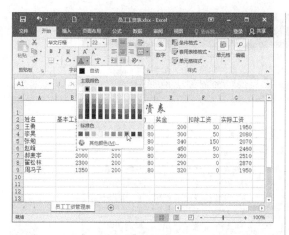

步骤 02 选择单元格区域A2:G9，在【开始】选项卡下【字体】选项组中设置【字体】为"隶书"，【字号】为"14"，在【对齐方式】选项组中，设置对齐方式为【居中】。

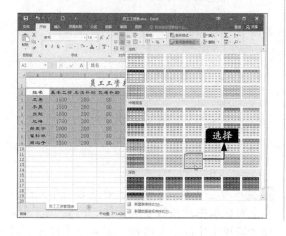

● 第2步：套用表格样式

步骤 01 选择单元格区域A2:G9，单击【开始】选项卡【样式】组中的【套用表格格式】按钮，在弹出的列表中选择要套用的表格样式，如这里选择【表样式中等深浅25】。

步骤 02 弹出【套用表格式】对话框，单击【确定】按钮。

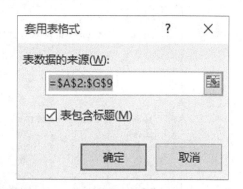

步骤 03 即可套用表格样式，效果如下图所示。

● 第3步：套用单元格样式

步骤 01 选择单元格区域A2:G9，单击【开始】选项卡【样式】组中的【单元格样式】按钮，在弹出的列表中选择要套用的单元格样式，如这里选择【货币[0]】选项。

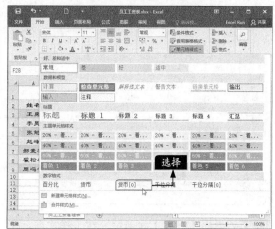

步骤 02 套用单元格样式后的效果如下图所示。

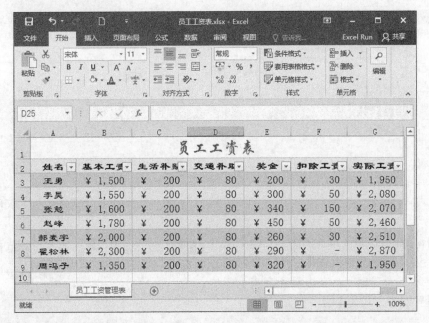

至此，美化工作表的操作基本完成，用户可以根据自己的需求美化该工作表。

 # 高手支招

● 本节教学录像时间：6 分钟

● 自定义快速单元格格式

如果内置的快速单元格样式都不适合，可以自定义单元格样式。

步骤01 在【开始】选项卡中，单击【样式】选项组中的【单元格样式】按钮 单元格样式，在弹出的下拉列表中选择【新建单元格样式】。

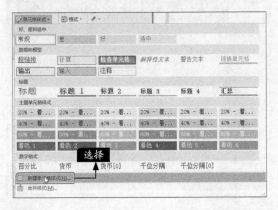

步骤02 弹出【样式】对话框，在【样式名：】文本框中输入样式名称。

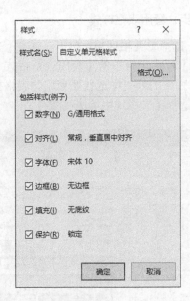

步骤03 单击【格式】按钮，在【设置单元格格式】对话框中设置数字、字体、边框、填充等样式后单击【确定】按钮。返回至【样式】对话框，再次单击【确定】按钮。

步骤 04 新建的样式即可出现在【单元格】样式下拉列表中。选择要设置样式的单元格，单击自定义的样式即可。

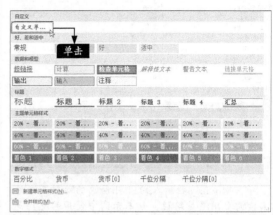

● 在Excel工作表中插入Flash动画

在Excel工作表中插入Flash动画的具体步骤如下。

步骤 01 自定义功能区，将【开发工具】选项卡添加到主选项卡中，在【控件】选项组中单击【插入】按钮，在弹出的下拉列表中单击【其他控件】按钮。

步骤 02 在弹出的对话框中选择【Shockwave Flash Object】控件，然后单击【确定】按钮。

步骤 03 在工作表中单击并拖曳出Flash控件。

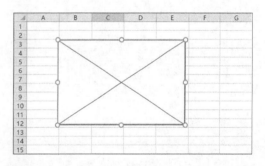

步骤 04 右击Flash控件，在弹出的快捷菜单中选择【属性】菜单项，打开【属性】对话框，从中设置【Movie】属性为Flash文件的路径和文件名。【EmbedMovie】属性为True，使Flash嵌入Excel中。【Height】和【Width】分别为Flash的高和宽。【Scale】默认为ShowAll，为缩放模式，始终显示Flash中的所有内容，如果改为NoScale则始终按1∶1比例，不会缩放Flash中的内容。

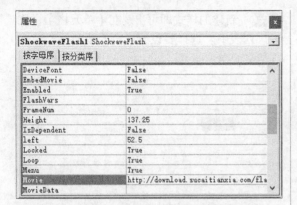

钮 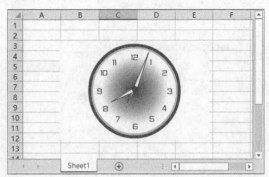，退出设计模式，完成Flash文件的插入。

小提示

　　"Movie"栏输入的Flash动画的路径及文件名，需要用绝对路径，如本示例中使用的路径是http://download.sucaitianxia.com/flash/shizhong/clock121.swf。

小提示

　　再次按下【设计模式】按钮则暂停播放，进入设计模式。如当时未显示Flash，请保存退出Excel，再打开该Excel文档，即可看到Flash。

步骤 05 单击【控件】选项组中的【设计模式】按

第 **10** 章

图表应用
——设计销售情况统计表

学习目标

图表作为一种比较形象、直观的表达形式，不仅可以表示各种数据的数量的多少，还可以表示数量增减变化的情况以及部分数量同总数之间的关系等信息。本章主要介绍图表的应用方法。

学习效果

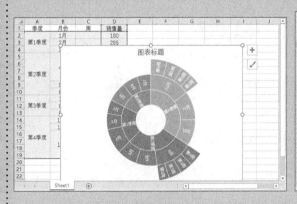

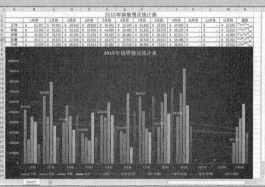

10.1 图表及其特点

🕐 **本节教学录像时间：2分钟**

图表可以非常直观地反映工作表中数据之间的关系，使用户可以方便地对比与分析数据。用图表表达数据，可以使表达结果更加清晰、直观和易懂，为用户使用数据提供了便利。

10.1.1 形象直观

利用下面的图表可以非常直观地显示每位员工第1季度和第2季度的销售业绩。

10.1.2 种类丰富

Excel 2016提供了14种内部的图表类型，每一种图表类型又有多种子类型，还可以自己定义图表。用户可以根据实际情况，选择原有的图表类型或者自定义图表。

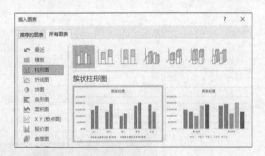

10.1.3 双向联动

在图表上可以增加数据源，使图表和表格双向结合，更直观地表达丰富的含义。

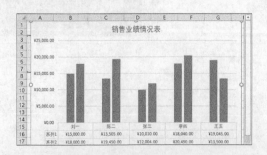

10.1.4 二维坐标

一般情况下，图表上有两个用于对数据进行分类和度量的坐标轴，即分类（x）轴和数值（y）轴。在x、y轴上可以添加标题，以更明确图表所表示的含义。

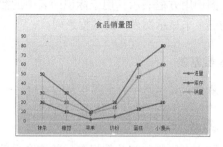

10.2 图表的构成元素

> ◎ 本节教学录像时间：3分钟

图表主要由图表区、绘图区、图表标题、坐标轴、图例、数据表、数据标签和背景等组成。

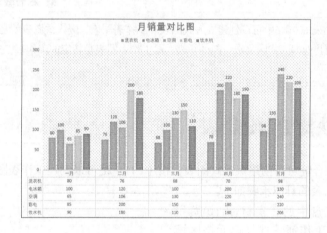

● 1.图表区

整个图表以及图表中的数据称为图表区。在图表区中，当鼠标指针停留在图表元素上方时，Excel会显示元素的名称，从而方便用户查找图表元素。

● 2.绘图区

绘图区主要显示数据表中的数据，数据随着工作表中数据的更新而更新。

● 3.图表标题

创建图表完成后，图表中会自动创建标题文本框，只需在文本框中输入标题即可。

● 4.坐标轴

默认情况下，Excel会自动确定图表坐标轴中图表的刻度值，也可以自定义刻度，以满足使用需要。当在图表中绘制的数值涵盖范围较大时，可以将垂直坐标轴改为对数刻度。

5.图例

图例用方框表示，用于标识图表中的数据系列所指定的颜色或图案。创建图表后，图例以默认的颜色来显示图表中的数据系列。

6.数据表

数据表是反映图表中源数据的表格，默认的图表一般都不显示数据表。

7.数据标签

图表中绘制的相关数据点的数据来自数据的行和列。如果要快速标识图表中的数据，可以为图表的数据添加数据标签，在数据标签中可以显示系列名称、类别名称和百分比。

8.背景

背景主要用于衬托图表，可以使图表更加美观。

10.3 创建图表的方法

🎬 **本节教学录像时间：4 分钟**

在Excel 2016中可以创建嵌入式图表和工作表图表，嵌入式图表就是与工作表数据在一起或者与其他嵌入式图表在一起的图表，而工作表图表是特定的工作表，只包含单独的图表。

10.3.1 使用快捷键创建图表

按【Alt+F1】组合键可以创建嵌入式图表，按【F11】键可以创建工作表图表。

使用按键创建图表的具体步骤如下。

步骤01 打开随书光盘中的"素材\ch10\费用支出明细表.xlsx"工作簿，选择单元格区域A2:E9。

步骤02 按【F11】键，即可插入一个名为"Chart1"的工作表，并根据所选区域的数据创建图表。

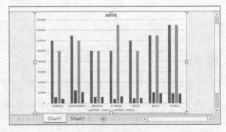

步骤03 选中需要创建图表的单元格区域，按【Alt+F1】组合键，可在当前工作表中快速插入簇状柱形图图表。

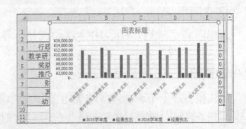

10.3.2 使用功能区创建图表

在Excel 2016的功能区中也可以方便地创建图表，具体的操作步骤如下。

步骤01 打开随书光盘中的"素材\ch10\费用支出明细表.xlsx"工作簿，选择A2:E9单元格区域。在【插入】选项卡下的【图表】选项组中，单击【插入柱形图或条形图】按钮，在弹出的下拉列表框中选择【二维柱形图】中的【簇状柱形图】选项。

步骤02 即可在该工作表中生成一个柱形图表，效果如下图所示。

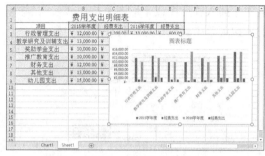

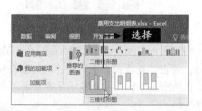

10.3.3 使用图表向导创建图表

使用图表向导也可以创建图表，具体的操作步骤如下。

步骤01 打开随书光盘中的"素材\ch10\费用支出明细表.xlsx"工作簿，选择A2:E9单元格区域。在【插入】选项卡中单击【图表】选项组右下角的【查看所有图表】按钮，弹出【插入图表】对话框。

步骤02 在弹出的对话框中，可以选择【推荐的图表】选项卡下的图表列表，也可在【所有图表】选项卡中查看所有图标类型。选择要插入的图表，单击【确定】按钮即可。

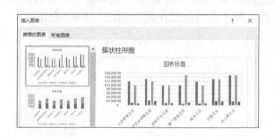

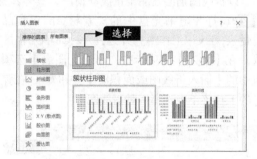

10.4 创建图表

📹 本节教学录像时间：23 分钟

了解了图表的创建方法，接下来我们就开始创建不同类型的图表。

10.4.1 柱形图——强调特定时间段内的差异变化

柱形图也叫直方图，是较为常用的一种图表类型，主要用于显示一段时间内的数据变化或显示各项之间的比较情况，易于比较各组数据之间的差别。柱形图包括簇状柱形图、堆积柱形图、百分比堆积柱形图、三维簇状柱形图、三维堆积柱状图、三维百分比堆积柱形图和三维柱形图。

以柱形图分析学生在两个学期的成绩情况，具体步骤如下。

步骤 01 打开随书光盘中的"素材\ch10\部分学生成绩表.xlsx"工作簿，选择A2:C7单元格区域，在【插入】选项卡中，单击【图表】选项组中【插入柱形图或条形图】按钮，在弹出的下拉菜单中选择任意一种柱形图类型。

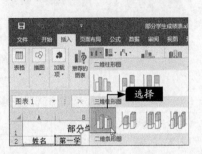

步骤 02 如选择【三维簇状条形图】类型图表，即可在当前工作表中创建一个柱形图表。

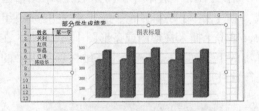

小提示

可以看出，在此图表中，蓝色的图柱和红色的图柱很直观地显示出了学生第一学期和第二学期总成绩的差距。

10.4.2 折线图——描绘连续的数据

折线图可以显示随时间（根据常用比例设置）而变化的连续数据，因此非常适合显示在相等时间间隔下的数据变化趋势。在折线图中，类别数据沿水平轴均匀分布，所有值数据沿垂直轴均匀分布。折线图包括折线图、堆积折线图、百分比堆积折线图、带数据标记的堆积折线图、带数据标记的百分比堆积折线图和三维折线图。

以折线图描绘食品销量波动情况，具体步骤如下。

步骤 01 打开随书光盘中的"素材\ch10\食品销量表.xlsx"工作簿，并选择A2:C8单元格区域，在【插入】选项卡中，单击【图表】选项组中的【插入折线图或面积图】按钮，在弹出的下拉菜单中选择一种折线图。

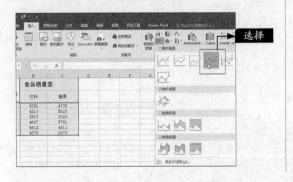

步骤 02 如选择【带数据标记的折线图】类型图表，即可在当前工作表中创建一个折线图表。

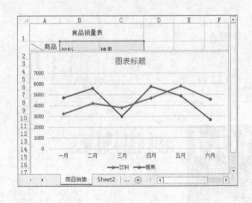

小提示

从图表上可以看出，折线图不仅能显示每个月份各品种的销量差距，也可以显示各个月份的销量变化。

10.4.3 饼图——善于表现数据构成

饼图是显示一个数据系列中各项的大小与各项总和的比例。在工作中如果遇到需要计算总费用或金额的各个部分构成比例的情况，一般都是通过各个部分与总额相除来计算，而且这种比例表示方法很抽象，可以使用饼图，直接以图形的方式显示各个组成部分所占比例。饼图包括饼图、三维饼图、复合饼图、复合条饼图和圆环图。

以饼图来显示公司费用支出情况，具体步骤如下。

步骤01 打开随书光盘中的"素材\ch10\公司费用支出情况.xlsx"工作簿，并选择A2:B9单元格区域，在【插入】选项卡中，单击【图表】选项组中的【插入饼图或圆环图】按钮，在弹出的下拉菜单中选择一种饼图。

步骤02 如选择【三维饼图】图表类型，即可在当前工作表中创建一个三维饼图图表。

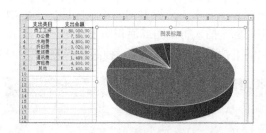

小提示

可以看出，饼图中显示了各元素所占的比例状况，以及各元素和整体之间、元素和元素之间的对比情况。

10.4.4 条形图——强调各个数据项之间的差别情况

条形图可以显示各个项目之间的比较情况，与柱形图相似，但是又有所不同，条形图显示为水平方向，柱形图显示为垂直方向。柱形图包括簇状条形图、堆积条形图、百分比堆积条形图、三维簇状条形图、三维堆积条形图和三维百分比堆积条形图。

下面以销售业绩表为例，创建一个条形图。

步骤01 打开随书光盘中的"素材\ch10\销售业绩表.xlsx"工作簿，并选择A2:E7单元格区域，在【插入】选项卡中，单击【图表】选项组中的【插入柱形图或条形图】按钮，在弹出的下拉菜单中选择任意一种条形图的类型。

步骤02 如选择【簇状条形图】图表类型，即可在当前工作表中创建一个簇状条形图图表。

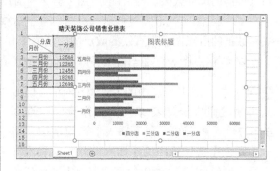

小提示

从条形图中可以清晰地看到每个月份各分店的销量差距情况。

10.4.5 面积图——说明部分和整体的关系

在工作表中以列或行的形式排列的数据可以绘制为面积图。面积图可用于绘制随时间发生变化的变化量，用于引起人们对总值趋势的关注。通过显示所绘制的值的总和，面积图还可以显示部分与整体的关系。例如，表示随时间而变化的销售数据。面积图包括面积图、堆积面积图、百分比堆积面积图、三维面积图、三维堆积面积图和三维百分比堆积面积图。

以面积图显示各销售区域在各季度的销售情况，具体步骤如下。

步骤01 打开随书光盘中的"素材\ch10\各区销售情况表.xlsx"工作簿，并选择A1:E6单元格区域，在【插入】选项卡中，单击【图表】选项组中的【插入折线图或面积图】按钮 ，在弹出的下拉菜单中选择任意一种面积图的类型。

步骤02 如选择【三维面积图】图表类型，即可在当前工作表中创建一个面积图图表。

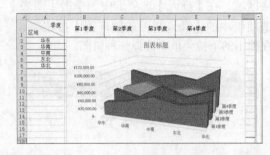

> **小提示**
>
> 从面积图中可以清晰地看出，面积图强调幅度随时间的变化，通过显示所绘数据的总和，说明部分与整体的关系。

10.4.6 XY散点图（气泡图）——显示两个变量之间的关系

XY散点图表示因变量随自变量而变化的大致趋势，据此可以选择合适的函数对数据点进行拟合。如果要分析多个变量间的相关关系时，可利用散点图矩阵来同时绘制各自变量间的散点图，这样可以快速发现多个变量间的主要相关性，例如科学数据、统计数据和工程数据。

气泡图与散点图相似，可以把气泡图当作显示一个额外数据系列的XY散点图，额外的数据系列以气泡的尺寸代表。与XY散点图一样，所有的轴线都是数值，没有分类轴线。

XY散点图（气泡图）包括散点图、带平滑线和数据标记的散点图、带平滑线的散点图、带直线和数据的散点图、带直线的散点图、气泡图和三维气泡图。

以XY散点图和气泡图描绘各区域销售完成情况，具体步骤如下。

步骤01 打开随书光盘中的"素材\ch10\各区域销售情况完成统计表.xlsx"工作簿，并选择B1:C7单元格区域，在【插入】选项卡中，单击【图表】选项组中的【插入散点图(x,y)或气泡图】按钮 ，在弹出的下拉菜单中选择任意一种散点图类型。

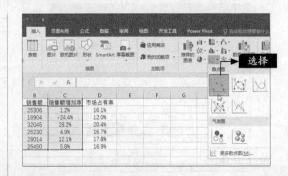

步骤 02 如选择【散点图】图表类型，即可在当前工作表中创建一个散点图。

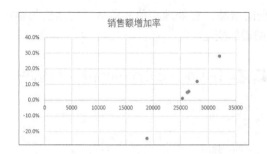

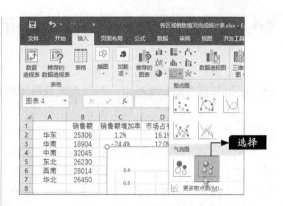

步骤 04 如选择【三维气泡图】图表类型，即可在当前工作表中创建一个气泡图图表。

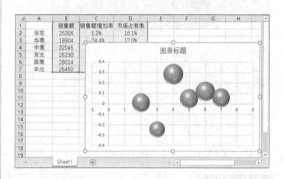

小提示

从XY散点图中可以看到图表以销售额为X轴，销售额增长率为Y轴，XY散点图通常用来显示成组的两个变量之间的关系。

步骤 03 如果要创建气泡图，可以以市场占有率作为气泡的大小，选择B1:D7单元格区域。在【插入】选项卡中，单击【图表】选项组中的【插入散点图(x,y)或气泡图】按钮 ，在弹出的下拉菜单中选择任意一种气泡图类型。

10.4.7 股价图——描绘股票价格的走势

股价图可以显示股价的波动，以特定顺序排列在工作表的列或行中的数据可以绘制为股价图，不过这种图表也可以显示其他数据（如日降雨量和每年温度）的波动，必须按正确的顺序组织数据才能创建股价图。股价图包括盘高-盘低-盘图、开盘-盘高-盘低-收盘图、成交量-盘高-盘低-收盘图、成交量-开盘-盘高-盘低-收盘图。

使用股价图显示股价涨跌的具体步骤如下。

步骤 01 打开随书光盘中的"素材\ch10\股价表.xlsx"工作簿，并选择数据区域的任意单元格，在【插入】选项卡中，单击【图表】选项组中的【插入瀑布图或股价图】按钮 ，在弹出的下拉菜单中选择"开盘-盘高-盘低-收盘图"图表类型。

步骤 02 即可在当前工作表中创建一个股价图。

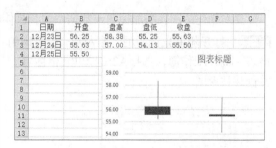

小提示

从股价图中可以清晰地看到股票的价格走势，因此股价图对于显示股票市场信息很有用。

10.4.8 瀑布图——反映各部分的差异

瀑布图是柱形图的变形，悬空的柱子代表数据的增减，在处理正值和负值对初始值的影响时，采用瀑布图则非常适用，可以直观地展现数据的增加变化。

用瀑布图反映投资收益情况，具体步骤如下。

步骤 01 打开随书光盘中的"素材\ch10\投资收益表.xlsx"工作簿，并选择A1:B14单元格区域，在【插入】选项卡中，单击【图表】选项组中的【插入瀑布图或股价图】按钮，在弹出的下拉菜单中选择瀑布图。

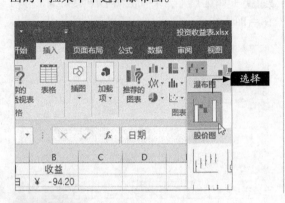

步骤 02 即可在当前工作表中创建一个瀑布图。

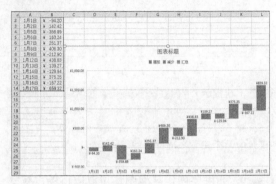

> **小提示**
> 从瀑布图中可以清晰地看到每个时间段的收益情况，并采用不同的颜色区分正数和负数。

10.5 编辑图表

🕙 **本节教学录像时间：15分钟**

如果对创建的图表不满意，在Excel 2016中还可以对图表进行相应的修改。本节介绍修改图表的一些方法。

10.5.1 在图表中插入对象

要对创建的图表添加标题或数据系列，具体的操作步骤如下。

步骤 01 打开随书光盘中的"素材\ch10\海华销售表.xlsx"工作簿，选择A2:E12单元格区域，并创建柱形图。

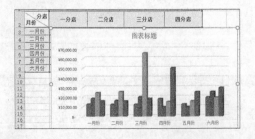

步骤 02 选择图表，在【图表工具】▶【设计】

选项卡中，单击【图表布局】组中的【添加图表元素】按钮，在弹出的下拉菜单中选择【网格线】▶【主轴主要垂直网格线】菜单命令。

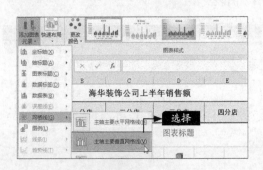

步骤 03 即可在图表中插入网格线，在"图表标题"文本处将标题命名为"海华装饰公司上半年销售表"。

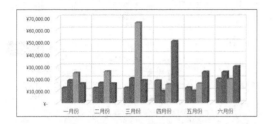

步骤 04 再次单击【图表布局】组中的【添加图表元素】按钮，在弹出的下拉菜单中选择【数据表】➤【显示图例项标示】菜单项。

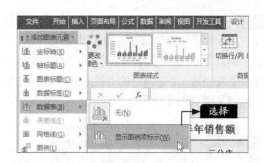

步骤 05 最终效果如下图所示。

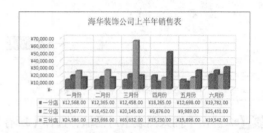

10.5.2 更改图表的类型

如果创建图表时选择的图表类型不能直观地表达工作表中的数据，则可更改图表的类型。具体的操作步骤如下。

步骤 01 接上一节操作，选择图表，在【设计】选项卡中，单击【类型】选项组中的【更改图表类型】按钮，弹出【更改图表类型】对话框，在【更改图表类型】对话框中选择【折线图】中的一种。

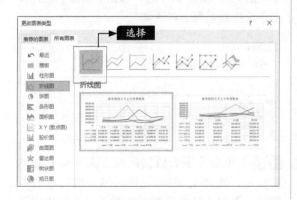

步骤 02 单击【确定】按钮，即可将柱形图表更改为折线图表。

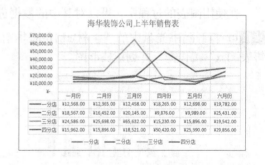

> **小提示**
>
> 在需要更改类型的图表上右键单击，在弹出的快捷菜单中选择【更改图表类型】菜单项，也可以在弹出的【更改图表类型】对话框中更改图表的类型。

10.5.3 创建组合图表

一般情况下，在工作表中制作的图表都是某一种类型，如线形图、柱形图等，这样的图表只能单一地体现出数据的大小或者是变化趋势。如果希望在一个图表中既可以清晰地表示出某项数据的大小，又可以显示出其他数据的变化趋势，这时就可以使用组合图表来达到目的。

步骤 01 打开随书光盘中的"素材\ch10\海华销售表.xlsx"工作簿，选中A2:E8单元格区域，单击【插入】选项卡下【图表】组中的【插入组合图】按钮 **┅▾**，在弹出的下拉列表中选择【创建自定义组合图】选项。

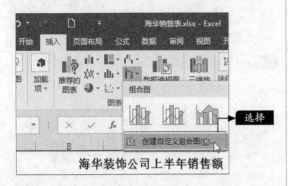

步骤 02 弹出【插入图表】对话框，选择【所有图表】▶【组合】选项，在"三分店"下拉列表中选择【带数据标记的折线图】图表类型，单击【确定】按钮。

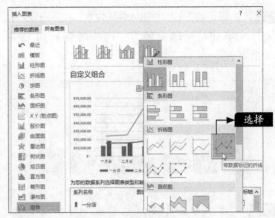

步骤 03 插入的组合图表如下图所示。

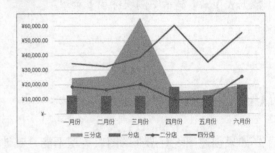

10.5.4 在图表中添加数据

在使用图表的过程中，可以对其中的数据进行修改。具体的操作步骤如下。

步骤 01 打开随书光盘中的"素材\ch10\海华销售表.xlsx"工作簿，并创建柱形图。

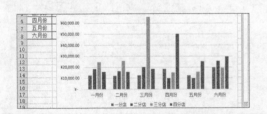

步骤 02 在单元格区域F2:F8中输入如下图所示的内容。

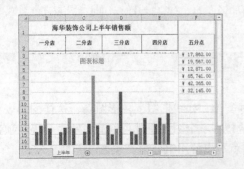

步骤 03 选择图表，在【设计】选项卡中，单击【数据】选项组中的【选择数据】按钮 **▦**，弹出【选择数据源】对话框。

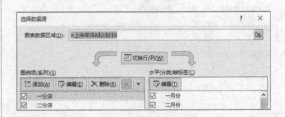

步骤 04 单击【图表数据区域】文本框右侧的 **▦** 按钮，选择A2:F8单元格区域，然后单击 **▦** 按钮，返回【选择数据源】对话框，可以看到"五分店"已添加到【图例项】列表中了。

步骤 05 单击【确定】按钮，名为"五分店"的数据系列就会添加到图表中。

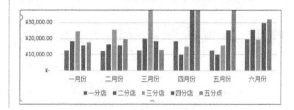

10.5.5 调整图表的大小

用户可以对已创建的图表根据不同的需求进行调整，具体的操作步骤如下。

步骤 01 选择图表，图表周围会显示浅绿色边框，同时出现8个控制点，鼠标指针变成"↖"形状时单击并拖曳控制点，可以调整图表的大小。

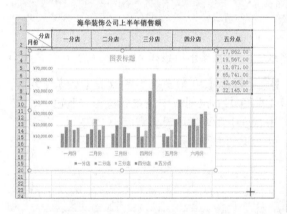

步骤 02 如要精确地调整图表的大小，在【格式】选项卡中选择【大小】选项组，然后在【形状高度】和【形状宽度】微调框中输入图表的高度和宽度值，按【Enter】键确认即可。

> **小提示**
>
> 单击【格式】选项卡中【大小】选项组右下角的【大小和属性】按钮，在弹出的【设置图表区格式】窗格的【大小属性】选项卡下，可以设置图表的大小或缩放百分比。

10.5.6 移动和复制图表

我们可以通过移动图表来改变图表的位置；也可以通过复制图表，将图表添加到其他工作表或其他文件中。

1. 移动图表

如果创建的嵌入式图表不符合工作表的布局要求，比如位置不合适，遮住了工作表的数据等，可以通过移动图表来解决。

（1）在同一工作表中移动。选择图表，将鼠标指针放在图表的边缘，当指针变成↖形状时，按住鼠标左键拖曳到合适的位置，然后释放即可。

（2）移动图表到其他工作表中。选中图表，在【设计】选项卡中，单击【位置】选项组中的【移动图表】按钮，在弹出的【移动

图表】对话框中选择图表移动的位置后，如单击【新工作表】单选项，在文本框中输入新工作表名称，单击【确定】按钮即可。

● 2. 复制工作表

要将图表复制到另外的工作表中，具体的操作步骤如下。

步骤 01 在要复制的图表上右键单击，在弹出的快捷菜单中选择【复制】菜单命令。

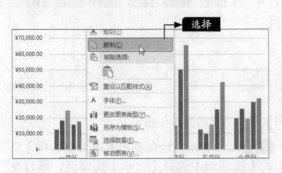

步骤 02 在新的工作表中右键单击，在弹出的快捷菜单中选择【粘贴】菜单项，即可将图表复制到新的工作表中。

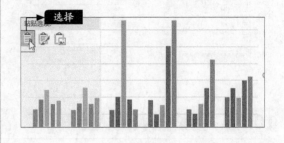

10.5.7 设置和隐藏网格线

如果对默认的网格线不满意，可以自定义网格线。具体的操作步骤如下。

步骤 01 打开随书光盘中的"素材\ch10\海华销售表.xlsx"工作簿，并创建柱形图。

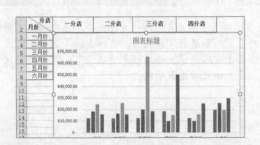

步骤 02 选中图表，单击【格式】选项卡中【当前所选内容】组中【图表区】右侧的 ▾ 按钮，在弹出的下拉列表中选择【垂直（值）轴主要网格线】选项，然后单击【设置所选内容格式】按钮 设置所选内容格式，弹出【设置主要网格线格式】窗格。

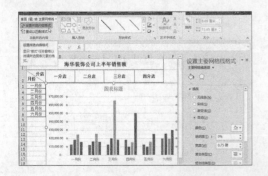

步骤 03 在【填充线条】区域下【线条】组中【颜色】下拉列表中设置颜色为"蓝色"，在【宽度】微调框中设置宽度为"1磅"，设置后的效果如下图所示。

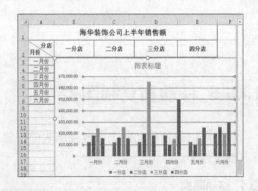

步骤 04 选择【线条】区域下的【无线条】单选项，即可隐藏所有的网格线。

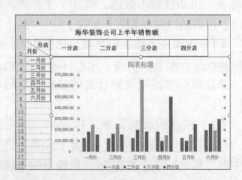

10.5.8 显示与隐藏图表

如果在工作表中已创建了嵌入式图表，而只需显示原始数据时，则可把图表隐藏起来。具体的操作步骤如下。

步骤01 打开随书光盘中的"素材\ch10\海华销售表.xlsx"工作簿，并创建柱形图。

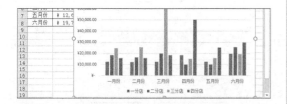

步骤02 选择图表，在【格式】选项卡中，单击【排列】选项组中的【选择窗格】按钮，在Excel工作区中弹出【选择】窗格，在【选择】窗格中单击【图表1】右侧的按钮，即可隐藏图表，同时按钮变为——。

步骤03 在【选择】窗格中单击【图表1】右侧的一按钮，图表就会显示出来。

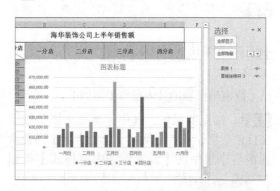

> **小提示**
>
> 如果工作表中有多个图表，可以单击【选择】窗格上方的【全部显示】或者【全部隐藏】按钮，显示或隐藏所有的图表。

10.5.9 更改坐标刻度

如果对坐标轴中的刻度不满意，还可以对其进行修改，具体操作步骤如下。

步骤01 打开随书光盘中的"素材\ch10\海华销售表.xlsx"工作簿，并创建柱形图。

步骤02 选中【垂直（值）轴】坐标轴数据，单击鼠标右键，在弹出的快捷菜单中选择【设置坐标轴格式】选项。

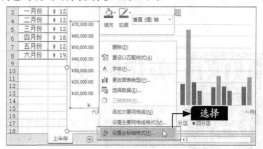

步骤03 弹出【设置坐标轴格式】窗格，在【坐标轴选项】选项卡下的【坐标轴选项】选项的【单位】选项下，在【主要】文本框中输入"30000.0"，在【显示单位】下拉列表中选择【10000】选项。

标刻度如下图所示。

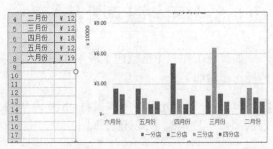

步骤 04 关闭【设置坐标轴格式】窗格，图表坐

10.5.10 隐藏坐标轴

隐藏坐标轴的具体操作步骤如下。

步骤 01 接上节操作，选中【垂直（值）轴】坐标轴数据，单击【格式】选项卡下【当前所选内容】组中的【设置所选内容格式】按钮 ⁂ 设置所选内容格式。

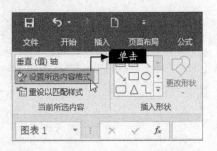

步骤 02 弹出【设置坐标轴格式】窗格，在【坐标轴选项】选项卡下的【标签】选项下的【标签位置】下拉列表中选择【无】选项。

步骤 03 同样设置【水平（类别）轴】的标签位置为"无"，关闭【设置坐标轴格式】窗格，图表中坐标轴如下图所示。

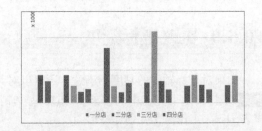

10.6 美化图表

🕐 **本节教学录像时间：3 分钟**

为了使图表更加美观，我们可以设置图表的格式。Excel 2016提供有多种图表格式，直接套用即可快速地美化图表。

10.6.1 使用图表样式

在Excel 2016中创建图表后，系统会根据创建的图表，提供多种图表样式，使用样式对图表可以起到美化的作用。

步骤01 打开随书光盘中的"素材\ch10\海华销售表.xlsx"工作簿，选择A2:E8单元格区域，并创建柱形图。

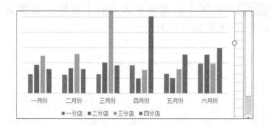

步骤02 选中图表，在【设计】选项卡下，单击【图表样式】组中的【其他】按钮，在弹出的图表样式中，单击任意一个样式即可套用。

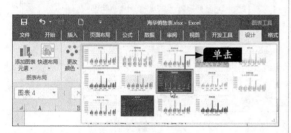

步骤03 单击【更改颜色】按钮，可以为图表应用不同的颜色。

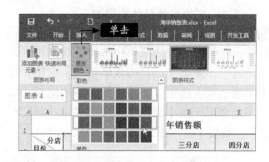

步骤04 最终修改后的图表如下图所示。

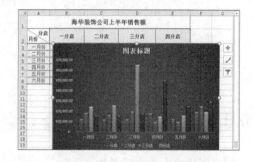

10.6.2 设置填充效果

设置填充效果的具体步骤如下。

步骤01 打开随书光盘中的"素材\ch10\海华销售表.xlsx"工作簿，选择A2:E8单元格区域，并创建柱形图，选中图表，单击鼠标右键，在弹出的快捷菜单中选择【设置图表区域格式】菜单项。

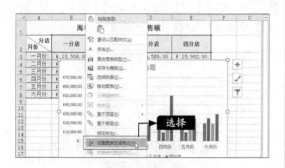

步骤02 弹出【设置图表区格式】窗格，在【图案选项】选项卡下【填充】组中选择【图案填充】单选项，并在【图案】区域中选择一种图案。

步骤03 关闭【设置图表区格式】窗格，图表最终效果如下图所示。

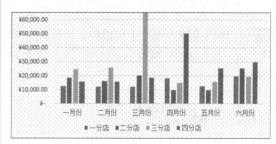

10.6.3 设置边框效果

设置边框效果的具体步骤如下。

步骤 01 接上一节操作，选中图表，单击鼠标右键，在弹出的快捷菜单中选择【选择图表区域格式】，弹出【设置图表区格式】窗格，在【图表选项】选项卡下【边框】组中选择【实线】单选项，在【颜色】下拉列表中选择"红色"，设置【宽度】为"1磅"。

步骤 02 关闭【设置图表区格式】窗格，设置边框后的效果如下图所示。

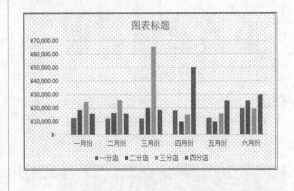

10.6.4 使用图片填充图表

使用图片填充图表的具体步骤如下。

步骤 01 打开随书光盘中的"素材\ch10\海华销售表.xlsx"工作簿，并插入柱形图，打开【设置图表区格式】窗格，在【图表选项】选项卡下【填充】组中选择【图片或纹理填充】单选项，单击【文件】按钮 文件(F)... 。

步骤 02 弹出【插入图片】对话框，选择随书光盘中的"素材\ch10\玫瑰.jpg"，单击【插入】按钮。

步骤 03 关闭【设置图表区格式】窗格，最终使用图片填充后的效果如下图所示。

10.6.5 修改图例

在图表中，修改图例的具体步骤如下。

步骤 01 打开随书光盘中的"素材\ch10\海华销售表.xlsx"工作簿,并插入柱形图。

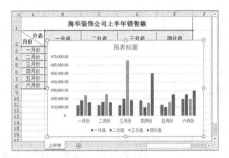

步骤 02 在工作表中,修改分店名称,如下图所示。

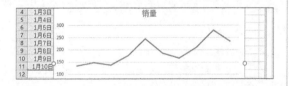

步骤 03 修改完成之后,图表中的图例会自动修改,如下图所示。

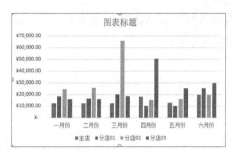

步骤 04 在【图表工具】▶【设计】选项卡中,单击【图表布局】组中的【添加图表元素】按钮,在弹出的下拉菜单中选择【图例】,在子菜单中可以设置图例的位置,将其设置为"右侧"。

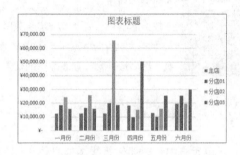

10.6.6 添加趋势线

在图表中绘制趋势线,可以指出数据的发展趋势。在一些情况下,可以通过趋势线预测出其他的数据,单个系列可以有多个趋势线。添加趋势线的具体步骤如下。

步骤 01 打开随书光盘中的"素材\ch10\1月销量表.xlsx"工作簿,并创建如下图所示的折线图。

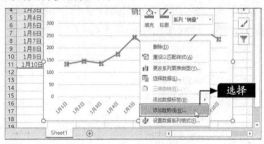

小提示

可向非堆积二维图表(面积图、条形图、柱形图、折线图、股价图、散点图或气泡图)添加趋势线。不能向堆积图或三维图表添加趋势线,如雷达图、饼图、曲面图和圆环图。

步骤 02 选择工作表中的蓝色走势线,右键单击鼠标,在弹出的快捷菜单中选择【添加趋势线】选项,在弹出的下拉列表中选择【趋势线】▶【线性预测】选项。

步骤 03 在弹出的【设置趋势线格式】窗格中,在【趋势线选项】区域中选择【线性】单选项。

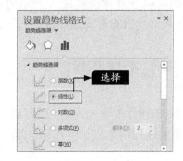

步骤 04 关闭【设置趋势线格式】窗格，即可看到添加的趋势线。

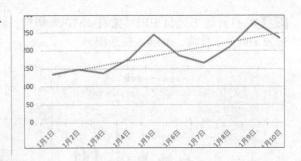

10.7 迷你图的基本操作

⊙ **本节教学录像时间：5 分钟**

迷你图是一种小型图表，可放在工作表内的单个单元格中。由于其尺寸已经过压缩，因此能够以简明且非常直观的方式显示大量数据集所反映出的图案。使用迷你图可以显示一系列数值的趋势，如季节性增长或降低、经济周期或突出显示最大值和最小值。将迷你图放在它所表示的数据附近时会产生最大的效果。 若要创建迷你图，必须先选择要分析的数据区域，然后选择要放置迷你图的位置。

10.7.1 创建迷你图

在单元格中创建迷你折线图的具体步骤如下。

步骤 01 打开随书光盘中的 "素材\ch10\销售业绩表.xlsx" 工作簿，选择单元格F3，单击【插入】选项卡【迷你图】组中的【折线图】按钮，弹出【创建迷你图】对话框，在【数据范围】文本框中选择引用数据单元格，在【位置范围】文本框中选择插入折线迷你图的目标位置单元格，然后单击【确定】按钮。

步骤 02 即可创建迷你折线图，使用同样的方法，创建其他月份的折线迷你图。另外，也可

以把鼠标放在创建好折线迷你图的单元格右下角，待光标为╋形状时，拖动鼠标创建其他月份的折线迷你图。

小提示

如果使用填充方式创建迷你图，修改其中一个迷你图时，其他也随时变化。

10.7.2 编辑迷你图

当插入的迷你图不合适时，可以对其进行编辑修改，具体的操作步骤如下。

步骤 01 更改迷你图类型。接上一节操作，选中插入的迷你图，单击【设计】选项卡下【类型】组中的【柱形图】按钮 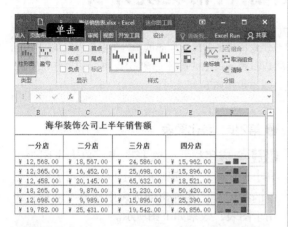 ，即可快速更改为柱形图。

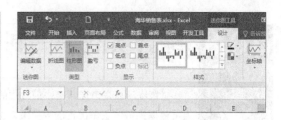

用户也可以单击 ■ 标记颜色 · 按钮，在弹出的快捷菜单中，设置标记的颜色。

步骤 03 更改迷你图样式。选中插入的迷你图，在【迷你图工具】➤【设计】选项卡中，单击【样式】组中的【其他】按钮 ▼ ，在弹出的迷你图样式列表中，单击要更改的样式即可。

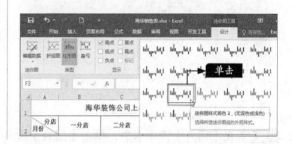

步骤 02 标注显示迷你图。选中插入的迷你图，在【迷你图工具】➤【设计】选项卡的【显示】组中，勾选要突出显示的点，如单击勾选【高点】复选框，则以红色突出显示迷你图的最高点。

10.7.3　清除迷你图

将插入的迷你图清除的具体操作步骤如下。

步骤 01 接一节的操作，选中插入的迷你图，单击【设计】选项卡下【组合】组中的【清除】按钮 ✐ 清除 · 右侧的下拉箭头，在弹出的下拉列表中选择【清除所选的迷你图】菜单命令。

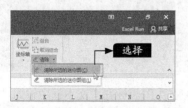

步骤 02 即可将选中的迷你图清除，如下图所示。

在【清除】下拉列表中选择【清除所选的迷你图组】选项，可将填充的迷你图全部清除。

10.8 综合实战——制作销售情况统计表

本节教学录像时间：7 分钟

销售统计表是市场营销中最常用的一种表格，主要反映产品的销售情况，可以帮助销售人员根据销售信息做出正确的决策，也可以反映各员工的销售业绩情况。本节以制作销售情况统计为例，旨在熟悉图表的应用。具体操作步骤如下。

第1步：创建柱形图表

步骤 01 打开随书光盘中的"素材\ch10\2015年销售情况统计表.xlsx"工作簿，选择单元格区域A2:M7。

步骤 02 在【插入】选项卡中，单击【图表】选项组中的【插入柱形图或条形图】按钮，在弹出的列表中选择【簇状柱形图】选项，即可插入柱形图。

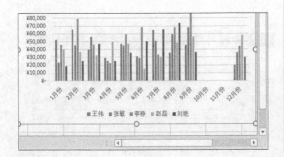

步骤 03 选择图表，调整图表的位置和大小，如下图所示。

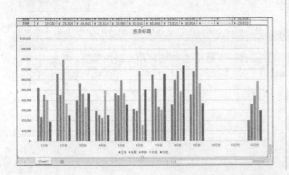

第2步：美化图表

步骤 01 应用样式。选择图表，单击【图表工具】▶【格式】选项卡下【形状样式】选项组中的按钮，在弹出的列表中选择一种样式应用于图表，效果如下图所示。

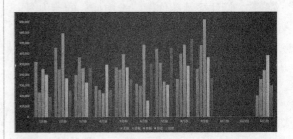

步骤 02 添加数据标签。选择要添加数据标签的分类，如选择"王伟"柱体，单击【图表工具】▶【设计】选项卡下【图表布局】选项组中的【添加图表元素】按钮，在弹出的列表中选择【数据标签】▶【数据标签外】选项，即可添加数据，如下图所示。

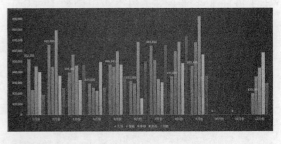

步骤 03 在【图表标题】文本框中输入"2015年销售情况统计表"字样，并设置字体的大小和样式，效果如下图所示。

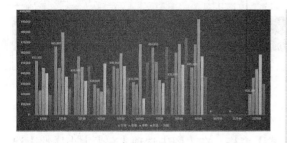

第3步：添加趋势线

步骤 01 右键单击要添加趋势线的柱体，如首先选择"王伟"的柱体，在弹出的快捷菜单中，选择【添加趋势线】菜单命令，添加线性趋势线，并设置线条类型为"圆点"线型。

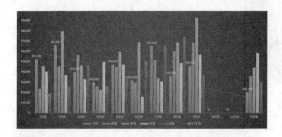

步骤 02 使用同样方法，为其他柱体添加趋势线，如下图所示。

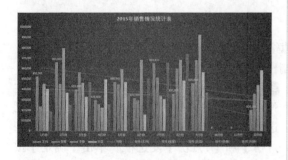

第4步：插入迷你图

步骤 01 选择N3单元格，单击【插入】选项卡【迷你图】组中的【折线图】按钮，创建"王伟"销售迷你图。

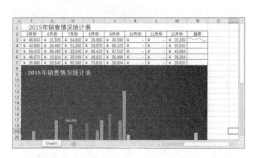

步骤 02 拖曳鼠标，为N4:N7单元格区域填充迷你图，如下图所示。

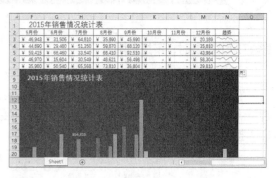

步骤 03 选择N3:N7单元格区域，单击【迷你图工具】▶【设计】选项卡，在【显示】组中，勾选【尾点】和【标记】复选框，并设置其样式为"迷你图样式深色#3"。

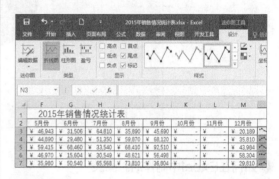

步骤 04 制作完成后，按【F12】键，打开【另存为】对话框，将工作簿保存，最终效果如下图所示。

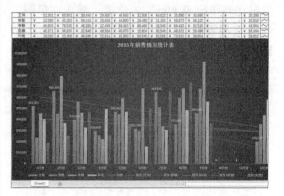

高手支招

● 打印工作表时，不打印图表

在打印工作表时，用户可以通过设置不打印工作表中的图表，方法如下。

双击图表区的空白处，弹出【设置图表区格式】窗格。在【图表选项】▶【大小属性】选项下，单击【属性】选项，撤销勾选【打印对象】复选框即可。单击【文件】▶【打印】▶【打印】按钮，打印该工作表时，将不会打印图表。

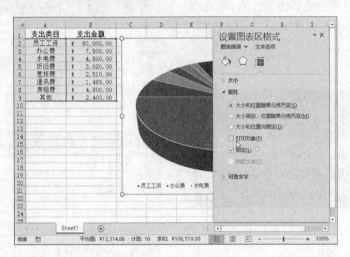

● 如何在Excel中制作动态图表

动态图表可以根据选项的变化，显示不同数据源的图表。一般制作动态图表主要采用筛选、公式及窗体控件等方法，下面以筛选的方法为例制作动态图表，具体操作步骤如下。

步骤01 打开随书光盘中的"素材\ch10\2015年皮鞋销售情况表.xlsx"工作簿，插入柱形图。然后选择数据区域的任意单元格，单击【数据】▶【筛选】按钮，此时在标题行每列的右侧出现一个下拉箭头，即表示进入筛选。

步骤02 单击A2单元格右侧的筛选按钮，在弹出的下拉列表中，取消勾选【（全选）】复选框，如勾选【10月份】、【11月份】、【12月份】和【1月份】复选框，单击【确定】按钮，数据区域则只显示筛选的数据，图表区域自动显示筛选的柱形图，如下图所示。

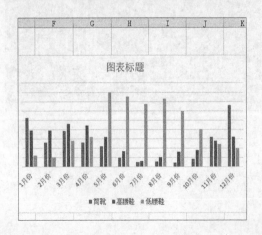

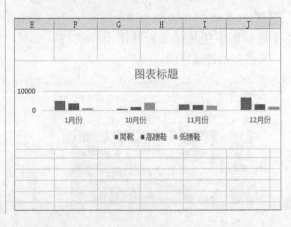

第 **11** 章

公式和函数
——制作销售奖金计算表

学习目标

灵活地使用公式和函数可以大大提高我们分析数据的能力和效率，本章将介绍公式和函数的概念、单元格引用、单元格命名、运算符、快速计算、公式的输入和编辑、函数的输入和编辑以及常用函数等内容。

学习效果

11.1 认识公式和函数

🕑 本节教学录像时间：5分钟

在Excel 2016中，应用公式可以帮助分析工作表中的数据，例如对数值进行加、减、乘、除等运算。而函数是Excel的重要组成部分，有着非常强大的计算功能，为用户分析和处理工作表中的数据提供了很大的方便。

11.1.1 公式的概念

公式就是一个等式，是由数据、单元格地址、函数和运算符等组成的表达式，通常用于在Excel中计算数据。

公式是以等号"="开头，后面紧接数据和运算符。下图所示为应用公式的两个例子。

11.1.2 函数的概念

Excel中所提到的函数其实是一些预定义的公式，它们使用一些被称为参数的特定数值按特定的顺序或结构进行计算。每个函数描述都包括一个语法行，它是一种特殊的公式，所有的函数必须以等号"="开始，它们是预定义的内置公式，必须按语法的特定顺序进行计算。

11.1.3 公式和函数的区别与联系

公式与函数都可以在Excel中执行计算的操作，用户可以根据需要定义并输入公式，而函数是一种特殊的、预先定义好的公式。

	公式	函数
不同点	无固定名称	需要函数名
	无固定格式，根据需要编辑	预先设置好的固定格式
	利用运算符链接各元素	利用括号调用参数
	简明、直观，运用于少量的数据	种类繁多、功能强大，运用于系统化、大量的数据
相同点	公式和函数都用于计算，操作步骤几乎相同，公式中可以有函数，函数本身也是一个公式	

11.2 单元格引用

⊕ **本节教学录像时间：9分钟**

单元格的引用就是单元格的地址的引用，所谓单元格的引用就是把单元格的数据和公式联系起来。

11.2.1 单元格引用与引用样式

单元格引用有不同的表示方法，既可以直接使用相应的地址表示，也可以用单元格的名字表示。用地址来表示单元格引用有两种样式：一种是A1引用样式，另一种是R1C1引用样式。

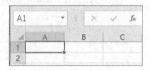 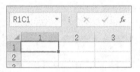

● 1. A1引用样式

A1引用样式是Excel的默认引用类型。这种类型的引用是用字母表示列（从A到XFD，共16 384列），用数字表示行（从1到1 048 576）。引用的时候先写列字母，再写行数字。若要引用单元格，输入列标和行号即可。例如，B2引用了B列和2行交叉处的单元格。

● 2. R1C1引用样式

在R1C1引用样式中，用R加行数字和C加列数字来表示单元格的位置。若表示相对引用，行数字和列数字都用中括号"[]"括起来；如果不加中括号，则表示绝对引用。如当前单元格是A1，则单元格引用为R1C1；加中括号R[1]C[1]则表示引用下面一行和右边一列的单元格，即B2。

> **小提示**
>
> R代表Row，是行的意思；C代表Column，是列的意思。R1C1引用样式与A1引用样式中的绝对引用等价。

启用R1C1引用样式的具体步骤如下。

步骤 01 打开随书光盘中的"素材/ch11/农作物产量.xlsx"工作簿，选择【文件】选项卡，在弹出的列表中选择【选项】选项。

如果引用单元格区域，可以输入该区域左上角单元格的地址、比例号（:）和该区域右下角单元格的地址。例如在"素材\ch11\农作物产量.xlsx"工作簿中，在单元格H3公式中引用了单元格区域B3:G3。

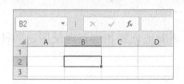

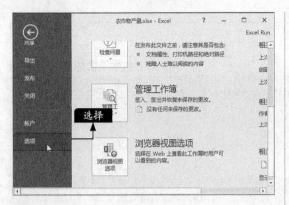

步骤02 在弹出的【Excel选项】对话框的左侧选择【公式】选项，在右侧的【使用公式】栏中选中【R1C1引用样式】复选框。

步骤03 单击【确定】按钮，即可启用R1C1引用样式。此时在"素材\ch11\农作物产量.xlsx"工作簿中，单元格R3C8公式中引用的单元格区域表示为"RC[-6]:RC[-1]"。

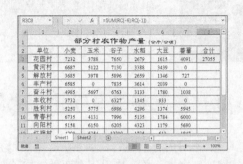

> **小提示**
>
> 在Excel工作表中，如果引用的是同一工作表中的数据，可以使用单元格地址引用；如果引用的是其他工作簿或工作表中的数据，可以使用名称来代表单元格、单元格区域、公式或值。

11.2.2 相对引用和绝对引用

在A1引用样式中，有相对引用和绝对引用两种样式。正确地理解和恰当地使用这两种引用样式，对用户使用公式有极大的帮助。

1. 相对引用

相对引用是指单元格的引用会随公式所在单元格的位置的变更而改变。复制公式时，系统不是把原来的单元格地址原样照搬，而是根据公式原来的位置和复制的目标位置来推算出公式中单元格地址相对原来位置的变化。默认的情况下，公式使用的是相对引用。

步骤01 打开随书光盘中的"素材\ch11\公司职工工资表.xlsx"工作簿。

步骤02 若单元格F3中的公式是"=C3+D3+E3"，移动鼠标指针到单元格F3的右下角，当指针变成"十"形状时向下拖至单元格F4，则单元格F4中的公式则会变为"=C4+D4+E4"。

2. 绝对引用

绝对引用是指在复制公式时，无论如何改变公式的位置，其引用单元格的地址都不会改变。绝对引用的表示形式是在普通地址的前面加"$"，如C1单元格的绝对引用形式是$C$1。

步骤01 打开随书光盘中的"素材\ch11\公司职工工资表.xlsx"工作簿，修改F3单元格中的公式为"=$C$3+$D$3+$E$3"。

步骤02 移动鼠标指针到单元格F3的右下角，当指针变成"＋"形状时向下拖至单元格F4，则单元格F4公式仍然为"=$C$3+$D$3+$E$3"，即表示这种公式为绝对引用。

11.2.3 混合引用

除了相对引用和绝对引用，还有混合引用，也就是相对引用和绝对引用的共同引用。当需要固定行引用而改变列引用，或者固定列引用而改变行引用时，就要用到混合引用，即相对引用部分发生改变，绝对引用部分不变。例如$B5、B$5都是混合引用。

步骤01 打开随书光盘中的"素材\ch11\公司职工工资表.xlsx"工作簿，修改F3单元格中的公式为"=$C3+D$3+E3"。

指针变成"＋"形状时向下拖至单元格F4，则单元格F4公式则变为"=$C4+D$3+E4"。

步骤02 移动鼠标指针到单元格F3的右下角，当

11.3 单元格命名

⊛ **本节教学录像时间：9 分钟**

在Excel工作簿中，可以为单元格或单元格区域定义一个名称。当在公式中引用这个单元格或单元格区域时，就可以使用该名称代替。

名称是代表单元格、单元格区域、公式或者常量值的单词或字符串，名称在使用范围内必须保持唯一，也可以在不同的范围中使用同一个名称。如果要引用工作簿中相同的名称，则需要在名称之前加上工作簿名。

11.3.1 为单元格命名

在Excel编辑栏中的名称文本框中输入名字后按【Enter】键，即可为单元格命名。

步骤 01 打开随书光盘中"素材\ch11\学生计算机成绩.xlsx"工作簿，选择单元格B3，在编辑栏的名称文本框中输入"李文"后按【Enter】键。

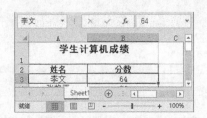

步骤 02 在单元格C3中输入公式"=李文"，按【Enter】确认，即可计算出名称为"李文"的单元格中的数据。

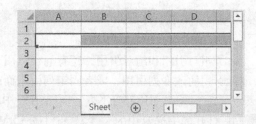

为单元格命名时必须遵守以下几点规则。

（1）名称中的第1个字符必须是字母、汉字、下划线或反斜杠，其余字符可以是字母、汉字、数字、点和下划线。

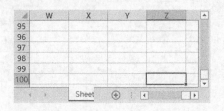

（2）不能将"C"和"R"的大小写字母作为定义的名称。在名称框中输入这些字母时，会将它们作为当前单元格选择行或列的表示法。例如选择单元格A2，在名称框中输入"R"，按【Enter】键，光标将定位到工作表的第2行上。

（3）不允许的单元格引用。名称不能与单元格引用相同（例如，不能将单元格命名为"Z100"或"R1C1"）。如果将A2单元格命名为"Z100"，按【Enter】键，光标将定位到"Z100"单元格中。

（4）不允许使用空格。如果要将名称中的单词分开，可以使用下划线或句点作为分隔符。例如选择单元格C1，在名称框中输入"Excel"，按下【Enter】键，则会弹出如下图所示的错误提示框。

（5）一个名称最多可以包含255个字符。Excel名称不区分大小写字母，例如在单元格A2

中创建了名称Smase，在单元格B2中创建名称smase后，Excel光标则会回到单元格A2中，而不能创建单元格B2的名称。

11.3.2 为单元格区域命名

在Excel中也可以为单元格区域命名。

● 1. 在名称框中命名

利用名称框可以为当前单元格区域定义名称，具体的操作步骤如下。

步骤01 打开随书光盘中的"素材\ch11\学生计算机成绩.xlsx"工作簿，选择需要命名的单元格区域B3:B14。

步骤02 单击名称框，在名称框中输入"分数"，然后按【Enter】键，即可完成单元格区域名称的定义。

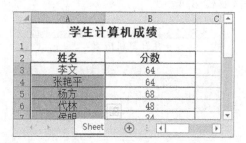

小提示

如果输入的名称已经存在，则会立即选定该名称所包含的单元格或单元格区域，表明此命名是无效的，需要重新命名。通过名称框定义的名称的使用范围是本工作簿当前工作表。如果正在修改当前单元格中的内容，则不能为单元格命名。

● 2. 使用【新建名称】对话框命名

步骤01 打开随书光盘中的"素材\ch11\学生计算机成绩.xlsx"工作簿，选择需要命名的单元格区域A3:A14。

步骤02 在【公式】选项卡中，单击【定义的名称】选项组中的【定义名称】按钮，在弹出的【新建名称】对话框中的【名称】文本框中输入"姓名"，在【范围】下拉列表中选择【工作簿】选项，单击【确定】按钮。

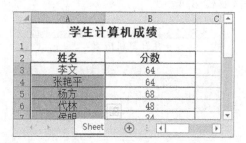

小提示

在【备注】列表框中可以输入最多255个字符的说明性文字。

步骤 03 即可完成命名操作，并返回工作表。

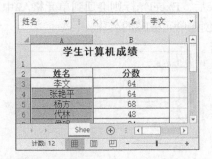

3. 以选定区域命名

工作表（或选定区域）的首行或每行的最左列通常含有标签以描述数据。若一个表格本身没有行标题和列标题，则可将这些选定的行和列标签转换为名称。具体的操作步骤如下。

步骤 01 打开随书光盘中的"素材\ch11\学生计算机成绩.xlsx"工作簿，选择需要命名的单元格区域A2:B14。

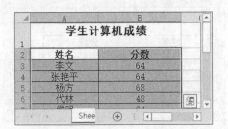

> **小提示**
>
> 选择单元格区域时，必须选取一个矩形区域才有效。

步骤 02 在【公式】选项卡中，单击【定义的名称】选项组中的【根据所选内容创建】按钮 根据所选内容创建，在弹出的【以选定区域创建名称】对话框中选中【首行】和【最左列】两个复选框，单击【确定】按钮。

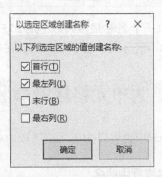

> **小提示**
>
> 在【备注】列表框中可以输入最多255个字符的说明性文字。

步骤 03 完成名称的定义，单元格区域B3:B14被命名为左侧A列中的名称。

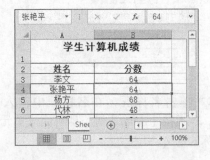

11.4 运算符

🕐 **本节教学录像时间：2分钟**

Excel 的运算符，简单地讲就是Excel公式中参与运算的符号，如+、-、*、/、&及^等。

11.4.1 认识运算符

在Excel中，运算符分为4种类型，分别是算术运算符、比较运算符、文本运算符和引用运算符。

● 1. 算术运算符

算术运算符主要用于数学计算，其组成和含义如下表所示。

算数运算符名称	含义	示例
＋（加号）	加	6+8
－（减号）	减及负数	6-2或-5
/（斜杠）	除	8/2
*（星号）	乘	2*3
%（百分号）	百分比	45%
^（脱字符）	乘幂	2^3

● 2. 比较运算符

比较运算符主要用于数值比较，其组成和含义如下表所示。

比较运算符名称	含义	示例
＝（等号）	等于	A1=B2
＞（大于号）	大于	A1>B2
＜（小于号）	小于	A1<B2
>=（大于等于号）	大于等于	A1>=B2
<=（小于等于号）	小于等于	A1<=B2
<>（不等号）	不等于	A1<>B2

● 3. 引用运算符

引用运算符主要用于合并单元格区域，其组成和含义如下表所示。

引用运算符名称	含义	示例
:（比号）	区域运算符，对两个引用之间包括这两个引用在内的所有单元格进行引用	A1:E1表示引用从A1到E1的所有单元格
,（逗号）	联合运算符，将多个引用合并为一个引用	SUM(A1:E1,B2:F2)表示将A1:E1和B2:F2这两个区域合并为一个
（空格）	交叉运算符，产生同时属于两个引用的单元格区域的引用	SUM(A1:F1 B1:B3)表示只有B1同时属于两个引用A1:F1和B1:B3

● 4. 文本运算符

文本运算符只有一个文本串连字符"&"，用于将两个或多个字符串连接起来，如下表所示。

文本运算符名称	含义	示例
&（连字符）	将两个文本连接起来产生连续的文本	"好好"&"学习"产生"好好学习"

11.4.2 运算符优先级

如果一个公式中包含多种类型的运算符号，Excel则按照下表中的先后顺序进行运算。如果想改变公式中的运算优先级，可以使用英文括号"( )"实现。

运算符（优先级从高到低）	说明
:（比号）	域运算符
,（逗号）	联合运算符
（空格）	交叉运算符
-（负号）	例如 -10
%（百分号）	百分比
^（脱字符）	乘幂
*和/	乘和除
+和-	加和减
&	文本运算符
=、>、<、>=、<=、<>	比较运算符

11.5 快速计算

🕐 **本节教学录像时间：3 分钟**

在Excel 2016中，不使用功能区中的公式和函数也可以快速地完成单元格的计算。

11.5.1 自动显示计算结果

自动计算的功能就是对选定的单元格区域查看各种汇总数值，包括平均值，包含数据的单元格计数，求和、最大值和最小值等。如打开随书光盘中的"素材\ch11\快速计算.xlsx"工作簿，选择单元格区域C2:C6，在状态栏中即可看到计算结果。

如果未显示计算结果，则可在状态栏上右键单击，在弹出的快捷菜单中选择要计算的菜单命令，如求和、平均值等。

11.5.2 自动求和

在日常工作中，最常用的计算是求和，Excel将它设定成工具按钮，放在【开始】选项卡的【编辑】选项组中，该按钮可以自动设定对应的单元格区域的引用地址，具体的操作步骤如下。

步骤01 打开随书光盘中的"素材\ch11\快速计算.xlsx"工作簿，选择单元格C7。

步骤02 在【公式】选项卡中，单击【函数库】选项组中的【自动求和】按钮 Σ。

步骤03 求和函数SUM()即会出现在单元格C7中，并且有默认参数C2:C6，表示求该区域的数据总和，单元格区域C2:C6被闪烁的虚线框包围，在此函数的下方会自动显示有关该函数的格式及参数。

小提示

如果要求和，可按【Alt+=】组合键，可快速执行求和操作。

步骤04 如果要使用默认的单元格区域，可以单击编辑栏上的【输入】按钮 ✓，或者按【Enter】键，即可在C7单元格中计算出C2:C6单元格区域中数值的和。

小提示

使用【自动求和】按钮 Σ，不仅可以一次求出一组数据的总和，而且可以在多组数据中自动求出每组的总和。

11.6 公式的输入和编辑

🔊 **本节教学录像时间：8分钟**

在Excel 2016中，应用公式可以帮助分析工作表中的数据，并对数值进行加、减、乘、除等运算。在使用公式计算数据之前，首先应掌握公式的输入和编辑方法。

11.6.1 公式的组成

在Excel中，公式以等号"="开头，后面紧接数据和运算符。如"=A1+B1+C1"、

"=A1*A2/3"、"=(A1-B1)/C1"等都属于公式。公式通常包含有数据、单元格地址、函数及运算符等。

11.6.2 输入公式

在单元格中输入公式的方法可分为手动输入和单击输入。

⬤ 1. 手动输入

在选定的单元格中输入"=",并输入公式"3+5"。输入时字符会同时出现在单元格和编辑栏中,按【Enter】键后该单元格会显示出运算结果"8"。

⬤ 2. 单击输入

单击输入公式更简单快捷,也不容易出错。例如,在单元格C1中输入公式"=A1+B1",可以按照以下步骤进行单击输入。

步骤01 分别在A1、B1单元格中输入"3"和"5",选择C1单元格,输入"="。

步骤03 输入加号(+),单击单元格B1。单元格B1的虚线边框会变为实线边框。

步骤04 按【Enter】键后效果如下图所示。

步骤02 单击单元格A1,单元格周围会显示一个活动虚框,同时单元格引用会出现在单元格C1和编辑栏中。

11.6.3 移动和复制公式

创建公式后,有时需要将其移动或复制到工作表中的其他位置。

第11章
公式和函数——制作销售奖金计算表

1. 移动公式

移动公式是将创建好的公式移动到其他单元格，具体操作步骤如下。

步骤 01 打开随书光盘中的"素材\ch11\期末成绩表.xlsx"工作簿，在单元格E2中输入公式"=B2+C2+D2"，按【Enter】键即可求出总成绩。

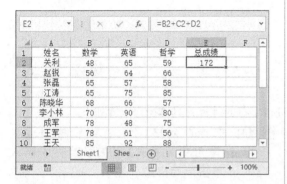

步骤 02 选择单元格E2，在该单元格边框上按住鼠标左键，将其拖曳到其他单元格，释放鼠标左键后即可移动公式。移动后，值不发生变化。

小提示

移动公式时还可以先对移动的公式进行"剪切"操作，然后在目标单元格中进行"粘贴"操作。

在Excel 2016中，在移动公式时，无论使用哪种单元格引用，公式内的单元格引用都不会更改，即还保持原始的公式内容。

2. 复制公式

复制公式是将创建好的公式复制到其他单元格，具体操作步骤如下。

步骤 01 打开随书光盘中的"素材\ch11\期末成绩表.xlsx"工作簿，在单元格E2中输入公式

"=B2+C2+D2"，按【Enter】键即可求出总成绩。

步骤 02 选择E2单元格，单击【开始】选项卡下【剪贴板】选项组中的【复制】按钮 ，该单元格边框显示为虚线。

步骤 03 选择单元格E6，单击【开始】选项卡下【剪贴板】选项组中的【粘贴】按钮 ，将公式粘贴到该单元格中。可以发现，公式的值发生了变化。

步骤 04 按【Ctrl】键或单击右侧的图标，弹出如下图所示选项，单击相应的按钮，即可应用粘贴格式、数值、公式、源格式、链接和图片等。若单击【数值】按钮，表示只粘贴数值，则粘贴后E6单元格中的值仍为"172"。

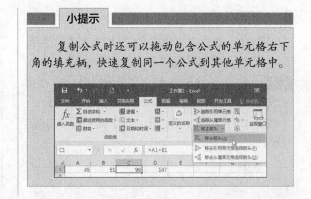
11.6.4 使用公式计算符

使用公式不仅可以进行数值的计算，还可以进行字符的计算，具体操作步骤如下。

步骤 01 新建一个文档，输入如下图所示的内容。

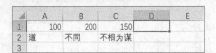

步骤 02 选择单元格D1，在编辑栏中输入"=(A1+B1)/C1"。

步骤 03 按【Enter】键，在单元格D1中即可计算出公式的结果并显示为"2"。

步骤 04 选择单元格D2，在编辑栏中输入"="；单击单元格A2，在编辑栏中输入"&"；单击单元格B2，输入"&"；单击单元格C2，编辑栏中显示"=A2&B2&C2"。

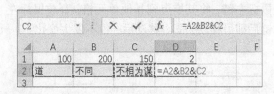

步骤 05 按【Enter】键，在单元格D2中会显示"道不同不相为谋"，这是公式"=A2&B2&C2"的计算结果。

11.7 函数的输入和编辑

☕ **本节教学录像时间：4 分钟**

Excel函数是一些已经定义好的公式，大多数函数是经常使用的公式的简写形式。函数通过参数接收数据并返回结果。大多数情况下返回的是计算的结果，也可以返回文本、引用、逻辑值或数组等。

11.7.1 函数的分类和组成

Excel 2016提供了丰富的内置函数，按照函数的应用领域分为13大类，用户可以根据需要直接进行调用，常用的函数类型如下表所示。

函数类型	作用
财务函数	进行一般的财务计算
日期和时间函数	可以分析和处理日期及时间
数学与三角函数	可以在工作表中进行简单的计算
统计函数	对数据区域进行统计分析
查找与引用函数	在数据清单中查找特定数据或查找一个单元格引用
文本函数	在公式中处理字符串
数据库函数	分析数据清单中的数值是否符合特定条件
逻辑函数	进行逻辑判断或者复合检验
信息函数	确定存储在单元格中数据的类型
工程函数	用于工程分析
多维数据集函数	用于从多维数据库中提取数据集和数值
兼容性函数	这些函数已由新函数替换，可以提供更好的精确度，且名称更好地反映其用法。兼容性函数仍可用于与早期版本 Excel 的兼容
Web函数	通过网页链接直接用公式获取数据

在Excel中，一个完整的函数式通常由3部分构成，分别是标识符、函数名称、函数参数，其格式如下。

● 1. 标识符

在单元格中输入计算函数时，必须先输入"="，这个"="称为函数的标识符。如果不输入"="，Excel通常将输入的函数式作为文本处理，不返回运算结果。

● 2. 函数名称

函数标识符后面的英文是函数名称。大多数函数名称是对应英文单词的缩写。有些函数名称是由多个英文单词（或缩写）组合而成的，例如，条件求和函数SUMIF是由求和SUM和条件IF组成的。

● 3. 函数参数

函数参数主要有以下几种类型。

（1）常量参数。

常量参数主要包括数值（如123.45）、文本（如计算机）和日期（如2014-5-25）等。

（2）逻辑值参数。

逻辑值参数主要包括逻辑真（TRUE）、逻辑假（FALSE）以及逻辑判断表达式（例如，单元格A3不等于空表示为"A3<>()"）的结果等。

（3）单元格引用参数。

单元格引用参数主要包括单个单元格的引用和单元格区域的引用等。

（4）名称参数。

在工作簿文档中各个工作表中自定义的名称，可以作为本工作簿内的函数参数直接引用。

（5）其他函数式。

用户可以用一个函数式的返回结果作为另一个函数式的参数。对于这种形式的函数式，通常称为"函数嵌套"。

（6）数组参数。

数组参数可以是一组常量（如2、4、6），也可以是单元格区域的引用。

11.7.2 在工作表中输入函数

【插入函数】对话框为用户提供了一个使用半自动方式输入函数及其参数的方法。使用【插入函数】对话框可以保证正确的函数拼写，以及顺序正确且确切的参数个数。

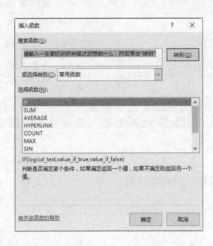

打开【插入函数】对话框有以下3种方法。

（1）在【公式】选项卡中，单击【函数库】选项组中的【插入函数】按钮 f_x 插入函数 。

（2）单击编辑栏中的【插入】按钮 f_x 。

（3）按【Shift+F3】组合键。

输入函数后，可以对函数进行相应的修改。在Excel 2016中，输入函数的方法有手动输入和使用函数向导输入两种方法。

手动输入和输入普通的公式一样，这里不再介绍。下面介绍使用函数向导输入函数的方法，具体的操作步骤如下。

步骤01 启动Excel 2016，新建一个空白文档，在单元格A1中输入"-100"。

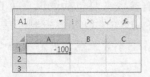

步骤02 选择A2单元格，单击【公式】选项卡下【函数库】选项组中的【插入函数】按钮，弹出【插入函数】对话框。在对话框的【或选择类别】列表框中选择【数学与三角函数】选项，在【选择函数】列表框中选择【ABS】选项（绝对值函数），列表框下方会出现关于该函数的简单提示，单击【确定】按钮。

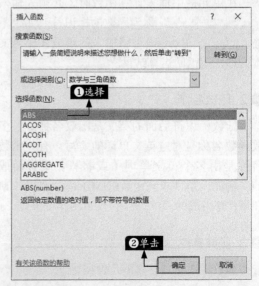

步骤 03 弹出【函数参数】对话框，在【Number】文本框中输入"A1"，单击【确定】按钮。

步骤 04 单元格A1的绝对值即可求出，并显示在单元格B1中。

小提示

对于函数参数，可以直接输入数值、单元格或单元格区域引用，也可以用鼠标在工作表中选定单元格或单元格区域。

11.7.3 复制函数

函数的复制通常有两种情况，即相对复制和绝对复制。

1. 相对复制

所谓相对复制，就是将单元格中的函数表达式复制到一个新单元格中后，原来函数表达式中相对引用的单元格区域随新单元格的位置变化而做相应的调整。

进行相对复制的具体操作步骤如下。

步骤 01 打开随书光盘中的"素材\ch11\职工工资表.xlsx"工作簿，在单元格F3中输入"=SUM(C3:E3)"并按【Enter】键，计算实发工资。

到目标单元格，计算出其他员工的实发工资。

2. 绝对复制

所谓绝对复制，就是将单元格中的函数表达式复制到一个新单元格中后，原来函数表达式中绝对引用的单元格区域不随新单元格的位置变化而做相应的调整。

进行绝对复制的具体操作步骤如下。

步骤 01 打开随书光盘中的"素材\ch11\职工工资表.xlsx"工作簿，在单元格F3中输入"=SUM($C$3:$E$3)"并按【Enter】键，计算"实发工资"。

步骤 02 将鼠标光标移至F3单元格右下角，拖曳鼠标填充F4:F10单元格区域，即可将函数复制

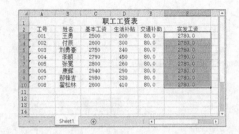

可将函数复制到目标单元格，计算出其他员工的实发工资。可以发现，函数和计算结果并没有改变。

步骤 02 拖曳鼠标填充至F4:F10单元格区域，即

11.7.4 修改函数

如果要修改函数表达式，可以选定修改函数所在的单元格，将光标定位在编辑栏中的错误处，利用【Delete】键或【Backspace】键删除错误内容，然后输入正确内容即可。如果是函数的参数输入有误，选定函数所在的单元格，单击编辑栏中的【插入函数】按钮 *fx*，再次打开【函数参数】对话框，重新输入正确的函数参数即可。

11.8 常用函数

🔘 **本节教学录像时间：11 分钟**

在Excel 2016中常用的函数有文本函数、逻辑函数、时间与日期函数、数学与三角函数、查找与引用函数、财务函数等。

11.8.1 文本函数

文本函数是在公式中处理文字串的函数，主要用于查找、提取文本中的特定字符，转换数据类型，以及结合相关的文本内容等。

【LEN】函数

功能：返回文本字符串中的字符数。

格式：LEN(text)

参数如下。

● text表示要查找其长度的文本，或包含文本的列。空格作为字符计数。

正常的手机号码是由11位数字组成的，验证信息登记表中的手机号码的位数是否正确，可以使用LEN函数。

步骤 01 打开随书光盘中的 "素材\ch11\信息登记表.xlsx" 文件，选择D2单元格，在公式编辑栏中输入 "=LEN(C2)"，按【Enter】键即可验证该该员工手机号码的位数。

步骤 02 利用快速填充功能，完成对其他员工手机号码位数的验证。

	A	B	C	D	E
1	姓名	学历	手机号码	验证	
2	赵江	本科	136XXXX5678	11	
3	刘艳云	大专	150XXXX123	10	
4	张建国	硕士	158XXXX6699	11	
5	杨树	本科	151XXXX15240	12	
6	王凡	本科	137XXXX1234	11	
7	周凯	大专	187XXXX520	10	
8	赵英丽	大专	136XXXX4567	11	
9	张扬天	本科	186XXXX12500	12	
10					
11					

（D2 单元格：=LEN(C2)）

> **小提示**
>
> 如果要返回是否为正确的手机号码位数，可以使用IF函数结合LEN函数来判断，公式为"=IF(LEN(C2)=11,"正确","不正确")"。

11.8.2 逻辑函数

逻辑函数是根据不同条件进行不同处理的函数，条件格式中使用比较运算符指定逻辑式，并用逻辑值表示结果。

● 1.IF：根据逻辑测试值返回结果

【IF】函数

功能：IF函数是根据指定的条件来判断其"真"（TRUE）、"假"（FALSE），从而返回其相对应的内容。

格式：IF(logical_test,value_if_true,value_if_false)

参数如下。

● logical_test：表示逻辑判决表达式。

● value_if_true：表示当判断条件为逻辑"真"（TRUE）时，显示该处给定的内容；如果忽略，返回"TRUE"。

● value_if_false：表示当判断条件为逻辑"假"（FALSE）时，显示该处给定的内容；如果忽略，返回"FALSE"。

设定学生的成绩大于或等于60时合格，否则为不合格，可以通过IF函数来判断学生成绩是否合格。

步骤 01 打开随书光盘中的"素材\ch11\学生成绩表.xlsx"文件。在单元格G2中输入公式"=IF(C2>=60,"合格","不合格")"，按【Enter】键即可显示单元格D2是否为合格。

（D2 单元格：=IF(C2>=60,"合格","不合格")）

	A	B	C	D
1	学号	姓名	数学成绩	是否合格
2	1612	关利	48	不合格
3	1604	赵锐	56	
4	1602	张磊	65	
5	1608	江涛	65	
6	1603	陈晓华	68	
7	1606	李小林	70	
8	1609	成军	78	
9	1613	王军	78	
10	1601	王天	85	
11	1607	王征	85	
12	1605	李阳	90	
13	1611	陆洋	95	
14	1610	赵琳	96	
15				

> **小提示**
>
> 在"=IF(C2>=60,"合格","不合格")"中，如果C2>=60，表示成绩及格，在G2单元格中返回"合格"，否则返回"不合格"。

步骤 02 利用快速填充功能，完成对全部学生成绩的判断。

	A	B	C	D
1	学号	姓名	数学成绩	是否合格
2	1612	关利	48	不合格
3	1604	赵锐	56	不合格
4	1602	张磊	65	合格
5	1608	江涛	65	合格
6	1603	陈晓华	68	合格
7	1606	李小林	70	合格
8	1609	成军	78	合格
9	1613	王军	78	合格
10	1601	王天	85	合格
11	1607	王征	85	合格
12	1605	李阳	90	合格
13	1611	陆洋	95	合格
14	1610	赵琳	96	合格
15				

● 2. AND：判断多个条件是否同时成立

【AND】函数

功能：返回逻辑值。如果所有参数值为逻辑"真"（TRUE），则返回逻辑值"真"（TRUE），反之则返回逻辑值"假"（FALSE）。

格式：AND(logicall1,logicall2,…)

参数如下。

● logicall1,logicall2,…表示待测试的条件值或表达式，最多为255个。

例如，若每个人4个季度销售计算机的数量均大于100台为完成工作量，否则为没有完成工作量。这里使用【AND】函数判断员工是否完成工作量。

步骤 01 打开随书光盘中的"素材\ch11\任务完成情况表.xlsx"文件，在单元格F3中输入公式"=AND(B3>100,C3>100,D3>100,E3>100)"，按【Enter】键即可显示完成工作量的信息。

小提示

在公式"=AND(B3>100,C3>100,D3>100,E3>100)"中，"B3>100""C3>100""D3>100""E3>100同时作为AND函数的判断条件，只有同时成立，返回TRUE，否则返回FALSE。

步骤 02 利用快速填充功能，判断其他员工工作量的完成情况。

TRUE函数和FALSE函数作为逻辑值函数，主要用来判断返回参数的逻辑值。能够产生或返回逻辑值的情况有比较运算符、IS类信息函数以及逻辑判断函数等。

FALSE函数和TRUE函数是一组对立参数，一般情况下同时作为其他函数的参数出现。如在本例中，TRUE和FALSE同时作为判断结果对立出现。

11.8.3 时间与日期函数

日期和时间函数主要用来获取相关的日期和时间信息，经常用于日期的处理。其中，"=NOW()"可以返回当前系统的时间、"=YEAR()"可以返回指定的年份等。

【DATE】函数

功能：返回特定日期的年、月、日，给出指定数值的日期。

格式：DATE(year,month,day)。

参数如下。

● year为指定的年份数值（小于9999）。

● month为指定的月份数值（不大于12）。

● day为指定的天数（不大于31）。

使用DATE函数可以将数值转化为日期格式，具体操作步骤如下。

步骤 01 新建一个工作表，选择A1单元格，单击【公式】选项卡下【函数库】组中的【插入函数】按钮。

步骤 02 弹出【插入函数】对话框，在【或选择类别】列表中选择【日期与时间】选项，在【选择函数】列表中选择【TODAY】函数，单击【确定】按钮。

步骤 03 弹出【函数参数】对话框，提示该函数不需要参数，单击【确定】按钮。

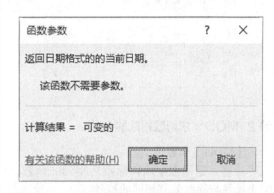

步骤 04 即可在工作表中显示出当前的日期。

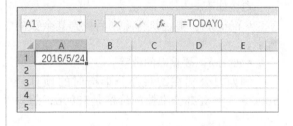

11.8.4 数学与三角函数

数学和三角函数主要用于在工作表中进行数学运算，使用数学和三角函数可以使数据的处理更加方便和快捷。

1. SUMIF：根据指定条件对若干单元格求和

【SUMIF】函数

功能：对区域中满足条件的单元格求和。

格式：SUMIF (range, criteria, sum_range)

参数如下。

● range：用于条件计算的单元格区域，每个区域中的单元格都必须是数字或名称、数组或包含数字的引用，空值和文本值将被忽略。

● criteria：用于确定对哪些单元格求和的条件，其形式可以为数字、表达式、单元格引用、文本或函数。

● sum_range：要求和的实际单元格。如果省略该参数，Excel会对参数range中指定的单元格求和。

例如，在产品的销售统计表中，使用SUMIF函数可以计算出某一类产品的销售总额，具体操作步骤如下。

步骤 01 打开随书光盘中的"素材\ch11\销售额.xlsx"工作簿。

步骤 02 选择B8单元格，在公式编辑栏中输入公式"=SUM(B2:B7)"或按【Alt+=】组合键，然后按【Enter】键即可计算出销售总额。

2. MOD：求两数相除的余数

【MOD】函数

功能：返回数字除以除数后得到的余数。结果始终与除数具有相同的符号。

语法：MOD(number,divisor)

参数如下。

● number：要在执行除法后找到其余数的数字。

● divisor：要除以的数字。

例如，公司在购买办公桌椅时的预算是5000元，一套办公桌椅的价格是300元，想要求出在购买15套办公桌椅后的余额，可以使用MOD函数来计算。

步骤01 打开随书光盘中的"素材\ch11\购买商品后的余额.xlsx"文件。

	A	B
1	公司预算	一套办公桌椅价格
2	5000	300
3		
4	购买商品后的余额	
5		

步骤02 在B4单元格中输入公式"=MOD(A2, B2*15)"，按【Enter】键，即可计算出购买商品后的余额为200元。

	A	B	C
	fx	=MOD(A2, B2*15)	
1	公司预算	一套办公桌椅价格	
2	5000	300	
3			
4	购买商品后的余额	500	
5			
6			

11.8.5 查找与引用函数

【CHOOSE】函数

CHOOSE函数用于从给定的参数中返回指定的值。

语法：CHOOSE(index_num, value1, [value2], ...)

参数如下。

● index_num为必要参数，是数值表达式或字段，它的运算结果是一个数值，且是界于1和254之间的数字；或者为公式或对包含1到254之间某个数字的单元格的引用。

● value1,value2,...中value1是必需的，后续值是可选的。这些值参数的个数介于1到254之间，函数CHOOSE基于index_num从这些值参数中选择一个数值或一项要执行的操作。参数可以为数字、单元格引用、已定义名称、公式、函数或文本。

使用CHOOSE函数可以根据工资表生成员工工资单，具体操作步骤如下。

步骤01 打开随书光盘中的"素材\ch11\工资条.xlsx"工作簿，在A9单元格中输入公式"=CHOOSE (MOD(ROW(A1),3)+1,"",A\$1,OFFSET(A\$1,ROW(A2)/3,))"，按【Enter】键确认。

小提示

在公式"=CHOOSE(MOD(ROW(A1),3)+1,"",A\$1,OFFSET(A\$1,ROW(A2)/3,))"中MOD(ROW(A1),3)+1表示单元格A1所在的行数除以3的余数结果加1后，作为index_num参数，value1为""，value2为"A\$1"，value3为"OFFSET(A\$1,ROW(A2)/3,)"。OFFSET(A\$1,ROW(A2)/3,)返回的是在A\$1的基础上向下移动ROW(A2)/3行的单元格内容。

公式中以3为除数求余是因为工资表中每个员工占有3行位置，第1行为工资表头，第2行为员工信息，第3行为空行。

步骤 02 利用填充功能，填充单元格区域A9:F9。

步骤 03 再次利用填充功能，填充单元格区域A10:F25。

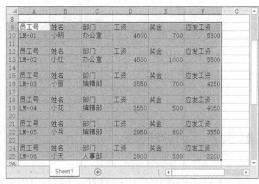

11.8.6 财务函数

使用财务函数可以进行常用的财务计算，如确定贷款的支付额、投资的未来值或净现值，以及债券或息票的价值等。

使用DDB函数可以采用双倍递减法计算某固定资产的每年折旧额，具体操作步骤如下。

【DDB】函数

功能：DDB在正常折旧期间内，按双倍余额递减法计算逐年的折旧额。

格式：DDB(cost, salvage, life, period[, factor])

参数如下。

- cost：必需。为资产原值。
- salvage：必需。资产在折旧期末的价值，即资产残值，此值可以是0。
- life：必需。为折旧期限，有时也称作资产的使用寿命。
- period：必需。需要计算折旧值的期间。单位要求必须与life参数相同。
- factor：可选。余额递减速率。如果假设折旧法为双倍余额递减法时该参数可以省略。

使用DDB函数可以采用双倍递减法计算某固定资产的每年折旧额，具体操作步骤如下。

步骤 01 打开随书光盘中的"素材\ch11\双倍余额递减法.xlsx"工作簿，在B5单元格中输入公式"=DDB(B1,B3,B2,1)"，按【Enter】键，计算出第1年的折旧额。

步骤 02 在B7单元格中输入公式"=DDB(B1,B3,B2,2)"，按【Enter】键，计算出第2年的折旧额。

步骤 03 使用类似方法，计算出其他折旧额。

	A	B	C	D
1	固定资产原值	¥ 200,000.00		
2	使用年限	6		
3	折余价值	¥ 6,000.00		
4	第1年的折旧额	¥ 66,666.67		
5	第2年的折旧额	¥ 44,444.44		
6	第3年的折旧额	¥ 29,629.63		
7	第4年的折旧额	¥ 19,753.09		
8	第5年的折旧额	¥ 13,168.72		
9	第6年的折旧额	¥ 8,779.15		

11.8.7 其他函数

除了以上列举的常用函数外，Excel中还有统计函数、工程函数、多维数据集函数、兼容性函数以及WEB函数等。

● 1. 工程函数

工程函数主要用于解决一些数学问题。如果能够合理地使用工程函数，可以极大地简化程序。

可以使用DEC2BIN函数将十进制数转换为二进制数。

【DEC2BIN】函数

功能：DEC2BIN函数用于将十进制数转换为二进制数。如果参数不是一个十进制语法的数字，函数则返回错误值#NAME？。

格式：DEC2BIN(number, [places])

参数如下。

● number：必需。为要转换的十进制整数。如果数字为负数，则忽略有效的place值，且DEC2BIN返回10个字符（10位）的二进制数，其中最高位为符号位，其余9位是数量位。负数由二进制补码记数法表示。

● places：可选。要使用的字符数。如果省略places，则DEC2BIN使用必要的最小字符数。places可用于在返回的值前置0（零）。

使用DEC2BIN函数将十进制数转换为二进制数的具体操作步骤如下。

步骤 01 打开随书光盘中的"素材\ch11\DEC2BIN.xlsx"工作簿，选择B2单元格，在其中输入"=DEC2BIN(A2)"，按【Enter】键确认，即可将十进制数"1"转换为二进制数"1"。

步骤 02 将鼠标光标移到"B2"单元格的右下角，鼠标指针变成"**+**"字形状后，按住鼠标左键向下拖曳进行公式填充，即可将其他十进制编码转换为二进制编码。

● 2. 多维数据集函数

多维数据集函数可用来从多维数据库中提取数据集和数值，并将其显示在单元格中。

常用的多维数据集函数有【CUBEKPIMEMBER】函数（返回关键性能指示器"KPI"属性，并在单元格中显示KPI名称）、

【CUBEMEMBER】函数（主要用于返回关键绩效指标"KPI"属性，并在单元格中显示KPI名称。KPI是一种用于监控单位绩效的可计量度量值）和【CUBEMEMBERPROPERTY】函数（返回多维数据集中成员属性的值，用来验证某成员名称存在于多维数据集中，并返回此成员的指定属性）等。

下面以CUBEKPIMEMBER函数为例介绍。

【CUBEKPIMEMBER】函数

功能：返回关键绩效指标（KPI）属性，并在单元格中显示KPI名称。KPI是一种用于监控单位绩效的可计量度量值，如每月总利润或季度员工调整。

格式：CUBEKPIMEMBER(connection, kpi_name, kpi_property, [caption])

参数如下。

● connection：必需。一个表示多维数据集的连接的名称的文本字符串。

● kpi_name：必需。一个表示多维数据集的KPI的名称的文本字符串。

● kpi_property：必需。返回的KPI组件。

● caption：可选。一个替代文本字符串，可用于替代kpi_name和kpi_property显示在单元格中。

● 3. 信息函数

信息函数是用来获取单元格内容信息的函数。信息函数可以使单元格在满足条件时返回逻辑值，从而获取单元格的信息。还可以确定存储在单元格中的内容的格式、位置、错误类型等信息。本节介绍如何使用TYPE函数。

【TYPE】函数

功能：TYPE函数用于检测数据的类型。如果检测对象是数值，则返回1；如果是文本，则返回2；如果是逻辑值，则返回4；如果是公式，则返回8；如果是误差值，则返回16；如果是数组，则返回64。

格式：TYPE(value)。

参数如下，

● value可以为任意Mircrosoft Excel数据或引用的单元格。

TYPE函数具体的使用方法如下。

步骤 01 打开随书光盘中的"素材\ch11\TYPE.xlsx"工作簿，选择B2单元格，在其中输入"=TYPE(A2)"，按【Enter】键确认，返回"1"。

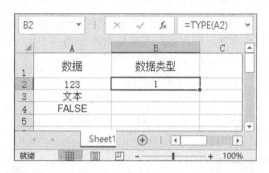

步骤 02 向下填充至B4单元格，即可看到不同数据的数据类型。

步骤 03 在B5单元格中输入公式"=TYPE(A2+A3)"，按【Enter】键确认后则返回"16"。

步骤 04 在B6单元格中输入公式"=TYPE({1,2,2,3})"，按【Enter】键确认后则返回"64"。

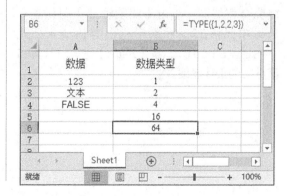

4. 兼容性函数

兼容性函数是替换了之前Excel版本函数的新函数，可以提供更好的精确度，且名称更好地反映其用法。这些函数仍可用于与早期版本Excel兼容。如果不需要向后兼容，那么最好使用新函数，因为它们能更准确地描述其功能。

下面以BINOMDIST函数为例介绍。

【BINOMDIST】函数

功能：返回一元二项式分布的概率。

格式：ENCODEURL(text)
BINOMDIST(number_s,trials,probability_s,cumulative)

参数如下。

- number_s为必需数。为试验的成功次数。
- trials为必需数。表明独立试验次数。
- probability_s为必需数。表明每次试验成功的概率。

- cumulative为必需数。决定函数形式的逻辑值。如果cumulative为TRUE，则BINOMDIST返回累积分布函数，即最多存在number_s次成功的概率；如果为FALSE，则返回概率密度函数，即存在number_s次成功的概率。

5. WEB函数

WEB函数是在Excel 2013和2016版本中新增的一个函数类别，它可以通过网页链接直接用公式获取数据，无需编程也无需启用宏。

常用的WEB函数有【ENCODEURL】函数、【FILTERXML】函数（使用指定的Xpath从XML内容返回特定数据）和【WEBSERVICE】函数（从Web服务返回数据）。

【ENCODEURL】函数也是2013/2016版本中新增的WEB类函数中的一员，它可以将包含中文字符的网址进行编码。当然也不仅仅局限于网址，对于使用UTF-8编码方式对中文字符进行编码的场合都可以适用。

11.9 综合实战——制作销售奖金计算表

本节教学录像时间：6 分钟

销售奖金计算表是公司根据每位员工每月或每年的销售情况计算月奖金或年终奖的表格。员工的销售业绩好，公司获得的利润就高，相应员工得到的销售奖金也就更多。因此人事部门合理有效地统计员工的销售奖金是非常必要和重要的，这样不仅能提高员工的待遇，还能充分调动员工的工作积极性，从而推动公司销售业绩的发展。

第1步：使用【SUM】函数计算累计业绩

步骤01 打开随书光盘中的"素材\ch11\销售奖金计算表.xlsx"工作簿，包含3个工作表，分别为"业绩管理""业绩奖金标准"和"业绩奖金评估"。单击【业绩管理】工作表。选择单元格C2，在编辑栏中直接输入公式"=SUM(D3:O3)"，按【Enter】键即可计算出该员工的累计业绩。

步骤02 利用自动填充功能，将公式复制到该列的其他单元格中。

第2步：使用【VLOOKUP】函数计算销售业绩额和累计业绩额

步骤01 单击"业绩奖金标准"工作表。

小提示

"业绩奖金标准"主要有以下几条：单月销售额在34 999及以下的，没有基本业绩奖；单月销售额在35 000~49 999之间的，按销售额的3%发放业绩奖金；单月销售额在50 000~79 999之间的，按销售额的7%发放业绩奖金；单月销售额在80 000~119 999之间的，按销售额的10%发放业绩奖金；单月销售额在120 000及以上的，按销售额的15%发放业绩奖金，但基本业绩奖金不得超过48 000；累计销售额超过600 000的，公司给予一次性18 000的奖励；累计销售额在600 000及以下的，公司给予一次性5000的奖励。

步骤02 设置自动显示销售业绩额。单击"业绩奖金评估"工作表，选择单元格C2，在编辑栏中直接输入公式"=VLOOKUP(A2,业绩管理!$A$3:$O$11,15,1)"，按【Enter】键确认，即可看到单元格C2中自动显示员工"张光辉"12月份的销售业绩额。

小提示

公式"=VLOOKUP(A2,业绩管理!$A$3:$O$11,15,1)"中第3格参数设置为"15"表示取满足条件的记录在"业绩管理!$A$3:$O$11"区域中第15列的值。

步骤03 按照同样的方法设置自动显示累计业绩额。选择单元格E2，在编辑栏中直接输入公式"=VLOOKUP(A2,业绩管理!$A$3:$C$11,3,1)"，按【Enter】键确认，即可看到单元格E2中自动显示员工"张光辉"的累计销售业绩额。

步骤04 使用自动填充功能，完成其他员工的销售业绩额和累计销售业绩额的计算。

第3步：使用【HLOOKUP】函数计算奖金比例

步骤01 选择单元格D2，输入公式"=HLOOKUP(C2,业绩奖金标准!$B$2:$F$3,2)"，按【Enter】键即可计算出该员工的奖金比例。

小提示

公式"=HLOOKUP(C2,业绩奖金标准!$B$2:$F$3,2)"中第3个参数设置为"2"表示取满足条件的记录在"业绩奖金标准!$B$2:$F$3"区域中第2行的值。

步骤02 使用自动填充功能，完成其他员工的奖金比例计算。

第4步：使用【IF】函数计算基本业绩奖金和累计业绩奖金

步骤01 计算基本业绩奖金。在"业绩奖金评估"工作表中选择单元格F2，在编辑栏中直接输入公式"=IF(C2<=400,000,C2*D2,"48,000")"，按【Enter】键确认。

小提示

公式"=IF(C2<=400,000,C2*D2,"48,000")"的含义为：当单元格数据小于等于400,000时，返回结果为单元格C2乘以单元格D2，否则返回48,000。

步骤02 使用自动填充功能，完成其他员工的销售业绩奖金的计算。

步骤03 使用同样的方法计算累计业绩奖金。选择单元格G2，在编辑栏中直接输入公式"=IF(E2>600,000,18,000,5,000)"，按【Enter】键确认，即可计算出累计业绩奖金。

步骤04 使用自动填充功能，完成其他员工的累计业绩奖金的计算。

第5步：计算业绩总奖金额

步骤01 在单元格H2中输入公式"=F2+G2"，按【Enter】键确认，计算出业绩总奖金额。

步骤02 使用自动填充功能，计算出所有员工的业绩总奖金额。

至此，销售奖金计算表制作完毕，保存该表即可。

高手支招

🔘 本节教学录像时间：5分钟

大小写字母转换技巧

与大小写字母转换相关的3个函数为LOWER、UPPER和PROPER。

LOWER函数：将字符串中所有的大写字母转换为小写字母。

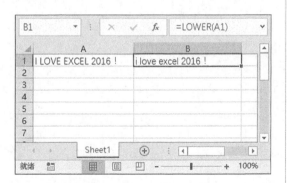

UPPER函数：将字符串中所有的小写字母转换为大写字母。

PROPER函数：将字符串的首字母及任何非字母字符后面的首字母转换为大写字母。

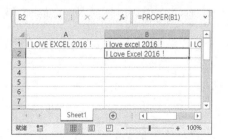

逻辑函数间的混合运用

在使用"是""非""或"等逻辑函数时，默认情况下返回的是"TURE"或"FALSE"等逻辑值，但是在实际工作和生活中，这些逻辑值的意义并非很大。所以，很多情况下，可以借助IF函数返回更有实际应用的结果，如本章11.8.2小节中，可以借助IF函数，返回"完成""未完成"等结果。

步骤 01 打开随书光盘中的"素材\ch11\任务完成情况表.xlsx"工作簿，在单元格F3中输入公式"=IF(AND(B3>100,C3>100,D3>100,E3>100),"完成","未完成")，按【Enter】键即可显示完成工作量的信息。

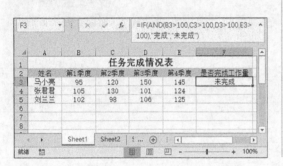

步骤 02 利用快速填充功能，判断其他员工工作量的完成情况。

第 **12** 章

数据分析功能
　　——挑出不合格学生成绩

学习目标

使用Excel 2016可以对表格中的数据进行基础分析，本章就来介绍Excel 2016中数据的排序、数据的筛选、条件格式的使用、设置数据的有效性、分类显示和分类汇总以及合并运算等内容。

学习效果

12.1 数据的排序

🔵 本节教学录像时间：7分钟

Excel 2016提供了多种排序方法，用户可以根据需要进行单条件排序或多条件排序，也可以按照行、列排序，还可以根据需要自定义排序。

12.1.1 单条件排序

单条件排序指系统可以根据一行或一列的数据对整个数据表按照升序或降序的方法进行排序。

步骤01 打开随书光盘中的"素材\ch12\成绩单.xlsx"工作簿，如要按照总成绩由高到低进行排序，选择总成绩所在E列的任意一个单元格（如E4）。

步骤02 单击【数据】选项卡下【排序和筛选】组中的【降序】按钮，即可按照总成绩由高到低的顺序显示数据。

12.1.2 多条件排序

在打开的"成绩单.xlsx"工作簿中，如果希望按照文化课成绩由高到低进行排序，而文化课成绩相等的话，则以体育成绩由高到低的方式显示时，就可以使用多条件排序。

步骤01 在打开的"成绩单.xlsx"工作簿中，选择表格中的任意一个单元格（如C7），单击【数据】选项卡下【排序和筛选】组中的【排序】按钮。

步骤02 打开【排序】对话框，单击【主要关键字】后的下拉按钮，在下拉列表中选择【文化课成绩】选项，设置【排序依据】为【数值】，设置【次序】为【降序】。

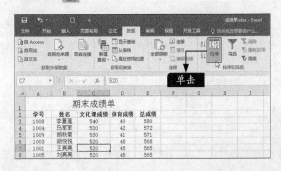

步骤 03 单击【添加条件】按钮，新增排序条件，单击【次要关键字】后的下拉按钮，在下拉列表中选择【体育成绩】选项，设置【排序依据】为【数值】，设置【次序】为【降序】，单击【确定】按钮。

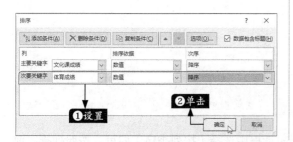

步骤 04 返回至工作表，就可以看到数据按照文化课成绩由高到低的顺序进行排序，而文化课成绩相等时，则按照体育成绩由高到低进行排序。

12.1.3 按行排序

在实际工作中，有些表格的数据在横向上是一致的，这时，可以使用按行排序的方法排序。

步骤 01 打开随书光盘中的"素材\ch12\按行排序.xlsx"工作簿，此时表格中数据横向是一致的，如要需要按照总成绩由低到高进行排序，选择B2:I6单元格区域。

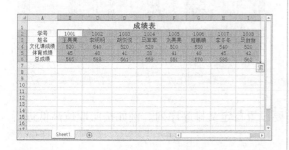

小提示

如果选择了表格中的部分数据，则只对选择的部分进行排序，其他部分顺序不变。

步骤 02 单击【数据】选项卡下【排序和筛选】组中的【排序】按钮。

步骤 03 弹出【排序】对话框，单击【选项】按钮。

步骤 04 弹出【排序选项】对话框，选中【按行排序】单选项，单击【确定】按钮。

步骤 05 返回【排序】对话框，在【主要关键字】下拉列表中选择【行6】选项，单击【确定】按钮。

行排序。

步骤 06 即可看到数据将按照第6行由低到高进

12.1.4 按列排序

按列排序和按行排序类似，在【排序选项】对话框中选择【按列排序】即可。按照列排序前后效果图分别如下所示（下图左为排序前，下图右为排序后）。

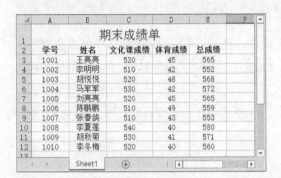

12.1.5 自定义排序

Excel具有自定义排序功能，用户可以根据需要设置自定义排序序列。例如按照职位高低进行排序时就可以使用自定义排序的方式。

步骤 01 打开随书光盘中的"素材\ch12\职务表.xlsx"工作簿，按照职务高低进行排序。选择D列任意一个单元格（如D6），单击【数据】选项卡下【排序和筛选】组中的【排序】按钮。

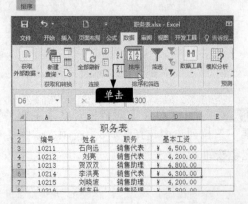

步骤 02 弹出【排序】对话框，在【主要关键字】下拉列表中选择【职务】选项，在【次序】下拉列表中选择【自定义序列】选项。

步骤 03 弹出【自定义序列】对话框，在【输入序列】列表框中输入"销售总裁""销售副总裁""销售经理""销售助理"和"销售代表"文本，单击【添加】按钮，将自定义序列添加至【自定义序列】列表框，单击【确定】按钮。

步骤 04 返回至【排序】对话框，即可看到【次序】文本框中显示的为自定义的序列，单击【确定】按钮。

步骤 05 即可查看按照自定义排序列表排序后的结果。

12.2 数据的筛选

⊙ 本节教学录像时间：12 分钟

 Excel提供了较强的数据处理、维护、检索和管理功能，用户可以通过筛选功能快捷、准确地找出符合要求的数据，也可以通过排序功能将数据进行升序或降序排列。

12.2.1 自动筛选

自动筛选器提供了快速访问数据列表的管理功能。使用自动筛选命令时，可进一步选择使用单条件筛选和多条件筛选命令。

● 1.单条件筛选

所谓的单条件筛选，就是将符合一种条件的数据筛选出来。在期中考试成绩表中，将05计算机班的学生筛选出来，具体的操作步骤如下。

步骤 01 打开随书光盘中的"素材\ch12\期中考试成绩表.xlsx"工作簿，选择数据区域内的任意单元格。

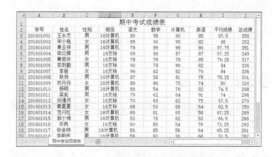

步骤 02 在【数据】选项卡中，单击【排序和筛选】选项组中的【筛选】按钮，进入【自动筛选】状态，此时在标题行每列的右侧出现一

个下拉箭头。

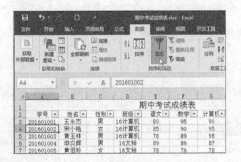

步骤 03 单击【班级】列右侧的下拉箭头，在弹出的下拉列表中取消【全选】复选框，选择"16计算机"复选框，单击【确定】按钮。

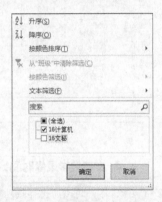

步骤 04 经过筛选后的数据清单如下图所示，可以看出其中仅显示了16计算机班学生的成绩，其他记录被隐藏。

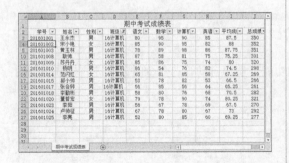

● 2.多条件筛选

多条件筛选就是将符合多个条件的数据筛

选出来。例如将期中考试成绩表中英语成绩为60分和70分的学生筛选出来的具体操作步骤如下。

步骤 01 打开随书光盘中的"素材\ch12\期中考试成绩表.xlsx"工作簿，选择数据区域内的任意单元格。

步骤 02 在【数据】选项卡中，单击【排序和筛选】选项组中的【筛选】按钮，进入【自动筛选】状态，此时在标题行每列的右侧出现一个下拉箭头。单击【英语】列右侧的下拉箭头，在弹出的下拉列表中取消【全选】复选框，选择【60】和【70】复选框，单击【确定】按钮。

步骤 03 筛选后的结果如下图所示。

12.2.2 按颜色筛选

如果为单元格添加了不同的颜色，还可以根据单元格的颜色进行筛选。例如筛选出单元格颜色为"黄色"的数据的具体操作步骤如下。

步骤01 打开随书光盘中的"素材\ch12\期末成绩单.xlsx"工作簿，可以看到学生总成绩"580"以上的以绿色背景显示，"570"以上的以黄色背景显示，"570"以下的以红色显示。

步骤02 如果要筛选出单元格颜色为"黄色"的内容。选择E列任意一个单元格，按【Ctrl+Shift+L】组合键，此时在标题行每列的右侧出现一个下拉箭头。

步骤03 单击【总成绩】列右侧的下拉箭头 ，在弹出的下拉列表中选择【按颜色筛选】选项，并选择"黄色"。

步骤04 即可根据颜色筛选出符合要求的数据。

12.2.3 按文本筛选

如果表格中包含文本，还可以根据文本进行筛选，如在"期末成绩单.xlsx"工作簿中筛选出姓"李"和姓"王"的学生成绩的具体操作步骤如下。

步骤01 打开随书光盘中的"素材\ch12\期末成绩单.xlsx"工作簿，选择B列任意一个单元格，按【Ctrl+Shift+L】组合键，在标题行每列的右侧出现一个下拉箭头。

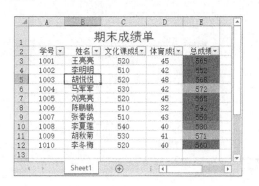

步骤02 单击【姓名】列右侧的下拉箭头，在弹出的下拉列表中选择【文本筛选】▶【开头是】选项。

步骤 03 弹出【自定义自动筛选方式】对话框，在【开头是】后面的文本框中输入"李"，单击选中【或】单选项，并在下方的选择框中选择【开头是】选项，在文本框中输入"王"，单击【确定】按钮。

步骤 04 即可筛选出姓"李"和姓"王"学生的成绩。

12.2.4 按日期筛选

在工作中经常会遇到包含日期的数据，因此掌握日期的筛选方法就很有必要。

步骤 01 打开随书光盘中的"素材\ch12\项目进行计划表.xlsx"工作簿，选择C列任意一个单元格，按【Ctrl+Shift+L】组合键，在标题行每列的右侧出现一个下拉箭头。

步骤 02 单击【开始时间】列右侧的下拉箭头，在弹出的下拉列表中选择【日期筛选】➤【等于】选项。

步骤 03 弹出【自定义自动筛选方式】对话框，单击右侧的下拉按钮 。

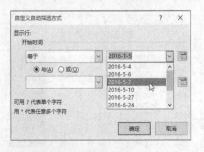

小提示

单击【日期选择器】按钮 ，可以选择日期。

步骤 04 在弹出的日期中选择要筛选的日期，这里选择"2016-5-7"，在【自定义自动筛选方式】对话框中单击【确定】按钮。

步骤 05 即可看到筛选结果。

12.2.5 模糊筛选

模糊筛选通常也可称为通配符筛选，模糊筛选常用的数值类型有数值型、日期型和文本型，通配符?和 *只能配合"文本型"数据使用，如果数据是日期型和数值型，则需要设置限定范围（如大于、小于、等于等）来实现。如筛选出姓"刘"、名字只有一个字的人名的具体操作步骤如下。

步骤01 打开随书光盘中的"素材\ch12\项目进行计划表.xlsx"工作簿，选择任意一个单元格，按【Ctrl+Shift+L】组合键，在标题行每列的右侧出现一个下拉箭头。

步骤02 单击【负责人】列右侧的下拉箭头，在弹出的下拉列表中选择【文本筛选】▶【自定义筛选】选项。

步骤03 弹出【自定义自动筛选方式】对话框，

在【等于】后面的文本框中输入"刘?"，单击【确定】按钮。

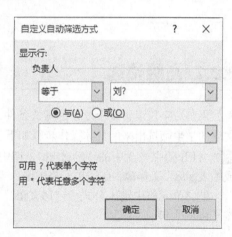

步骤04 即可筛选出姓"刘"且名字只有一个人的人。

12.2.6 取消筛选

在筛选数据后，需要取消筛选，以便显示所有数据。有以下4种方法可以取消筛选。

方法1：单击【数据】选项卡下【排序和筛选】选项组中的【筛选】按钮，退出筛选模式。

方法2：单击筛选列右侧的下拉箭头，在弹出的下拉列表中选择【从"负责人"中清除筛选】选项。

方法3：单击【数据】选项卡下【排序和筛选】选项组中的【清除】按钮。

方法4：按【Ctrl+Shift+L】组合键，可以快速取消筛选的结果。

12.2.7 高级筛选

如果要对字段设置多个复杂的筛选条件，可以使用Excel提供的高级筛选功能。例如将班级为16文秘的学生筛选出来的具体操作步骤如下。

步骤01 打开随书光盘中的"素材\ch12\期中考试成绩表.xlsx"工作簿，在L2单元格中输入"班级"，在L3单元格中输入公式"="16文秘""，并按【Enter】键。

步骤02 在【数据】选项卡中，单击【排序和筛选】选项组中的【高级】按钮，弹出【高级筛选】对话框。

步骤03 在对话框中分别单击【列表区域】和【条件区域】文本框右侧的按钮，设置列表区域和条件区域。

步骤 04 设置完毕后，单击【确定】按钮，即可筛选出符合条件区域的数据。

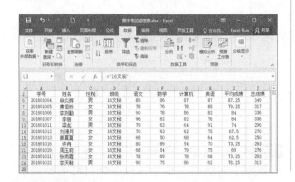

小提示

使用高级筛选功能之前应先建立一个条件区域。条件区域用来指定筛选的数据必须满足的条件。在条件区域中要求包含作为筛选条件的字段名，字段名下面必须有两个空行，一行用来输入筛选条件，另一行作为空行用来把条件区域和数据区域分开。

12.3 使用条件格式

🌐 **本节教学录像时间：8分钟**

在Excel 2016中可以使用条件格式，将符合条件的数据突出显示出来。

12.3.1 条件格式综述

条件格式是指当条件为"真"时，Excel自动应用于所选的单元格格式（如单元格的底纹或字体颜色），即在所选的单元格中符合条件的以一种格式显示，不符合条件的以另一种格式显示。

设定条件格式，可以让用户基于单元格内容有选择地和自动地应用单元格格式。例如，

通过设置，使区域内的所有负值有一个浅红色的背景色。当输入或者改变区域中的值时，如果数值为负数，背景就变化，否则就不应用任何格式。

小提示

另外，应用条件格式还可以快速地标识不正确的单元格输入项或者特定类型的单元格，而使用一种格式（例如，红色的单元格）来标识特定的单元格。

12.3.2 设置条件格式

对一个单元格或者单元格区域应用条件格式的具体步骤如下。

步骤 01 选择单元格或者单元格区域，单击【开始】选项卡【样式】组中的【条件格式】按钮，弹出如下图所示的列表。

步骤02 在【突出显示单元格规则】选项中，可以设置【大于】、【小于】、【介于】等条件规则。

步骤03 在【数据条】选项中，可以使用内置样式设置条件规则，设置后会在单元格中以各种

颜色显示数据的分类。

步骤04 单击【新建规则】选项，弹出【新建格式规则】对话框，从中可以根据自己的需要来设定条件规则。

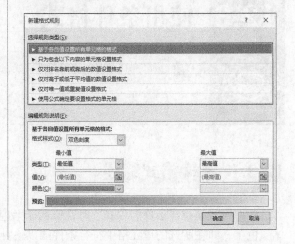

12.3.3 管理和清除条件格式

设定条件格式后，可以对其进行管理和清除。

● 1.管理条件格式

步骤01 选择设置条件格式的区域，在【开始】选项卡中，单击【样式】选项组中的【条件格式】按钮，在弹出的列表中选择【管理规则】选项。

步骤02 弹出【条件格式规则管理器】对话框，在此列出了所选区域的条件格式，可以在此新建、编辑和删除设置的条件规则。

● 2.清除条件格式

除了在【条件格式规则管理器】对话框中删除规则外,还可以通过以下方式删除。

选择设置条件格式的区域,在【开始】选项卡中,单击【样式】选项组中的【条件格式】按钮![条件格式],在弹出的列表中选择【清除规则】选项,在其子列表中选择【清除所选单元格的规则】选项,即可清除选择区域中的条件规则;选择【清除整个工作表的规则】选项,则可清除此工作表中所有设置的条件规则。

12.3.4 突出显示单元格效果

使用条件格式易于达到以下效果:突出显示所关注的单元格或单元格区域;强调异常值;使用数据条、颜色刻度和图标集来直观地显示数据。接下来以突出显示成绩大于等于90分的学生为例,进行介绍。

步骤01 打开随书光盘中的"素材\ch12\成绩表.xlsx"工作簿,选择单元格区域E3:E15。

步骤02 在【开始】选项卡中,选择【样式】选项组中的【条件格式】按钮![条件格式],在弹出的下拉列表中选择【突出显示单元格规则】➤【大于】选项。

步骤03 在弹出的【大于】对话框的文本框中输入"89",在【设置为】下拉列表中选择【黄填充色深黄色文本】选项。

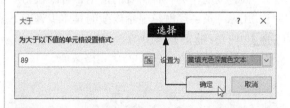

步骤04 单击【确定】按钮,即可突出显示成绩优秀(大于或等于90分)的学生。

12.3.5 套用数据条格式

使用数据条,可以查看某个单元格相对于其他单元格的值。数据条的长度代表单元格中的值。数据条越长，表示值越高；数据条越短，表示值越低。在观察大量数据中的较高值和较低值时，数据条尤其有用。

用蓝色数据条显示成绩的具体步骤如下。

步骤01 打开随书光盘中的"素材\ch12\成绩表.xlsx"工作簿，选择单元格区域E3:E15。

选项组中的【条件格式】按钮，在弹出的下拉列表中选择【数据条】➤【蓝色数据条】选项，成绩就会以蓝色数据条显示，成绩越高，数据条越长。

步骤02 在【开始】选项卡中，选择【样式】

12.3.6 套用颜色格式

颜色刻度作为一种直观的指示，可以让用户了解数据的分布和变化。

用绿—黄—红颜色显示成绩的具体步骤如下。

步骤01 打开随书光盘中的"素材\ch12\实验作业.xlsx"文件，选择D1:G25单元格区域。

组中的【条件格式】按钮，在弹出的下拉列表中选择【色阶】➤【绿—黄—红色阶】选项，实验成绩区域即会以绿—黄—红色阶显示。

步骤02 在【开始】选项卡中，选择【样式】选项

12.3.7 套用小图标格式

使用图标集，可以对数据进行注释，并且可以按阈值将数据分为3到5个类别。每个图标代表一个值的范围。

例如，用五向箭头显示成绩的具体步骤如下。

步骤01 打开随书光盘中的"素材\ch12\成绩表.xlsx"文件，选择E2:E15单元格区域。

下拉列表中选择【图标集】➤【五向箭头（灰色）】选项，成绩即会以五向箭头显示成绩。

步骤 02 在【开始】选项卡中，选择【样式】选项组中的【条件格式】按钮 ，在弹出的

12.4 设置数据的有效性

◎ **本节教学录像时间：9 分钟**

在向工作表中输入数据时，为了防止输入错误的数据，可以为单元格设置有效的数据范围，限制用户只能输入制定范围内的数据，这样可以极大地减小数据处理操作的复杂性。

12.4.1 数据验证的验证条件

在【数据有效性】对话框中可以方便有效地设置数据的有效性，其具体的操作步骤如下。

步骤 01 右键单击【数据】选项卡【数据工具】选项组中的【数据验证】按钮 数据验证 。

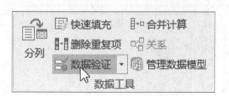

步骤 02 数据清除之后，在原单元格中重新输入数据即可。

在【设置】选项卡的【允许】下拉列表中有多种类型的数据格式，设置数据有效性的数据必须满足以下几点，具体说明如下。

（1）【任何值】：默认选项，对输入数据不作任何限制，表示不使用数据有效性。

（2）【整数】：指定输入的数值必须为整数。

（3）【小数】：指定输入的数值必须为数字或小数。

（4）【序列】：为有效性数据指定一个序列。

（5）【时间】：指定输入的数据必须为时间。

（6）【日期】：指定输入的数据必须为日期。

（7）【文本长度】：指定有效数据的字符数。

（8）【自定义】：使用自定义类型时，允许用户使用自定义公式、表达式或引用其他单元格的计算值来判定输入数据的有效性。

12.4.2 设置出错信息和出错警告信息

设置数据有效性时，为了避免输入的信息有误，可以设置出错信息及出错警告信息，以便在输入错误信息时，显示出错警告。

1. 设置输入前的提示信息

用户输入数据时，如果能够在选中单元格时就提示输入什么样的数据是符合要求的，那么就会降低输入错误数据的概率。比如在输入学号前，提示用户应输入8位数的学号。具体的操作步骤如下。

步骤01 打开随书光盘中的"素材\ch12\设置数据有效性.xlsx"工作簿，选择B2:B8单元格区域。

步骤02 在【数据】选项卡中，单击【数据工具】选项组中的【数据验证】按钮 数据验证，弹出【数据验证】对话框，选择【输入信息】选项卡。在【标题】和【输入信息】文本框中，输入如下图所示的内容。

步骤03 单击【确定】按钮，返回工作表。当单

击B2:B8单元格区域的任意单元格时，就会提示如下图所示的信息。

2. 设置输入错误时的警告信息

设置警告信息后，在输入错误时，会出现详细的提示。具体的设置步骤如下。

步骤01 打开随书光盘中的"素材\ch12\设置数据有效性.xlsx"工作簿，选择B2:B8单元格区域。

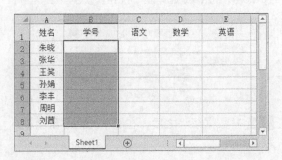

步骤02 在【数据】选项卡中，单击【数据工具】选项组中的【数据验证】按钮 数据验证，弹出【数据验证】对话框，选择【设置】选项卡，在【允许】下拉列表中选择【文本长度】，在【数据】下拉列表中选择【等于】，在【长度】文本框中输入"8"，单击【确定】按钮。

① 设置

② 单击

步骤 03 选择【出错警告】选项卡，在【样式】下拉列表中选择【警告】选项，在【标题】和【错误信息】文本框中输入警告信息，如下图所示。

步骤 04 单击【确定】按钮，返回工作表，在 B2:B8 单元格中输入不符合要求的数字时，会提示如下图所示的警告信息。

12.4.3 检测无效的数据

　　如果已经输入了数据，那么如何快速检测这些数据是否符合要求呢？可以通过圈定无效数据的功能将这些数据显示出来。

1. 圈定无效数据

　　圈定无效数据是指系统自动地将不符合要求的数据用红色的圈标注出来，以便查找和修改。具体的操作步骤如下。

步骤 01 打开随书光盘中的"素材\ch12\学生信息表.xlsx"工作簿，选中C2:C8单元格区域。

步骤 02 在【数据】选项卡中，单击【数据工具】选项组中的【数据验证】按钮，弹出【数据验证】对话框。在【设置】选项卡下，在【允许】下拉列表中选择【日期】，其

余的选项按下图所示进行设置，设置完毕单击【确定】按钮。

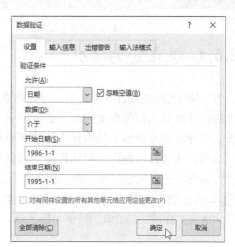

步骤 03 返回工作表，选择C2:C8单元格区域，在【数据】选项卡中，单击【数据工具】选项组中的【数据验证】按钮右侧的下拉按钮，在弹出的下拉列表中选择【圈释无效数

据】选项，此区域中无效的数据就会以红色的椭圆标注出来。

圈定了这些无效数据后，就可以方便地定位并修改为正确、有效的数据了。

方法2：在【数据】选项卡中，单击【数据工具】选项组中的【数据验证】按钮，在弹出的下拉列表中选择【清除无效数据标识圈】选项，这些红色的标识圈就会自动消失。

● 2. 清除圈定数据

清除红色的椭圆标注的方法如下。

方法1：修改为正确的数据后，标注会自动清除。

12.5 分类显示和分类汇总

● 本节教学录像时间：9分钟

Excel的分类汇总功能可以将大量的数据分类后进行汇总计算，并显示各级别的汇总信息。

12.5.1 建立分类显示

为了便于管理Excel中的数据，可以建立分类显示。分级最多为8个级别，每组一级。每个内部级别在分级显示符号中由较大的数字表示，它们分别显示其前一外部级别的明细数据，这些外部级别在分级显示符号中均由较小的数字表示。使用分级显示可以对数据分组并快速显示汇总行或汇总列，或者显示每组的明细数据。可创建行的分级显示（如本节示例所示）、列的分级显示或者行和列的分级显示。具体操作步骤如下。

 打开随书光盘中的"素材\ch12\项目流程表.xlsx"工作簿，选择B3:B7单元格区域。

步骤 02 单击【数据】选项卡下【分级显示】选项组中的【创建组】按钮，在弹出的下拉列表中选择【创建组】选项。

步骤 03 弹出【创建组】对话框，单击选中【行】单选项，单击【确定】按钮。

步骤 04 即可将B3:B7单元格区域设置为一个组类。

步骤 05 使用同样的方法设置B9:B15单元格区域和B18:B20单元格区域。

步骤 06 单击 1 图标，即可将分组后的区域折叠显示。

小提示

单击 + 按钮可展开对应的数据。

12.5.2 清除分类显示

创建分类后，可方便地折叠和显示数据，便于查看。如果要清除分类显示，只需要单击【数据】选项卡下【分级显示】选项组中的【取消组合】按钮，在弹出的下拉列表中选择【取消分级显示】选项即可。

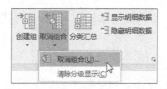

12.5.3 简单分类汇总

使用分类汇总的数据列表，每一列数据都要有列标题。Excel使用列标题来决定如何创建数据组以及如何计算总和。在数据列表中，使用分类汇总来求定货总值并创建简单分类汇总的具体操作步骤如下。

步骤 01 打开随书光盘中的"素材\ch12\销售情况表.xlsx"工作簿，单击C列数据区域内任意单元格，单击【数据】选项卡中的【降序】按钮 进行排序。

步骤 02 在【数据】选项卡中，单击【分级显示】选项组中的【分类汇总】按钮，弹出【分类汇总】对话框。

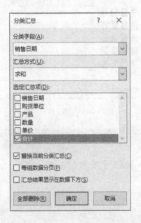

步骤 03 在【分类字段】列表框中选择【产品】选项，表示以"产品"字段进行分类汇总，在

【汇总方式】列表框中选择【求和】选项，在【选定汇总项】列表框中选择【合计】复选框，并选择【汇总结果显示在数据下方】复选框。

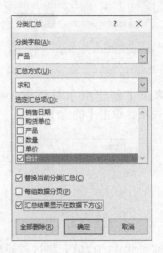

步骤 04 单击【确定】按钮，进行分类汇总后的效果如下图所示。

12.5.4 多重分类汇总

在Excel中，要根据两个或更多个分类项对工作表中的数据进行分类汇总，可以按照以下方法。

（1）先按分类项的优先级对相关字段排序。

（2）再按分类项的优先级多次执行分类汇总，后面执行分类汇总时，需撤选对话框中的【替换当前分类汇总】复选框。

根据购物单位和产品进行分类汇总的步骤如下。

步骤01 打开随书光盘中的"素材\ch12\销售情况表.xlsx"工作簿,选择数据区域中的任意单元格,单击【数据】选项卡【排序和筛选】组中的【排序】按钮,弹出【排序】对话框。

步骤02 设置【主要关键字】为"购货单位",【次序】为"升序",单击【添加条件】按钮,设置【次要关键字】为"产品",【次序】为"升序"。

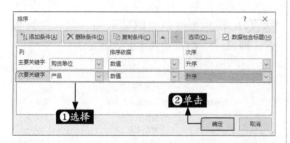

步骤03 单击【确定】按钮,排序后的工作表如下图所示。

步骤04 单击【分级显示】选项组中的【分类汇总】按钮,弹出【分类汇总】对话框。在【分类字段】列表框中选择【购货单位】选项,在【汇总方式】列表框中选择【求和】选项,在【选定汇总项】列表框中选择【合计】复选框,并选择【汇总结果显示在数据下方】复选框。

步骤05 单击【确定】按钮,分类汇总后的工作表如下图所示。

步骤06 再次单击【分类汇总】按钮,在【分类字段】下拉列表框中选择【产品】选项,在【汇总方式】下拉列表框中选择【求和】选项,在【选定汇总项】列表框中选择【合计】复选框,取消【替换当前分类汇总】复选框。

步骤07 单击【确定】按钮,此时即建立了两重分类汇总。

1 2 3 4		A	B	C	D	E	F	G	H	I
	1			销售情况表						
	2	销售日期	购货单位	产品	数量	单价	合计			
	3	2016-3-30	超乐精品店	手机挂件	200	¥ 5.00	¥ 1,000.00			
	4			手机挂件 汇总			¥ 1,000.00			
	5	2016-6-1	超乐精品店	娃娃	50	¥30.00	¥ 1,500.00			
	6			娃娃 汇总			¥ 1,500.00			
	7	2016-5-15	超乐精品店	小首饰	300	¥10.00	¥ 3,000.00			
	8			小首饰 汇总			¥ 3,000.00			
	9		超乐精品店 汇总				¥ 5,500.00			
	10	2016-4-16	美美精品店	手机挂件	60	¥ 5.00	¥ 300.00			
	11			手机挂件 汇总			¥ 300.00			
	12	2016-2-5	美美精品店	手机链	100	¥ 3.00	¥ 300.00			
	13	2016-3-15	美美精品店	手机链	50	¥ 3.00	¥ 150.00			
	14			手机链 汇总			¥ 450.00			
	15	2016-6-15	美美精品店	娃娃	60	¥30.00	¥ 1,800.00			
	16			娃娃 汇总			¥ 1,800.00			
	17	2016-4-30	美美精品店	小首饰	300	¥10.00	¥ 3,000.00			
	18	2016-5-25	美美精品店	小首饰	260	¥10.00	¥ 2,600.00			

销售情况表

12.5.5 分级显示数据

在建立的分类汇总工作表中，数据是分级显示的，并在左侧显示级别。如多重分类汇总后的工作表的左侧列表中显示了4级分类。

步骤01 单击 1 按钮，则显示一级数据，即汇总项的总和。

1 2 3 4		A	B	C	D	E	F
	1			销售情况表			
	2	销售日期	购货单位	产品	数量	单价	合计
	27			总计			¥ 15,000.00
	28						
	29						
	...						

销售情况表

步骤02 单击 2 按钮，则显示一级和二级数据，即总计和购货单位汇总。

1 2 3 4		A	B	C	D	E	F
	1			销售情况表			
	2	销售日期	购货单位	产品	数量	单价	合计
	9		超乐精品店 汇总				¥ 5,500.00
	20		美美精品店 汇总				¥ 8,150.00
	23		漂亮精品店 汇总				¥ 750.00
	26		艳艳精品店 汇总				¥ 600.00
	27			总计			¥ 15,000.00

销售情况表

步骤03 单击 3 按钮，则显示一、二、三级数据，即总计、购货单位和产品汇总。

1 2 3 4		A	B	C	D	E	F
	1			销售情况表			
	2	销售日期	购货单位	产品	数量	单价	合计
	4			手机挂件 汇总			¥ 1,000.00
	6			娃娃 汇总			¥ 1,500.00
	8			小首饰 汇总			¥ 3,000.00
	9		超乐精品店 汇总				¥ 5,500.00
	11			手机挂件 汇总			¥ 300.00
	14			手机链 汇总			¥ 450.00
	16			娃娃 汇总			¥ 1,800.00
	19			小首饰 汇总			¥ 5,600.00
	20		美美精品店 汇总				¥ 8,150.00

销售情况表

步骤04 单击 4 按钮，则显示所有汇总的详细信息。

1 2 3 4		A	B	C	D	E	F
	1			销售情况表			
	2	销售日期	购货单位	产品	数量	单价	合计
	3	2016-3-30	超乐精品店	手机挂件	200	¥ 5.00	¥ 1,000.00
	4			手机挂件 汇总			¥ 1,000.00
	5	2016-6-1	超乐精品店	娃娃	50	¥30.00	¥ 1,500.00
	6			娃娃 汇总			¥ 1,500.00
	7	2016-5-15	超乐精品店	小首饰	300	¥10.00	¥ 3,000.00
	8			小首饰 汇总			¥ 3,000.00
	9		超乐精品店 汇总				¥ 5,500.00
	10	2016-4-16	美美精品店	手机挂件	60	¥ 5.00	¥ 300.00
	11			手机挂件 汇总			¥ 300.00

销售情况表

12.5.6 清除分类汇总

如果不再需要分类汇总，可以将其清除，其操作步骤如下。

步骤 01 接上面的操作，选择分类汇总后工作表数据区域内的任意单元格。在【数据】选项卡中，单击【分级显示】选项组中的【分类汇总】按钮，弹出【分类汇总】对话框。

步骤 02 在【分类汇总】对话框中，单击【全部删除】按钮即可清除分类汇总。

12.6 合并运算

🕐 本节教学录像时间：6分钟

在Excel 2016中，若要汇总多个工作表结果，可以将数据合并到一个主工作表中，以便对数据进行更新和汇总。

12.6.1 按位置合并运算

按位置进行合并计算就是按同样的顺序排列所有工作表中的数据，将它们放在同一位置中。

● 第1步：设置要合并计算的数据区域

步骤 01 打开随书光盘中的"素材\ch12\员工工资表.xlsx"工作簿。

步骤 02 选择"工资1"工作表的A1:H20区域，在【公式】选项卡中，单击【定义的名称】选项组中的【定义名称】按钮，弹出【新建名称】对话框，在【名称】文本框中输入"工资1"，单击【确定】按钮。

步骤 03 选择"工资2"工作表的单元格区域 E1:H20，在【公式】选项卡中，单击【定义的名称】选项组中的【定义名称】按钮 定义名称 ▼，弹出【新建名称】对话框，在【名称】文本框中输入"工资2"，单击【确定】按钮。

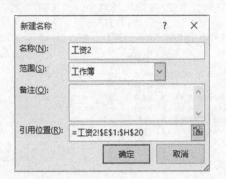

● 第2步：合并计算

步骤 01 选择"工资1"工作表中的单元格I1，在【数据】选项卡中，单击【数据工具】选项组中的【合并计算】按钮 合并计算，在弹出的【合并计算】对话框的【引用位置】文本框中输入"工资2"，单击【添加】按钮，把"工资2"添加到【所有引用位置】列表框中。

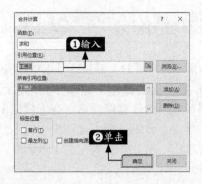

步骤 02 单击【确定】按钮，即可将名称为"工资2"的区域合并到"工资1"区域中，根据需要调整列宽后，如下图所示。

> **小提示**
>
> 合并前要确保每个数据区域都采用列表格式，第一行中的每列都具有标签，同一列中包含相似的数据，并且在列表中没有空行或空列。

12.6.2 由多个明细表快速生成汇总表

如果数据分散在各个明细表中，需要将这些数据汇总到一个总表中，也可以使用合并计算。具体操作步骤如下。

步骤 01 打开随书光盘中的"素材\ch12\销售合并计算.xlsx"工作簿，其中包含了如下图所示的4个地区的销售情况，需要将这4个地区的数据合并到"总表"中，同类产品的数量和销售金额相加。

	A	B	C
1	产品	数量	销售金额
2	洗衣机	583	￥562,315
3	电冰箱	654	￥187,578
4	显示器	864	￥359,756
5	微波炉	359	￥365,686
6	跑步机	294	￥361,152

北京

	A	B	C
1	产品	数量	销售金额
2	电冰箱	123	￥659,765
3	微波炉	352	￥185,641
4	显示器	103	￥262,154
5	液晶电视	231	￥324,565
6			

上海

步骤 02 选择"总表"中的A1单元格。

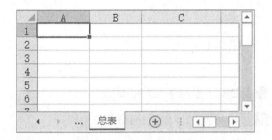

步骤 03 在【数据】选项卡中,单击【数据工具】选项组中的【合并计算】按钮，弹出【合并计算】对话框，将光标定位在"引用位置"文本框中，然后选择"北京"工作表中的A1:C6，单击【添加】按钮。

步骤 04 重复此操作，依次添加上海、广州、重庆工作表中的数据区域，并选择【首行】、【最左列】复选框。

步骤 05 单击【确定】按钮，合并计算后的数据如下图所示。

	A	B	C	D
1		数量	销售金额	
2	洗衣机	1166	￥1,124,630	
3	电冰箱	1736	￥1,102,021	
4	显示器	2027	￥1,090,166	
5	微波炉	1070	￥917,013	
6	跑步机	720	￥1,234,957	
7	按摩椅	385	￥231,654	
8	空调	312	￥125,423	
9	抽油烟机	124	￥154,123	
10	液晶电视	505	￥820,247	
11				

12.7 综合实战——挑出不合格学生成绩

● 本节教学录像时间：3分钟

在设置数据有效性时，有多处选项需要设置。下面以学生成绩表为例，挑出不及格学生的成绩，具体的操作步骤如下。

● 第1步：突出显示不及格成绩

步骤 01 打开随书光盘中的"素材\ch12\学生成绩表.xlsx"工作簿，选中单元格区域B3:D15。

步骤 02 单击【开始】选项卡【样式】组中的【条件格式】按钮，在弹出的下拉列表中选择【突出显示单元格规则】▶【小于】选项。

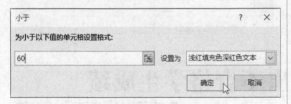

步骤 03 弹出【小于】对话框，在【为小于以下值的单元格设置格式】文本框中，输入"60"，表示低于60分不及格，在【设置为】下拉列表中选择【浅红填充色深红色文本】选项，然后单击【确定】按钮。

步骤 04 设置后的效果如下图所示。

第2步：圈定不及格的成绩

步骤 01 再次选中单元格区域B3:D15。

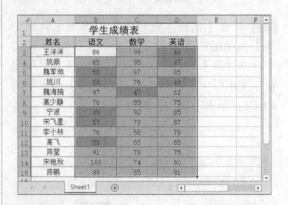

步骤 02 单击【数据】选项卡【数据工具】选项组中的【数据验证】按钮 数据验证，弹出【数据验证】对话框，在【允许】下拉列表中选择【整数】选项，在【数据】下拉列表中选择【大于】选项，在【最小值】文本框中输入"60"，单击【确定】按钮。

步骤 03 返回工作簿中，单击【数据】选项卡【数据工具】选项组中的【数据验证】按钮 📊 数据验证 · 右侧的下拉按钮，在弹出的下拉列表中选择【圈释无效数据】选项。

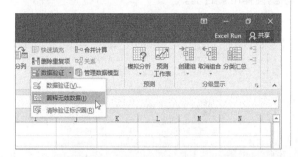

步骤 04 最终效果如下图所示，不及格的成绩全部被圈释出来。

高手支招

🕐 **本节教学录像时间：4 分钟**

🔘 用合并计算核对多表中的数据

在下表的两列数据中，要核对"销量A"和"销量B"是否一致。具体的操作步骤如下。

步骤 01 打开随书光盘中的"素材\ch12\技巧.xlsx"工作簿。选定G2单元格，单击【数据工具】选项组中的【合并计算】按钮 📊 ，弹出【合并计算】对话框，添加A1:B5和C1:D5两个单元格区域，并选中【首行】和【最左列】两个复选框。

步骤 02 单击【确定】按钮，即可得到合并结果。

步骤 03 在J2单元格中输入"=H3=I3"，按【Enter】键。

	G	H	I	J
1				
2		销量A	销量B	
3	电视机	8759	8756	FALSE
4	笔记本	4568	4532	
5	显示器	15346	15346	
6	台式机	12685	12605	
7				
8				
9				

步骤 04 使用填充柄填充J3:J5单元格区域，若显示"FALSE"，则表示"销量A"和"销量B"中的数据不一致。

	G	H	I	J
1				
2		销量A	销量B	
3	电视机	8759	8756	FALSE
4	笔记本	4568	4532	FALSE
5	显示器	15346	15346	TRUE
6	台式机	12685	12605	FALSE
7				
8				
9				

限制只能输入数字的方法

可以限制在工作表中只能输入数字，输入其他字符则弹出报警信息。具体的操作步骤如下。

步骤 01 选择需要设置数据有效性的单元格区域（如B列），在【数据】选项卡中，单击【数据工具】选项组中的【数据验证】按钮 数据验证，弹出【数据验证】对话框，在【设置】选项卡的【允许】下拉列表中选择【自定义】选项，并输入公式"=AND(LENB(ASC(B1))=LENB(B1),LEN(B1)*2=LENB(B1))"，单击【确定】按钮。

步骤 02 在B列中输入字母或非汉字的数据时，就会弹出警告框。

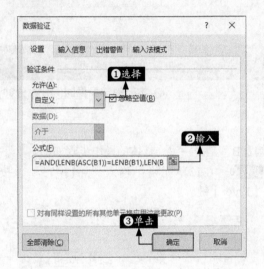

第

13 章

第 章

数据透视表和数据透视图
——制作销售业绩透视表/图

学习目标

使用数据透视表和透视图可以清晰地展示出数据的汇总情况，对于数据的分析、决策能起到至关重要的作用，本章主要介绍了创建、编辑和设置数据透视表，创建数据透视图，以及切片器的应用等内容。

学习效果

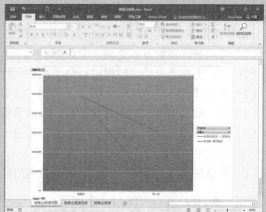

13.1 数据透视表和数据透视图

🎬 **本节教学录像时间：4 分钟**

使用数据透视表和数据透视图可以清晰地展示出数据的汇总情况，对于数据的分析、决策能起到至关重要的作用。

13.1.1 认识数据透视表

数据透视表是一种对大量数据快速汇总和建立交叉列表的交互式动态表格，能够帮助用户分析、组织既有数据，是Excel中的数据分析利器。下图所示即为数据透视表。

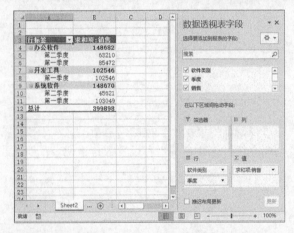

13.1.2 数据透视表的用途

数据透视表的主要用途是从数据库的大量数据中生成动态的数据报告，对数据进行分类汇总和聚合，帮助用户分析和组织数据。还可以对记录数量较多、结构复杂的工作表进行筛选、排序、分组和有条件地设置格式，显示数据中的规律。

（1）可以使用多种方式查询大量数据。

（2）按分类和子分类对数据进行分类汇总和计算。

（3）展开或折叠要关注结果的数据级别，查看部分区域汇总数据的明细。

（4）将行移动到列或将列移动到行，以查看源数据的不同汇总方式。

（5）对最有用和最关注的数据子集进行筛选、排序、分组和有条件地设置格式，使用户能够关注所需的信息。

（6）提供简明并且带有批注的联机报表或打印报表。

13.1.3 数据透视表的组成结构

对于任何一个数据透视表来说，可以将其整体结构划分为4大区域，分别是行区域、列区域、值区域和筛选器，如下图所示。

（1）行区域。

行区域位于数据透视表的左侧，每个字段中的每一项显示在行区域的每一行中。通常在行区域中放置一些可用于进行分组或分类的内容，例如办公软件、开发工具及系统软件等。

（2）列区域。

列区域由数据透视表各列顶端的标题组成。每个字段中的每一项显示在列区域的每一列中。通常在列区域中放置一些可以随时间变化的内容，例如，第一季度和第二季度等，可以很明显地看出数据随时间变化的趋势。

（3）值区域。

在数据透视表中，包含数值的大面积区域就是值区域。值区域中的数据是对数据透视表中行字段和列字段数据的计算和汇总，该区域中的数据一般都是可以进行运算的。默认情况下，Excel对数值区域中的数值型数据进行求和，对文本型数据进行计数。

（4）筛选器。

筛选器位于数据透视表的最上方，由一个或多个下拉列表组成，通过选择下拉列表中的选项，可以一次性对整个数据透视表中的数据进行筛选。

13.1.4 认识数据透视图

数据透视图是数据透视表中的数据的图形表示形式。与数据透视表一样，数据透视图也是交互式的。创建数据透视图时，数据透视图将筛选显示在图表区中，以便用户排序和筛选数据透视图的基本数据。相关联的数据透视表中的任何字段布局更改和数据更改将立即在数据透视图中反映出来。

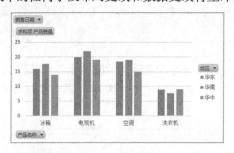

13.1.5 数据透视图与标准图表之间的区别

数据透视图中的大多数操作和标准图表中的一样。但是二者之间也存在以下差别。

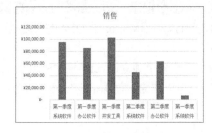

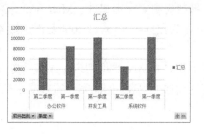

（1）交互：对于标准图表，需要为查看的每个数据视图创建一张图表，它们不交互。而对于数据透视图，只要创建单张图表就可以通过更改报表布局或显示的明细数据以不同的方式交互查看数据。

（2）源数据：标准图表可以直接链接到工作表单元格中。数据透视图可以基于相关联的数据透视表中的几种不同数据类型。

（3）图表元素：数据透视图除包含与标准图表相同的元素外，还包括字段和项，可以添加、旋转或删除字段和项来显示数据的不同视图。标准图表中的分类、系列和数据分别对应于数据透视图中的分类字段，系列字段和值字段。数据透视图中还可以包含报表筛选。而这些字段中都包含项，这些项在标准图表中显示为图例中的分类标签或系列名称。

（4）图表类型：标准图表的默认图表类型为簇状柱形图，它按分类比较值。数据透视图的默认图表类型为堆积柱形图，它比较各个值在整个分类总计中所占的比例。用户可以将数据透视图类型更改为柱形图、折线图、饼图、条形图、面积图和雷达图。

（5）格式：刷新数据透视图时，会保留大多数格式（包括元素、布局和样式），但是不保留趋势线、数据标签、误差线及对数据系列的其他更改。标准图表只要应用了这些格式，就不会消失。

（6）移动或调整项的大小：在数据透视图中，可为图例选择一个预设位置并可更改标题的字体大小，但是无法移动或重新调整绘图区、图例、图表标题或坐标轴标题的大小。而在标准图表中，可移动和重新调整这些元素的大小。

（7）图表位置：默认情况下，标准图表是嵌入在工作表中。而数据透视图默认情况下是创建在图表工作表上的。数据透视图创建后，还可将其重新定位到工作表上。

13.2 数据透视表的有效数据源

◎ 本节教学录像时间：2 分钟

用户可以从以下4种类型的数据源中组织和创建数据透视表。

（1）Excel数据列表。Excel数据列表是最常用的数据源。如果以Excel数据列表作为数据源，则标题行不能有空白单元格或者合并的单元格，否则不能生成数据透视表，会出现如下图所示的错误提示。

（2）外部数据源。文本文件、Microsoft SQL Server数据库、Microsoft Access数据库、dBASE数据库等均可作为数据源。Excel 2000及以上版本还可以利用Microsoft OLAP多维数据集创建数据透视表。

（3）多个独立的Excel数据列表。数据透视表可以将多个独立Excel表格中的数据汇总到一起。

（4）其他数据透视表。创建完成的数据透视表也可以作为数据源来创建另外一个数据透视表。

13.3 创建和编辑数据透视表

使用数据透视表可以深入分析数值数据，创建数据透视表以后，就可以对它进行编辑了，对数据透视表的编辑包括修改其布局、添加或删除字段、格式化表中的数据，以及对透视表进行复制和删除等操作。

13.3.1 创建数据透视表

创建数据透视表的具体操作步骤如下。

步骤 01 打开随书光盘中的"素材\ch13\销售表.xlsx"工作簿，单击【插入】选项卡下【表格】选项组中的【数据透视表】按钮。

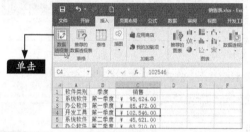

步骤 02 弹出【创建数据透视表】对话框，在【请选择要分析的数据】区域单击选中【选择一个表或区域】单选项，在【表/区域】文本框中设置数据透视表的数据源，单击其后的▣按钮，用鼠标拖曳选择A1:C7单元格区域即可。在【选择放置数据透视表的位置】区域单击选中【新工作表】单选项，单击【确定】按钮。

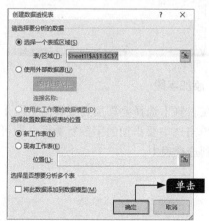

步骤 03 弹出数据透视表的编辑界面，工作表中会出现数据透视表，在其右侧是【数据透视表字段】任务窗格。在【数据透视表字段】任务

窗格中选择要添加到报表的字段，即可完成数据透视表的创建。此外，在功能区会出现【数据透视表工具】的【分析】和【设计】两个选项卡。

步骤 04 将"销售"字段拖曳到【∑值】区域中，"季度"和"软件类别"分别拖曳至【行】区域中，如下图所示。

步骤 05 创建的数据透视表如下图所示。

13.3.2 修改数据透视表

数据透视表是显示数据信息的视图，用户不能直接修改透视表所显示的数据项。但表中的字段名是可以修改的，还可以修改数据透视表的布局，从而重组数据透视表。

行、列字段互换的步骤如下。

步骤 01 选择13.3.1小节创建的数据透视表，在右侧的【行】区域中单击"季度"并将其拖曳到【列】区域中。

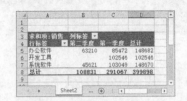

步骤 03 将"软件类别"拖曳到【列】区域中，并将"软件类别"拖曳到"季度"上方，此时左侧的透视表如下图所示。

步骤 02 此时左侧的透视表如下图所示。

13.3.3 添加或者删除记录

用户可以根据需要随时向透视表添加或删除字段。

1. 删除字段

删除字段的具体操作步骤如下。

步骤 01 选择13.3.1小节创建的数据透视表，上面已经显示了所有的字段，在右侧的【选择要添加到报表的字段】区域中，撤销选中要删除的字段，即可将其从透视表中删除。

步骤 02 在【行标签】中的字段名称上单击并将其拖到【数据透视表字段】任务窗格外面，也可删除此字段。

2. 添加字段

在右侧【选择要添加到报表的字段】区域中，单击选中要添加的字段复选框，即可将其添加到透视表中。

13.3.4 复制和移动数据透视表

数据透视表中的单元格很特别，它们不同于通常的单元格，所以复制和移动透视表的操作方法也比较特殊。

1. 复制数据透视表

复制数据透视表的具体操作步骤如下。

步骤 01 选择整个数据透视表，按【Ctrl+C】组合键复制。

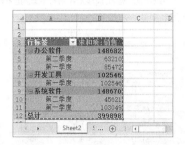

步骤 02 在目标区域按【Ctrl+V】组合键粘贴即可。

2. 移动数据透视表

移动数据透视表的具体操作步骤如下。

步骤 01 选择整个数据透视表，单击【分析】选项卡下【操作】选项组中的【移动数据透视表】按钮。

步骤 02 弹出【移动数据透视表】对话框，选择放置数据透视表的位置后，按【确定】按钮。

步骤 03 即可将数据透视表移动到新的位置。

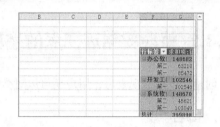

13.3.5 设置数据透视表选项

选择创建的数据透视表，在功能区将自动激活【数据透视表工具】选项组中的【分析】选项卡。

步骤 01 单击【分析】选项卡下的【数据透视表】组中【选项】按钮右侧的下拉按钮，在弹出的快捷下拉菜单中选择【选项】菜单命令。

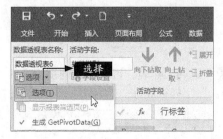

步骤 02 弹出【数据透视表选项】对话框，在该对话框中可以设置数据透视表的布局和格式、汇总和筛选、显示等。设置完成后单击【确定】按钮即可。

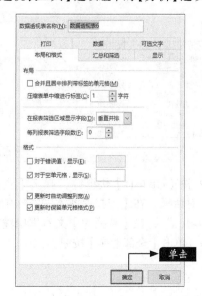

13.3.6 改变数据透视表的布局

改变数据透视表的布局包括设置分类汇总、设置总计、设置报表布局和空行等。具体操作步骤如下。

步骤 01 选择13.3.1小节创建的数据透视表，单击【设计】选项卡下【布局】选项组中的【报表布局】按钮，在弹出的下拉列表中选择【以表格形式显示】选项。

步骤 02 该数据透视表即以表格形式显示，效果如下图所示。

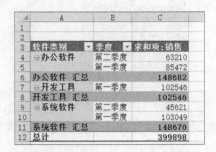

	A	B	C
1			
2			
3	软件类别	季度	求和项:销售
4	办公软件	第二季度	63210
5		第一季度	85472
6	办公软件 汇总		148682
7	开发工具	第一季度	102546
8	开发工具 汇总		102546
9	系统软件	第二季度	45621
10		第一季度	103049
11	系统软件 汇总		148670
12	总计		399898

小提示

此外，还可以在下拉列表中选择以压缩形式显示、以大纲形式显示、重复所有项目标签和不重复项目标签等选项。

13.3.7 整理数据透视表的字段

创建完数据透视表后，用户还可以对数据透视表中的字段进行整理。

● 1. 重命名字段

用户可以对数据表中的字段进行重命名，如去掉列字段中的"求和项："字样，具体操作步骤如下。

步骤 01 选择13.3.1小节创建的数据透视表。

	A	B	C	D	E
1					
2					
3	行标签	求和项:销售			
4	办公软件	148682			
5	第二季度	63210			
6	第一季度	85472			
7	开发工具	102546			
8	第一季度	102546			
9	系统软件	148670			
10	第二季度	45621			
11	第一季度	103049			
12	总计	399898			
13					

步骤 02 按【Ctrl+H】快捷键，弹出【查找和替换】对话框。在【查找内容】文本框中输入"求和项："，在【替换为】文本框中输入一个空格，单击【全部替换】按钮。

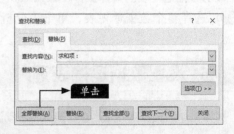

步骤 03 弹出【Microsoft Excel】对话框，提示已完成替换，单击【确定】按钮。

步骤 04 返回工作表，可以看到列字段中的"求和项："字样被删除。

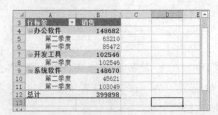

	A	B	C	D	E
3	行标签	销售			
4	办公软件	148682			
5	第二季度	63210			
6	第一季度	85472			
7	开发工具	102546			
8	第一季度	102546			
9	系统软件	148670			
10	第二季度	45621			
11	第一季度	103049			
12	总计	399898			
13					

● 2. 水平展开复合字段

如果数据透视表的行标签中含有复合字段，可以将其水平展开。具体操作步骤如下。

步骤01 选择13.3.1小节创建的数据透视表，在复合字段"办公软件"上单击鼠标右键，在弹出的下拉列表中选择【移动】▶【将"软件类别"移至列】选项。

步骤02 即可水平展开复合字段。

13.3.8 隐藏和显示字段标题

隐藏和显示字段标题的具体操作步骤如下。

步骤01 选择数据透视表，单击【分析】选项卡下【显示】选项组中的【字段标题】按钮。

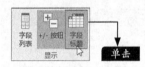

步骤02 即可隐藏字段标题。

步骤03 再次单击【分析】选项卡下【显示】选项组中的【字段标题】按钮，即可显示字段标题。

步骤04 选择数据透视表上任意单元格，单击鼠标右键，在弹出的快捷菜单中选择【数据透视表选项】菜单项。弹出【数据透视表选项】对话框，选择【显示】选项卡，撤销选中【显示字段标题和筛选下拉列表】单选项，也可以隐藏字段标题。

13.4 设置数据透视表的格式

🔊 本节教学录像时间：1 分钟

在工作表中插入数据透视表后，还可以对数据表的格式进行设置，使数据透视表更加美观。

13.4.1 数据透视表自动套用样式

用户可以使用系统自带的样式来设置数据透视表的格式，具体操作步骤如下。

步骤 01 打开随书光盘中的"素材\ch13\切片器.xlsx"工作簿。

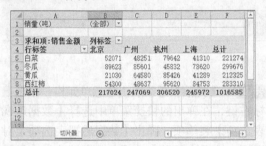

步骤 02 选择透视表区域，单击【设计】选项卡下【数据透视表样式】选项组中的【其他】按钮 ⮟，在弹出的下拉列表中选择一种样式。

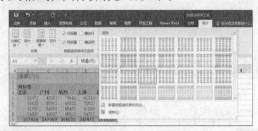

步骤 03 即可更改数据透视表的样式。

13.4.2 自定义数据透视表样式

如果系统自带的数据透视表样式不能满足需要，用户还可以自定义数据透视表样式，具体操作步骤如下。

步骤 01 打开随书光盘中的"素材\ch13\切片器.xlsx"工作簿，选择透视表区域，单击【设计】选项卡下【数据透视表样式】选项组中的【其他】按钮 ⮟，在弹出的下拉列表中选择【新建数据表透视表样式】选项。

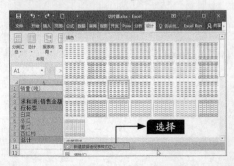

步骤 02 弹出【新建数据透视表样式】对话框，在【名称】文本框中输入样式的名称，在【表】元素列表框中选择【整个表】选项，单击【格式】按钮。

步骤 03 弹出【设置单元格格式】对话框，选择【边框】选项卡，在【样式】列表框中选择一种边框样式，设置边框的颜色为"紫色"，单击【外边框】选项，然后单击【确定】按钮。

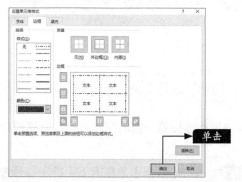

步骤 04 返回【新建数据透视表样式】对话框，使用同样的方法，设置数据透视表其他元素的样式，设置完后单击【确定】按钮。

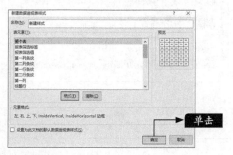

步骤 05 再次单击【设计】选项卡下【数据透视表样式】选项组中的【其他】按钮，在弹出的下拉列表中选择【自定义】中的【新建样式】选项。

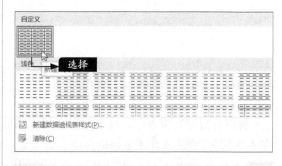

步骤 06 应用自定义样式后的效果如下图所示。

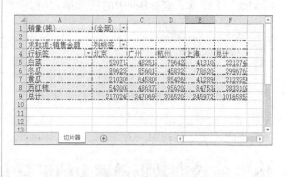

13.5 数据透视表中数据的操作

🎬 **本节教学录像时间：4 分钟**

对创建的数据透视表的操作包括更新透视表的数据、排序、进行各种方式的汇总等。

13.5.1 刷新数据透视表

当修改数据源中的数据时，数据透视表不会自动更新，用户必须执行更新数据操作才能刷新数据透视表。刷新数据透视表的方法如下。

（1）单击【分析】选项卡下【数据】选项组中的【刷新】按钮，或在弹出的下拉菜单中选择【刷新】或【全部刷新】选项。

（2）在数据透视表数据区域中的任意一个单元格上单击鼠标右键，在弹出的快捷菜单中选择【刷新】选项。

13.5.2　在透视表中排序

排序是数据透视表中的基本操作，用户总是希望数据能够按照一定的顺序排列。数据透视表的排序不同于普通工作表表格的排序。

步骤01 打开随书光盘中的"素材\ch13\切片器.xlsx"工作簿，选择B列中的任意单元格。

步骤02 单击【数据】选项卡下【排序和筛选】选项组中的【升序】按钮或【降序】按钮，即可根据该列数据进行排序。

13.5.3　改变数据透视表的汇总方式

Excel数据透视表默认的汇总方式是求和，用户可以根据需要改变透视表中数据项的汇总方式。具体的操作步骤如下。

步骤01 单击数据透视表右侧【Σ数值】列表中的【求和项：销售金额】右侧的下拉按钮，在弹出的下拉菜单中选择【值字段设置】选项。

步骤02 弹出【值字段设置】对话框。

步骤03 在【计算类型】列表框中选择汇总方式，这里选择【最大值】选项，单击【确定】按钮。

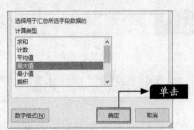

步骤04 返回至透视表后，根据需要更改标题名称，将F4单元格由"总计"更改为"最大值"，即可看到更改汇总方式后的效果。

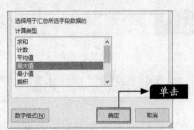

13.6　创建数据透视图

☉ 本节教学录像时间：4 分钟

创建数据透视图的方法有两种，一种是直接通过数据表中的数据创建数据透视图，另一种是通过已有的数据透视表创建数据透视图。

13.6.1　通过数据区域创建数据透视图

通过数据区域创建数据透视图的具体步骤如下。

步骤 01 打开随书光盘中的"素材\ch13\销售表.xlsx"工作簿，选择数据区域中的一个单元格。

步骤 02 单击【插入】选项卡下【图表】选项组中的【数据透视图】按钮 ，在弹出的下拉列表中选择【数据透视图】选项。

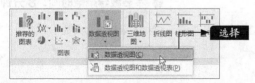

步骤 03 弹出【创建数据透视图】对话框，选择数据区域和图表位置，单击【确定】按钮。

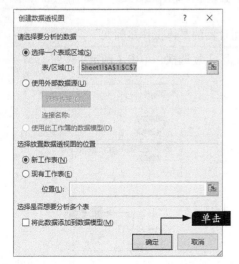

步骤 04 弹出数据透视表的编辑界面，工作表中会出现数据透视表1和图表1，在其右侧出现的是【数据透视图字段】窗格。

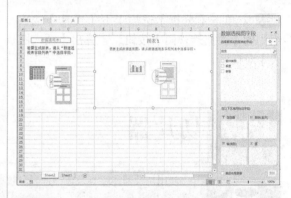

步骤 05 在【数据透视表字段列表】中选择要添加到视图的字段，即可完成数据透视图的创建。

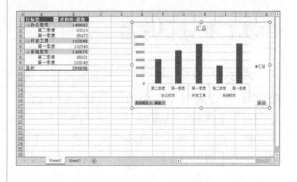

13.6.2 通过数据透视表创建数据透视图

通过数据透视表创建数据透视图的具体步骤如下。

步骤01 打开随书光盘中的 "素材\ch13\切片器.xlsx" 工作簿，选择数据透视表区域中的一个单元格。

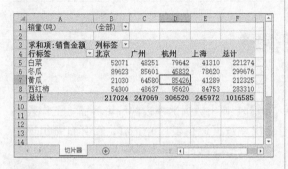

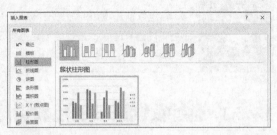

步骤03 选择一种图表类型，单击【确定】按钮，即可创建一个数据透视图。

步骤02 单击【分析】选项卡下【工具】选项组中的【数据透视图】按钮，弹出【插入图表】对话框。

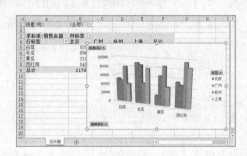

13.7 切片器

🎬 本节教学录像时间：8分钟

使用切片器能够直观地筛选表、数据透视表、数据透视图和多维数据集函数中的数据。

13.7.1 创建切片器

使用切片器筛选数据首先需要创建切片器。创建切片器的具体操作步骤如下。

步骤01 打开随书光盘中的 "素材\ch13\切片器.xlsx" 工作簿，选择数据区域中的任意一个单元格，单击【插入】选项卡下【筛选器】选项组中的【切片器】按钮。

【地区】复选框，单击【确定】按钮。

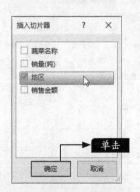

步骤02 弹出【插入切片器】对话框，单击选中

步骤 03 此时就插入了【地区】切片器，将鼠标光标放置在切片器上，按住鼠标左键并拖曳，可改变切片器的位置。

步骤 04 在【地区】切片器中单击【广州】选项，则在透视表中仅显示广州地区各类蔬菜的销售金额。

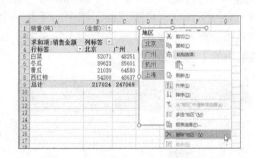

> **小提示**
>
> 单击【地区】切片器右上角的【清除筛选器】按钮或按【Alt+C】组合键，将清除地区筛选，即可在透视表中显示所有地区的销售金额。

13.7.2 删除切片器

有两种方法可以删除不需要的切片器。

● 1. 按【Delete】键删除

选择要删除的切片器，在键盘上按【Delete】键，即可将切片器删除。

> **小提示**
>
> 使用切片器筛选数据后，按【Delete】键删除切片器，数据表中将仅显示筛选后的数据。

● 2. 使用【删除】菜单命令删除

选择要删除的切片器（如【地区】切片器）并单击鼠标右键，在弹出的快捷菜单中选择【删除"地区"】菜单命令，即可将【地区】切片器删除。

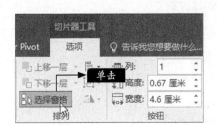

13.7.3 隐藏切片器

如果添加的切片器较多，可以将暂时不使用的切片器隐藏起来，使用时再显示。

步骤 01 选择要隐藏的切片器，单击【选项】选项卡下【排列】选项组中的【选择窗格】按钮。

步骤 02 打开【选择】窗格，单击切片器名称后的👁按钮，即可隐藏切片器，此时👁按钮显示为—按钮，再次单击—按钮即可取消隐藏，此外单击【全部隐藏】和【全部显示】按钮可隐藏和显示所有切片器。

13.7.4 设置切片器的样式

用户可以根据需要使用内置的切片器样式，美化切片器。具体操作步骤如下。

步骤01 选择要设置字体格式的切片器，单击【选项】选项卡下【切片器样式】选项组中的【其他】按钮 ，在弹出的样式列表中，即可看到内置的样式。

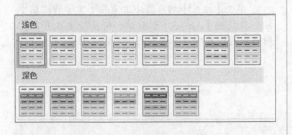

步骤02 单击样式，即可应用该切片器样式，如下图所示。

13.7.5 筛选多个项目

使用切片器不但能筛选单个项目，还可以筛选多个项目。具体操作步骤如下。

步骤01 打开随书光盘中的"素材\ch13\切片器.xlsx"工作簿，选择数据区域中的任意一个单元格，单击【插入】选项卡下【筛选器】选项组中的【切片器】按钮。

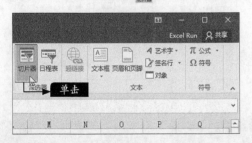

步骤02 弹出【插入切片器】对话框，单击选中【蔬菜名称】和【地区】复选框，单击【确定】按钮。

步骤03 此时就插入了【蔬菜名称】切片器和【地区】切片器，调整切片器的位置。

步骤04 在【地区】切片器中单击【广州】选项，在【蔬菜名称】切片器中单击【白菜】选项，按住【Ctrl】键的同时单击【黄瓜】选项，则可在透视表中仅显示广州地区白菜和黄瓜的销售金额。

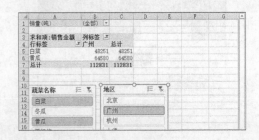

13.7.6 切片器同步筛选多个数据透视表

如果一个工作表中有多个数据透视表，可以通过在切片器内设置数据透视表连接，使切片器共享，可以同时筛选多个数据透视表中的数据。

步骤01 打开随书光盘中的"素材\ch13\筛选多个数据.xlsx"工作簿，选择数据透视表区域中的任意位置，单击【插入】选项卡下【筛选器】选项组中的【切片器】按钮，弹出【插入切片器】对话框，单击选中【地区】复选框，单击【确定】按钮。

步骤02 即可插入【地区】切片器，在【地区】切片器的空白区域中单击鼠标，单击【选项】选项卡下【切片器】选项组中的【报表连接】按钮。

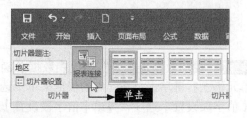

步骤03 弹出【数据透视表连接（地区）】对话框，单击选中【数据透视表1】和【数据透视表2】复选框，单击【确定】按钮。

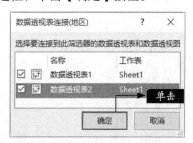

步骤04 在【地区】切片器内选择"北京"选项，所有数据透视表都显示出北京地区的数据。

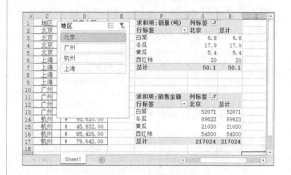

13.8 综合实战——制作销售业绩透视表/图

● **本节教学录像时间：10 分钟**

本实例将介绍销售业绩表的制作。通过本实例的练习，读者可以掌握数据透视表、数据透视图以及图表样式的设置操作方法。

● 第1步：创建销售业绩透视表

步骤01 打开随书光盘中的"素材\ch13\销售业绩表.xlsx"工作簿。

	A	B	C	D	E
1					销售业绩表
2	产品名称	销售员	销售时间	销售点	单价
3	智能电视	关利	2016-1-1	人民路店	¥ 2,200
4	变频空调	赵锐	2016-1-1	新华路店	¥ 2,100
5	组合音响	张磊	2016-1-1	新华路店	¥ 4,520
6	变频空调	江涛	2016-1-1	黄河路店	¥ 4,210
7	电冰箱	陈晓华	2016-1-1	黄河路店	¥ 5,670
8	全自动洗衣机	李小林	2016-1-2	人民路店	¥ 3,210
9	液晶电视	成军	2016-1-2	长江路店	¥ 7,680
10	智能电视	王军	2016-1-3	长江路店	¥ 2,130
11	变频空调	李阳	2016-1-3	人民路店	¥ 3,210
12	组合音响	陆洋	2016-1-3	建设路店	¥ 4,000
13	智能电视	赵琳	2016-1-3	建设路店	¥ 3,420
14					

步骤 02 在【插入】选项卡中，单击【表格】选项组中的【数据透视表】按钮，在弹出的下拉菜单中选择【数据透视表】选项，弹出【创建数据透视表】对话框。在对话框的【表/区域】文本框中输入销售业绩表的数据区域A2:G13，在【选择放置数据透视表的位置】区域中选择【新工作表】单选按钮。

步骤 03 单击【确定】按钮，即可在新工作表中创建一个销售业绩透视表。

步骤 04 在【数据透视表字段列表】窗格中，将"产品名称"字段和"销售点"字段添加到【列标签】列表框中，将"销售员"字段添加到【行标签】列表框中，将"销售额"字段添加到【Σ值】列表框中。

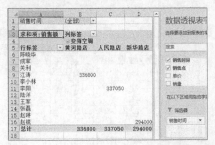

步骤 05 单击【数据透视表字段列表】窗格右上角的✕按钮，将该窗格关闭，并将此工作表的标签重命名为"销售业绩透视表"。

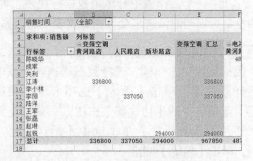

第2步：设置销售业绩透视表表格

步骤 01 选择任意单元格，在【设计】选项卡中，单击【数据透视表样式】选项组中的按钮，在弹出的样式中选择一种样式。应用样式后的数据透视表如下图所示。

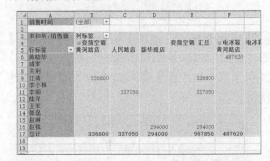

步骤 02 在"数据透视表"中代表数据总额的单元格上右键单击，在弹出的快捷菜单中选择【值字段设置】选项，弹出【值字段设置】对话框。

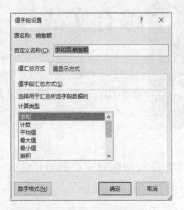

步骤 03 单击【数字格式】按钮，弹出【设置单元格格式】对话框，在【分类】列表框中选择【货币】选项，将【小数位数】设置为"0"，【货币符号】设置为"¥"，单击【确定】按钮。

步骤 04 返回【值字段设置】对话框，单击【确定】按钮，将销售业绩透视表中的"数值"格式更改为"货币"格式。效果如下图所示。

第3步：设置销售业绩透视表中的数据

步骤 01 在销售业绩透视表中，单击【销售时间】右侧的按钮 ，在弹出的下拉列表中取消选择【选择多项】复选框，选择"2016-1-1"选项。

步骤 02 单击【确定】按钮，在销售业绩透视表中将显示2016年1月1日的销售数据。

步骤 03 单击【黄河路店】，再单击【列标签】右侧的按钮 ，在弹出的下拉列表中取消选择【全选】复选框，选择【人民路店】复选框。

步骤 04 单击【确定】按钮，在销售业绩透视表中将显示"人民路店"在2016年1月1日的销售数据。

步骤 05 取消日期和店铺筛选，右键单击任意单元格，在弹出的快捷菜单中选择【值字段设置】选项，弹出【值字段设置】对话框，单击【值汇总方式】选项，在列表框中选择【平均值】选项。

步骤 06 单击【确定】按钮，在销售业绩透视表中将显示数据的平均值。

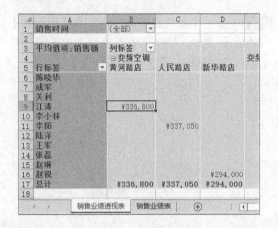

第4步：创建销售业绩透视图

步骤 01 选择任意单元格，在【数据透视表工具】▶【分析】选项卡中，单击【工具】选项组中的【数据透视图】按钮，弹出【插入图表】对话框。

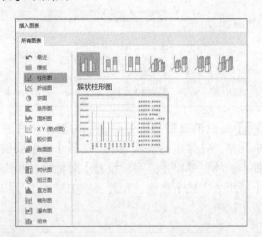

步骤 02 在【插入图表】对话框中选择【柱形图】中的任意一种，单击【确定】按钮即可在当前工作表中插入数据透视图。

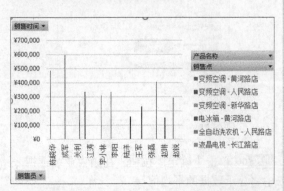

步骤 03 右键单击数据透视图，在弹出的快捷菜单中选择【移动图表】菜单命令，弹出【移动图表】对话框，选择【新工作表】单选项，并输入工作表名称"销售业绩透视图"。

步骤 04 单击【确定】按钮，自动切换到新建工作表，并把销售业绩透视图移动到该工作表中。

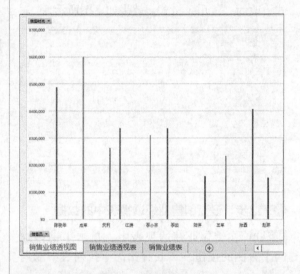

第5步：编辑销售业绩透视图

步骤 01 单击透视图左下角的【销售员】按钮，在弹出的列表中取消【全选】复选框，选择【陈晓华】和【李小林】复选框。

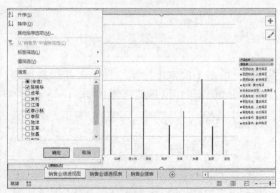

步骤 02 单击【确定】按钮，在销售业绩透视图中将只显示"陈晓华"和"李小林"的销售数据。

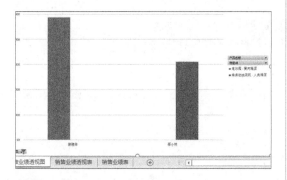

步骤 03 右键单击销售数据透视图，在弹出的快捷菜单中选择【更改图表类型】菜单命令，弹出【更改图表类型】对话框，选择【折线图】类型中的【堆积折线图】选项。

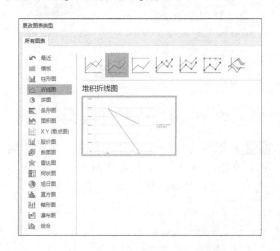

步骤 04 单击【确定】按钮，即可将销售业绩透视图类型更改为【折线图】类型。

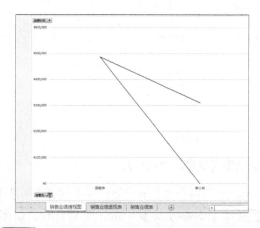

步骤 05 选择销售业绩透视图的【绘图区】，在【格式】选项卡中，单击【形状样式】选项组中的 ▾ 按钮，在弹出的列表中选择一种样式，即可为透视图添加样式。

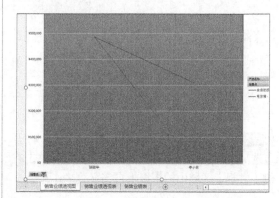

高手支招

🔘 本节教学录像时间：3分钟

● 将数据透视表转换为静态图片

将数据透视表转换为图片，在某些情况下发挥着特有的作用，比如发布到网页上或者粘贴到PPT中。

步骤 01 选择整个数据透视表，按【Ctrl+C】组合键复制图表。

销量(吨)	(全部)		
求和项:销售金额	列标签		
行标签	北京	广州	杭州
白菜	52071	48251	7964
冬瓜	89623	85601	4583
黄瓜	21030	64580	8542
西红柿	54300	48637	9562
总计	217024	247069	30652

步骤02 单击【开始】选项卡下【剪贴板】选项组中的【粘贴】按钮的下拉按钮，在弹出的列表中选择【图片】选项。

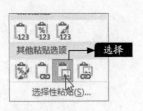

步骤03 即可将图表以图片的形式粘贴到工作表中。

自定义排序切片器项目

用户可以对切片器中的内容进行自定义排序，具体操作步骤如下。

步骤01 打开随书光盘中的"素材\ch13\切片器.xlsx"工作簿，插入【地区】切片器。

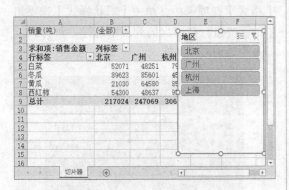

步骤02 单击【文件】▶【选项】选项，打开【选项】对话框，选择【高级】选项卡，单击右侧【常规】区域中的【编辑自定义列表】按钮。

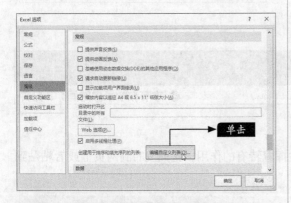

步骤03 弹出【自定义列表】对话框，在【输入序列】文本框中输入自定义序列，输入完成后单击【添加】按钮，然后单击【确定】按钮。

步骤04 返回【Excel选项】对话框，单击【确定】按钮。在【地区】切片器上单击鼠标右键，在弹出的快捷菜单上选择【降序】选项。

步骤05 切片器即按照自定义降序的方式显示。

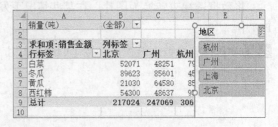

第4篇
PPT文稿篇

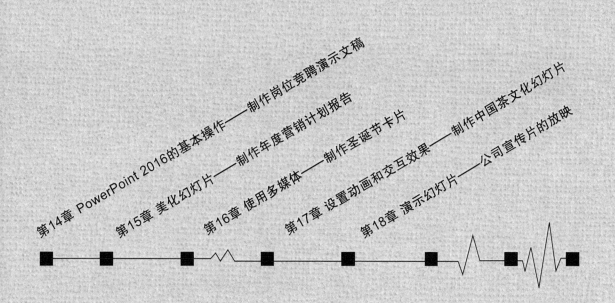

第 **14** 章

PowerPoint 2016的基本操作——制作岗位竞聘演示文稿

学习目标

有声有色的报告常常会令听众惊叹，并能使报告达到最佳效果。若要做到这一点，前提要掌握PowerPoint 2016的基本操作。本章就来介绍演示文稿和幻灯片的基本操作、输入和编辑内容、设置字体格式、设置字体颜色、设置段落格式的相关内容。

学习效果

公司奖励制度

✓ 在一个月内，上下班不迟到，不早退，奖100元。
✓ 在一个月内，不请假，且上下班不迟到，不早退，奖300元。
✓ 工作创意被公司采纳，奖200元。
✓ 发现重大问题并及时解决，为公司减少不必要的损失，奖500元。
✓ 发现有损公司形象和利益的行为，举报者奖200元。
✓ 连续数次对公司发展提出重大建议被公司采纳者，提薪升职。
✓ 有其他突出贡献者，酌情提薪升职。

主要工作业绩

◆ 工作期间主要负责着白散机、网络、主机的维护。
◆ 2010年开发XX、XX系统。
◆ 2011年开发的XX系统获得了省XX奖，并于同年获得公司年度先进个人称号。
◆ 2012~2013年负责企业服务器系统的改进和优化工作，获得了公司的好评。
◆ 2014年至今，负责开发XX系统。

14.1 演示文稿的基本操作

☻ **本节教学录像时间：4分钟**

在使用PowerPoint 2016创建PPT之前，我们应先掌握演示文稿的基本操作。

14.1.1 创建演示文稿

使用PowerPoint 2016不仅可以创建空白演示文稿，还可以使用模板创建演示文稿。

◢ 1. 创建空白演示文稿

创建空白演示文稿的具体操作步骤如下。

步骤 01 启动PowerPoint 2016，弹出如下图所示的PowerPoint 初始界面，单击【空白演示文稿】选项。

步骤 02 新建空白演示文稿的界面如下图所示。

◢ 2 使用联机模板创建演示文稿

PowerPoint 2016中内置有大量联机模板，可在设计不同类别的演示文稿的时候选择使用，既美观漂亮，又节省了大量时间。

步骤 01 在【文件】选项卡下，单击【新建】选项，在右侧【新建】区域显示了多种PowerPoint 2016的联机模板样式。

> **小提示**
>
> 在【新建】选项下的文本框中输入联机模板或主题名称，然后单击【搜索】按钮即可快速找到需要的模板或主题。

步骤 02 选择相应的联机模板，即可弹出模板预览界面。如单击【环保】命令，弹出【环保】模板的预览界面，选择模板类型，在右侧预览框中可查看预览效果，单击【创建】按钮。

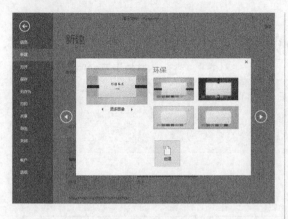

步骤 03 即可使用联机模板创建演示文稿。

14.1.2 保存演示文稿

编辑完演示文稿后，需要将演示文稿保存起来，以便以后使用。保存演示文稿的具体操作步骤如下。

步骤 01 单击【快速访问工具栏】上的【保存】按钮 🔲，或单击【开始】选项卡，在打开的列表中选择【保存】选项，即可保存演示文稿。

步骤 02 如果保存的是新建的演示文稿，选择【保存】选项后，将弹出【另存为】设置界面，选择文件存储的位置，这里选择【计算机】选项。单击【浏览】按钮。

步骤 03 弹出【另存为】对话框，选择演示文稿的保存位置，在【文件名】文本框中输入演示文稿的名称，单击【保存】按钮即可。

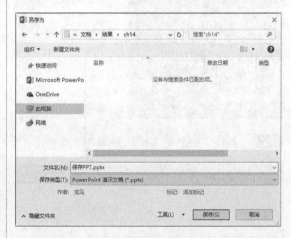

如果用户需要为当前演示文稿重命名、更换保存位置或改变演示文稿类型，则可以选择【开始】▶【另存为】选项，在【另存为】设置界面中单击【浏览】按钮，将弹出【另存为】对话框。在【另存为】对话框中选择演示文稿的保存位置、文件名和保存类型后，单击【保存】按钮即可另存演示文稿。

14.2 幻灯片的基本操作

本节主要介绍幻灯片的基本操作，包括添加幻灯片、选择幻灯片、删除幻灯片、更改幻灯片、复制幻灯片及移动幻灯片等。

14.2.1 添加幻灯片

添加幻灯片的常见方法有两种，第一种方法是单击【开始】选项卡【幻灯片】选项组中的【新建幻灯片】按钮，在弹出的列表中选择【标题幻灯片】选项，新建的幻灯片即显示在左侧的【幻灯片】窗格中。

第二种方法是在【幻灯片】窗格中单击鼠标右键，在弹出的快捷菜单中选择【新建幻灯片】菜单命令，即可快速新建幻灯片。

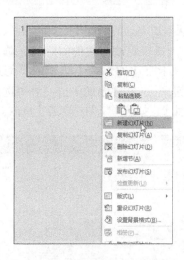

14.2.2 选择幻灯片

在PowerPoint中，我们不仅可以选择单张幻灯片，还可以选择连续或不连续的多张幻灯片。

● 1.选择单张幻灯片

打开随书光盘中的"素材\ch14\静夜思.pptx"，单击需要选定的幻灯片即可选择该幻灯片，如下图所示。

● 2.选择多张幻灯片

选择多张幻灯片可分为选择多张连续的幻灯片和选择多张不连续的幻灯片两种情况。

要选择多张连续的幻灯片，可以在按下【Shift】键的同时，单击需要选定多张幻灯片的第一张和最后一张幻灯片。

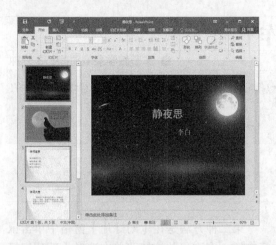

要选择多张不连续的幻灯片，则需先按下【Ctrl】键，再分别单击需要选定的幻灯片。

14.2.3 更改幻灯片

如果对所添加的幻灯片版式不满意，还可以对其进行修改，具体操作步骤如下。

步骤 01 选择要更改版式的幻灯片，单击【开始】选项卡下【幻灯片】组中的【幻灯片版式】按钮。在弹出的下拉列表中选择一种幻灯片版式，如选择【两栏内容】版式。

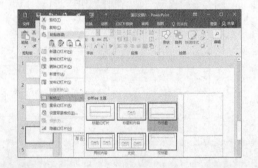

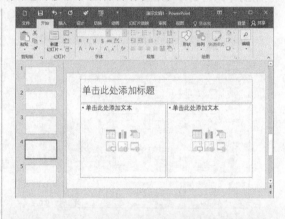

步骤 02 则选中的幻灯片就会以【两栏内容】版式显示。

> **小提示**
>
> 更换已添加内容幻灯片的版式时，添加内容的位置会改变。

14.2.4 删除幻灯片

在【幻灯片】窗格中选择要删除的幻灯片，按【Delete】键即可快速删除选择的幻灯片页面。也可以选择要删除的幻灯片页面并单击鼠标右键，在弹出的快捷菜单中单击【删除幻灯片】菜单命令。

14.2.5 复制幻灯片

用户可以通过以下两种方法复制幻灯片。

● 1.利用【复制】按钮

选中幻灯片，单击【开始】选项卡下【剪贴板】组中【复制】按钮后的下拉按钮 📋▾，在弹出的下拉列表中单击【复制】菜单命令，即可复制所选幻灯片。

● 2.利用【复制】菜单命令

在目标幻灯片上单击鼠标右键，在弹出的快捷菜单中单击【复制】菜单命令，即可复制所选幻灯片。

14.2.6 移动幻灯片

用户可以通过移动幻灯片的方法改变幻灯片的位置，单击需要移动的幻灯片并按住鼠标左键，拖曳幻灯片至目标位置，松开鼠标左键即可。此外，通过剪切并粘贴的方式也可以移动幻灯片。

14.3 输入和编辑内容

🌐 本节教学录像时间：5 分钟

本节主要介绍在PowerPoint中输入和编辑内容的方法。

14.3.1 使用文本框添加文本

幻灯片中【文本占位符】的位置是固定的，如果想在幻灯片的其他位置输入文本，可以通过绘制一个新的文本框来实现。在插入和设置文本框后，就可以在文本框中进行文本的输入了，在文本框中输入文本的具体操作方法如下。

步骤 01 新建一个演示文稿，将幻灯片中的文本占位符删除，单击【插入】选项卡【文本】组中的【文本框】按钮，在弹出的下拉菜单中选择【横排文本框】选项。

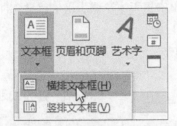

步骤 03 单击文本框就可以直接输入文本，这里输入"PowerPoint 2016文本框"。

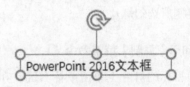

步骤 02 将鼠标光标移动到幻灯片中，当光标变为向下的箭头时，按住鼠标左键并拖曳即可创建一个文本框。

14.3.2 使用占位符添加文本

在普通视图中，幻灯片会出现"单击此处添加标题"或"单击此处添加副标题"等提示文本框。这种文本框统称为【文本占位符】。

在文本占位符中输入文本是最基本、最方便的一种输入方式。在文本占位符上单击即可输入文本。同时，输入的文本会自动替换文本占位符中的提示性文字。

14.3.3 选择文本

如果要更改文本或者设置文本的字体样式，可以选择文本，将鼠标光标定位于要选择文本的起始位置，按住鼠标左键并拖曳鼠标，选择结束，释放鼠标左键即可选择文本。

14.3.4 移动文本

在PowerPoint 2016中文本都是在占位符或者文本框中显示，用户可以根据需要移动文本的位置。选择要移动文本的占位符或文本框，按住鼠标左键并拖曳，至合适位置释放鼠标左键即可完成移动文本的操作。

14.3.5 复制和粘贴文本

复制和粘贴文本是常用的文本操作，复制并粘贴文本的具体操作步骤如下。

步骤 01 选择要复制的文本。

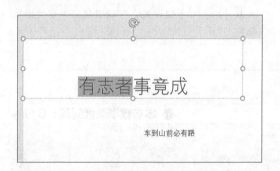

步骤 02 单击【开始】选项卡下【剪贴板】组中【复制】按钮后的下拉按钮 📋 ，在弹出的下拉列表中单击【复制】菜单命令。

步骤 03 选择要粘贴到的幻灯片页面，单击【开始】选项卡下【剪贴板】组中【粘贴】按钮下的下拉按钮，在弹出的下拉列表中单击【保留源格式】菜单命令。

步骤 04 即可完成文本的粘贴操作。

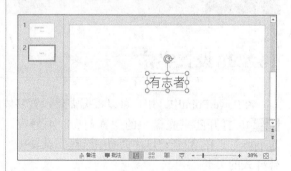

> **小提示**
>
> 选择文本后，按【Ctrl+C】组合键可快速复制文本，按【Ctrl+V】组合键可快速粘贴文本。

14.3.6 删除/恢复文本

不需要的文本可以按【Delete】或【BackSpace】键将其删除，删除后的内容还可以使用【恢复】按钮 ↻ 恢复。

步骤 01 将鼠标光标定位至要删除文本的后方。

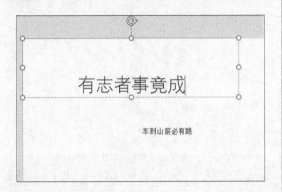

步骤 02 在键盘上按【BackSpace】键即可删除一个字符。如果要删除多个字符，可按多次【BackSpace】键。

如果不小心将不该删除的文本删除了，按【Ctrl+Z】组合键或单击快速访问工具栏中的【撤销】按钮 ↺ ，即可恢复删除的文本。撤销后，若又希望恢复操作，则可按【Ctrl+Y】组合键或单击快速访问工具栏中的【恢复】按钮 ，恢复文本。

> **小提示**
>
> 按【Ctrl+Z】组合键，可以撤销上一步的操作的文本。

14.4 设置字体格式

☕ **本节教学录像时间：6 分钟**

本节主要介绍字体格式的设置方法。

14.4.1 设置字体

在PowerPoint中，用户可以根据需要设置字体的样式及大小，设置方法如下。

步骤 01 打开随书光盘中的"素材\ch14\静夜思.pptx"，在第2张幻灯片页面中选择要设置字体样式的文本。

步骤 02 单击【开始】选项卡下【字体】选项组中的【字体】按钮 ，打开【字体】对话框，在【西文字体】下拉列表中选择一种字体，在【中文字体】下拉列表中选择"华文行楷"。

步骤 03 在【字体样式】下拉列表中设置字体样式，包含有常规、倾斜、加粗、倾斜加粗等，根据需要选择相应选项即可。

步骤 04 在【大小】微调框中可以设置字体的字号，可以直接输入字体字号，也可以单击微调按钮调整。

步骤 05 此外，还可以单击【字体颜色】按钮，在弹出的下拉列表中设置字体的颜色，在【下划线线型】下拉列表中为选择文本设置下划线效果。在【字体】对话框的【效果】组下可以设置字体效果。如删除线效果、双删除线、上标及下标等，只需要勾选相应的复选框即可。设置完成单击【确定】按钮。

步骤 06 最终效果如下图所示。

小提示

在【开始】选项卡下的【字体】选项组中也可以直接设置字体样式。

14.4.2　设置字符间距

在幻灯片中，文本内容如果只是单一的间距，那么看上去会比较枯燥，接下来就介绍如何设置字体间距。具体操作步骤如下。

步骤01 选中需要设置字体间距的文本内容,单击【开始】选项卡下【字体】组中的【字体】按钮。

步骤02 打开【字体】对话框,选择【字体间距】选项卡,在【间距】下拉列表中选择【加宽】选项,设置度量值为"10 磅",单击【确定】按钮。

步骤03 字体间距为"加宽,10 磅"的效果如下图所示。

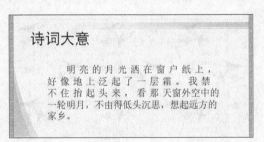

14.4.3 使用艺术字

在PowerPoint 2016中用户可以使用艺术字来美化幻灯片。

步骤01 新建演示文稿,删除占位符,单击【插入】选项卡下【文本】选项组中的【艺术字】按钮,在弹出的下拉列表中选择一种艺术字样式。

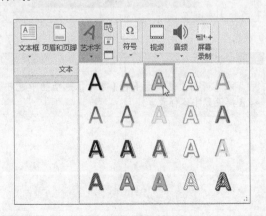

步骤02 即可在幻灯片页面中插入【请在此放置您的文字】艺术字文本框。

步骤03 删除文本框中的文字,输入要设置艺术字的文本。在空白位置处单击就完成了艺术字的插入。

步骤04 选择插入的艺术字,将会显示【格式】选项卡,在【形状样式】和【艺术字样式】选项组中可以设置艺术字的样式。

14.5 设置字体颜色

● 本节教学录像时间：4 分钟

在【开始】选项卡下的【字体】选项组中可以设置字体的颜色，设置字体颜色的方法有多种。

14.5.1 快速设置字体颜色

快速设置字体颜色的具体操作步骤如下。

步骤 01 打开随书光盘中的 "素材\ch14\静夜思.pptx"，在第3张幻灯片页面中选择要设置字体颜色的文本。

步骤 02 单击【开始】选项卡下的【字体】选项组中的【字体颜色】按钮 ▲ 的下拉按钮，在弹出的下拉列表中选择一种系统自定的颜色。

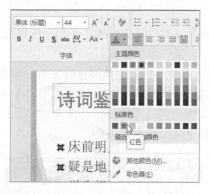

步骤 03 即可快速地完成字体颜色的设置。

14.5.2 字体颜色与背景搭配技巧

色彩是人的视觉最敏感的对象，PPT文稿的色彩处理得好，可以锦上添花，达到事半功倍的效果。在PowerPoint中字体颜色与背景搭配的应用原则应该是 "总体协调，局部对比"，也就是：主页的整体色彩效果应该是和谐的，只有局部的、小范围的地方可以有一些强烈色彩的对比。

（1）冷色（如蓝和绿）最适合做背景色，因为它们不会引起我们的注意。暖色（如橙或红）最适于用在显著位置的主题上。

（2）在较暗的地方演示幻灯片，使用深色背景再配上白或浅色文字。

（3）在较亮的地方演示幻灯片，可以使用白色背景配上深色文字。

（4）文字和背景的颜色搭配要合理。文字和背景颜色搭配的原则一是醒目、易读，二是长时间看了以后不累。一般文字颜色以亮色为主，背景颜色以暗色为主。

（5）文字颜色一般使用3种字体颜色，文字颜色与背景色要形成强烈反差，才能使字迹清晰显示。如下图所示。

14.5.3 使用取色器

如果在幻灯片中希望将某部分的颜色设置为字体颜色，可以使用取色器获取这部分内容的颜色。具体操作步骤如下。

步骤01 选择要设置字体颜色的文本，单击【开始】选项卡下的【字体】选项组中的【字体颜色】按钮 ，的下拉按钮，在弹出的下拉列表中选择【取色器】选项。

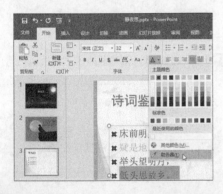

步骤02 可以看到鼠标光标变为了吸管形状 ，单击要获取颜色的区域，即可在吸管上方看到

选取的颜色，并显示颜色的【RGB】值。

步骤03 选择颜色后，单击鼠标，即可将获取的颜色应用到所选的文字上。

14.6 设置段落格式

🕐 **本节教学录像时间：7分钟**

本节主要讲述设置段落格式的方法，包括对齐方式、缩进以及间距与行距等方面的设置。对段落的设置主要是通过【开始】选项卡【段落】组中的各命令按钮来完成的。

14.6.1 对齐方式

段落对齐方式包括左对齐、右对齐、居中对齐、两端对齐和分散对齐等。不同的对齐方式可以达到不同的效果。

步骤01 打开随书光盘中的"素材\ch14\公司奖励制度.pptx"文件，选中需要设置对齐方式的段落，单击【开始】选项卡【段落】选项组中的【居中对齐】按钮 ≡ ，效果如下图所示。

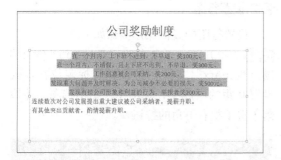

步骤02 此外，还可以使用【段落】对话框设置对齐方式，将光标定位在段落中，单击【开始】选项卡【段落】选项组中的【段落】按钮 ，弹出【段落】对话框，在【常规】区域的【对齐方式】下拉列表中选择【分散对齐】选项，单击【确定】按钮。

步骤03 设置后的效果如下图所示。

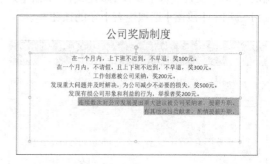

14.6.2 段落文本缩进

段落缩进指的是段落中的行相对于页面左边界或右边界的位置，段落文本缩进的方式有首行缩进、文本之前缩进和悬挂缩进3种。设置段落文本缩进的具体操作步骤如下。

步骤01 打开随书光盘中的"素材\ch14\公司奖励制度.pptx"文件，将光标定位在要设置的段落中，单击【开始】选项卡【段落】选项组右下角的按钮 。

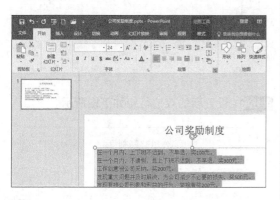

步骤02 弹出【段落】对话框，在【缩进和间距】选项卡下【缩进】区域中单击【特殊格式】右侧的下拉按钮，在弹出的下拉列表中选择【首行缩进】选项，并设置度量值为"2厘

米"，单击【确定】按钮。

步骤03 设置后的效果如下图所示。

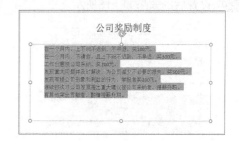

14.6.3 段间距和行距

段落行距包括段前距、段后距和行距等。段前距和段后距指的是当前段与上一段或下一段之间的间距，行距指的是段内各行之间的距离。

● 1.设置段间距

段间距是段与段之间的距离。设置段间距的具体操作步骤如下。

步骤 01 打开随书光盘中的"素材\ch14\公司奖励制度.pptx"文件，选中要设置的段落，单击【开始】选项卡【段落】选项组右下角的按钮 ⌐。

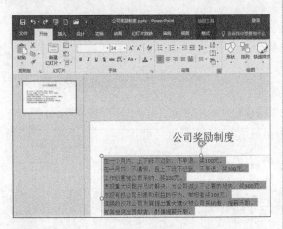

步骤 02 在弹出的【段落】对话框的【缩进和间距】选项卡的【间距】区域中，在【段前】和【段后】微调框中输入具体的数值即可，如输入【段前】为"10磅"、【段后】同为"10磅"，单击【确定】按钮。

步骤 03 设置后的效果如下图所示。

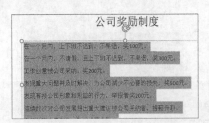

● 2.设置行距

设置行距的具体操作步骤如下。

步骤 01 打开随书光盘中的"素材\ch07\公司奖励制度.pptx"文件，将鼠标光标定位在需要设置间距的段落中，单击【开始】选项卡【段落】选项组右下角的按钮 ⌐。

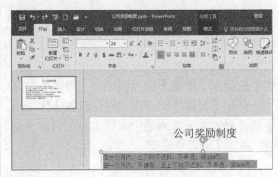

步骤 02 弹出【段落】对话框，在【间距】区域中【行距】下拉列表中选择【1.5倍行距】选项，然后单击【确定】按钮。

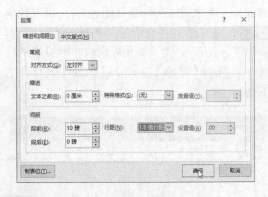

步骤 03 设置后的双倍行距如下图所示。

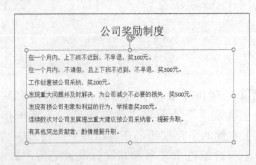

14.6.4 添加项目符号或编号

在PowerPoint 2016演示文稿中，使用项目符号或编号可以演示大量文本或顺序的流程。添加项目符号或编号也是美化幻灯片的一个重要手段，精美的项目符号、统一的编号样式可以使单调的文本内容变得更生动和专业。

1.添加编号

添加标号的具体操作步骤如下。

步骤 01 打开随书光盘中的"素材\ch14\公司奖励制度.pptx"文件，选中幻灯片中需要添加编号的文本内容，单击【开始】选项卡下【段落】组中的【编号】按钮 ≡ ▾ 右侧的下拉按钮，在弹出的下拉列表中，单击【项目符号和编号】选项。

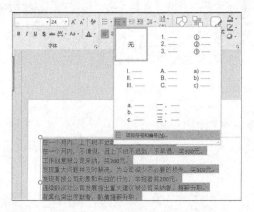

步骤 02 弹出【项目符号和编号】对话框，在【编号】选项卡下，选择相应的编号，单击【确定】按钮。

步骤 03 添加编号后效果如下图所示。

公司奖励制度

1. 在一个月内，上下班不迟到，不早退，奖100元。
2. 在一个月内，不请假，且上下班不迟到，不早退，奖300元。
3. 工作创意被公司采纳，奖200元。
4. 发现重大问题并及时解决，为公司减少不必要的损失，奖500元。
5. 发现有损公司形象和利益的行为，举报者奖200元。
6. 连续数次对公司发展提出重大建议被公司采纳者，提薪升职。
7. 有其他突出贡献者，酌情提薪升职。

2.添加项目符号

添加项目编号的具体操作步骤如下。

步骤 01 打开随书光盘中的"素材\ch14\公司奖励制度.pptx"文件，选中需要添加项目符号的文本内容。

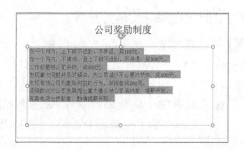

步骤 02 单击【开始】选项卡下【段落】组中的【项目符号】按钮 ≡ ▾ 右侧的下拉按钮，弹出项目符号下拉列表，选择相应的项目符号，即可将其添加到文本中。

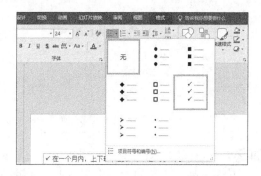

步骤 03 添加项目符号后的效果如下图所示。

公司奖励制度

✓ 在一个月内，上下班不迟到，不早退，奖100元。
✓ 在一个月内，不请假，且上下班不迟到，不早退，奖300元。
✓ 工作创意被公司采纳，奖200元。
✓ 发现重大问题并及时解决，为公司减少不必要的损失，奖500元。
✓ 发现有损公司形象和利益的行为，举报者奖200元。
✓ 连续数次对公司发展提出重大建议被公司采纳者，提薪升职。
✓ 有其他突出贡献者，酌情提薪升职。

14.7 综合实战——制作岗位竞聘演示文稿

本节教学录像时间：15分钟

岗位竞聘是指对实行考任制的各级经营管理岗位的一种人员选拔技术，如果它用于内部招聘，即为内部竞聘上岗。公司全体员工，不论职务高低、贡献大小，都站在同一起跑线上，重新接受公司的挑选和任用。同时，员工本人也可以根据自身特点与岗位的要求，提出自己的选择期望和要求。本节就综合前面学过的知识，制作一份岗位竞聘演示文稿。

● 第1步：设置演示文稿首页

步骤 01 打开随书光盘中的"素材\ch14\岗位竞聘.pptx"文件，将鼠标光标定位至【幻灯片】窗格的最上方，单击【开始】选项卡下【幻灯片】选项组中的【新建幻灯片】按钮的下拉按钮，在弹出的下拉列表中选择【标题幻灯片】选项。

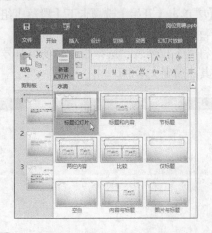

步骤 02 新建标题幻灯片页面。删除占位符文本框，单击【插入】选项卡下【文本】选项组中的【艺术字】按钮，在弹出的下拉列表中选

择一种艺术字样式。

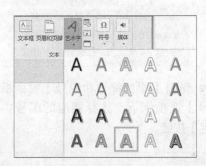

步骤 03 即可在幻灯片页面中插入【请在此放置您的文字】艺术字文本框。删除文本框中的文字，输入"岗位竞聘"。

步骤 04 根据需要在【开始】选项卡下【字体】选项组中设置字体的大小。并移动艺术字的位置。

步骤05 在【格式】选项卡下的【形状样式】选项组中单击【形状填充】按钮 ，在弹出的下拉列表中选择【水滴】纹理样式，在【艺术字样式】选项组中设置【文本填充】为"红色"，【文本轮廓】为"黄色"，并添加映像效果。

步骤06 使用同样的方法，设置首页中的其他艺术字。制作完成后的首页效果如下图所示。

● **第2步：设置字体样式**

步骤01 选择第2张幻灯片页面，选择标题中的文本。

步骤02 单击【开始】选项卡下【字体】选项组中的【字体】按钮，在弹出的下拉列表中选择"华文行楷"选项。设置其【字号】为"96"，设置【字体颜色】为"红色"。

步骤03 选择下方的文本，设置其【字体】为"华文行楷"，【字号】为"37"。

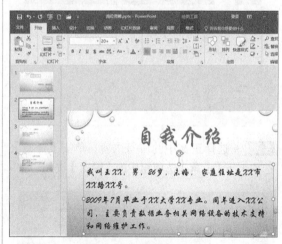

步骤04 重复**步骤01**~**步骤03**的操作，设置第3张和第4张幻灯片中的文字字体。

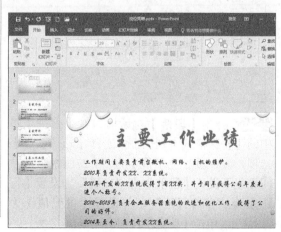

● 第3步：设置段落样式

步骤01 选择第2张幻灯片页面，将鼠标光标放入标题占位符中。

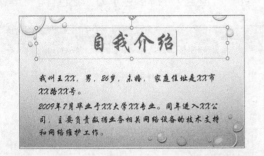

步骤02 单击【开始】选项卡【段落】选项组中的【左对齐】按钮 ，将标题设置为文本左对齐。

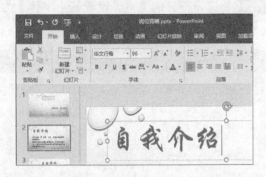

步骤03 选择正文中的所有内容，单击【开始】选项卡下【段落】选项组中的【段落】按钮 。

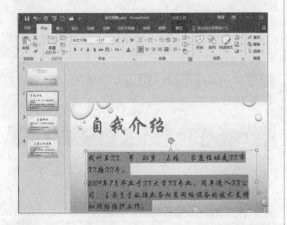

步骤04 弹出【段落】对话框，在【缩进】组中的【特殊格式】列表框中选择【悬挂缩进】选项，并设置【度量值】为"1.27厘米"。在间距组下设置【段前】为"10磅"，设置【行距】为"多倍行距"，并设置【设置值】为"1.3"。单击【确定】按钮。

步骤05 即可看到设置段落样式后的效果。

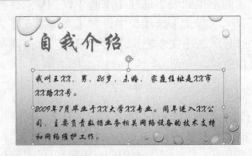

步骤06 重复**步骤01**~**步骤04**的操作，设置第3张和第4张幻灯片中的段落的样式。

● 第4步：添加编号和项目符号

步骤01 选择第3张幻灯片中的正文，单击【开始】选项卡下【段落】组中的【编号】按钮 右侧的下拉按钮，在弹出的下拉列表中选择一种编号样式。

步骤 02 即可看到为所选段落添加编号后的效果。

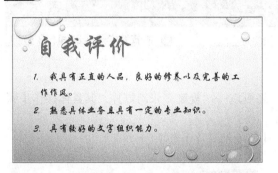

步骤 03 选择第4张幻灯片中的正文，单击【开始】选项卡下【段落】组中的【项目符号】按钮右侧的下拉按钮，弹出项目符号下拉列表，选择相应的项目符号，即可将其添加到文本中。

步骤 04 即可为所选的段落添加项目符号，效果如下图所示。

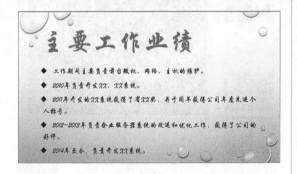

第5步：制作结束页面

步骤 01 单击【开始】选项卡下【幻灯片】选项组中的【新建幻灯片】按钮的下拉按钮，在弹出的下拉列表中选择【空白】选项。

步骤 02 新建一张空白幻灯片页面，单击【插入】选项卡下【文本】选项组中的【文本框】按钮的下拉按钮，在弹出的下拉列表中选择【横排文本框】选项。

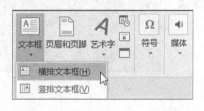

步骤 03 在新建的空白幻灯片页面中绘制一个横排文本框。并在文本框中输入"谢谢！"。

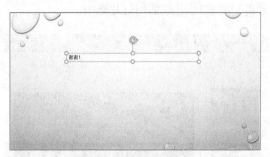

步骤 04 根据需要设置字体的样式，至此，即完成了岗位竞聘演示文稿的制作。最后只需要将制作完成的演示文稿进行保存即可。

高手支招

🔴 同时复制多张幻灯片

在同一演示文稿中不仅可以复制一张幻灯片，还可以一次复制多张幻灯片，其具体操作步骤如下。

步骤 01 打开随书光盘中的"素材\ch14\静夜思.pptx"文件。

步骤 02 在左侧的【幻灯片】窗格中单击第1张幻灯片，按住【Shift】键的同时单击第3张幻灯片即可将前3张连续的幻灯片选中。

步骤 03 在【幻灯片】窗格中选中的幻灯片缩略图上单击鼠标右键，在弹出的快捷菜单中选择

【复制幻灯片】选项。

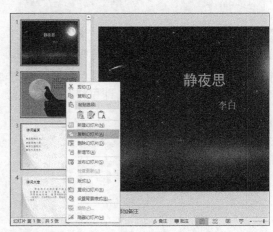

步骤 04 系统即可自动复制选中的幻灯片。

小提示

在【幻灯片】窗格中单击一张要复制的幻灯片，然后在按住【Ctrl】键的同时单击其他幻灯片缩略图即可选中多张不连续的幻灯片。

第 15 章

美化幻灯片
——制作年度营销计划报告

学习目标

本章介绍在幻灯片中插入图片、表格、图表、自选图形、SmartArt图形的方法，使用内置主题和模板、母版视图的方法，利用这些方法制作的幻灯片的内容会更加丰富。

学习效果

15.1 插入图片

🔘 **本节教学录像时间：2分钟**

在制作幻灯片时插入适当的图片，可以达到图文并茂的效果。插入图片的具体操作步骤如下。

步骤 01 启动PowerPoint 2016，单击【开始】选项卡【幻灯片】组中的【新建幻灯片】下拉按钮，在弹出的菜单中选择【标题和内容】主题，即可新建一个"标题和内容"幻灯片，并删除原始幻灯片。

步骤 02 单击【插入】选项卡下【图像】选项组中的【图片】按钮 。

步骤 03 弹出【插入图片】对话框，在【查找范围】下拉列表中选择图片所在的位置，选择要插入幻灯片中的图片，单击【插入】按钮。

步骤 04 此时即将图片插入到幻灯片中。

▎ **小提示**

如插入图片后，将显示【图片工具】▶【格式】选项卡，在其中可以设置图片的格式。

15.2 插入表格

🔘 **本节教学录像时间：4分钟**

在PowerPoint 2016中还可以插入表格。插入表格的方法有利用菜单命令插入表格、利用对话框插入表格和绘制表格3种。

15.2.1 利用菜单命令

利用菜单命令插入表格是最常用的插入表格的方式。利用菜单命令插入表格的具体操作步骤如下。

步骤01 在演示文稿中选择要添加表格的幻灯片，单击【插入】选项卡下【表格】选项组中的【表格】按钮 ，在插入表格区域中选择要插入表格的行数和列数。

步骤02 释放鼠标左键即可在幻灯片中创建6行8列的表格。

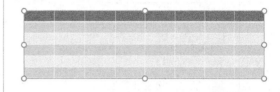

15.2.2 利用对话框

用户还可以利用【插入表格】对话框来插入表格，具体操作步骤如下。

步骤01 将光标定位至需要插入表格的位置，单击【插入】选项卡下【表格】选项组中的【表格】按钮 ，在弹出的下拉列表中选择【插入表格】选项。

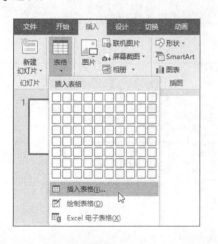

步骤02 弹出【插入表格】对话框，分别在【行数】和【列数】微调框中输入行数和列数，单击【确定】按钮，即可插入一个表格。

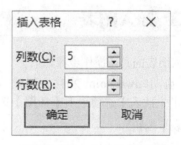

15.2.3 绘制表格

当用户需要创建不规则的表格时，可以使用表格绘制工具绘制表格，具体操作步骤如下。

步骤01 单击【插入】选项卡下【表格】选项组中的【表格】按钮，在弹出的下拉列表中选择【绘制表格】选项。

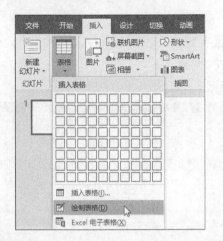

步骤 03 在该矩形中绘制横线、竖线或斜线，绘制完成后按【Esc】键退出表格绘制模式。

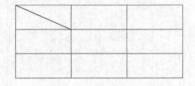

步骤 02 此时鼠标指针变为 ∅ 形状，在需要绘制表格的地方单击并拖曳鼠标绘制出表格的外边界，形状为矩形。

15.3 插入图表

🌐 **本节教学录像时间：3 分钟**

图表比文字更能直观地显示数据，且图表的类型也是多种多样的。

15.3.1 插入图表

插入图表的具体操作步骤如下。

步骤 01 启动PowerPoint 2016，新建一个幻灯片，单击【插入】选项卡下【插图】选项组中的【图表】按钮 。

步骤 02 弹出【插入图表】对话框，在左侧列表中选择【柱形图】选项下的【簇状柱形图】选项。

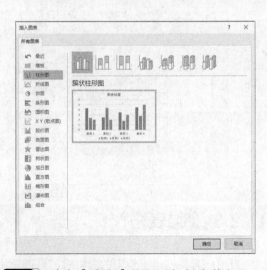

步骤 03 单击【确定】按钮，会自动弹出Excel 2016 的界面，输入所需要显示的数据，输入完毕后关闭Excel 表格。

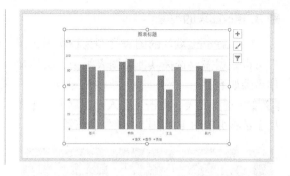

步骤 04 即可在演示文稿中插入一个图表。

15.3.2 图表设置

插入图表后，可以对插入的图表进行设置。

● 1. 编辑图表数据

插入图表后，可以根据个人需要更改图表中的数据，具体操作步骤如下。

步骤 01 选择图表，单击【设计】选项卡下【数据】选项组中的【编辑数据】按钮。

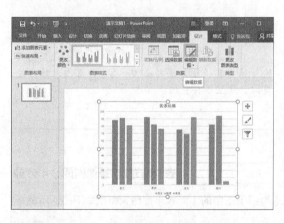

步骤 02 PowerPoint 会自动打开Excel 2016 软件，在工作表中直接单击需要更改的数据，键入新的数据。

步骤 03 输入完毕后，关闭Excel 2016 软件后，会自动返回幻灯片中显示编辑结果。

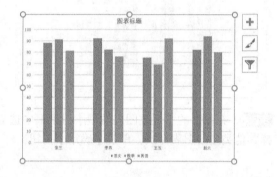

● 2. 更改图表的样式

在PowerPoint 中创建的图表会自动采用 PowerPoint 默认的样式。如果需要调整当前图表的样式，可以先选中图表，选择【设计】选项卡下【图表样式】选项组中的任意一种样式即可。PowerPoint 2016 提供的图表样式如下图所示。

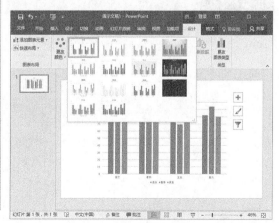

3. 更改图表的类型

PowerPoint 默认的图表类型为柱状图，用户可以根据需要选择其他的图表类型，具体操作步骤如下。

步骤 01 选择图表，单击【插入】选项卡下【类型】选项组中的【更改图表类型】按钮。

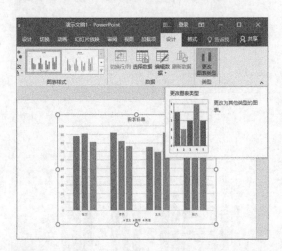

步骤 02 在弹出的【更改图表类型】对话框中选择其他类型的图表样式，单击【确定】按钮。

步骤 03 此时就更改了图表类型。

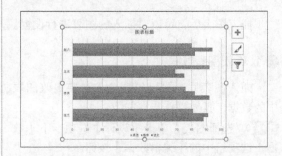

小提示

用户还可以调整图表的位置和大小、设置图表的布局，其设置方法与在 Word 中设置图表的方法类似，这里不再赘述。

15.4 插入自选图形

🔊 **本节教学录像时间：4 分钟**

在幻灯片中，单击【开始】选项卡【绘图】组中的【形状】按钮，弹出如下图所示的下拉菜单。

通过该下拉菜单中的选项可以在幻灯片中绘制包括线条、矩形、基本形状、箭头总汇、公式形状、流程图、星与旗帜、标注和动作按钮等形状。

在【最近使用的形状】区域可以快速找到最近使用过的形状，以便于再次使用。下面具体介绍绘制形状的具体操作方法。

步骤01 单击【开始】选项卡【幻灯片】组中的【新建幻灯片】下三角按钮，在弹出的菜单中选择【空白】选项，新建一个空白幻灯片。

步骤02 单击【开始】选项卡【绘图】组中的【形状】按钮，在弹出的下拉菜单中选择【基本形状】区域的【六边形】形状。

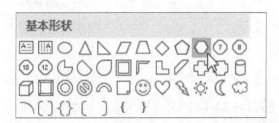

步骤03 此时鼠标指针在幻灯片中的形状显示为 ✛，在幻灯片空白位置处单击，按住鼠标左键不放并拖动到适当位置处释放鼠标左键。绘制的六边形形状如下图所示。

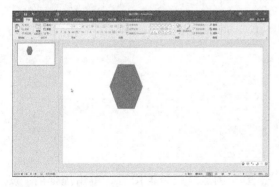

步骤04 重复 **步骤02**~**步骤03** 的操作，在幻灯片中单击【矩形】区域的【矩形】形状。最终效果如下图所示。

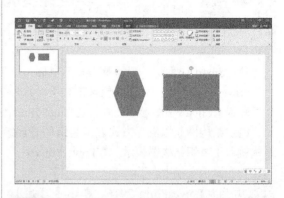

步骤05 如果我们想要一个正六边形、正方形、正菱形之类的每条边相等的图形，可以选择想要的图形，然后按住【Shift】键在幻灯片的空白处按住鼠标左键不放并拖动到适当位置处释放鼠标左键。例如我们可以画一个正六边形和正方形，如下图所示。

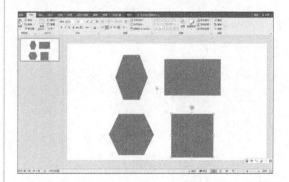

> **小提示**
>
> 选中插入的图形，选中图形四个顶点的任意一个拖动鼠标，可以放大或者缩小图形。
>
> 选中插入的图形，在图像上按住鼠标左键不放可以移动图形。
>
> 如果形状上显示有黄色的小圆圈，单击黄色的小圆圈拖动鼠标，可以更改图像的形状。
>
> 另外，单击【插入】选项卡【插图】组中的【形状】按钮，在弹出的下拉列表中选择所需要的形状，也可以在幻灯片中插入所需要的形状。

15.5 插入SmartArt图形

🕙 **本节教学录像时间：4分钟**

SmartArt图形是信息和观点的视觉表示形式。我们可以通过从多种不同布局中进行选择来创建SmartArt图形，从而快速、轻松和有效地传达信息。

使用SmartArt图形，只需单击几下鼠标，就可以创建具有设计师水准的插图。

PowerPoint演示文稿通常包含带有项目符号列表的幻灯片，使用PowerPoint时，可以将幻灯片文本转换为SmartArt图形。此外，还可以向SmartArt图形添加动画。

组织结构图是以图形方式表示组织的管理结构，如公司内的部门经理和非管理层员工的管理结构就可用组织结构图表示。在PowerPoint中，通过使用SmartArt图形，可以创建组织结构图并将其包括在演示文稿中。

步骤 01 启动PowerPoint 2016，单击【开始】选项卡【幻灯片】组中的【新建幻灯片】下拉按钮，在弹出的菜单中选择【标题和内容】主题，即可新建一个"标题和内容"幻灯片。

步骤 02 单击【幻灯片】窗格中的【插入SmartArt图形】按钮 。

步骤 03 在弹出的【插入图表】对话框中选择【层次结构】区域的【组织结构图】图样，然后单击【确定】按钮。

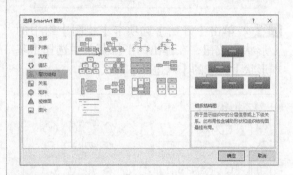

步骤 04 即可在幻灯片中创建一个组织结构图，同时出现一个【文本】窗格。

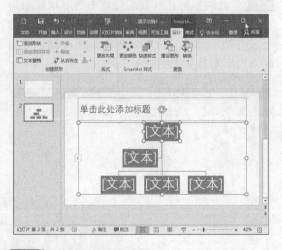

步骤 05 创建组织结构图后，单击边框的 按钮，即可在组织结构图中"文本"处直接输入文字内容，也可以单击【文本】窗格中的"文本"来添加文字内容，如下图所示。

小提示

　　【文本】窗格被关闭后，幻灯片左侧会显示一个控件。单击该控件按钮 ，可以将【文本】窗格再次显示出来。此外，单击【SmartArt工具】▶【设计】选项卡【创建图形】组中的【文本窗格】按钮也可将【文本】窗格再次显示出来。

15.6 使用内置主题

● 本节教学录像时间：3 分钟

　　为了使当前演示文稿整体搭配比较合理，用户除了需要对演示文稿的整体框架进行搭配外，还可以对演示文稿使用主题。

步骤 01 打开随书光盘中的 "素材\ch15\工作总结.pptx" 文件，单击【设计】选项卡【主题】选项组右侧的【其他】按钮 ，在弹出的列表主题样式中任选一种样式。

步骤 02 此时，主题即可应用到幻灯片中，设置后的效果如下图所示。

15.7 使用模板

● 本节教学录像时间：2 分钟

　　利用PowerPoint 2016内置的模板可以轻松地创建和处理PPT演示文稿，掌握使用模板创建演示文稿的方法是制作优秀幻灯片的基础。

　　PowerPoint 2016中内置有大量联机模板，在设计不同类别演示文稿的时候可以选择使用，既美观漂亮，又节省了大量时间。

步骤 01 新建演示文稿，单击【文件】选项卡，在弹出的列表中选择【新建】选项，在【新建】区域可看到内置的模板。

步骤 02 选择要使用的模板，进入创建模板预览界面，单击【创建】按钮。

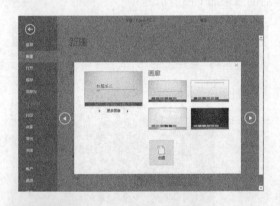

步骤 03 此时就将模板应用到演示文稿中，效果如下图所示。

步骤 04 在幻灯片模板的编辑区域输入标题和副标题，效果如下图所示。

15.8 母版视图

🔊 **本节教学录像时间：7 分钟**

　　幻灯片母版与幻灯片模板相似，可用于制作演示文稿中的背景、颜色主题和动画等。母版视图包括幻灯片母版视图、讲义母版视图和备注母版视图。

15.8.1 幻灯片母版视图

　　在幻灯片母版视图下可以为整个演示文稿设置相同的颜色、字体、背景和效果等。

1.设置幻灯片母版主题

设置幻灯片母版主题的具体操作步骤如下。

步骤 01 单击【视图】选项卡下【母版视图】组中的【幻灯片母版】按钮 📄。在弹出的【幻灯片母版】选项卡中单击【编辑主题】选项组中的【主题】按钮 📰。

步骤 02 在弹出的列表中选择一种主题样式。

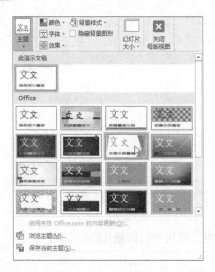

步骤 03 此时即可将所选主题应用到幻灯片中。

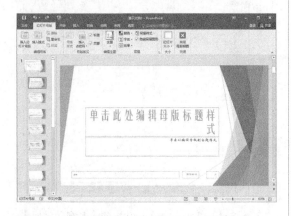

步骤 04 设置完成后,单击【幻灯片母版】选项卡下【关闭】选项组中的【关闭母版视图】按

钮 📄 即可。

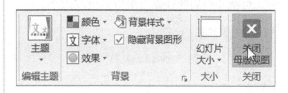

2.设置母版背景

母版背景可以设置为纯色、渐变色或图片等效果,具体操作步骤如下。

步骤 01 单击【视图】选项卡下【母版视图】组中的【幻灯片母版】按钮,在弹出的【幻灯片母版】选项卡中单击【背景】选项组中的【背景样式】按钮 🔲 背景样式 ·,在弹出的下拉列表中选择合适的背景样式。

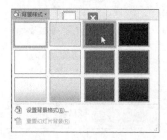

步骤 02 此时即将背景样式应用于当前幻灯片中。

3.设置占位符

幻灯片母版包含文本占位符和页脚占位符。在模板中设置占位符的位置、大小和字体等的格式后,会自动应用于所有幻灯片中。

步骤 01 单击【视图】选项卡下【母版视图】组中的【幻灯片母版】按钮,进入幻灯片母版视图。单击要更改的占位符，当四周出现小节点时，可拖动四周的任意一个节点更改大小。

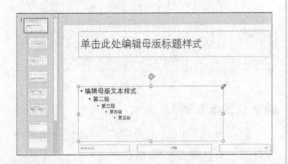

步骤 02 在【开始】选项卡下【字体】选项组中设置占位符中的文本的字体、字号和颜色。

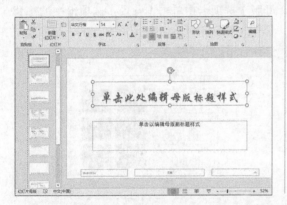

步骤 03 在【开始】选项卡下【段落】选项组中，设置占位符中的文本的对齐方式等。设置完成，单击【幻灯片母版】选项卡下【关闭】选项组中的【关闭母版视图】按钮 ，插入一张上一步骤中设置的标题幻灯片，在标题中输入标题文本即可。

15.8.2 讲义母版视图

讲义母版视图可以将多张幻灯片显示在一张幻灯片中，以用于打印输出。

步骤 01 单击【视图】选项卡下【母版视图】组中的【讲义母版】按钮，进入讲义母版视图 。然后单击【插入】选项卡下【文本】选项组中的【页眉和页脚】按钮 。

步骤 02 弹出【页眉和页脚】对话框，选择【备注和讲义】选项卡，为当前讲义母版中添加页眉和页脚效果。设置完成后单击【全部应用】按钮。

> **小提示**
>
> 单击选中【幻灯片】选项中的【日期和时间】复选框，或选中【自定义更新】单选项，页脚的日期将会自动与系统的时间保持一致。如果选中【固定】单选项，则不会根据系统时间而变化。

步骤 03 新添加的页眉和页脚就显示在编辑窗口上。

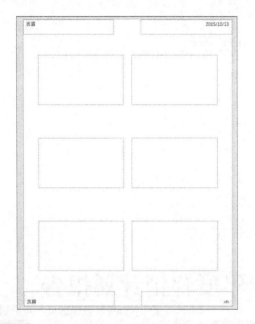

步骤 04 单击【讲义母版】选项卡下【页面设置】选项组中的【每页幻灯片数量】按钮，在弹出的列表中选择【4张幻灯片】选项。

步骤 05 即可看到【讲义母版】视图中，每页显示为4张幻灯片。

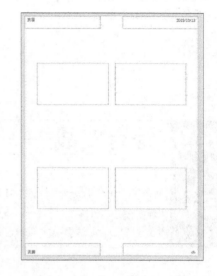

15.8.3 备注母版视图

备注母版视图主要用于显示用户在幻灯片中的备注，可以是图片、图表或表格等。

步骤 01 单击【视图】选项卡下【母版视图】组中的【备注母版】按钮，进入备注母版视图。选中备注文本区的文本，单击【开始】选项卡，在此选项卡的功能区中用户可以设置文字的大小、颜色和字体等。

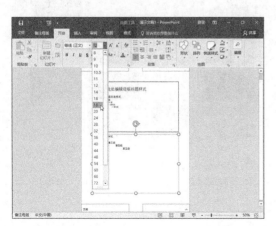

步骤 02 单击【备注母版】选项卡下【关闭】选项组中的【关闭母版视图】按钮。

步骤 03 返回到普通视图，单击状态栏中的【备注】按钮，在弹出的【备注】窗格中输入要备注的内容。

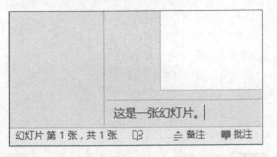

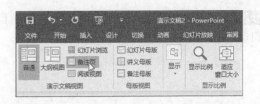

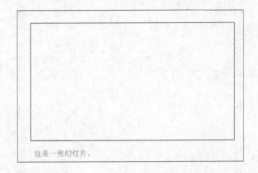

步骤 04 输入完成后，单击【视图】选项卡下【演示文稿视图】选项组中的【备注页】按钮，查看备注的内容及格式。

15.9 综合实战——制作年度营销计划报告

🕐 本节教学录像时间：4 分钟

年度营销计划报告是一个有实际操作价值且对企业今后发展方向有影响的年度营销规划报告，不仅对企业全年的营销活动有非常深远的影响，而且对于制定与营销活动密切相关的生产、财务、研发、人力资源等计划也有非常重要的指导意义。

● 第1 步：制作首页幻灯片

设计幻灯片的首页，主要是设置首页的主题样式及文本的字形、字号、颜色等。设置幻灯片首页的具体操作步骤如下。

步骤 01 打开随书光盘中的"素材\ch15\公司年度营销计划报告.pptx"文件，在普通视图模板下，单击第一张幻灯片缩略图。

步骤 02 单击【设计】选项卡下【主题】选项组右侧的按钮 ，在弹出的下拉菜单中单击选中【Office】下的任一主题样式。

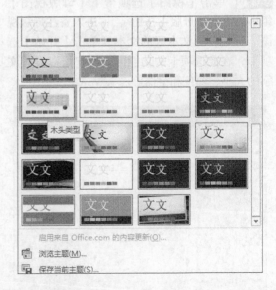

步骤 03 即可将选中的主题样式应用到幻灯片中。

步骤 04 选中第一张幻灯片中的标题文字，设置【字体】为"微软雅黑"、【字号】为"66"。选中标题下的副标题，并根据需要进行设置，拖曳占位符文本框改变文字的位置，使其看起来更美观。设置后的效果如下图所示。

● **第2步：设计报告要点幻灯片**

设计幻灯片要点，主要是设置文字样式填充及图片的插入等，具体操作步骤如下。

步骤 01 单击第2张幻灯片，选中第一段要点文字。单击【格式】选项卡下【形状样式】选项组中的【形状填充】按钮，在弹出的主题颜色中任选一种颜色图。

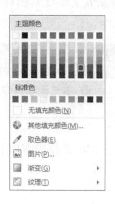

步骤 02 颜色已填充到选中的文本框中，用鼠标拖曳使其大小合适，然后设置字体的大小和颜色，效果如下图所示。

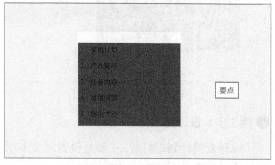

步骤 03 其后的段落颜色填充和第一段文字填充方法类似，然后设置字体的颜色为"白色"。设置完成后的效果如下图所示。

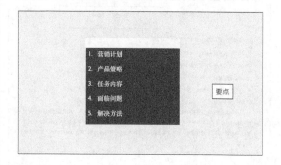

步骤 04 单击【插入】选项卡下【图像】选项组中的【图片】选项，弹出【插入图片】对话框，单击需要插入的图片，然后单击【插入】按钮。

步骤 05 此时图像已插入到幻灯片中，使用鼠标拖曳图片调整其大小和位置，调整后的效果如下图所示。

第3步：设计营销计划幻灯片

设计营销计划幻灯片，主要是设置对文本形状样式的填充及对文本字体的设置。

步骤01 单击第3张幻灯片，选中文本，根据需要设置其字体和字号，设置后的效果如下图所示。

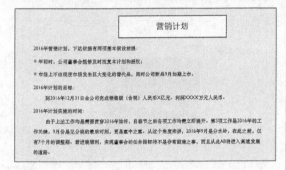

步骤02 选中幻灯片中的文本，对文本进行样式填充。单击【格式】选项卡下【形状样式】选项组右侧的下拉按钮，在弹出的样式中任意选择一种样式。

步骤03 设置样式后的效果如下图所示。

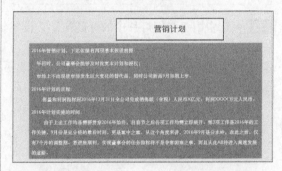

步骤04 对产品策略、任务内容、面临问题和解决方法要点等幻灯片进行字体和字号设置，设置后的效果如下图所示。

至此，就完成了年度营销计划报告PPT的制作。

高手支招

● **本节教学录像时间：4分钟**

将自选图形保存为图片格式

在幻灯片中插入的自选图形，还可以将其保存为图片格式，具体的操作步骤如下。

步骤01 打开新演示文稿，并插入一个笑脸形状。

步骤 02 选中形状，单击鼠标右键，在弹出的快捷菜单中选择【另存为图片】选项。

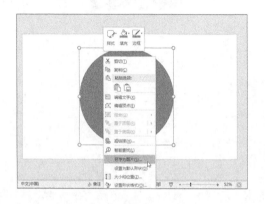

步骤 03 弹出【另存为图片】对话框，选择保存位置，单击【保存】按钮即可将其保存为图片。

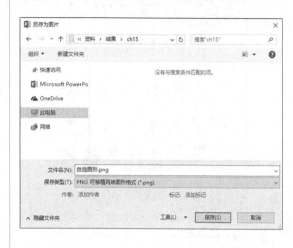

快速灵活地改变图片的颜色

使用PowerPoint制作演示文稿时，插入漂亮的图片会使幻灯片更加艳丽。但并不是所有的图片都符合要求，例如所找的图片颜色搭配不合理、图片明亮度不和谐等都会影响幻灯片的视觉效果。更改幻灯片的色彩搭配和明亮度的具体操作步骤如下。

步骤 01 新建一张幻灯片，插入一张彩色图片。

步骤 02 选中图片，单击【格式】选项卡下【调整】选项组中的【更正】按钮 更正·，在弹出的下拉列表中选择【亮度：+40%，对比度：-40%】选项。

步骤 03 此时图片的明亮度会发生变化，单击【格式】选项卡下【调整】选项组中的【颜色】按钮 颜色·，在弹出的下拉列表中选择【灰度】选项。

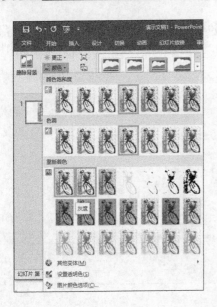

步骤 04 更改后的图片效果如下图所示。

第 16 章

使用多媒体
——制作圣诞节卡片

学习目标

为幻灯片添加音频和视频，可以使制作完成的幻灯片更具有吸引力。本章介绍在演示文稿中添加音频、设置和播放音频、添加视频以及设置和预览视频的操作。

学习效果

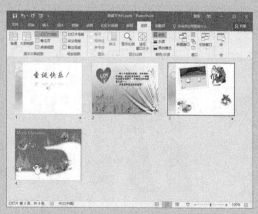

16.1 添加音频

🔘 **本节教学录像时间：4 分钟**

在PowerPoint 2016中，我们既可以添加来自文件、剪贴画中的音频或使用CD中的音乐，也可以自己录制音频并将其添加到演示文稿中。

16.1.1 PowerPoint 2016支持的音频格式

PowerPoint 2016支持的音频格式比较多，下表所示的这些音频格式都可以添加到PowerPoint 2016中。

音频文件	音频格式
AIFF音频文件（aiff）	*.aif 、*.aifc 、*.aiff
AU音频文件（au）	*au 、*.snd
MIDI文件（midi）	*.mid 、*.midi 、*.rmi
MP3音频文件（mp3）	*.mp3 、*.m3u
Windows音频文件（wav）	*.wav
Windows Media音频文件（wma）	*.wma 、*.wax
QuickTime音频文件（aiff）	*.3g2 、*.3gp 、*.aac 、*.m4a 、*.m4b 、*.mp4

16.1.2 添加文件中的音频

将文件中的音频文件添加到幻灯片中，可以使幻灯片有声有色。具体操作方法如下。

步骤01 打开随书光盘中的"素材\ch16\音乐列表.pptx"文件，单击要添加音频文件的幻灯片。

步骤02 单击【插入】➤【媒体】➤【音频】按钮 ，在弹出的下拉列表中选择【PC上的音频】选项。

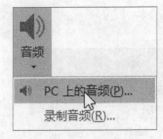

步骤03 弹出【插入音频】对话框，选择随书光盘中的"素材\ch16\音乐.mp3"文件。

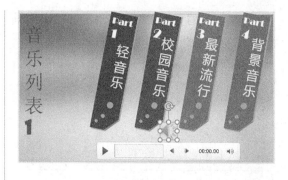

步骤 04 单击【插入】按钮，所需要的音频文件将会直接应用于当前幻灯片中。拖动图标调整到幻灯片中的适当位置。

小提示

在幻灯片上插入音频剪辑时，将显示一个表示音频剪辑的图标 。

16.1.3 录制音频

用户可以根据需要自己录制音频文件为幻灯片添加旁白，具体操作方法如下。

步骤 01 单击【插入】选项卡【媒体】组中的【音频】按钮 ，在弹出的下拉列表中选择【录制音频】选项。

制】按钮 可以开始录制，录制完毕后，单击【停止】按钮 停止录制，如果想预先听一下录制的声音，可以单击【播放】按钮 播放试听，然后单击【确定】按钮即可将录制的音频添加到当前幻灯片中。

步骤 02 弹出【录制声音】对话框，在【名称】文本框中可以输入所录的声音名称。单击【录

16.2 音频的播放与设置

⏺ **本节教学录像时间：4 分钟**

添加音频后，可以播放音频，并可以设置音频效果、剪裁音频及在音频中插入书签等。

16.2.1 播放音频

在幻灯片中插入音频文件后，可以播放该音频文件以试听效果。播放音频的方法有以下两种。

选中插入的音频文件后，单击音频文件图标 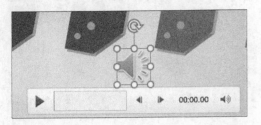 下的【播放】按钮 ▷ 即可播放音频。

另外，可以单击【向前/向后移动】按钮 ◁ ▷ 调整播放的速度，也可以使用按钮 来调整声音的大小。

单击【音频工具】▶【播放】选项卡【预览】组中的【播放】按钮 也可以播放插入的音频文件。

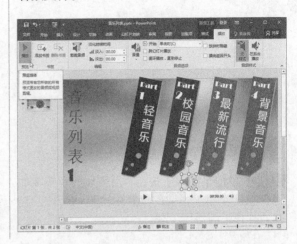

16.2.2 设置播放选项

在进行演讲时，可以将音频剪辑设置为在显示幻灯片时自动开始播放、在单击鼠标时开始播放或播放演示文稿中的所有幻灯片，甚至可以循环连续播放媒体直至停止播放。

步骤01 选中幻灯片中添加的音频文件，可以查看【音频工具】▶【播放】选项卡的【音频选项】组中的各选项。

步骤02 单击【音量】按钮 ，在弹出的下拉列表中可以设置音量的大小。

步骤03 单击【开始】后的下三角按钮 ，在弹出的下拉列表中包括【自动】和【单击时】2个选项。可以将音频剪辑设置为在显示幻灯片时自动开始播放或在单击鼠标时开始播放。

步骤04 选中【放映时隐藏】复选框，可以在放映幻灯片时将音频剪辑图标 隐藏而直接根据设置播放。

步骤05 同时选中【循环播放，直到停止】和【播完返回开头】复选框可以设置该音频文件循环播放。

> **小提示**
>
> 单击选择【跨幻灯片播放】复选框，该音频文件所在幻灯片及以后的幻灯片会随之播放声音直到停止。

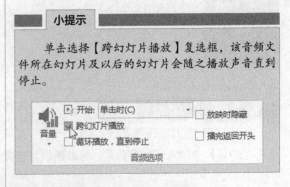

16.2.3 删除音频

删除幻灯片中添加的多余音频文件的方法如下。

在演示文稿中找到包含音频文件的幻灯片，在普通视图状态选中要删除的音频文件的图标，按【Delete】键即可将该音频文件删除。

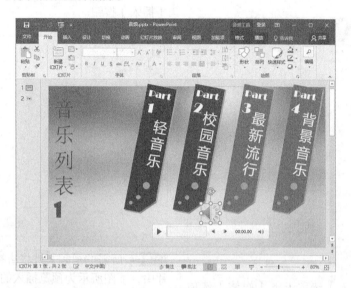

16.3 添加视频

📹 本节教学录像时间：2分钟

在PowerPoint 2016演示文稿中可以链接到外部视频文件或电影文件。本节介绍向PPT中链接视频文件，添加文件、网站及剪贴画中的视频，以及设置视频的效果、样式等基本操作。

16.3.1 PowerPoint 2016支持的视频格式

PowerPoint 2016支持的视频格式也比较多，下表所示的这些视频格式都可以添加到PowerPoint 2016中。

视频文件	视频格式
Windows Media文件（asf）	*.asf 、*.asx 、*.wpl 、*.wm 、*.wmx 、*.wmd 、*.wmz 、*.dvr-ms
Windows视频文件（avi）	*.avi
电影文件（mpeg）	*.mpeg 、*.mpg 、*.mpe 、*.mlv 、*.m2v 、*.mod 、*.mp2 、*.mpv2 、*.mp2v 、*.mpa
Windows Media视频文件（wmv）	*.wmv 、*.wvx
QuickTime视频文件	*.qt 、*.mov 、*.3g2 、*.3gp 、*.dv 、*.m4v 、*.mp4
Adobe Flash Media	*.swf

16.3.2 在PPT中添加文件中的视频

在PowerPoint演示文稿中添加文件中的视频，可以使幻灯片更加精彩。具体操作方法如下。

步骤01 打开演示文稿，选择要添加视频文件的幻灯片。

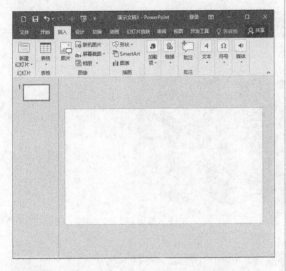

步骤02 单击【插入】选项卡下【媒体】选项组中的【视频】按钮，在弹出的列表中选择【PC上的视频】选项。

步骤03 弹出【插入视频文件】对话框，选择随书光盘中的"素材\ch16\圣诞.avi"文件，单击【插入】按钮。

步骤04 所需的视频文件将直接应用于当前幻灯片中，下图所示为预览插入的视频的截图。

16.4 视频的预览与设置

本节教学录像时间：6分钟

添加视频文件后，可以预览视频文件，并可以设置视频文件。

16.4.1 预览视频

在幻灯片中插入视频文件后，可以播放该视频以查看效果。播放视频的方法有以下3种。

方法1：选中插入的视频文件后，单击【视频工具】▶【播放】选项卡【预览】组中的【播放】按钮，预览插入的视频文件。

方法2：选中插入的视频文件后，单击【视频工具】➤【格式】选项卡【预览】组中的【播放】按钮，预览插入的视频文件。

方法3：选中插入的视频文件后，单击视频文件图标左下方的【播放】按钮▶即可预览视频。

16.4.2 设置视频的外观

在演示文稿中插入视频文件后，在【视频工具】➤【格式】选项卡下可以对该视频进行颜色效果、视频样式等外观设置。

步骤01 选择插入的视频文件，单击【视频工具】➤【格式】选项卡【调整】选项组中的【更正】按钮，在弹出的下拉列表中选择【亮度：-40%（正常） 对比度：-20%】选项，设置视频的亮度和对比度。

步骤02 调整亮度和对比度后的效果如下图所示。

步骤03 单击【视频工具】➤【格式】选项卡【视频样式】选项组中的【其他】按钮，在弹出的下拉列表中选择一种视频样式，这里选择【中等】列表中的【旋转，渐变】选项。

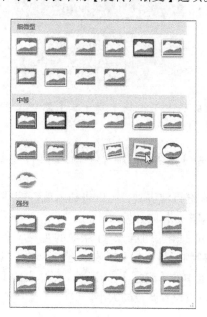

步骤04 设置样式后的效果如下图所示。

步骤 05 单击【视频工具】➤【格式】选项卡【视频样式】选项组中的【视频边框】按钮，在弹出的下拉列表中选择一种颜色为视频添加边框，这里为视频添加金色边框效果。

步骤 06 单击【视频工具】➤【格式】选项卡

【视频样式】组中的【视频效果】按钮，在弹出的下拉列表中选择【映像】子菜单中的【半映像，8pt偏移量】映像变体。

步骤 07 调整视频样式后，最终的效果如下图所示。

16.4.3 设置播放选项

在进行演讲时，可以将插入或链接到文件的视频文件设置为在显示幻灯片时自动开始播放，或在单击鼠标时开始播放。

步骤 01 选中添加到幻灯片中的视频文件，单击【视频工具】➤【播放】选项卡的【视频选项】组中的【音量】按钮，在弹出的下拉列表中可以设置音量的大小。

步骤 02 单击【开始】后的下三角按钮，在弹出的下拉列表中包括【自动】和【单击时】两个选项。可以将视频文件设置为在将包含视频文件的幻灯片切换至幻灯片放映视图时播放视频，或通过单击鼠标来控制启动视频的时间。

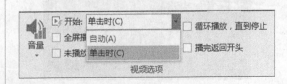

步骤 03 选中【全屏播放】复选框，在放映幻灯片时可以全屏播放幻灯片中的视频文件。

步骤 04 选中【未播放时隐藏】复选框，可以将视频文件未播放时设置为隐藏状态。同时选中

【循环播放，直至停止】复选框和【播完返回开头】复选框可以设置该视频文件循环播放。

> **小提示**
>
> 设置视频文件为未播放时隐藏状态后，要创建一个自动的动画来启动播放，否则在幻灯片放映的过程中将永远看不到此视频。

16.4.4 在视频中插入书签

在添加到演示文稿中的视频文件中插入书签可以指定视频剪辑中的关注时间点，也可以在放映幻灯片时利用书签跳至视频的特定位置。

步骤 01 选择幻灯片中要进行剪裁的视频文件，并单击视频文件下的【播放】按钮▶播放视频。

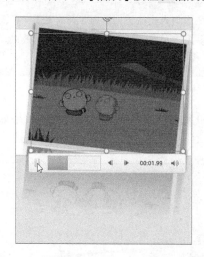

步骤 02 单击【视频工具】▶【播放】选项卡【书签】组中的【添加书签】按钮。

步骤 03 此时即可为当前时间点的视频剪辑添加书签，书签显示为黄色圆球状。

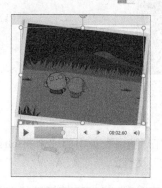

> **小提示**
>
> 在一个视频文件中可以添加多个书签，如下图所示。

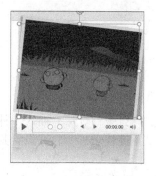

16.4.5 删除视频

删除幻灯片中添加的多余视频文件的方法如下。

步骤 01 在插有视频文件的演示文稿中选中需要删除的视频。

步骤 02 按键盘上的【Delete】键即可将该视频文件删除。

16.5 综合实战——制作圣诞节卡片

◎ 本节教学录像时间：10 分钟

圣诞节卡片是一种内容活泼、形式多样、侧重与人交流感情的PPT演示文稿。在演示文稿中，适当插入一些与幻灯片主题内容一致的多媒体元素，可以达到事半功倍的效果。

● 第1步：插入艺术字和图片

步骤 01 打开随书光盘中的"素材\ch16\圣诞节卡片.pptx"文件。

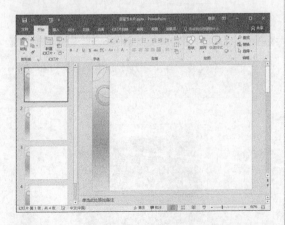

步骤 02 选择第1张幻灯片，插入一种艺术字样式，输入"圣诞快乐！"，并设置其艺术字的字体和大小及艺术字的形状效果，效果如下图所示。

步骤 03 选择第2张幻灯片，单击【插入】选项卡下【图像】组中的【图片】按钮，在弹出的【插入图片】对话框中选择随书光盘中"素材\ch16\圣诞节-1.png和圣诞节-2.jpg"，并调整图片大小和位置，如下图所示。

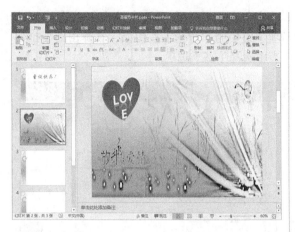

步骤 04 单击【插入】选项卡下【文本】组中的
【文本框】按钮，插入一个横排文本框，在
其中输入文本后，设置文本字体、字号、颜色
等样式，效果如下图所示。

步骤 05 选择第3张幻灯片，插入"素材\ch16\
圣诞节-3.png"图片，并调整其大小和位置，
单击【插入】选项卡下【图像】组中的【联机
图片】按钮，弹出【插入图片】对话
框，在【必应】文本框中输入"圣诞节"，单
击【搜索】按钮。

步骤 06 选择如下图所示的联机图片插入第3张

幻灯片中，并调整其大小和位置。

步骤 07 选择第4张幻灯片，单击占位符中的
【图片】按钮，在弹出的对话框中插入随书
光盘中的"素材\ch16\圣诞节-4.jpg"，并设置
其大小和位置。

第2步：插入音频和视频

步骤 01 选择第1张幻灯片，单击【插入】选项
卡下【媒体】组中的【音频】按钮，在弹出
的下拉列表中选择【PC上的音频】选项。

步骤 02 弹出【插入音频】对话框，选择随书光
盘中的"素材\ch16\音乐.mp3"，单击【插入】
按钮。

步骤 03 即可在幻灯片中插入音频，适当调整其位置，如下图所示。

步骤 04 选择第3张幻灯片，单击【插入】选项卡【媒体】组中的【视频】按钮 的下方箭头，在弹出的下拉列表中选择【PC上的视频】选项，弹出【插入视频文件】对话框，选择随书光盘中的"素材\ch16\视频.avi"，单击【插入】按钮，并调整其位置和大小。

● **第3步：设置音频和视频**

步骤 01 选中幻灯片中添加的音频文件，单击

【音频工具】▶【播放】选项卡的【视频选项】组中的【音量】按钮 ，在弹出的下拉列表中选择【高】选项。

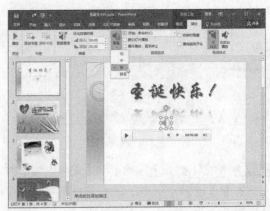

步骤 02 单击【开始】后的下三角按钮 ，在弹出的下拉列表中选择【自动】选项。

步骤 03 选择视频文件，单击【视频工具】▶【格式】选项卡的【视频样式】组中的【其他】按钮 ，在弹出的下拉列表中选择【旋转，白色】选项。

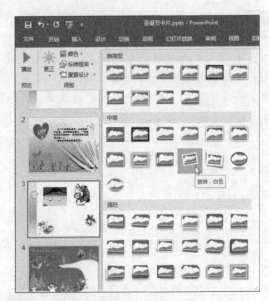

步骤 04 单击【视频工具】▶【播放】选项卡的

【视频选项】组中【开始】后的下三角按钮 ，在弹出的下拉列表中选择【自动】选项。

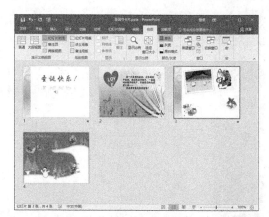

步骤05 单击【视图】选项卡下【演示文稿视图】组中的【幻灯片浏览】按钮 ，查看最终效果，如下图所示。

 高手支招

● 本节教学录像时间：3分钟

● 优化演示文稿中多媒体的兼容性

若要避免在PowerPoint演示文稿包含媒体（如视频或音频文件）时出现播放问题，可以优化媒体文件的兼容性，这样就可以轻松地与他人共享演示文稿或将其随身携带到另一个地方（当要使用其他计算机在其他地方进行演示时）顺利播放多媒体文件。

步骤01 打开前面创建的PPT文件。

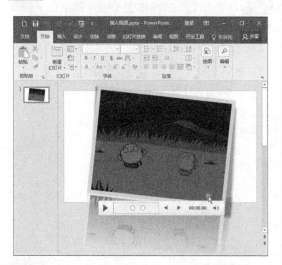

步骤02 单击【文件】选项卡，从弹出的下拉菜单中选择【信息】命令。

小提示

如果在其他计算机上播放演示文稿中的媒体，媒体插入格式可能引发兼容性问题，则会出现【优化媒体兼容性】选项。

步骤03 单击窗口右侧显示出的【优化兼容性】按钮，弹出【优化媒体兼容性】对话框，对幻灯片中的视频文件的兼容性优化完成后，单击【关闭】按钮。

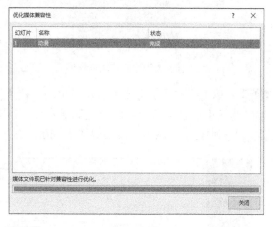

步骤04 优化视频文件的兼容性后，【信息】窗口中将不再显示【优化媒体兼容性】选项。

在出现【优化媒体兼容性】选项时，该选项可提供可能存在的播放问题的解决方案摘要，还提供媒体在演示文稿中的出现次数列表。下面是可引发播放问题的常见情况。

（1）如果链接了视频，则【优化兼容性】摘要会报告需要嵌入的这些视频。选择【查看链接】选项以继续，在打开的对话框中，只需对要嵌入的每个媒体项目选择【断开链接】选项便可嵌入视频。

（2）如果视频是使用早期版本的PowerPoint（例如2007版）插入的，则需要升级媒体文件格式以确保能够播放这些文件。升级会自动将这些媒体项目更新为新格式并嵌入它们。升级后，应运行【优化兼容性】命令。若要将媒体文件从早期版本升级到PowerPoint 2016（并且如果这些文件是链接文件，则会嵌入它们），可在【文件】选项卡下拉菜单中单击【信息】按钮，然后选择【转换】选项。

● 压缩多媒体文件以减少演示文稿的大小

通过压缩多媒体文件，可以减小演示文稿的大小，以节省磁盘空间，并可以提高播放性能。下面介绍在演示文稿中压缩多媒体的方法。

步骤01 打开包含音频文件或视频文件的演示文稿。

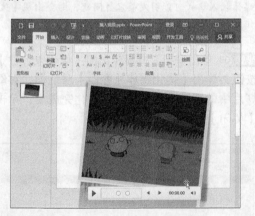

步骤02 单击【文件】选项卡，从弹出的下拉菜单中选择【信息】命令，窗口右侧显示出【媒体大小和性能】区域的【压缩媒体】按钮。

步骤03 单击【压缩媒体】按钮，弹出如下图所示的下拉列表。从中选择需要的选项即可。

若要指定视频的质量（视频质量进而决定视频的大小），可选择下列选项之一来解决问题。

【演示文稿质量】：可节省磁盘空间，同时保持音频和视频的整体质量。

【互联网质量】：质量可媲美通过Internet传输的媒体。

【低质量】：在空间有限的情况下(如通过电子邮件发送演示文稿时)使用。

第 17 章

设置动画和交互效果
——制作中国茶文化幻灯片

学习目标

在幻灯片放映时，可以在幻灯片之间添加一些切换效果，使幻灯片的过渡和显示都能给观众绚丽多彩的视觉享受。本章主要介绍设置幻灯片的切换效果、设置幻灯片的动画效果、设置演示文稿的链接以及设置按钮的交互等操作。

学习效果

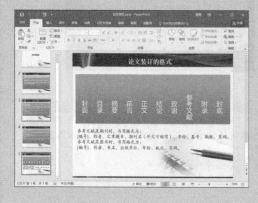
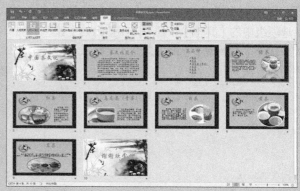

17.1 设置幻灯片切换效果

⊗ 本节教学录像时间：5 分钟

幻灯片切换时产生的类似动画的效果，可以使幻灯片在放映时更加生动形象。

17.1.1 添加切换效果

幻灯片切换效果是在演示期间从一张幻灯片移到下一张幻灯片时在【幻灯片放映】视图中出现的动画效果。幻灯片切换时产生的类似动画效果，可以使幻灯片在放映时更加生动形象。添加切换效果的具体操作步骤如下。

步骤 01 打开随书光盘中的 "素材\ch17\添加切换效果.pptx" 文件，选择要设置切换效果的幻灯片，这里选择文件中的第1张幻灯片。

步骤 02 单击【切换】选项卡下【切换到此幻灯片】选项组中的【其他】按钮 ，在弹出的下拉列表中选择【细微型】下的【形状】切换效果。使用同样方法为其他幻灯片添加切换效果。

步骤 03 添加过细微型形状效果的幻灯片在放映时即可显示此切换效果，下面是切换效果时的部分截图。

小提示

使用同样的方法可以为其他幻灯片页面添加动画效果。

17.1.2 设置切换效果的属性

PowerPoint 2016中的部分切换效果具有可自定义的属性，我们可以对这些属性进行自定义设置。

步骤 01 接上一节操作，在普通视图下，选择第1张幻灯片。

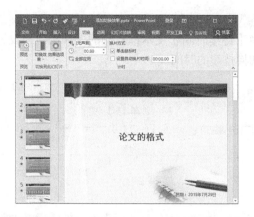

步骤02 单击【切换】选项卡【切换到此幻灯片】组中的【效果选项】按钮，在弹出的下拉列表中将默认的【圆形】改为【菱形】。

步骤03 效果属性更改后，按【F5】键进行幻灯片播放，显示如下图所示。

> **小提示**
>
> 幻灯片添加的切换效果不同，【效果选项】的下拉列表中的选项是不相同的。本例中第1张幻灯片添加的是【形状】切换效果，因此单击【效果选项】可以设置切换效果的形状。

17.1.3 为切换效果添加声音

如果想使切换的效果更逼真，可以为其添加声音。具体操作步骤如下。

步骤01 选择要添加声音效果的第2张幻灯片。

步骤02 单击【切换】选项卡【计时】组中的【声音】下拉按钮，在弹出的下拉列表中选择【照相机】选项，在切换幻灯片时将会自动播放该声音。

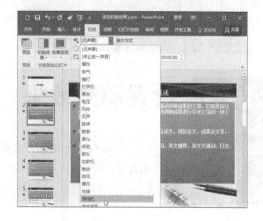

17.1.4 设置切换效果计时

用户可以设置切换幻灯片的持续时间，从而控制切换的速度。设置切换效果计时的具体步骤如下。

步骤 01 选择要设置切换速度的第3张幻灯片。

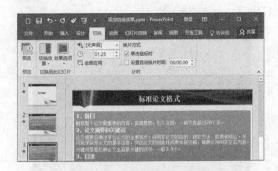

步骤 02 单击【切换】选项卡下【计时】选项组中【持续时间】文本框右侧的微调按钮来设置切换持续的时间。

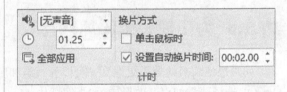

17.1.5 设置切换方式

用户在播放幻灯片时，可以根据需要设置幻灯片切换的方式，例如自动换片或单击鼠标时换片等，具体操作步骤如下。

步骤 01 打开上节已经设置完成的第4张幻灯片，在【切换】选项卡下【计时】选项组【换片方式】复选框下单击选中【单击鼠标时】复选框，则播放幻灯片时单击鼠标可切换到此幻灯片。

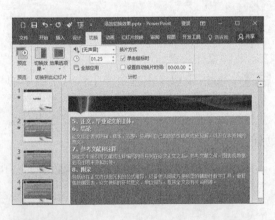

步骤 02 若单击选中【设置自动换片时间】复选框，并设置了时间，那么在播放幻灯片时，经过所设置的秒数后就会自动地切换到下一张换灯片。

◀) [无声音]　　　　▾	换片方式
⏱　01.25　▲▼	☐ 单击鼠标时
🖳 全部应用	☑ 设置自动换片时间: 00:02.00 ▲▼
	计时

17.2 设置动画效果

🕐 **本节教学录像时间：11 分钟**

可以将PowerPoint 2016演示文稿中的文本、图片、形状、表格、SmartArt图形和其他对象制作成动画，赋予它们进入、退出、大小或颜色变化甚至移动等视觉效果。

17.2.1 添加进入动画

可以为对象创建进入动画。例如，可以使对象逐渐淡入焦点、从边缘飞入幻灯片或者跳入视图中。创建进入动画的具体操作方法如下。

步骤 01 打开随书光盘中的"素材\ch17\设置动画.pptx"文件，选择幻灯片中要创建进入动画效果的文字。

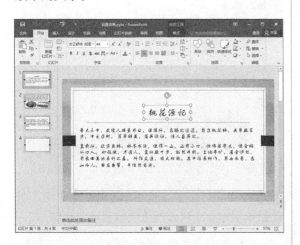

步骤 02 单击【动画】选项卡【动画】组中的【其他】按钮 ，弹出如下图所示的下拉列表。

步骤 03 在下拉列表的【进入】区域中选择【劈裂】选项，创建此动画效果。

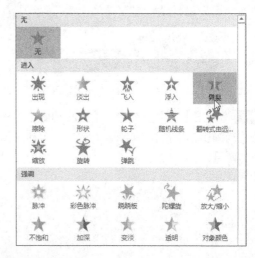

步骤 04 添加动画效果后，文字对象前面将显示一个动画编号标记 1 。

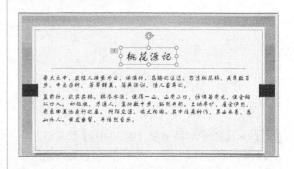

> **小提示**
>
> 创建动画后，幻灯片中的动画编号标记在打印时不会被打印出来。

17.2.2 调整动画顺序

在放映过程中，我们也可以对幻灯片播放的顺序进行调整。

● 1. 通过【动画窗格】调整动画顺序

步骤 01 打开随书光盘中的"素材\ch17\设置动画顺序.pptx"文件，选择第2张幻灯片。可以看到设置的动画序号。

步骤02 单击【动画】选项卡【高级动画】组中的【动画窗格】按钮 📢动画窗格 ，弹出【动画窗格】窗口。

步骤03 选择【动画窗格】窗口中需要调整顺序的动画，如选择动画2，然后单击【动画窗格】窗口下方【重新排序】命令左侧或右侧的向上按钮 ▲ 或向下按钮 ▼ 进行调整。

2. 通过【动画】选项卡调整动画顺序

步骤01 打开随书光盘中的"素材\ch17\设置动画顺序.pptx"文件，选择第2张幻灯片，并选择动画2。

步骤02 单击【动画】选项卡【计时】组中【对动画重新排序】区域的【向前移动】按钮。

步骤03 即可将此动画顺序向前移动一个次序，并在【幻灯片】窗格中可以看到此动画前面的编号 2 和前面的编号 1 发生改变。

小提示

要调整动画的顺序，也可以先选中要调整顺序的动画，然后按住鼠标左键不放并拖动到适当位置，再释放鼠标即可把动画重新排序。

17.2.3 设置动画计时

创建动画之后，可以在【动画】选项卡上为动画指定开始时间、持续时间或者延迟计时。

● 1.设置动画开始时间

若要为动画设置开始计时，可以在【动画】选项卡下【计时】组中单击【开始】菜单右侧的下拉箭头 ▼，然后从弹出的下拉列表中选择所需的计时。该下拉列表包括【单击时】、【与上一动画同时】和【上一动画之后】3个选项。

● 2.设置持续时间

若要设置动画将要运行的持续时间，可以在【计时】组中的【持续时间】文本框中输入所需的秒数，或者单击【持续时间】文本框后面的微调按钮来调整动画要运行的持续时间。

● 3.设置延迟时间

若要设置动画开始前的延时，可以在【计时】组中的【延迟】文本框中输入所需的秒数，或者使用微调按钮来调整。

17.2.4 动作路径

PowerPoint中内置了多种动作路径，用户可以根据需要选择动作路径。

步骤01 打开随书光盘中的"素材\ch17\设置动画.pptx"文件，选择幻灯片中要创建进入动画效果的文字。

步骤02 单击【动画】选项卡【动画】组中的【其他】按钮 ▼，在弹出的下拉列表中选择【其他动作路径】选项。

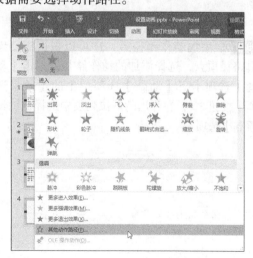

步骤03 弹出【更改动作路径】对话框，选择一种动作路径，单击【确定】按钮。

步骤04 添加路径动画效果后，文字对象前面将显示一个动画编号标记 **1** ，并且在下方显示动作路径。

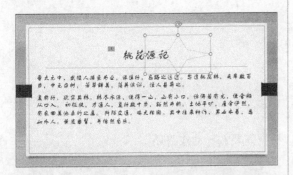

步骤05 添加动作路径后，还可以根据需要编辑路径顶点，选择添加的动作路径，单击【动画】选项卡下【动画】选项组中的【效果选项】按钮，在弹出的下拉列表中选择【编辑顶点】选项。

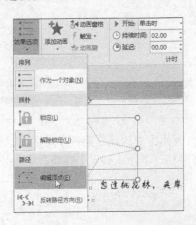

步骤06 此时，即可显示路径顶点，鼠标光标变为形状，选择要编辑的顶点，按住鼠标并拖曳即可。

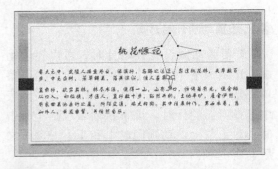

步骤07 单击【动画】选项卡下【动画】选项组中的【效果选项】按钮，在弹出的下拉列表中选择【反转路径方向】选项。

步骤08 即可使动作对象沿动作路径的反方向运动。

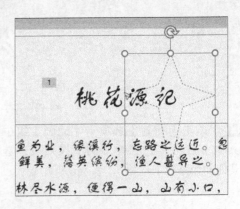

17.2.5 测试动画

为文字或图形对象添加动画效果后，可以通过测试来查看设置的动画是否满足用户需求。

单击【动画】选项卡【预览】组中的【预览】按钮，或单击【预览】按钮的下拉按钮，在弹出的下拉列表中选择相应的选项来测试动画。

小提示

该下拉列表中包括【预览】和【自动预览】两个选项。单击选中【自动预览】复选框后，每次为对象创建动画后，可自动在【幻灯片】窗格中预览动画效果。

17.2.6 删除动画

为对象创建动画效果后，也可以根据需要移除动画。移除动画的方法有以下3种。

（1）单击【动画】选项卡【动画】组中的【其他】按钮，在弹出的下拉列表的【无】区域中选择【无】选项。

（2）单击【动画】选项卡【高级动画】组中的【动画窗格】按钮，在弹出的【动画窗格】中选择要移除动画的选项，然后单击菜单图标（向下箭头），在弹出的下拉列表中选择【删除】选项即可。

（3）选择添加动画的对象前的图标（如 1 ），按【Delete】键，也可删除添加的动画效果。

17.3 设置演示文稿的链接

在PowerPoint中，超链接可以是从一张幻灯片到同一演示文稿中另一张幻灯片的链接，也可以是从一张幻灯片到不同演示文稿中另一张幻灯片、电子邮件地址、网页或文件的链接等。可以为文本或对象创建超链接。

17.3.1 为文本创建链接

在幻灯片中为文本创建超链接的具体步骤如下。

步骤 01 打开随书光盘中的 "素材\ch17\公司会议PPT.pptx" 文件，在普通视图中选择要用作超链接的文本，如选中文字 "公司概述"。

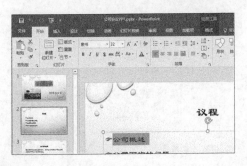

步骤 02 单击【插入】▶【链接】▶【超链接】按钮。

步骤 03 在弹出的【插入超链接】对话框左侧的【链接到】列表框中选择【本文档中的位置】选项，在右侧【请选择文档中的位置】列表中选择【下一张幻灯片】选项或【幻灯片标题】下方的【3.公司概况】选项。

步骤 04 单击【确定】按钮，即可将选中的文本链接到同一演示文稿中的最后一张幻灯片。添加超链接后的文本以蓝色、下划线字显示，放映幻灯片时，单击添加过超链接的文本即可链接到相应的文件。

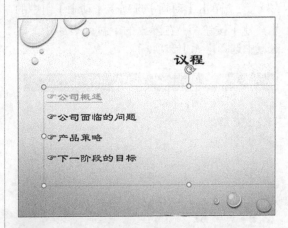

步骤 05 按【F5】键放映幻灯片，单击创建了超链接的文本 "公司概况"，即可将幻灯片链接到另一幻灯片。

17.3.2 链接到其他幻灯片

为幻灯片创建链接时，除了可以将对象链接在当前幻灯片中，也可以链接到其他文稿中。具体操作步骤如下。

步骤01 在第2张幻灯片上选择要创建超链接的文字，如选中文字"公司面临的问题"。

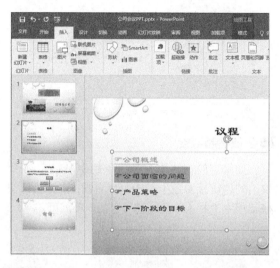

步骤02 单击【插入】➤【链接】➤【超链接】按钮。

步骤03 在弹出的【插入超链接】对话框左侧的【链接到】列表框中选择【现有文件或网页】选项，选择随书光盘中的"素材\ch17\公司面临的问题.pptx"文件作为链接到幻灯片的演示文稿。

步骤04 单击【确定】按钮，即可将选中的文本链接到另一演示文稿中的幻灯片。

步骤05 按【F5】快捷键放映幻灯片，单击创建了超链接的文本"公司面临的问题"，即可将幻灯片链接到另一演示文稿中的幻灯片。

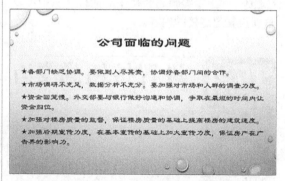

> **小提示**
>
> 如果在主演示文稿中添加指向演示文稿的链接，则在将主演示文稿复制到便携电脑中时，请确保将链接的演示文稿复制到主演示文稿所在的文件夹中。如果不复制链接的演示文稿，或者如果重命名、移动或删除它，则当从主演示文稿中单击指向链接的演示文稿的超链接时，链接的演示文稿将不可用。

17.3.3 编辑超链接

创建超链接后，用户还可以根据需要更改超链接或取消超链接。

● 1.更改超链接

可以根据需要更改创建的超链接。

步骤 01 在要更改的超链接对象上单击鼠标右键，在弹出的快捷菜单中选择【编辑超链接】选项。

步骤 02 弹出【编辑超链接】对话框，从中可以重新设置超链接的内容。

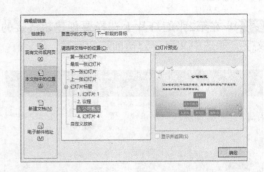

● 2.取消超链接

如果当前幻灯片不需要再使用超链接，在要取消的超链接对象上单击鼠标右键，在弹出的快捷菜单中选择【取消超链接】菜单项即可。

17.4 设置按钮的交互

● 本节教学录像时间：2分钟

在PowerPoint中，可以为幻灯片、幻灯片中的文本或对象创建超链接到幻灯片中，也可以使用动作按钮设置交互效果，动作按钮是预先设置好带有特定动作的图形按钮，可以实现在放映幻灯片时跳转的目的，设置按钮交互的具体操作步骤如下。

步骤 01 打开随书光盘中的"素材\ch17\论文格式.pptx"文件，选择最后一张幻灯片。

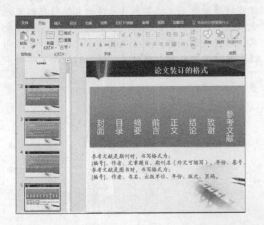

步骤 02 单击【插入】选项卡【插图】选项组中的【形状】按钮，在弹出的下拉列表中选择【动作按钮】区域的【动作按钮：前进或下一项】图标。

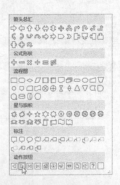

步骤 03 返回幻灯片中，按住鼠标左键并拖曳，绘制出按钮。松开鼠标左键后，弹出【操作设置】对话框，在【单击鼠标】选项卡中选择【超链接到】下拉列表中的【第一张幻灯片】选项。

步骤 04 单击【确定】按钮，即可看到添加的按钮，在播放幻灯片时单击该按钮，即可跳转到第1张幻灯片。

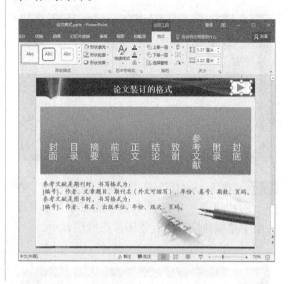

17.5 综合实战——制作中国茶文化幻灯片

🔴 **本节教学录像时间：18 分钟**

中国茶历史悠久，现在已发展成了独特的茶文化。中国人饮茶，注重一个"品"字。"品茶"不但可以鉴别茶的优劣，还可以消除疲劳、振奋精神。本节就以中国茶文化为背景，制作一份中国茶文化幻灯片。

● 第1步：设计幻灯片母版

步骤 01 启动PowerPoint 2016，新建幻灯片，并将其保存为名为"中国茶文化.pptx"的幻灯片。单击【视图】选项卡【母版视图】组中的【幻灯片母版】按钮。

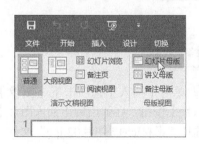

步骤 02 切换到幻灯片母版视图，并在左侧列表中单击第1张幻灯片，单击【插入】选项卡下

【图像】组中的【图片】按钮。

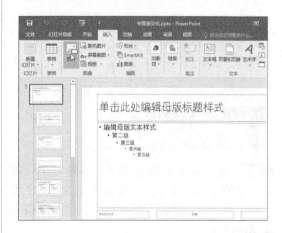

步骤 03 在弹出的【插入图片】对话框中选择"素材\ch17\图片01.jpg"文件，单击【插入】

按钮，将选择的图片插入幻灯片中，选择插入的图片，并根据需要调整图片的大小及位置。

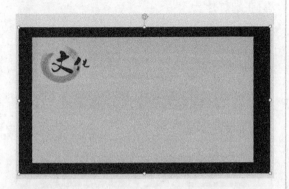

步骤 04 在插入的背景图片上单击鼠标右键，在弹出的快捷菜单中选择【置于底层】▶【置于底层】菜单命令，将背景图片在底层显示。

步骤 05 选择标题框内文本，单击【绘图工具】选项下【格式】选项卡【艺术字样式】组中的【其他】按钮，在弹出的下拉列表中选择一种艺术字样式。

步骤 06 选择设置后的艺术字。根据需求设置艺术字的字体和字号。并设置【文本对齐】为"居中对齐"。此外，还可以根据需要调整文本框的位置。

> **小提示**
>
> 如果设置字体较大，标题栏中不足以容纳"单击此处编辑母版标题样式"文本时，可以删除部分内容。

步骤 07 为标题框应用【擦除】动画效果，设置【效果选项】为【自左侧】，设置【开始】模式为【上一动画之后】。

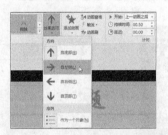

步骤 08 在幻灯片母版视图中，在左侧列表中选择第2张幻灯片，选中【背景】组中的【隐藏背景图形】复选框，并删除文本框。

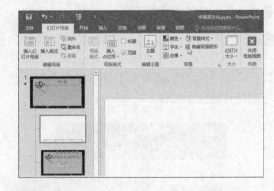

步骤 09 单击【插入】选项卡下【图像】组中的【图片】按钮，在弹出的【插入图片】对话框中选择"素材\ch17\图片02.jpg"文件，单击【插入】按钮，将图片插入幻灯片中，并调整图片位置的大小。

步骤⑩ 在插入的背景图片上单击鼠标右键，在弹出的快捷菜单中选择【置于底层】➤【置于底层】菜单命令，将背景图片在底层显示。并删除文本占位符。

● 第2步：设计幻灯片首页

步骤01 单击【幻灯片母版】选项卡中的【关闭母版视图按钮】按钮，返回普通视图，删除幻灯片页面中的文本框，单击【插入】选项卡下【文本】组中的【艺术字】按钮，在弹出的下拉列表中选择一种艺术字样式。

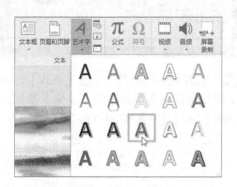

步骤02 输入文本"中国茶文化"，根据需要调整艺术字的字体和字号以及颜色等，并适当调整文本框的位置。

● 第3步：设计茶文化简介页面

步骤01 新建【仅标题】幻灯片页面，在标题栏中输入文本"茶文化简介"。设置其【对齐方式】为【左对齐】。

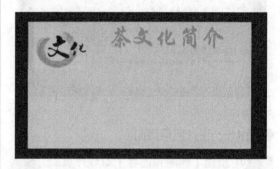

步骤02 打开随书光盘中的"素材\ch17\茶文化简介.txt"文件，将其内容复制到幻灯片页面中，适当调整文本框的位置以及字体的字号和大小。

步骤03 选择输入的正文，并单击鼠标右键，在弹出的快捷菜单中选择【段落】菜单命令，打开【段落】对话框，在【缩进和间距】选项卡下设置【特殊格式】为"首行缩进"，设置【度量值】为"2字符"。设置完成，单击【确定】按钮。

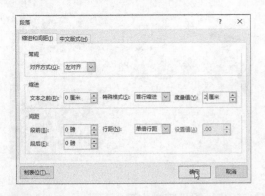

步骤 04 即可看到设置段落样式后的效果。

● **第4步：设计目录页面**

步骤 01 新建【标题和内容】幻灯片页面。输入标题"茶品种"。

步骤 02 在下方输入茶的种类。并根据需要设置字体和字号等。

● **第5步：设计其他页面**

步骤 01 新建【标题和内容】幻灯片页面。输入标题"绿茶"。

步骤 02 打开随书光盘中的"素材\ch17\茶种类.txt"文件，将其"绿茶"下的内容复制到幻灯片页面中，适当调整文本框的位置以及字体的字号和大小。

步骤 03 单击【插入】选项卡下【图像】组中的【图片】按钮。在弹出的【插入图片】对话框中选择"素材\ch17\绿茶.jpg"文件，单击【插入】按钮，将选择的图片插入幻灯片中，选择插入的图片，并根据需要调整图片的大小及位置。

步骤 04 选择插入的图片，单击【格式】选项卡下【图片样式】选项组中的【其他】按钮，在弹出的下拉列表中选择一种样式。

步骤 05 根据需要在【图片样式】组中设置【图片边框】、【图片效果】及【图片版式】等。

步骤 06 重复 **步骤 01**~**步骤 05**，分别设计红茶、乌龙茶、白茶、黄茶、黑茶等幻灯片页面。

步骤 07 新建【标题】幻灯片页面。插入艺术字文本框，输入"谢谢欣赏！"文本，并根据需要设置字体样式。

● 第6步：设置超链接

步骤 01 在第3张幻灯片中选中要创建超链接的文本"1.绿茶"。

步骤 02 单击【插入】选项卡下【链接】选项组中的【超链接】按钮。

步骤 03 弹出【插入超链接】对话框，选择【链接到】列表框中的【本文档中的位置】选项，在右侧的【请选择文档中的位置】列表框中选择【幻灯片标题】下方的【4.绿茶】选项，然后单击【屏幕提示】按钮。

步骤 04 在弹出的【设置超链接屏幕提示】对话框中输入提示信息，然后单击【确定】按钮，返回【插入超链接】对话框，单击【确定】按钮。

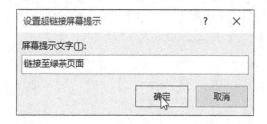

步骤 05 即可将选中的文本链接到【产品策略】幻灯片，添加超链接后的文本以蓝色、下划线字显示。

步骤 06 使用同样的方法创建其他超链接。

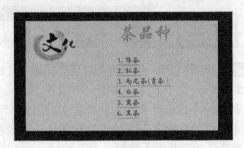

第7步：添加切换效果

步骤 01 选择要设置切换效果的幻灯片，这里选择第1张幻灯片。

步骤 02 单击【切换】选项卡下【切换到此幻灯片】选项组中的【其他】按钮 ▾|，在弹出的下拉列表中选择【华丽型】下的【帘式】切换效果，即可自动预览该效果。

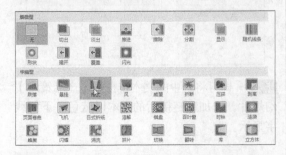

步骤 03 在【切换】选项卡下【计时】选项组中【持续时间】微调框中设置【持续时间】为"07.00"。

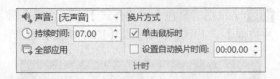

步骤 04 使用同样的方法，为其他幻灯片页面设置不同的切换效果。

第8步：添加动画效果

步骤 01 选择第1张幻灯片中要创建进入动画效果的文字。

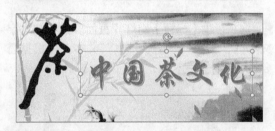

步骤 02 单击【动画】选项卡【动画】组中的【其他】按钮 ▾|，弹出如下图所示的下拉列表。

步骤 03 在下拉列表的【进入】区域中选择【浮入】选项，创建进入动画效果。

步骤 04 添加动画效果后，单击【动画】选项组中的【效果选项】按钮，在弹出的下拉列表中选择【下浮】选项。

步骤 05 在【动画】选项卡的【计时】选项组中设置【开始】为"上一动画之后"，设置【持续时间】为"02.00"。

步骤 06 参照**步骤 01**~**步骤 05**为其他幻灯片页面中的内容设置不同的动画效果。设置完成单击【保存】按钮保存制作的幻灯片。

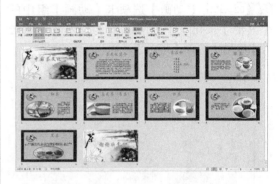

至此，就完成了中国茶文化幻灯片的制作。

 高手支招

◎ 本节教学录像时间：3分钟

● 切换效果持续循环

在PowerPoint中，我们不但可以设置切换效果的声音，还可以使切换的声音循环播放直至幻灯片放映结束。

步骤 01 选择一张幻灯片，单击【切换】选项卡下【计时】选项组中的【声音】按钮，在弹出的下拉列表中选择【爆炸】效果。

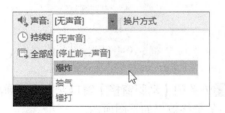

步骤 02 再次单击【切换】选项卡下【计时】选项组中的【声音】按钮，在弹出的下拉列表中单击选中【播放下一段声音之前一直循环】复选框即可。

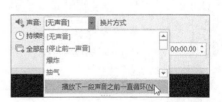

● 将SmartArt图形制作成动画

可以将添加到演示文稿中的SmartArt图形制作成动画，其具体操作步骤如下。

步骤 01 打开随书光盘中的"素材\ch17\人员组成.pptx"文件，并选择幻灯片中的SmartArt图形。

步骤 02 单击【动画】选项卡【动画】组中的【其他】按钮⤓，在弹出的下拉列表的【进入】区域中选择【形状】选项。

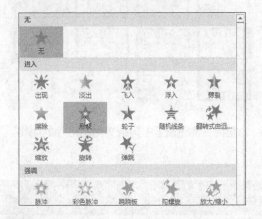

步骤 03 单击【动画】选项卡【动画】组中的【效果选项】按钮，在弹出的下拉列表的【序列】区域中选择【逐个】选项。

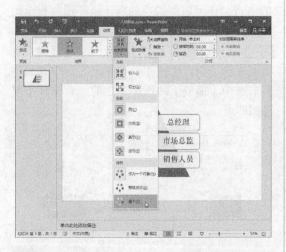

步骤 04 单击【动画】选项卡【高级动画】组中的【动画窗格】按钮，在【幻灯片】窗格右侧弹出【动画窗格】窗格。

步骤 05 在【动画窗格】中单击【展开】按钮⤓，来显示SmartArt图形中的所有形状。

步骤 06 在【动画窗格】列表中单击第1个形状，并删除第1个形状的效果。

步骤 07 关闭【动画窗格】窗口，完成动画制作之后的最终效果如下图所示。

第 18 章

演示幻灯片
——公司宣传片的放映

学习目标

演示文稿制作完成后就可以向观众播放演示了。本章主要介绍演示文稿的一些设置方法，包括浏览与放映幻灯片、设置幻灯片放映的方式、为幻灯片添加标注等内容。

学习效果

18.1 浏览幻灯片

☻ 本节教学录像时间：2分钟

在幻灯片浏览视图中，我们可以以缩略图的形式浏览幻灯片。浏览幻灯片的具体操作步骤如下。

步骤 01 打开随书光盘中的"素材\ch18\认识动物.pptx"文件。

步骤 02 单击【视图】选项卡下【演示文稿视图】选项组中的【幻灯片浏览】按钮 ▦ 幻灯片浏览。

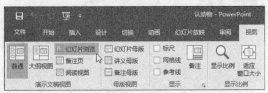

步骤 03 系统会自动打开浏览幻灯片视图。

18.2 放映幻灯片

☻ 本节教学录像时间：6分钟

选择合适的放映方式，可以使幻灯片以更好的效果来展示，通过本节的学习，用户可以掌握多种幻灯片的放映方式，以满足不同的放映需求。

18.2.1 从头开始放映

放映幻灯片一般是从头开始放映的，从头开始放映的具体操作步骤如下。

步骤 01 打开随书光盘中的"素材\ch18\员工培训.pptx"文件。在【幻灯片放映】选项卡的【开始放映幻灯片】组中单击【从头开始】按钮或按【F5】键。

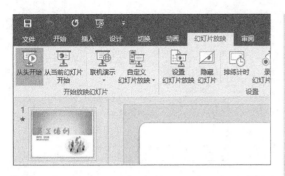

步骤 02 系统将从头开始播放幻灯片。单击鼠标、按【Enter】键或空格键均可切换到下一张幻灯片。

小提示

按键盘上的方向键也可以向上或向下切换幻灯片。

18.2.2 从当前幻灯片开始放映

在放映幻灯片时可以从选定的当前幻灯片开始放映，具体操作步骤如下。

步骤 01 打开随书光盘中的"素材\ch18\员工培训.pptx"文件。选中第2张幻灯片，在【幻灯片放映】选项卡的【开始放映幻灯片】组中单击【从当前幻灯片开始】按钮或按【Shift+F5】快捷键。

步骤 02 系统将从当前幻灯片开始播放幻灯片。按【Enter】键或空格键可切换到下一张幻灯片。

18.2.3 联机放映

PowerPoint 2016新增了联机演示功能，只要在连接有网络的条件下，就可以在没有安装PowerPoint的电脑上放映演示文稿，具体操作步骤如下。

步骤 01 打开随书光盘中的"素材\ch18\员工培训.pptx"文件，单击【幻灯片放映】选项卡下【开始放映幻灯片】选项组中的【联机演示】按钮下的倒三角箭头，在弹出的下拉列表中单击【Office演示文稿服务】选项。

步骤 02 弹出【联机演示】对话框，单击选中

【启用远程查看器下载演示文稿】复选框，并单击【连接】按钮。

步骤 03 即可开始准备联机演示文稿，准备完成，在【联机演示】对话框中将生成一个链接，复制文本框中的链接地址，将其共享给远程查看者，待查看者打开该链接后，单击【启动演示文稿】按钮。

步骤 04 此时即可开始放映幻灯片，远程查看者可在浏览器中同时查看播放的幻灯片。

18.2.4 自定义幻灯片放映

利用PowerPoint的【自定义幻灯片放映】功能，可以为幻灯片设置多种自定义放映方式，具体操作步骤如下。

步骤 01 在【幻灯片放映】选项卡的【开始放映幻灯片】组中单击【自定义幻灯片放映】按钮，在弹出的下拉菜单中选择【自定义放映】菜单命令。

步骤 02 弹出【自定义放映】对话框，单击【新建】按钮。

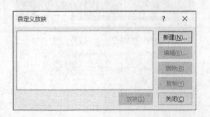

步骤 03 弹出【定义自定义放映】对话框。在

【在演示文稿中的幻灯片】列表框中选择需要放映的幻灯片，然后单击【添加】按钮即可将选中的幻灯片添加到【在自定义放映中的幻灯片】列表框中。

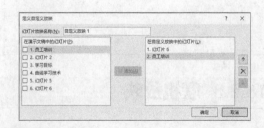

步骤 04 单击【确定】按钮，返回到【自定义放映】对话框，单击【放映】按钮，可以查看自动放映效果。

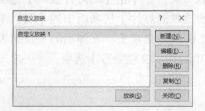

18.3 设置幻灯片放映

放映幻灯片时，默认情况下为普通手动放映，用户也可以通过设置放映方式、放映时间和录制幻灯片来设置幻灯片放映。

18.3.1 设置放映方式

通过使用【设置幻灯片放映】功能，用户可以自定义放映类型、换片方式和笔触颜色等参数。设置幻灯片放映方式的具体操作步骤如下。

步骤01 打开随书光盘中的"素材\ch18\认识动物.pptx"文件，选择【幻灯片放映】选项卡下【设置】组中的【设置幻灯片放映】按钮。

步骤02 弹出【设置放映方式】对话框，设置【放映选项】区域下【绘图笔颜色】为【蓝色】、设置【放映幻灯片】区域下的页数为【从1到3】，单击【确定】按钮，关闭【设置放映方式】对话框。

> **小提示**
>
> 【设置放映方式】对话框中各个参数的具体含义如下。
>
> 【放映类型】：用于设置放映的操作对象，包括演讲者放映、观众自行浏览和在展厅放映。
>
> 【放映选项】：主要设置是否循环放映、旁白和动画的添加以及笔触的颜色。
>
> 【放映幻灯片】：用于设置具体播放的幻灯片，默认情况下，选择【全部】播放。

步骤03 单击【幻灯片放映】选项卡下【开始放映幻灯片】组中的【从头开始】按钮。

步骤04 幻灯片进入放映模式，在幻灯片中单击鼠标右键，在弹出的快捷菜单中选择【指针选项】▶【笔】菜单命令。

步骤05 可以在屏幕上书写文字，可以看到笔触的颜色为"蓝色"。同时在浏览幻灯片时，幻

灯片的放映总页数也发生了相应的变化，即只放映第1~3张。

18.3.2 设置放映时间

作为一名演示文稿的制作者，在公共场合演示时需要掌握好演示的时间，为此需要测定幻灯片放映时的停留时间，具体的操作步骤如下。

步骤01 打开随书光盘中的"素材\ch18\认识动物.pptx"文件，单击【幻灯片放映】选项卡【设置】选项组中的【排练计时】按钮。

步骤02 系统会自动切换到放映模式，并弹出【录制】对话框，在【录制】对话框中会自动计算出当前幻灯片的排练时间，时间的单位为秒。

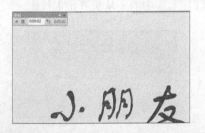

> **小提示**
>
> 在放映的过程中，需要临时查看或跳到某一张幻灯片时，可通过【录制】对话框中的按钮来实现。
> （1）【下一项】：切换到下一张幻灯片。
> （2）【暂停】：暂时停止计时后，再次单击会恢复计时。
> （3）【重复】：重复排练当前幻灯片。

步骤03 排练完成，系统会显示一个警告消息框，显示当前幻灯片放映的总时间。单击【是】按钮，即可完成幻灯片的排练计时。

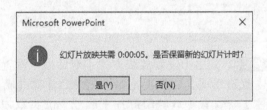

18.4 为幻灯片添加注释

● 本节教学录像时间：4分钟

在放映幻灯片时，添加注释可以为演讲者带来方便。

18.4.1 在放映中添加注释

要想使观看者更加了解幻灯片所表达的意思，就需要在幻灯片中添加标注以达到演讲者的目的。添加标注的具体操作步骤如下。

步骤 01 打开随书光盘中的"素材\ch18\认识动物.pptx"文件，按【F5】键放映幻灯片。

步骤 02 单击鼠标右键，在弹出的快捷菜单中选择【指针选项】➤【笔】菜单命令，当鼠标指针变为一个点时，即可在幻灯片中添加标注。

步骤 03 单击鼠标右键，在弹出的快捷菜单中选择【指针选项】➤【荧光笔】菜单命令，当鼠标变为一条短竖线时，可在幻灯片中添加标注。

18.4.2 设置笔颜色

前面已经介绍在【设置放映方式】对话框中可以设置绘图笔的颜色，在幻灯片放映时，同样可以设置绘图笔的颜色。

步骤 01 使用绘图笔在幻灯片中标注，单击鼠标右键，在弹出的快捷菜单中选择【指针选项】➤【墨迹颜色】菜单命令，在【墨迹颜色】列表中，单击一种颜色，如单击【深蓝】。

> **小提示**
>
> 使用同样的方法也可以设置荧光笔的颜色。

步骤 02 此时绘笔颜色即变为深蓝色。

18.4.3 清除注释

在幻灯片中添加注释后，可以将不需要的注释使用橡皮擦删除，具体操作步骤如下。

步骤 01 放映幻灯片时，在添加有标注的幻灯片中，单击鼠标右键，在弹出的快捷菜单中选择【指针选项】➤【橡皮擦】菜单命令。

步骤 02 当鼠标光标变为 ✎ 时，在幻灯片中有标注的地方，按鼠标左键拖动，即可擦除标注。

步骤 03 单击鼠标右键，在弹出的快捷菜单中选择【指针选项】▶【擦除幻灯片上的所有墨

迹】菜单命令。

步骤 04 此时就将幻灯片中所添加的所有墨迹擦除了。

18.5 综合实战——公司宣传片的放映

本节教学录像时间：5分钟

掌握了幻灯片的放映方法后，本节通过制作一个公司宣传片实例来实践幻灯片的放映。

● 第1步：设置幻灯片放映

本步骤主要涉及幻灯片放映的基本设置，如添加备注和设置放映类型等内容。

步骤 01 打开随书光盘中的"素材\ch18\龙马高新教育公司.pptx"文件，选择第1张幻灯片，在幻灯片下方的【单击此处添加备注】处添加备注。

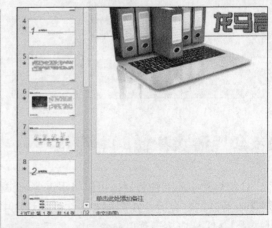

步骤 02 单击【幻灯片放映】选项卡下【设置】组中的【设置幻灯片放映】按钮，弹出【设

置放映方式】对话框，在【放映类型】中单击选中【演讲者放映（全屏幕）】单选项，在【放映选项】区域中单击选中【放映时不加旁白】选项和【放映时不加动画】复选框，然后单击【确定】按钮。

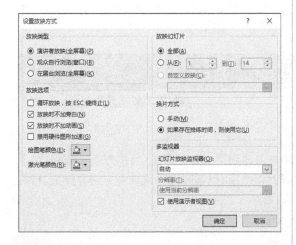

步骤 03 单击【幻灯片放映】选项卡下【设置】组中的【排练计时】按钮。

步骤 04 开始设置排练计时的时间。

步骤 05 排练计时结束后，单击【是】按钮，保留排练计时。

步骤 06 添加排练计时后的效果如下图所示。

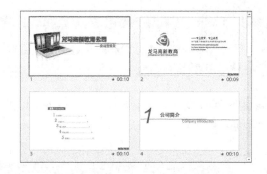

第2步：添加注释

本步骤主要介绍在幻灯片中插入注释的方法。

步骤 01 按【F5】键进入幻灯片放映状态，单击鼠标右键，在弹出的快捷菜单中选择【指针选项】列表中的【笔】选项。

步骤 02 当鼠标光标变为一个点时，即可以在幻灯片播放界面中标记注释，如下图所示。

步骤 03 幻灯片放映结束后，会弹出如下图所示的对话框，单击【保留】按钮，即可将添加的注释保留到幻灯片中。

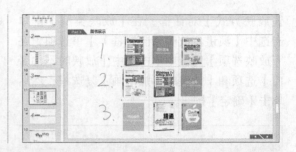

步骤 04 如右图所示，在演示文稿工作区中即可看到插入的注释。

 高手支招

🎬 **本节教学录像时间：2分钟**

● 放映时跳转至指定幻灯片

在播放PowerPoint演示文稿时，如果要快进到或退回到第6张幻灯片，可以先按下数字【5】键，再按下回车键。若要从任意位置返回到第1张幻灯片，可以同时按下鼠标左右键并停留2秒钟以上。

● 在放映时右击不出现菜单

在放映过程中，有时会因为不小心按到了鼠标右键，而弹出快捷菜单，在PowerPoint 2016中，可以设置单击鼠标右键不弹出快捷菜单。

步骤 01 在打开的演示文稿中，单击【文件】选项卡，在弹出的界面左侧单击【选项】选项。

区域中撤消选中【鼠标右键单击时显示菜单】选项，单击【确定】按钮，之后，在放映幻灯片时，单击鼠标右键则不会弹出快捷菜单了。

步骤 02 弹出【PowerPoint选项】对话框，在左侧选择【高级】选项，在右侧【幻灯片放映】

● 单击鼠标不换片

幻灯片设置有排练计时，为了避免误单击鼠标而换片，可以设置单击鼠标不换片，在打开的演示文稿中，在【切换】选项卡下【计时】组中撤消选中【单击鼠标时】复选框，即可在放映幻灯片时，单击鼠标不换片。

第5篇
其他组件篇

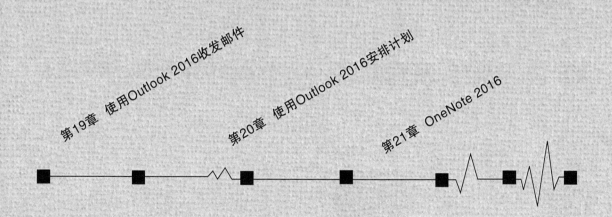

第19章

使用Outlook 2016收发邮件

学习目标

Outlook 2016是Office 2016办公软件中的电子邮件管理组件，其简便的操作性和全面的辅助功能为用户进行邮件传输和个人信息管理提供了极大的方便。本章通过对Outlook 2016工作界面及基本操作的介绍，使用户可以加深对Outlook 2016工作环境的认识，初步了解Outlook 2016，学会使用Outlook收发邮件。

学习效果

19.1 Outlook 2016的设置

Outlook 2016是Office 2016办公软件中的电子邮件管理组件，可以为用户提供邮件服务，下面就介绍Outlook 2016的设置。

19.1.1 配置Outlook 2016

使用Microsoft Outlook 2016之前，需要配置Outlook账户，具体的操作步骤如下。

步骤 01 单击【开始】按钮，在弹出的程序列表中选择【所有应用】➤【Outlook 2016】命令。

步骤 02 弹出【欢迎使用Microsoft Outlook 2016】对话框，初次使用Outlook 2016需要配置Outlook账户，然后单击【下一步】按钮。

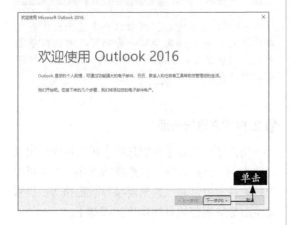

步骤 03 弹出【Microsoft Outlook账户配置】对话框，单击选中【是】单选项，单击【下一步】按钮。

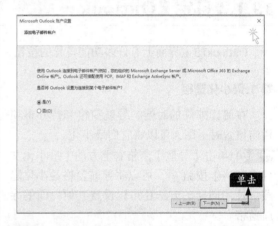

步骤 04 弹出【添加新账户】对话框，单击选中【电子邮箱账户】单选项，填写相关的姓名、电子邮件地址等信息，单击【下一步】按钮。

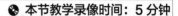

步骤 05 弹出【正在配置】页面，配置成功之后

弹出"祝贺您"字样，表明配置成功。

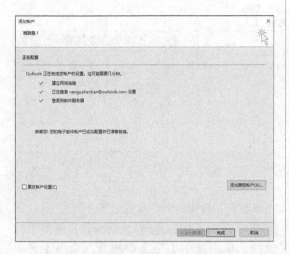

19.1.2 自定义Outlook

Outlook的主界面上有许多功能各异的按钮，有些不是特别常用的，可以将其隐藏起来。

● 1.最小化窗格

在阅读邮件的时候，导航窗格和待办事项栏窗格暂时不用，可以将它们最小化。

步骤 01 单击【导航】窗格右上方的【最小化文件夹窗格】按钮 < ，可以将导航窗格最小化隐藏。使用同样的方法还可以设置其他界面的导航窗格。

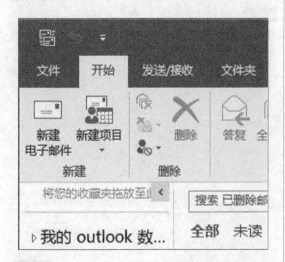

步骤 02 下图是最小化窗格后的效果。隐藏窗格后，界面中会有更多的空间供邮件阅读使用。

步骤 06 单击【完成】按钮，即可完成电子邮件的配置。

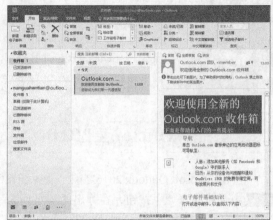

> **小提示**
>
> 如果要展开窗格，只需单击【展开文件夹窗格】按钮即可；如果要临时展开窗格中的部分选项，只需单击导航窗格或待办事项中的按钮，即可临时打开窗格。

● 2.自定义导航选项

用户还可以在【导航选项】对话框中自定义导航选项，包括调整导航选项的顺序、设置可见项目的最大数量和设置紧凑型导航窗格等。设置紧凑型导航窗格的具体操作步骤如下。

步骤01 单击导航窗格中的【导航选项】选项，弹出【导航选项】对话框，用户可在该对话框中对导航选项进行设置。单击选中【紧凑型导航】复选框，单击【确定】按钮。

步骤02 导航选项即变为紧凑型排列。

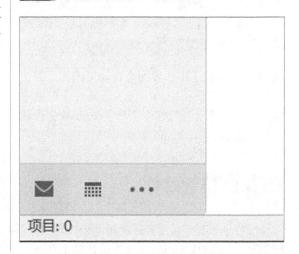

19.2 收发邮件

🔘 **本节教学录像时间：6分钟**

Outlook 2016是Office 2016办公软件中的电子邮件管理组件，其方便的可操作性和全面的辅助功能为用户提供了极大的方便。

19.2.1 创建并发送邮件

"电子邮件"是Outlook 2016中最主要的功能，使用电子邮件功能，可以很方便地发送电子邮件。具体的操作步骤如下。

步骤01 单击【开始】选项卡下【新建】选项组中的【新建电子邮件】按钮 ，弹出【未命名 – 邮件】工作界面。

步骤02 在【收件人】文本框中输入收件人的E-mail地址，在【主题】文本框中输入邮件的主题，在邮件正文区中输入邮件的内容。

步骤03 使用【邮件】选项卡【普通文本】选项组中的相关工具按钮，对邮件文本内容进行调整，调整完毕单击【发送】按钮。

步骤 04 【邮件】工作界面会自动关闭并返回主界面，在导航窗格中的【已发送邮件】窗格中便多了一封已发送的邮件信息，Outlook会自动将其发送出去。

19.2.2 接收邮件

接收电子邮件是用户最常用的操作之一，其具体的操作步骤如下。

步骤 01 在【邮件】视图选择【收件箱】选项，显示出【收件箱】窗格，单击【开始】选项卡下【发送/接收】选项组中的【发送/接收所有文件夹】按钮。

步骤 02 如果有邮件到达，则会出现如下图所示的【Outlook发送/接收进度】对话框，并显示出邮件接收的进度，状态栏中会显示发送/接收状态的进度。

步骤 03 接收邮件完毕，在【收藏夹】窗格中会显示收件箱中收到的邮件数量，而【收件箱】窗格中则会显示邮件的基本信息。

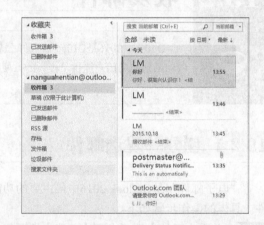

步骤 04 在邮件列表中双击需要浏览的邮件，可以打开邮件工作界面并浏览邮件内容。

19.2.3 回复邮件

回复邮件是邮件操作中必不可少的一项，在Outlook 2016中回复邮件的具体步骤如下。

步骤 01 先选中需要回复的邮件，然后单击【邮件】选项卡下【响应】选项组中的【答复】按钮 答复，即可回复；也可以使用【Ctrl+R】组合键回复。

即可完成邮件的回复。

步骤 02 系统弹出回复工作界面，在【主题】下方的邮件正文区中输入需要回复的内容，Outlook系统默认保留原邮件的内容，可以根据需要删除。内容输入完成单击【发送】按钮，

19.2.4 转发邮件

转发邮件即将邮件原文不变或者稍加修改后发送给其他联系人，用户可以利用Outlook 2016将所收到的邮件转发给一个或者多个人。

步骤 01 选中需要转发的邮件，单击鼠标右键，在弹出的快捷菜单中选择【转发】选项。

容，Outlook系统默认保留原邮件内容，可以根据需要删除。在【收件人】文本框中输入收件人的电子信箱，单击【发送】按钮，即可完成邮件的转发。

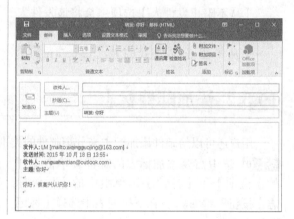

步骤 02 弹出【转发邮件】工作界面，在【主题】下方的邮件正文区中输入需要补充的内

19.3 管理邮件

本节教学录像时间：6分钟

通过学习本节的知识，用户可以了解Outlook 2016强大的邮件管理功能，并能对筛选邮件、给邮件添加标记和设置邮件排列方式的操作有所了解。

19.3.1 筛选垃圾邮件

为应对大量的邮件管理工作，Outlook 2016为用户提供了垃圾邮件筛选功能，用户可以根据邮件发送的时间或内容，评估邮件是否是垃圾邮件，同时用户也可手动设置，定义某个邮件地址发送的邮件为垃圾邮件。具体的操作步骤如下。

步骤01 单击选中将定义的邮件，单击【开始】选项卡下【删除】选项组中的【垃圾邮件】按钮 💁▾，在弹出的下拉列表中选择【阻止发件人】选项。

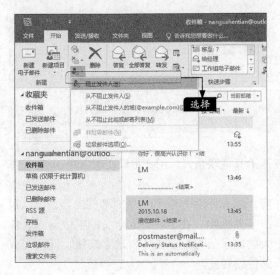

【从不阻止发件人】选项：会将该发件人的邮件作为非垃圾邮件。

【从不阻止发件人的域（@example.

com）】选项：会将与该发件人的域相同的邮件都作为非垃圾邮件。

【从不阻止此组或邮寄列表】选项：会将该邮件的电子邮件地址添加到安全列表。

步骤02 Outlook 2016会自动将垃圾邮件放入垃圾邮件文件夹中。

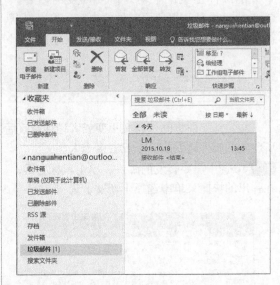

19.3.2　添加邮件标志

用户还可以给邮件添加标志来分辨邮件的类别，添加标志的方法如下。

步骤01 选中需要添加标志的邮件，单击【开始】选项卡下【标记】选项组中的【后续标志】按钮 ▶ 后续标志▾，在下拉列表中选择【标记邮件】选项。

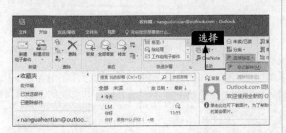

步骤02 即可为邮件添加标志，如下图所示。

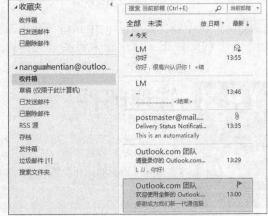

19.3.3 邮件排列方式

在【收件箱】窗口，用户可以选择多种邮件排列方式，以便查阅邮件。

步骤01 单击【排序字段】按钮 按日期▼，在弹出的下拉列表中选择【发件人】选项。

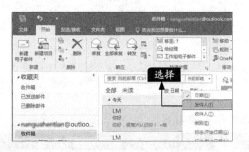

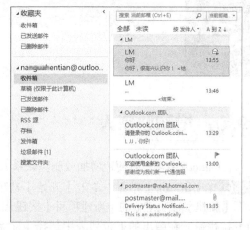

步骤02 邮件将按发件人汉语拼音首字母从A到Z排列，并将相同发件人的邮件分为一组。

19.3.4 搜索邮件

使用Outlook搜索邮件的功能可以在众多的邮件中找到特定的邮件，具体的操作步骤如下。

步骤01 在所有邮件窗格中任意选择一个文件夹，如选择【已发送邮件】文件夹，在主视图中会出现【已发送邮件】视图，在上方的搜索文本框中输入"工作安排"，单击【搜索】按钮。

步骤02 主视图中即可自动列出在"已发送邮件"文件夹中的所有关于"通知"的邮件。

19.3.5 删除邮件

删除邮件的具体操作步骤如下。

选中需要删除的邮件，单击鼠标右键，在弹出的快捷菜单中选择【删除】选项，被选择的邮件即被移动到【已删除】文件夹中。

小提示

选中邮件后，邮件的右侧出现【单击已删除项目】按钮，单击此按钮也可删除邮件。也可以选择要删除的邮件，单击【开始】选项卡下【删除】组中的【删除】按钮删除邮件。

19.4 管理联系人

⊙ 本节教学录像时间：8分钟

通过学习本节的知识，用户可以掌握增加、删除联系人，建立通讯组等的操作方法。

19.4.1 增删联系人

在Outlook中可以方便地增加或删除联系人，具体操作步骤如下。

步骤 01 在Outlook主界面中单击【开始】选项卡下【新建】选项组中的【新建项目】按钮的下拉按钮，在弹出的下拉列表中选择【联系人】选项。

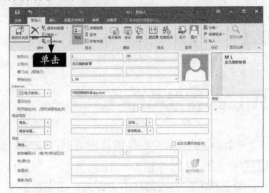

要删除联系人，只需在【联系人】视图中选择要删除的联系人，单击【开始】选项卡下【删除】选项组中的【删除】按钮即可。

步骤 02 弹出【联系人】工作界面，在【姓氏（G）/名字（M）】右侧的两个文本框中输入姓和名；根据实际情况填写公司、部门和职务；单击右侧的照片区，可以添加联系人的照片或代表联系人形象的照片；在【电子邮件】文本框中输入电子邮箱地址、网页地址等。填写完联系人信息后单击【保存并关闭】按钮，即可完成一个联系人的添加。

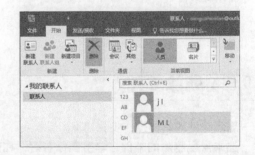

19.4.2 建立通讯组

如果需要批量添加一组联系人，可以采取建立通讯组的方式。具体的操作步骤如下。

步骤 01 在【联系人】视图单击【开始】选项卡下【新建】组中的【新建联系人组】按钮。

步骤 02 弹出【未命名 – 联系人组】工作界面，在【名称】文本框中输入通讯组的名称，如"我的家人"。

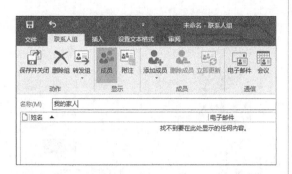

步骤 03 单击【联系人组】选项卡【添加成员】按钮的下拉按钮，从弹出的下拉列表中选择【来自Outlook联系人】选项。

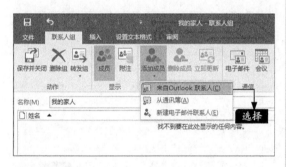

步骤 04 弹出【选择成员：联系人】对话框，在下

方的联系人列表框中选择需要添加的联系人，单击【成员】按钮，然后单击【确定】按钮。

步骤 05 即可将该联系人添加到"我的联系人—我的家人"组中。重复上述步骤，添加多名成员，构成一个"家人"通讯组，然后单击【保存并关闭】按钮，即可完成通讯组列表的添加。

19.4.3 导出联系人

用户可以使用Outlook提供的导出功能将Outlook 2016中的联系人信息导出保存。具体操作步骤如下。

步骤 01 单击【文件】选项卡，在打开的列表中选择【打开和导出】选项，在【打开】区域选择【导入/导出】选项。

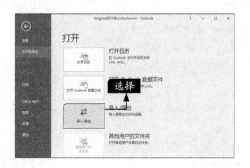

步骤 02 弹出【导入和导出向导】对话框，选择

【导出到文件】选项，单击【下一步】按钮。

步骤 03 打开【导出到文件】界面，在【创建文

件的类型】区域选择【逗号分隔值】选项，单击【下一步】按钮。

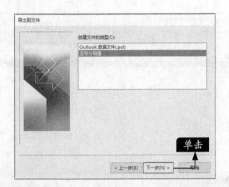

步骤 04 在弹出的【选择导出文件夹的位置】区域，选择【联系人】文件夹，单击【下一步】按钮。

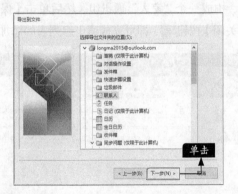

步骤 05 在弹出的【导出到文件】对话框中单击【浏览】按钮，弹出【浏览】对话框，选择文件的存储位置，在【文件名】文本框中输入文件的名称，单击【确定】按钮。

步骤 06 返回【导出到文件】对话框，单击【下一步】按钮。

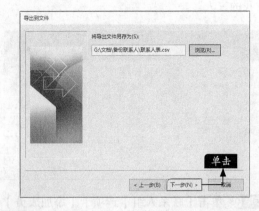

步骤 07 在弹出的对话框中单击【完成】按钮，系统将自动将数据导出到指定位置。

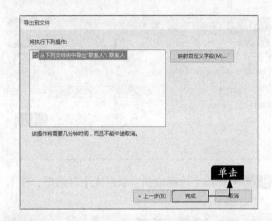

步骤 08 导出完成，用户可以在保存的位置看到导出的文件。

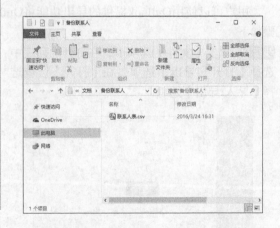

19.4.4 导入联系人

在Outlook 2016中不但可以导出联系人信息，还可以将手机或其他设备中导出的联系人导入到

Outlook中，具体操作步骤如下。

步骤 01 在Outlook 2016主界面中单击【文件】选项卡，在打开的列表中选择【打开和导出】选项，在【打开】区域选择【导入/导出】选项。

步骤 02 弹出【导入和导出向导】对话框，选择【从另一程序或文件导入】选项，单击【下一步】按钮。

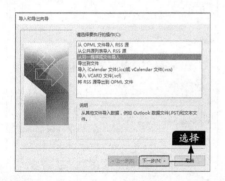

步骤 03 弹出【导入文件】对话框，选择【逗号分隔值】选项，单击【下一步】按钮。

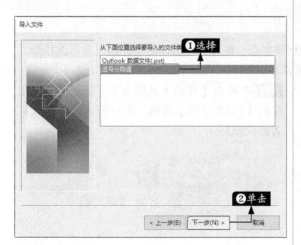

步骤 04 在弹出的对话框中找到要导入文件的所在位置，在【选项】组中单击选中【不导入重复的项目】单选项，单击【下一步】按钮。

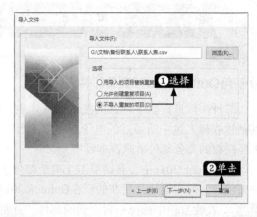

步骤 05 在弹出的对话框中选择目标文件夹，这里选择【联系人】文件夹，单击【下一步】按钮。

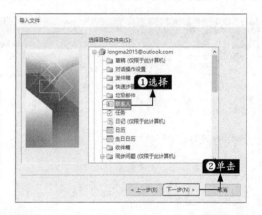

步骤 06 在弹出的对话框中单击【完成】按钮，系统将自动开始将数据导出到指定位置。导入完成后，在Outlook的联系人视图中将会看到导入的联系人。

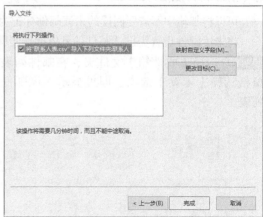

高手支招

🔴 本节教学录像时间：3分钟

◆ 使用Outlook 2016查看邮件头信息

邮件头信息提供了详细的技术信息列表，如该邮件的发件人、用于撰写该邮件的软件以及在其到达收件人途中所经过的电子邮件服务器等。这些详细信息对于辨别电子邮件的种类或者辨别未经授权的商务邮件的来源非常有用。

在Outlook 2016中，右键单击【电子邮件】没有了以前的【选项】项目，因此我们无法看到邮件头信息，但功能还是存在的。在Outlook 2016中查看邮件头信息的具体操作步骤如下。

步骤 01 在收信箱中选择一封收到的邮件，并将其打开。单击【邮件】选项卡下【标记】选项组中的【邮件选项】按钮 。

框中即可看到邮件头信息。

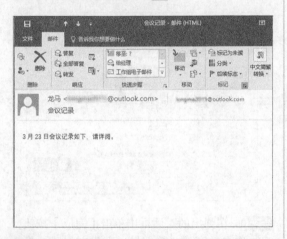

步骤 02 弹出【属性】对话框，在【属性】对话

◆ 将未读邮件设置为已读邮件

可以将邮箱中不需要阅读的未读邮件标记为已读状态，也可以将已读的邮件标记为未读状态。将未读邮件设置为已读邮件的具体操作步骤如下。

步骤 01 选择【收件箱】文件夹，在邮件列表窗格选择【未读】选项，即可显示未读邮件列表。

步骤 02 单击【开始】选项卡下【标记】选项组中的【未读/已读】按钮，即可将未读邮件设置为已读邮件。

第 **20** 章

使用Outlook 2016安排计划

Outlook 2016不但有强大的电子邮件管理功能，而且还有许多其他的功能，如安排任务、查看日历、使用便笺等。熟练地掌握这些功能，可以提高工作的效率。

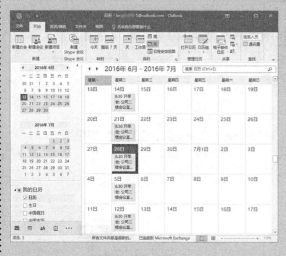

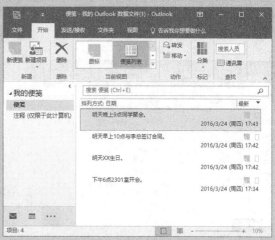

20.1 安排任务

⏺ 本节教学录像时间：5 分钟

使用Outlook可以创建和维护个人任务列表，也可以跟踪项目进度，还可以分配任务。单击界面下方的【任务】导航选项，即可进入【任务】视图进行设置。

20.1.1 新建任务

新建任务的具体操作步骤如下。

步骤 01 单击【开始】选项卡下【新建】选项组中【新建任务】按钮，弹出【未命名 - 任务】工作界面。

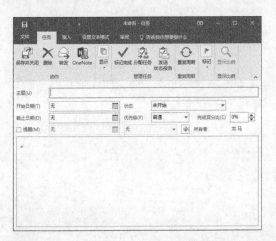

步骤 02 在【主题】文本框中输入任务名称，然后选择任务的开始日期和截止日期，并单击选中【提醒】复选框，设置任务的提醒时间，输入任务的内容。

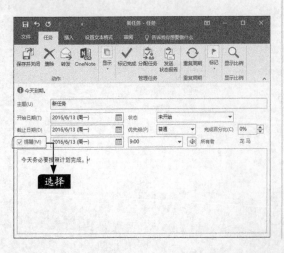

步骤 03 单击【任务】选项卡下【动作】选项组中的【保存并关闭】按钮，关闭【任务】工作界面。在【待办事项列表】视图中，可以看到新添加的任务。单击需要查看的任务，在右侧的【阅读窗格】中可以预览任务内容。

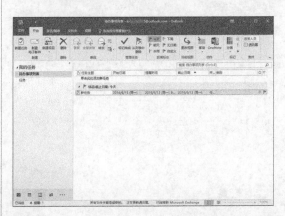

步骤 04 到提示时间时，系统会弹出【1个提醒】对话框，单击【暂停】按钮，即可在选定的时候后再次打开提醒对话框。

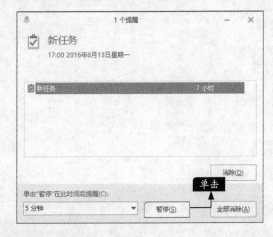

20.1.2 安排任务周期

使用Outlook也可以轻松安排周期性的任务，例如每个月都必须开的例会等。具体操作步骤如下。

步骤01 双击【待办事项列表】中的任务，在弹出的任务编辑窗口中单击【任务】选项卡下【重复周期】选项组中的【重复周期】按钮。

步骤02 在弹出的【任务周期】对话框中设置任务的周期，完成设定后，单击【确定】按钮。

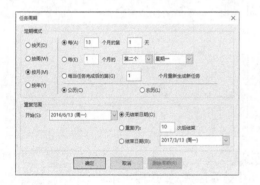

步骤03 返回任务编辑窗口，单击【保存并关闭】按钮完成设置。

步骤04 返回【任务】工作界面，在【待办事项列表】中显示的任务中有标志，说明是周期任务。

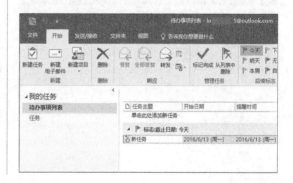

20.2 使用日历

本节教学录像时间：5分钟

用户可在Outlook 2016的日历中查看日期，并能在日历中记录当天的约会或者选择日期，查看当日的约会项目。

20.2.1 打开日历

单击界面下方的【日历】导航选项，在主视图中将出现【日历】界面。日历有多种显示方式，单击【开始】选项卡下【排列】选项组中的【天】、【工作周】、【周】或【月】按钮，即可以不同的方式来显示日历。例如单击【周】按钮，日历将以周的形式显示。

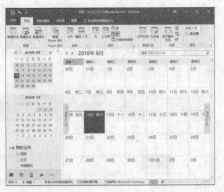 

20.2.2 建立约会项目

在日历中建立约会项目有助于用户管理生活作息，其操作方法如下。

步骤01 在导航窗格上方的日历区域中选择日期，在【日历】视图中，在一天中的一个小时方格双击，或者选中方格单击【开始】选项卡下【新建】选项组中的【新建约会】按钮。

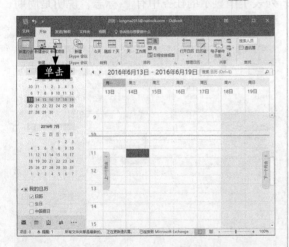

步骤02 弹出【未命名-约会】工作页面，在【主题】文本框中输入约会的主题，在【地点】文本框中输入约会的地点。选择一个【开始时间】和一个【结束时间】，如果约会是在一天中进行，可以单击选中【全天事件】复选框，在文本正文栏中输入相关的约会内容即可。

步骤03 单击【保存并关闭】按钮，可在日历中显示已建立的约会项目。

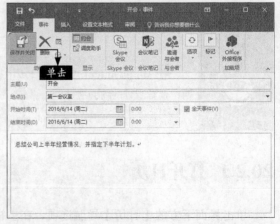

步骤 04 当到约会的时间或约会的时间过期时，Outlook会自动弹出约会提醒。此时可以单击【消除】按钮关闭提醒；也可以单击【暂停】按钮，让系统在一定的时间段后再次提醒。

20.2.3 添加约会标签

用户可以根据约会类别的不同为约会添加标签，具体的操作步骤如下。

步骤 01 单击【视图】选项卡下【当前视图】选项组中的【更改视图】按钮，在弹出的下拉列表中选择【列表】选项。

步骤 02 约会将以列表形式排列。

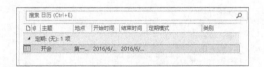

步骤 03 单击【视图】选项卡下【排列】选项组中的【添加列】按钮，弹出【显示列】对话框。

步骤 04 在【可用列】列表框中选择【标签】选项，单击【添加】按钮，【标签】选项将添加到【按此顺序显示这些列】列表框中，单击【确定】按钮。

步骤 05 约会列表中增加【标签】列，单击约会项标签列中的下拉按钮，在弹出的下拉列表中选择添加的标签即可。

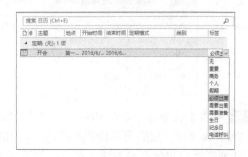

20.3 使用便笺

🕙 本节教学录像时间：5 分钟

Outlook 2016的便笺是一款优秀的辅助记事工具，用户可以将工作和生活中的问题、创意、提醒等随时记录下来。

20.3.1 创建便笺项目

创建新便笺的具体操作步骤如下。

步骤01 单击导航窗格中左下角的【便笺】按钮，进入【便笺】视图。

步骤02 单击【开始】选项卡下【新建】选项组中的【新便笺】按钮，弹出一个黄色的便笺编辑框，在其中可以输入便笺的内容。

步骤03 单击便笺编辑框右上角的【关闭】按钮，即可关闭便笺。返回【便笺】视图，已有的便笺将显示在主视图中。

步骤04 由于便笺存放在Outlook中，如果关闭了Outlook窗口，便笺窗口也会随之关闭。如果想让便笺窗口单独存在的话，可以将便笺存放

到桌面上。双击添加的便笺，打开便笺窗口，单击【便笺编辑框】左上角的 ▨ 按钮，在弹出的快捷菜单中选择【另存为】选项。

步骤05 弹出【另存为】对话框，选择存放的位置为"桌面"，输入文件名，选择【保存类型】为"Outlook邮件格式 - Unicode"，单击【保存】按钮。

步骤06 在关闭Outlook后，双击桌面上的便笺文件即可打开便笺窗口。

20.3.2 查找便笺项目

当便笺项目比较多时，用户可以利用便笺提供的查找功能快速找到目标便笺，具体的操作步骤如下。

步骤 01 在【便笺】工作界面的【搜索便笺】文本框中输入目标便笺的关键字，便笺窗口将自动显示查找结果，如下图所示。

步骤 02 双击便笺名称即可打开便笺。

20.3.3 设置便笺类别

为了便于将便笺分类，用户还可以设置便笺类别，具体操作方法如下。

步骤 01 单击【开始】选项卡下【当前视图】选项组中的【便笺列表】按钮，便笺将会以列表形式排列。

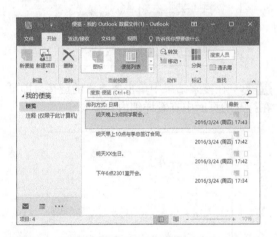

步骤 02 在便笺右侧的【类别】按钮上单击鼠标右键，在弹出的下拉菜单中选择【设置快速单击】选项。

步骤 03 弹出【设置快速单击】对话框，单击【红色类别】选项右侧的下拉按钮，在下拉列表中选择一种类别，这里选择"蓝色类别"，单击【确定】按钮。

步骤 04 弹出【重命名类别】对话框，在【名称】文本框中输入该类别的名称，还可以设置该类别的颜色及快捷键，设置完成之后单击【确定】按钮。

步骤 05 单击便笺列表右侧的【类别】按钮，即可将便笺的类别切换为"个人事务"类别。

高手支招

● 使用Outlook帮助解决问题

如果在实际应用中遇到了问题，则可使用Outlook的帮助功能来解决问题，具体操作步骤如下。

步骤 01 打开Outlook 2016主界面，按【F1】键，打开【Outlook帮助】界面。

步骤 02 在下方的主要类别中选择要帮助的类别，在展开的详细类别列表中选择要查看的帮助并且单击，即可打开帮助界面，显示操作方法。

步骤 03 此外，用户还可以在【搜索】文本框中输入所遇到的问题的关键字，如"便笺"，按【Enter】键或单击【搜索】按钮 🔍，即可显示搜索结果。

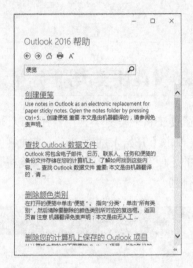

步骤 04 在搜索结果中单击要查看的链接，即可在打开的页面中查看详细内容。

第21章

OneNote 2016

学习目标

OneNote 2016是一种数字笔记本，提供一个收集所有笔记和信息的位置，并提供强大的搜索功能和易用的共享笔记本的额外优势。搜索功能使用户可以迅速找到所需的内容，共享笔记本使用户可以更加有效地与他人协同工作。本章主要讲述创建笔记本、记录笔记和管理笔记本等内容。

学习效果

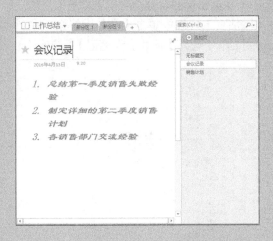

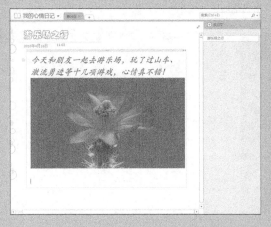

21.1 创建笔记本

🔊 **本节教学录像时间：6分钟**

使用OneNote 2016可以基于信纸快速创建笔记本，如空白笔记、商务会议笔记、学术笔记等，还可以创建自定义的笔记本。

21.1.1 基于信纸快速创建笔记本

用户可以根据软件提供的信纸模板快速创建笔记本，具体的操作步骤如下。

步骤01 单击【开始】➤【所有应用】➤【OneNote 2016】菜单命令。

步骤02 打开Microsoft OneNote 2016软件，单击【文件】选项卡，在弹出的快捷菜单中选择【新建】选项，在【新笔记本】中选择【这台电脑】选项，在【笔记本名称】文本框中输入笔记本的名称"我的笔记本"，单击【创建笔记本】按钮。

步骤03 系统会自动创建新的空白笔记本。

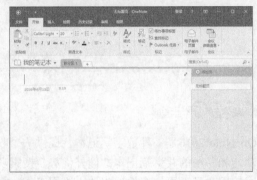

步骤04 单击【插入】选项卡下【页面】选项组中的【页面模板】按钮 。

步骤05 在编辑区的右侧会弹出【模板】窗格，在【添加页】列表中单击【商务】按钮，在弹出的列表框中选择【简要会议笔记1】选项。

步骤 06 系统将利用模板自动创建空白的会议商务笔记。

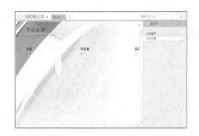

步骤 07 单击【模板】窗格的【关闭】按钮，在编辑区中输入相关的内容即可。用户也可以根据需要选择不同的模板。

21.1.2 创建自定义笔记本

除了利用OneNote 2016自带的模板快速创建各种类型的笔记外，用户还可以创建自定义的笔记。

1.新建页面

创建空白笔记后，用户还可以添加新的笔记页，具体操作步骤如下。

步骤 01 创建空白笔记本后，单击页面右侧的【添加页】按钮。

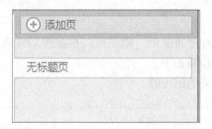

步骤 02 系统将自动在笔记本中添加新的页面。在编辑区输入页面的标题，如这里输入"会议笔记"，在【添加页】列表中可以看到新添加的页面。

2.设置图案

创建空白页面后，用户可以自定义页面的图案效果，具体操作步骤如下。

步骤 01 创建空白笔记本，单击【插入】选项卡下【页面】选项组中的【页面模板】按钮。

步骤 02 在编辑区的右侧会弹出【模板】窗格，在【添加页】列表中单击【图案】按钮，在弹出的列表框中选择【蓝色云朵】选项。

步骤 03 系统将自动将蓝色云朵图案添加到页面上。

步骤 04 单击【模板】窗格的【关闭】按钮，用户可以在编辑区中输入相关笔记的内容。

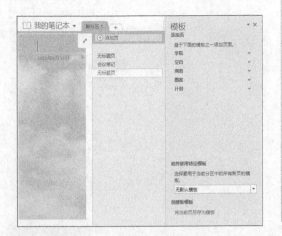

21.2 记录笔记

🔘 **本节教学录像时间：6 分钟**

完成页面的创建后，用户可以在笔记中输入内容，常见的输入法有在页面任意位置书写和使用手写笔书写等。

21.2.1 在任意位置书写

创建完空白笔记本后，在编辑区域上有相关输入内容的提示。除了可以根据提示输入内容外，用户还可以在页面的任意位置书写文字。具体操作步骤如下。

步骤 01 创建空白笔记本，在编辑区输入页面标题，如这里输入"会议记录"。

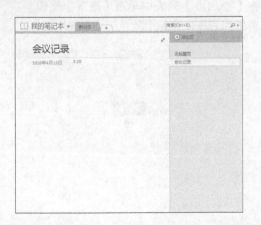

步骤 02 在需要输入文字的区域上单击，即可输入相关笔记内容。

21.2.2 使用手写笔输入

除了在编辑区直接输入文字外，用户还可以使用手写笔输入相关的笔记内容。

步骤 01 创建空白笔记，在编辑区输入页面标题。

步骤 02 单击【绘图】选项卡下【工具】选项组中的【其他】按钮，在弹出的下拉列表中选择需要的笔触类型。

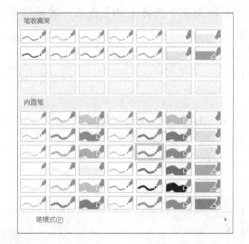

步骤 03 在编辑区内可以直接手动书写相关文字。

步骤 04 除了利用系统预设的画笔外，用户还可以自定义画笔效果。单击【绘图】选项卡下【工具】选项组中的【颜色和粗细】按钮。

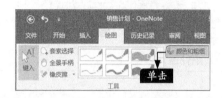

步骤 05 弹出【笔属性】对话框，在【颜色和粗细】中单击选中【荧光笔】单选项，【笔触粗细】为"1.5毫米"，【线条颜色】为"绿色"，单击【确定】按钮。

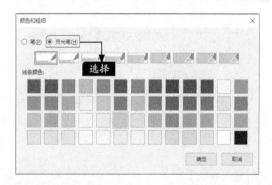

步骤 06 在编辑区域用户可手动书写相关文字。

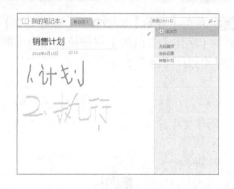

21.2.3 使用橡皮擦

OneNote 2016提供的"橡皮擦"功能，可用于直接擦拭手动书写的内容，而对其他的相关内容无效。使用橡皮擦的具体操作步骤如下。

步骤 01 接着上一小节的实例继续操作，单击【绘图】选项卡下【工具】选项组中的【橡皮擦】按钮，在弹出的下拉菜单中选择【中橡皮擦】选项。

步骤 02 在编辑区按住鼠标左键并拖曳，即可擦拭相关内容。

21.2.4 设置字体格式

在编辑区输入完文字后，用户可以设置字体的常见格式。设置字体格式的具体操作步骤如下。

步骤 01 选择需要修改格式的文本。

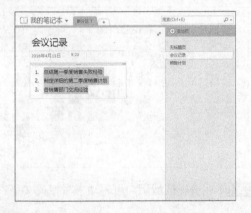

步骤 02 单击【开始】选项卡下【普通文本】选项组中【字体】右侧的下拉按钮，在弹出的下拉菜单中选择【隶书】选项。

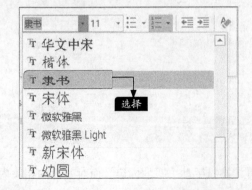

步骤 03 单击【开始】选项卡下【普通文本】选项组中【字体大小】右侧的下拉按钮，在弹

出的下拉菜单中选择【20】选项，效果如下图所示。

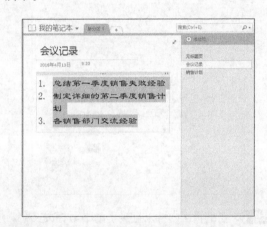

步骤 04 此外，还可以设置文本的其他格式，如颜色和下划线等，这里不再赘述。

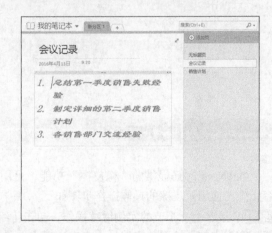

21.3 管理笔记本

◎ 本节教学录像时间：6分钟

创建完笔记本后，用户还可以对笔记进行管理。强大的搜索功能用于在图片文本或录音和录像中查找信息，为笔记添加标记，从而更有利于用户查看笔记。

21.3.1 设置笔记本

新建好笔记本后，用户可以对笔记本进行设置，包括添加分区，复制或移动笔记本分区等。

● 1.添加分区

如果一个笔记本的内容比较多，一个分区不能满足要求，可以为笔记本添加新的分区，添加分区的具体操作步骤如下。

步骤01 在【文件】设置区域中选中某一个笔记本分区，单击鼠标右键，在弹出的快捷菜单中选择【新建分区】选项。

步骤02 弹出新建的【新分区 2】选项卡，即可在新分区中添加新的笔记内容。

> **小提示**
>
> 单击分区右侧的【创建新分区】按钮，也可以为笔记本添加新的分区。

● 2.复制或移动分区

复制或移动分区的具体操作步骤如下。

步骤01 选择需要移动的分区，这里选择"新分区 1"。

步骤02 在【新分区 1】笔记选项卡上单击鼠标右键，在弹出的快捷菜单中选择【移动或复制】选项。

步骤 03 弹出【移动或复制】对话框，在【所有笔记本】列表中选择【工作总结】选项，单击【移动】按钮。

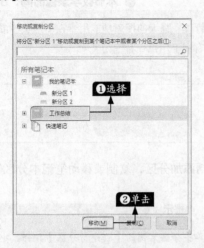

步骤 04 即可将【新分区 1】移动到【工作总结】列表中。

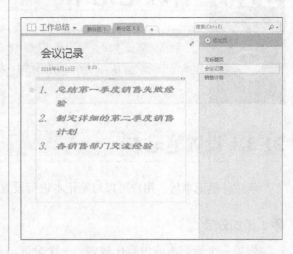

21.3.2 搜索笔记本

当创建的笔记本比较多，一时很难找到需要查看的笔记时，可以利用OneNote 2016提供的搜索功能来搜索需要查看的笔记。按作者搜索笔记的具体操作步骤如下。

步骤 01 在OneNote 2016操作界面中单击【历史记录】选项卡下【作者】选项组中的【按作者查找】按钮。

步骤 02 在操作界面的右侧会打开【搜索结果】窗格，在此窗格中系统会按照作者的不同，自动对搜索出来的笔记排序。在【按作者更改】下拉列表中选择【搜索所有笔记本】选项。

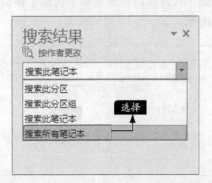

步骤 03 系统会自动将所有的笔记本搜索出来，并按照不同的作者排序。在【搜索结果】窗格中单击笔记本列表中需要查看的笔记，则可在中间的窗格中打开该笔记本，并显示笔记本的详细内容。

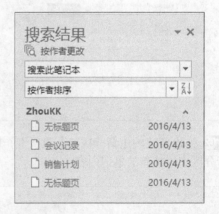

小提示

除了可以按作者搜索笔记之外，还可以按照修改的时间搜索笔记、搜索特定笔记本中的笔记等。

21.3.3 为笔记添加标记

OneNote 2016提供有一些预定义的笔记标记，例如"重要"和"待办事项"等，可以利用这些预定标记为笔记添加标记。具体操作步骤如下。

步骤01 打开OneNote 2016界面，选择要添加笔记的分区选项卡。将鼠标指针定位至要标记的段落，这里将鼠标指针定位至标题处。单击【开始】选项卡下【标记】选项组中的【其他】按钮 。

步骤03 即可在笔记的标题前看到添加的标记符号。

步骤02 在弹出的【预定义标记】列表框中选择所需的笔记标记，这里选择"重要"。

 21.4 综合实战——制作心情日记

🔖 本节教学录像时间：7 分钟

OneNote 2016可以广泛应用在工作和生活中的各个方面。本节通过创建笔记、设置字体格式、插入图片等操作来制作一则美观的心情日记。

● 第1步：创建笔记

步骤01 打开OneNote 2016软件，单击【文件】选项卡，在弹出的快捷菜单中选择【新建】选项，在【新笔记本】中选择【这台电脑】选项，在【笔记本名称】文本框中输入笔记本的名称"我的心情日记"，单击【创建笔记本】按钮。

步骤02 系统会自动创建新的空白笔记本，单击【插入】选项卡下【页面】选项组中的【页面模板】按钮。

步骤03 在编辑区的右侧会弹出【模板】窗格，在【添加页】列表中单击【图案】按钮，在弹出的列表框中选择【肥皂泡】选项。

步骤 04 系统将自动在页面上添加肥皂泡图案，单击【模板】窗格的【关闭】按钮。

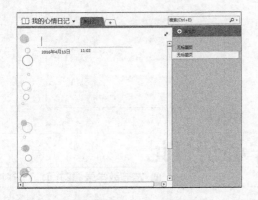

第2步：记录笔记并设置字体格式

步骤 01 输入笔记的标题及内容。

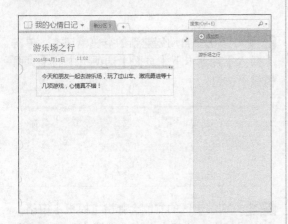

步骤 02 选择笔记的标题，单击【开始】选项卡下【普通文本】选项组中【字体】右侧的下拉按钮，在弹出的下拉列表中选择【华文彩云】选项，单击【字体大小】右侧的下拉按钮，在弹出的下拉列表中选择【24】选项。

步骤 03 单击【开始】选项卡下【普通文本】选项组中【字体颜色】按钮右侧的下拉按钮，在下拉颜色列表中选择字体的颜色，这里选择"蓝色"。

步骤 04 使用同样的方法设置笔记内容的文本格式，设置后如下图所示。

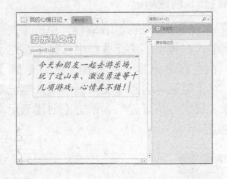

第3步：插入剪贴画

步骤 01 单击【插入】选项卡下【图像】选项组中的【联机图片】按钮。

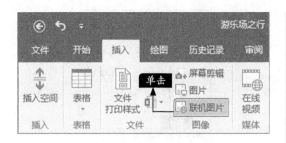

步骤 02 弹出【插入图片】窗格，在搜索框中输入"鲜花"，单击【搜索】按钮。

步骤 03 在搜索结果中选择喜欢的剪贴画，单击【插入】按钮。

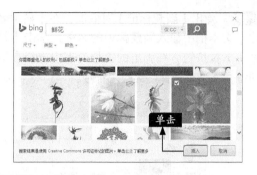

步骤 04 即可在文档中插入选择的联机图片，调整图片的大小及位置。

至此，心情日记就制作完成了。

 高手支招

● 本节教学录像时间：3 分钟

● 为笔记添加自定义标记

除了系统默认的标记外，用户还可以为笔记添加自定义标记，具体操作步骤如下。

步骤 01 打开OneNote 2016界面，选择要添加自定义标记的分区选项卡。将鼠标指针定位至标题处，单击【开始】选项卡下【标记】选项组中的【其他】按钮，在弹出的【预定义标记】列表框中选择【自定义标记】选项。

步骤 02 弹出【自定义标记】对话框，单击【新建标记】按钮。

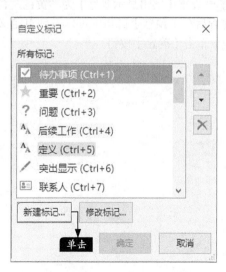

步骤 03 弹出【新建标记】对话框，在【显示名称】文本框中输入新建标记的名称，单击【符号】下拉按钮，在弹出的符号列表中选择合适的符号，这里选择"笑脸"符号。

步骤 04 单击【字体颜色】下拉按钮，在弹出的颜色色块中选择合适的颜色，这里选择"蓝色"。

步骤 05 设置【突出显示颜色】为"黄色"，设置完毕后在【预览】窗格中可以看到自定义的标记，单击【确定】按钮。

步骤 06 返回【自定义标记】对话框，在【所有标记】列表框中可以看到自定义的标记符号，单击【确定】按钮。

步骤 07 即可在【开始】选项卡的【标记】选项组中看到新定义的标记，选择该标记，即可为笔记内容添加自定义标记。

第6篇
行业应用篇

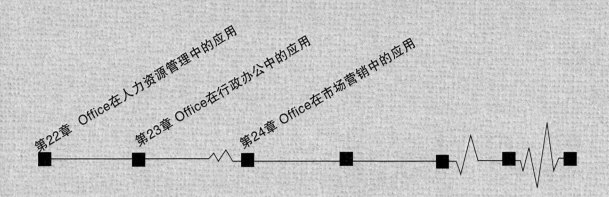

第22章

Office在人力资源管理中的应用

学习目标

人力资源管理是一项系统又复杂的组织工作，使用Office 2016系列组件可以帮助人力资源管理者轻松，快速地完成各种文档、数据报表及演示文稿的制作。本章主要介绍个人求职简历、人力资源招聘流程表、公司招聘计划PPT的制作方法。

学习效果

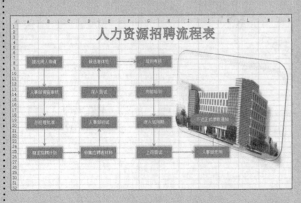

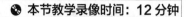

22.1 制作个人求职简历

🎬 本节教学录像时间：12分钟

求职者投放个人求职简历可以让求职公司更快速地了解求职者的长处与不足。

22.1.1 案例描述

求职者在求职之前可以根据自己的个人信息，制作个人求职简历并打印出来，或者在网络上给适合自己的公司投求职简历。而作为人力资源管理岗位的员工，也可以根据公司的需求制作简历模板，便于应聘者根据需求填写。

22.1.2 知识点结构分析

个人求职简历的内容根据个人的特点与长处而异，着重突出自己的专业技能与自我评价，自我期望。

本节主要涉及以下知识点。

（1）设置页面。

（2）输入并设置正文样式。

（3）插入并设置表格样式。

（4）插入自选图形。

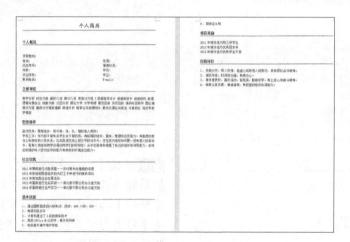

22.1.3 案例制作

● 第1步：页面设置

步骤 01 新建一个Word文档，命名为"中文求职简历.docx"，并将其打开。之后单击【布局】选项卡【页面设置】选项组中的【页面设置】

按钮 ⌐，弹出【页面设置】对话框，单击【页边距】选项卡，设置页边距的【上】的边距值为"2.54厘米"，【下】的边距值为"2.54厘米"，【左】的边距值为"2.5厘米"，【右】的边距值为"2.5厘米"。

步骤02 单击【纸张】选项卡，设置【纸张大小】为"A4"，【宽度】为"21厘米"，【高度】为"29.7厘米"；单击【文档网格】选项卡，设置【文字排列】的【方向】为"水平"，【栏数】为"1"。单击【确定】按钮，完成页面设置。

第2步：输入文本内容

步骤01 首先输入求职简历的标题，这里输入"个人简历"文本，然后在【开始】选项卡中设置【字体】为"楷体"，【字号】为"小二"，"加粗"并进行居中显示，效果如下图所示。

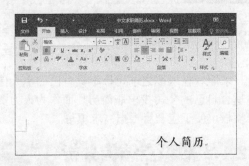

步骤02 按【Enter】键两次，对其进行左对齐，然后输入文本内容"个人概况"，然后在【开始】选项卡中设置【字体】为"宋体"，【字号】为"小四"，并"加粗"显示，效果如下图所示。

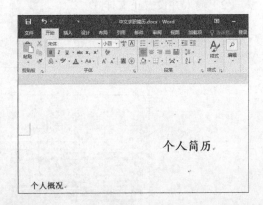

步骤03 按【Enter】键两次，对其进行左对齐，然后输入个人概况的相关文本内容，然后在【开始】选项卡中设置【字体】为"宋体"，【字号】为"五号"，并调整文本的位置，排版效果如下图所示。

步骤 04 按【Enter】键两次，对其进行左对齐，然后输入文本内容"主修课程"，然后在【开始】选项卡中设置【字体】为"宋体"，【字号】为"小四"，并"加粗"显示，效果如下图所示。

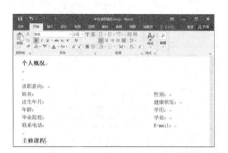

步骤 05 按【Enter】键两次，对其进行左对齐，然后输入主修课程的相关文本内容，然后在【开始】选项卡中设置【字体】为"宋体"，【字号】为"五号"，并调整文本的位置，效果如下图所示。

步骤 06 按【Enter】键两次，对其进行左对齐，然后输入文本内容"思想修养"，然后在【开始】选项卡中设置【字体】为"宋体"，【字号】为"小四"，并"加粗"显示，效果如下图所示。

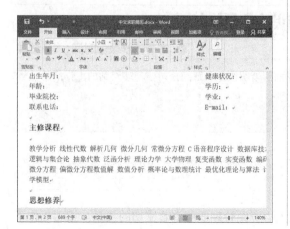

步骤 07 按【Enter】键两次，对其进行左对齐，然后输入思想修养的相关文本内容，然后在【开始】选项卡中设置【字体】为"宋体"，【字号】为"五号"，并调整文本的位置，效果如下图所示。

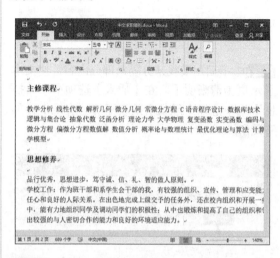

步骤 08 使用相同的方法输入文本内容"社会实践""基本技能""曾获奖励"和"自我评价"，然后排版，设置效果如下图所示。

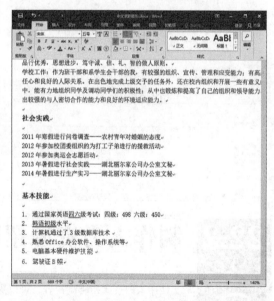

● 第3步：设置文本格式

步骤 01 输入求职简历的文本内容之后，会发现文本每行距离太近不易于阅读，所以需要设置文本行距；选择相应的文本内容，然后在【开始】选项卡中【段落】组中设置【行和段落间距】为1.5倍，效果如下图所示。

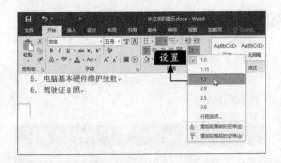

步骤 02 下面用横线来分隔每部分内容，使文本显示更为清晰明了。在【插入】选项卡中【插图】组中选择【形状】按钮下的【直线】，如下图所示。

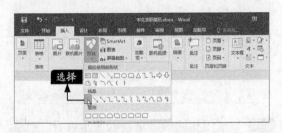

步骤 03 在个人简历和个人概况文本下方绘制分隔线，并设置颜色为黑色，如下图所示。

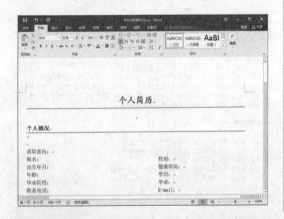

步骤 04 使用相同的方法绘制其他的分隔线，如下图所示。

步骤 05 最终制作的中文求职简历效果如下图所示。

至此，就完成了个人求职简历的制作。

22.2 制作人力资源招聘流程表

🕐 **本节教学录像时间：16分钟**

　　使用人力资源招聘流程表，可以更加清晰明快地了解到公司招聘涉及到的工作部门，从而确定需要的人力资源。

22.2.1 案例描述

　　招聘作为一个公司的重要管理任务，与其他人力资源管理职能有着密切的关系。招聘工作不是人力资源部的一个部门的独立工作，还涉及到公司各个部门的用人需要，所以招聘工作在人力资源管理中占据着极其重要的位置。

22.2.2 知识点结构分析

人力资源招聘流程表主要涉及以下知识点。
（1）新建、保存工作簿。
（2）输入并设置艺术字。
（3）插入并设置自选图形。
（4）插入并设置图片样式。

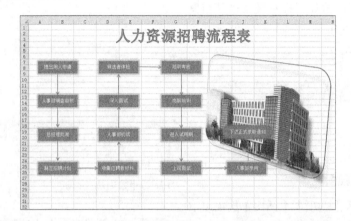

22.2.3 案例制作

制作人力资源招聘流程表的具体步骤如下。

● 第1步：插入艺术字

步骤 01 启动Excel 2016，新建一个空白工作簿。

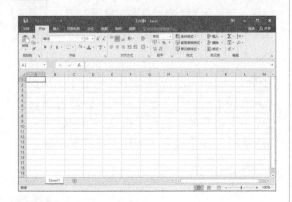

步骤 02 在【插入】选项卡中，单击【文本】选项组中的【艺术字】按钮，在弹出的【艺术字样式】列表中选择第4行第2列的样式，工作表中出现艺术字体的"请在此放置您的文字"。

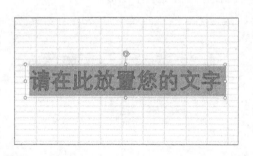

步骤 03 将光标定位在艺术字框中，输入"人力资源招聘流程表"。

步骤 04 选中文本"人力资源招聘流程表"，在【开始】选项卡【字体】选项组中的【字号】文本框内输入"36"。

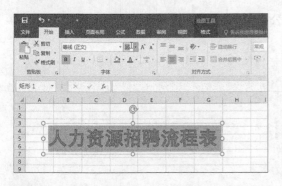

步骤 05 将鼠标指针放置在艺术字的边框上，当指针变为✛形状时，按住鼠标左键，将其拖曳至单元格区域A1:G5中。

● 第2步：制作流程图

步骤 01 单击【插入】选项卡【插图】选项组中的【形状】按钮✍，在弹出的形状列表中选择【流程图】组中的【流程图：过程】选项。当光标变为十字形状时，在适当位置拖曳鼠标，即可创建一个【过程】图形。

> **小提示**
>
> 图形创建好后，可以看到功能区出现了【格式】选项卡。在【格式】选项卡中，分别单击【形状样式】选项组中的【形状填充】、【形状轮廓】和【形状效果】按钮，为图形设置填充颜色、轮廓粗细线型和阴影、三维效果等。

步骤 02 在图形上单击鼠标右键，在弹出的快捷菜单中选择【编辑文字】选项。

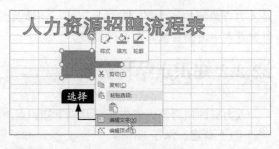

步骤 03 在图形中光标闪烁处输入文字"提出用人申请"，并设置文本的字体为"宋体"、字号为"11"，并设置为居中和水平居中。

> **小提示**
>
> 可以调整图形的大小，具体方法是将鼠标指针移至图形周围的小圆圈控制点上，当指针变为双向箭头时，拖动鼠标调整即可。

步骤 04 选中图形，在【绘图工具】▶【格式】选项卡中，单击【形状样式】选项组中的【形状效果】按钮 ◐ 形状效果▼，在弹出的下拉列表中选择【发光】选项，然后在弹出的子菜单中选择"蓝色，8pt发光，个性色1"样式，可以看到图形效果相应地发生改变。

人力资源招聘流程表

提出用人申请

步骤 05 单击【插入】选项卡【插图】选项组中的【形状】按钮✍，在弹出的形状列表中选择【线条】组中的【箭头】选项，当指针变为十字形状时，在【过程】图形下方拖曳鼠标，即可绘制一个箭头。

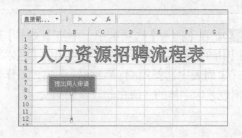

如果对箭头的样式不满意，可以在【格式】选项卡中单击【形状样式】选项组中的【形状轮廓】和【形状效果】按钮，为箭头设置粗细、线型、阴影或三维效果等。

步骤 06 参照 **步骤 01** ～ **步骤 05** 设置其他【过程】图形。

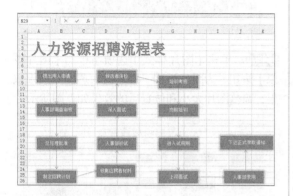

设置其他图形时，可以选中创建好的图形，按住【Ctrl】键拖曳鼠标，将其复制到合适的位置。同时要注意，拖动鼠标时一定要按住【Ctrl】键，否则进行的操作就不是复制，而是移动了。

步骤 07 选中【下达正式录取通知】图形，单击【绘图工具】▶【格式】选项卡中【插入形状】选项组中的【编辑形状】按钮 编辑形状▾，在弹出的下拉列表中选择【更改形状】▶【流程图】▶【终止】选项，"下达正式录取通知"的图形发生改变，然后适当调整该图形的大小。

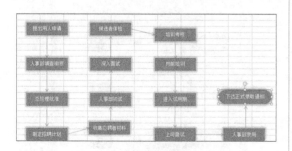

"下达正式录取通知"是招聘流程的最后一步，因此用【终止】图形来代替【过程】图形。

步骤 08 选择最左侧的形状和箭头，在【格式】选项卡的【排列】选项组中单击【对齐】按钮，在下拉列表中选择【水平居中】选项，按照此操作调整其他的形状，调整后的效果如下图所示。

📍 第3步：插入图片

在流程图绘制完毕后，可以在工作表中插入图片修饰一下流程图，如插入公司照片作为背景等。

步骤 01 选择任意单元格中，单击【插入】选项卡下【插入】选项组中的【图片】按钮，在弹出的【插入图片】对话框中选择随书光盘中的"素材\ch22\公司大楼.jpg"，单击【插入】按钮。

步骤 02 返回到Excel工作表中，选中图片，单击【图片工具】▶【格式】选项卡下【调整】选项组中的【删除背景】按钮。

步骤 03 调整删除的范围后，单击工作表空白位置完成删除。

步骤 04 调整图片位置后，单击【大小】选项组中的【裁剪】按钮，调整图片的大小，效果如下图所示。

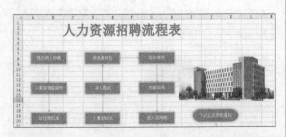

步骤 05 单击【绘图工具】▶【格式】选项卡【图片样式】选项组中的【其他】下拉按钮，在弹出的列表中选择一种样式，这里选择【棱台透视】选项。

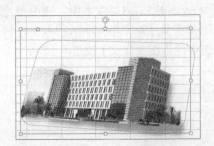

步骤 06 单击【图片样式】选项组中的【图片边框】按钮，为图片添加蓝色边框。

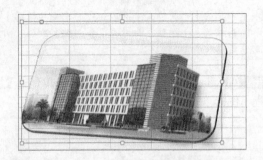

步骤 07 单击【图片样式】选项组中的【图片效果】按钮，为图片添加"极左极大透视"三维效果，调整图片大小和位置后的效果如下图所示。

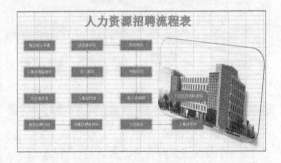

第4步：添加链接

一般在招聘流程表中还可以链接一些招聘过程中需要用到的文档或表格，比如招聘申请表、应聘人员登记表及面试人员测评表等，方便使用。

步骤 01 选中相应流程图形，单击鼠标右键，在弹出的快捷菜单中选择【编辑超链接】选项。

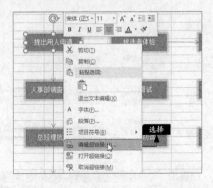

步骤 02 在弹出的【编辑超链接】对话框中，选择要链接的文件的路径，单击【确定】按钮即可。

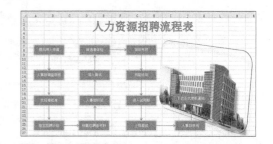

聘流程表.xlsx", 效果如下图所示。

至此, 就完成人力资源招聘流程表的制作。

 根据需要对招聘流程图进行修改, 使其更工整、美观, 最后将其另存为"人力资源招

22.3 制作公司招聘计划PPT

🔘 本节教学录像时间: 11分钟

招聘计划能够在人力资源部招聘人才时提供极大的方便, 确保招聘工作有序不乱地进行。

22.3.1 案例描述

招聘计划PPT是人事部门的一种策划书, 为公司招聘人才提供详细的计划, 并预计需要的费用, 使招聘工作能够按部就班地进行, 也使负责人对整个招聘规模有一个大致的了解。它可以应用于各个行业, 但由于实际需求以及公司规模、从事行业的不同, 具体的招聘计划PPT也有所不同。

22.3.2 知识点结构分析

公司招聘计划PPT主要由以下部分构成。

（1）公司背景页面, 主要介绍公司的基本信息。

（2）招聘需求表, 列出招聘需要的人员。

（3）招聘信息的发布渠道、招聘原则、招聘预算、具体实施等页面, 这几个页面主要介绍招聘的具体实施过程。

（4）录用决策页面, 该页面主要用于列出哪些人员满足需求以及录用员工的流程等。

（5）入职培训页面, 介绍员工入职培训的相关信息。

本节主要涉及以下知识点。

（1）制作幻灯片母版。

（2）输入文本并编辑文本。

（3）插入图片。

（4）插入SmartArt图形。

（5）插入表格。

（6）插入艺术字。

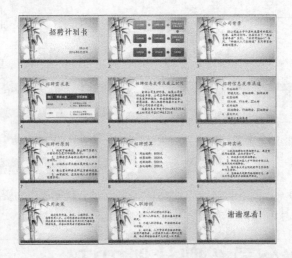

22.3.3 案例制作

制作招聘计划书的具体步骤如下。

1. 制作幻灯片母版

步骤01 启动PowerPoint 2016，新建一个空白演示文稿，将其保存为"招聘计划书.pptx"，单击【视图】选项卡下【母版视图】组中的【幻灯片母版】按钮 幻灯片母版 。

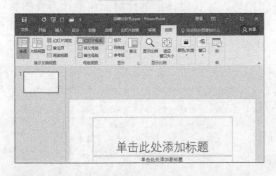

步骤02 进入幻灯片母版视图，选择第1张幻灯片，单击【幻灯片母版】选项卡下【背景】组中的【背景样式】按钮，在弹出的下拉列表中选择【设置背景格式】选项。

步骤03 在弹出的【设置背景格式】窗格中单击选中【图片或纹理填充】单选项，在【插入图片来自】下方单击【文件】按钮。

步骤04 弹出【插入图片】对话框，选择随书光盘中的"素材\ch22\招聘计划书\背景.jpg"图片，单击【插入】按钮。

步骤 05 关闭【设置背景格式】窗格，设置背景后的效果如下图所示。

步骤 06 选中第3张幻灯片，即"标题和内容"幻灯片，调整标题文本框和内容文本框的大小，设置标题文本的【字体】为"华文楷体"，【字号】为"60"，【字体颜色】为"紫色"。

步骤 07 单击【幻灯片母版】选项卡下【关闭】组中的【关闭母版视图】按钮，关闭幻灯片母版视图。

● 2. 制作首页幻灯片

步骤 01 在第1张幻灯片中删除标题和副标题文本框。

步骤 02 单击【插入】选项卡下【文本】组中【艺术字】按钮的下拉按钮，在弹出的下拉列表中选择一种艺术字样式。

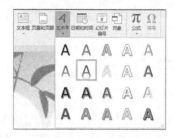

步骤 03 输入"招聘计划书"文本，并根据需要设置艺术字样式，效果如下图所示。

步骤 04 绘制横排文本框，输入相关内容，并根据需要设置字体样式。

步骤 05 设置文本框内文本的【对齐方式】为"右对齐"。并根据需要调整文本框的位置，完成首页的制作，效果如下图所示。

● 3. 插入SmartArt图形

步骤 01 新建一张空白幻灯片，单击【插入】选项卡下【插图】组中的【SmartArt】按钮 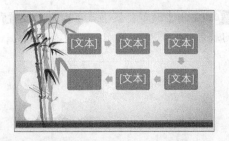 。

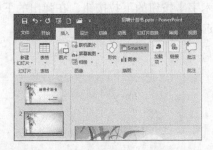

步骤 02 在弹出的【选择SmartArt图形】对话框中选择"基本蛇形流程"图形样式，单击【确定】按钮。

步骤 06 使用同样的方法插入多个形状，并输入文字内容，效果如下图所示。

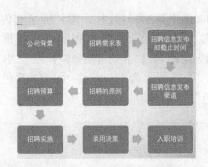

步骤 03 即可将SmartArt图形插入幻灯片中，效果如下图所示。选择插入的图形中的最后一个形状。

步骤 07 根据需要在【设计】选项卡下【SmartArt样式】组中修改SmartArt图形的样式，效果如下图所示。

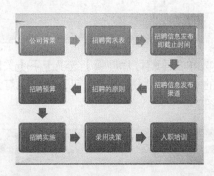

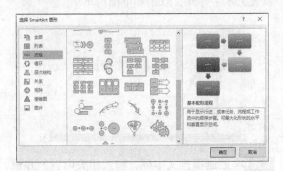

● 4. 制作其他幻灯片

步骤 01 添加一张"标题和内容"幻灯片，在标题处输入"公司背景"文本内容，将随书光盘中的"素材\ch22\招聘计划书\公司背景.txt"文件中的内容复制到内容文本框中。

步骤 04 单击【设计】选项卡下【创建图形】组中的【添加形状】按钮右侧的下拉箭头，在弹出的下拉列表中选择【在后面添加形状】选项。

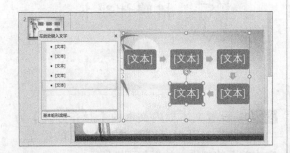

步骤 05 即可在后方插入一个新形状。

步骤 02 然后根据需要设置正文文本的样式，效果如下图所示。

步骤 03 添加一张"标题和内容"幻灯片，在标题处输入"招聘需求表"文本内容，将内容文本框删除，单击【插入】选项卡下【表格】组中的【表格】按钮，在弹出的下拉列表中选择"3×3表格"。

步骤 04 适当调整表格位置及大小，在表格中输入如图所示的文本内容，并设置表格及其字体格式。

步骤 05 添加一张"标题和内容"幻灯片，在标题处输入"招聘信息发布及截止时间"文本内容，将随书光盘中的"素材\ch22\招聘计划书\招聘信息发布及截止时间.txt"文件中的内容复制到内容文本框中，并根据需要设置文字样式。

步骤 06 添加一张"标题和内容"幻灯片，在标题处输入"招聘信息发布渠道"文本内容，将随书光盘中的"素材\ch22\招聘计划书\招聘信息发布渠道.txt"文件中的内容复制到内容文本框中，并根据需要设置文字样式。

步骤 07 添加一张"标题和内容"幻灯片，在标题处输入"招聘的原则"文本内容，将随书光盘中的"素材\ch22\招聘计划书\招聘的原则.txt"文件中的内容复制到内容文本框中，并根据需要设置文字样式。

步骤 08 添加一张"标题和内容"幻灯片，在标题处输入"招聘预算"文本内容，将随书光盘中的"素材\ch22\招聘计划书\招聘预算.txt"文件中的内容复制到内容文本框中，并根据需要设置文字样式。

步骤 09 添加一张"标题和内容"幻灯片，在标题处输入"招聘实施"文本内容，将随书光盘中的"素材\ch22\招聘计划书\招聘实施.txt"文件中的内容复制到内容文本框中，并根据需要设置文字样式。

步骤 10 添加一张"标题和内容"幻灯片，在标题处输入"录用决策"文本内容，将随书光盘中的"素材\ch22\招聘计划书\录用决策.txt"文件中的内容复制到内容文本框中，并根据需要设置文字样式。

步骤 11 再次添加一张"标题和内容"幻灯片，制作"入职培训"幻灯片，并根据需要设置文字样式，效果如下图所示。

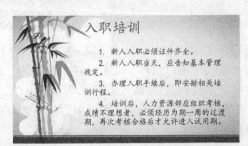

5. 制作结束幻灯片

步骤 01 新建空白幻灯片，单击【插入】选项卡下【文本】组中的【艺术字】按钮，在弹出的下拉列表中选择一种艺术字样式。

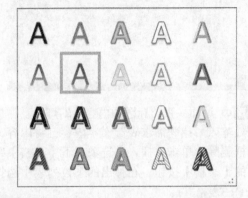

步骤 02 在艺术字文本框中输入"谢谢观看！"文本内容，并设置其【字体】为"华文楷体"，【字号】为"96"，效果如下图所示。

步骤 03 至此，就完成了公司招聘计划PPT的制作。

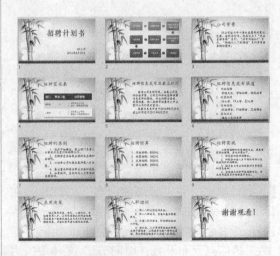

第 **23** 章

Office在行政办公中的应用

学习目标

Office办公软件在行政办公方面有着得天独厚的优势，无论是数据统计还是会议报告，使用Office都可以很轻松地搞定。本章就介绍几个Office办公软件在行政办公中应用的案例。

学习效果

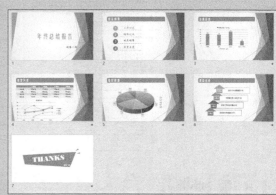

23.1 制作产品授权委托书

🔊 **本节教学录像时间：7分钟**

☕ 产品授权委托书是委托他人代表自己行使自己合法权益的材料，委托人在行使权力时需出具委托人的授权委托法律文书。

23.1.1 案例描述

产品授权委托书就是公司委托人委托他人行使自己权利的书面文件。被委托人行使的全部合法职责和责任都将由委托人承担，被委托人不承担任何法律责任。

由于产品授权委托书的特殊性，具有法律效力，所以在制作产品授权委托书时，要从实际出发，根据不同的产品性质制定不同的授权委托书，并且要把授权内容清晰地一一列举，包括授权双方的权利、责任，及利益划分等。产品授权委托书的应用领域比较广泛，不仅可以应用于各个产品生产、研发企业，还可以应用于个人。制作产品授权委托书是行政管理岗位及文秘岗位的员工需要掌握的技能。

23.1.2 知识点结构分析

产品授权委托书主要由以下几项构成。
（1）标题、委托双方的信息。
（2）具体委托内容。
（3）双方签字与印章。
（4）本节主要涉及以下知识点。
（5）设置页边距
（6）输入并设置正文样式
（7）设置边框和底纹

23.1.3 案例制作

制作产品授权委托书的具体步骤如下。

● 第1步：设置文档页边距

制作产品授权委托书首先要进行页面设置，本节主要介绍文档页边距的设置。设置合适的页边距可以使文档更加美观整齐。设置文档页边距的具体操作步骤如下。

步骤01 打开随书光盘中的"素材\ch23\产品授权委托书.docx"文档，并复制其内容，然后将其粘贴到新建的空白文档中。

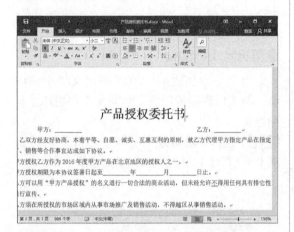

步骤02 单击【布局】选项卡下【页面设置】选项组中的【页边距】按钮，在弹出的列表中选择【自定义边距】选项。

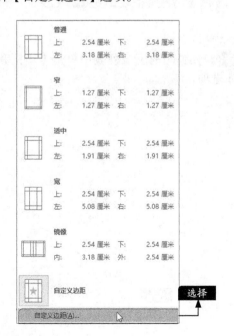

步骤03 弹出【页面设置】对话框，在【页边距】选项卡下【页边距】选项组中的【上】、【下】、【左】、【右】列表框中都输入"3厘米"，单击【确定】按钮。

步骤04 设置页边距后的效果如下图所示。

● 第2步：填写内容并设置字体

页边距设置完成后要填写文本内容和设置字体格式，在Word文档中，字体格式的设置是对文档中文本的最基本的设置，具体操作步骤如下。

步骤01 将委托书中的下划线空白处根据委托书条款添加上内容，效果如下图所示。

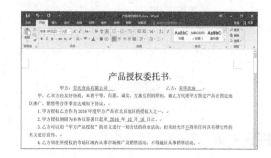

步骤 02 选中正文文本，单击【开始】选项卡下【字体】选项组右下角的按钮，在弹出的【字体】对话框中，选择【字体】选项卡。在中文字体下拉列表框中选择【隶书】，在西文字体下拉列表中选择【Time New Roman】，在【字号】列表框中选择【小四】选项，单击【确定】按钮。

步骤 03 选择正文第一段内容，打开【段落】对话框，设置【对齐方式】为"左对齐"，并设置【特殊格式】为"无"，设置完成，单击【确定】按钮。

步骤 04 设置后的效果如下图所示。

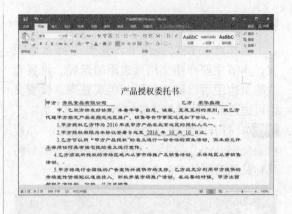

◆ 第3步：添加边框

为文字添加边框，可以突出文档中的内容，给人以深刻的印象，也能使文档更加漂亮和美观。

步骤 01 选择要添加边框的文字，单击【开始】选项卡下【段落】选项组中的【边框】按钮。

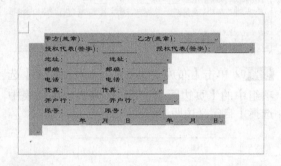

步骤 02 在弹出的下拉列表中单击【边框和底纹】选项。

步骤 03 弹出【边框和底纹】对话框，选择【边框】选项卡，然后从【设置】选项组中选择

【方框】选项，在【样式】列表中选择边框的线形，单击【确定】按钮。

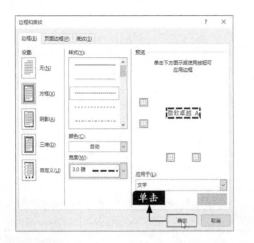

步骤 04 设置边框和底纹后，根据需要调整文本的位置，效果如下图所示。

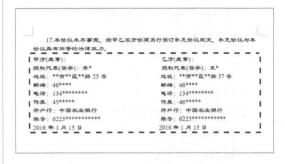

至此，就完成了产品授权委托书的制作。

23.2 制作工作日程安排表

本节教学录像时间：8 分钟

为了有计划地安排工作，并有条不紊地开展工作，就需要设计一个工作日程安排表，以直观地安排近期要做的工作和了解已经完成的工作。

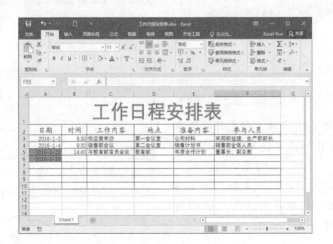

23.2.1 案例描述

日程表是罗列根据时间安排活动顺序及内容的表格，是行政工作中较常见的表格。本小节主要讲述如何制作某领导的工作日程安排表。

工作日程安排表主要包括时间、工作内容、地点、准备内容及参与人员等。当然，读者在设计中，也可以根据实际工作需要，增加一些其他事项及内容。

23.2.2 知识点结构分析

工作日程安排表主要由以下几项构成。

（1）表头。

（2）工作日期与具体时间。

（3）工作内容与地点。

（4）参与人员。

本节主要涉及以下知识点。

（1）使用艺术字。

（2）条件格式。

（3）添加边框。

23.2.3 案例制作

日程安排表的具体制作步骤如下。

● 第1步：使用艺术字

步骤 01 打开Excel 2016，新建一个工作簿，在A2:F2单元格区域中，分别输入表头"日期、时间、工作内容、地点、准备内容及参与人员"。

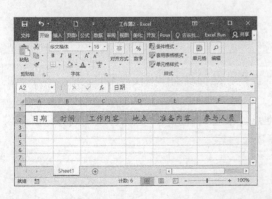

步骤 02 选择A1:F1单元格区域，在【开始】选项卡中，单击【对齐方式】选项组中的【合并后居中】按钮。选择A2:F2单元格区域，在【开始】选项卡中，设置字体为"华文楷体"，字号为"16"，对齐方式为"居中对齐"，然后调整列宽。

步骤 03 单击【插入】选项卡下【文本】选项组中的【艺术字】按钮，在弹出的下拉列表中选择一种艺术字。

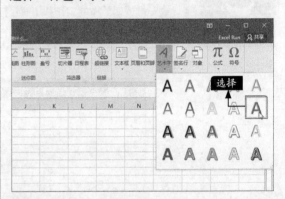

步骤 04 工作表中即可出现艺术字体的"请在此放置您的文字"，输入"工作日程安排表"文本内容，并设置字体大小为"40"。

步骤 05 适当地调整第1行的行高，将艺术字拖曳至A1:F1单元格区域位置处。

步骤 06 在A3:F5单元格区域内，依次输入日程信息，并适当地调整行高和列宽。

小提示

使通常单元格的默认格式为【常规】，输入时间后都能正确显示，往往会显示一个5位数字。这时可以选中要输入日期的单元格，单击鼠标右键，在弹出的快捷菜单中选择【设置单元格格式】菜单项，弹出【设置单元格格式】对话框，选择【数字】选项卡。在【分类】列表框中选择【日期】选项，在右边的【类型】中选择适当的格式。将单元格格式设置为【日期】类型，可避免出现显示不当等类的错误。调整列宽之后，将艺术字拖曳至单元格区域A1:F1中间。

第2步：设置条件格式

步骤 01 选择A3:A10单元格区域，单击【开始】选项卡下【样式】选项组中的【条件格式】按钮 条件格式·，在弹出的快捷菜单中选择【新建规则】菜单项。

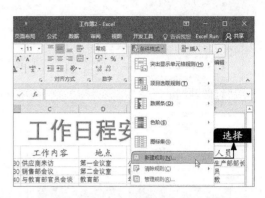

步骤 02 弹出【新建格式规则】对话框，在【选择规则类型】列表框中选择【只为包含以下内容的单元格设置格式】选项，在【编辑规则说明】区的第1个下拉列表中选择【单元格值】选项、第2个下拉列表中选择【大于】选项，在右侧的文本框中输入"=TODAY()"，然后单击【格式】按钮。

小提示

函数TODAY()用于返回日期格式的当前日期。例如，电脑系统当前时间为2016-5-19，输入公式"=TODAY()"时，即返回该日期。"大于""=TODAY()"表示大于今天的日期，即今后的日期。

步骤 03 打开【设置单元格格式】对话框，选择【填充】选项卡，在【背景色】中选择【浅蓝】，在【示例】区可以预览效果。单击【确定】按钮，回到【新建格式规则】对话框，然后单击【确定】按钮。

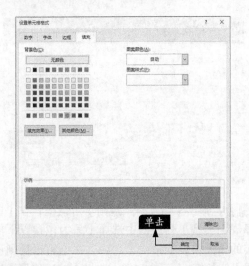

步骤 04 继续输入日期，已定义格式的单元格就会遵循这些条件，显示出浅蓝色的背景色。

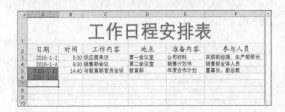

小提示

如果编辑条件格式时，不小心多设了规则或设错了规则，可以在【开始】选项卡中，单击【样式】选项组中的【条件格式】按钮，在弹出的菜单中选择【管理规则】菜单项，在打开的【条件格式规则管理器】对话框中，可以看到当前已有的规则，单击其中的【新建规则】、【编辑规则】和【删除规则】等按钮，即可对条件格式进行添加、更改和删除等设置。

● **第3步：添加边框线**

步骤 01 选择A2:F10单元格区域，单击【开始】选项卡下【字体】选项组中的【边框】按钮右侧的下拉按钮，在弹出的下拉菜单中选择【所有框线】菜单命令。

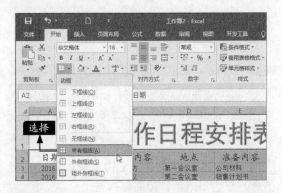

步骤 02 制作完成后，将其保存为"工作日程安排表.xlsx"，最终效果如下图所示。

23.3 设计年终总结报告PPT

● **本节教学录像时间：26 分钟**

年终总结报告是人们对一年来的工作、学习进行回顾和分析，从中找出经验和教训，引出规律性认识，以指导今后工作和实践活动的一种应用文体。

23.3.1 案例描述

年终总结包括一年来的情况概述、成绩和经验、存在的问题和教训、今后努力方向等。一份美观、全面的年终总结PPT，既可以提高自己的认识，也可以获得观众的认可。

23.3.2　知识点结构分析

年终总结报告主要由以下几项构成。

（1）业绩概述，一年的销售业绩。

（2）销售列表，各产品的销售情况对比。

（3）地区销售，各地区的销售情况对比。

（4）展望未来，未来一年的工作目标。

本节主要涉及以下知识点。

（1）设计幻灯片母版。

（2）插入并美化自选图形。

（3）插入图表。

（4）设置表格。

（5）设置动画和切换效果。

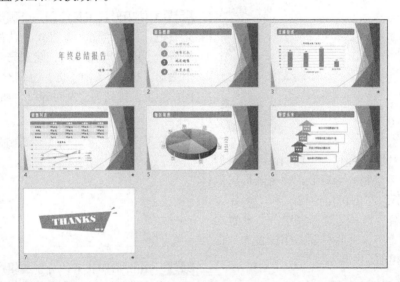

23.3.3　案例制作

设计年终总结报告PPT的具体步骤如下。

● 第1步：设置幻灯片的母版

设计幻灯片主题和首页的具体操作步骤如下。

步骤01 启动PowerPoint 2016，新建幻灯片，并将其保存为"年终总结报告.pptx"。单击【视图】▶【母版视图】▶【幻灯片母版】按钮，进入幻灯片母版视图。单击【幻灯片母版】▶【编辑主题】▶【主题】按钮，在弹出的下拉列表中选择【平面】主题样式。

步骤02 即可设置为选择的主题效果，然后单击【背景】组中的【颜色】按钮，在下拉列表中选择【蓝色Ⅱ】。

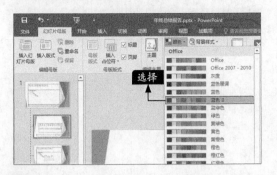

步骤 03 单击【背景】组中的【背景样式】按钮 背景样式·，在下拉列表中选择"样式9"，幻灯片效果如下图所示。

步骤 04 使用"圆角矩形"工具，在"平面 幻灯片母版"中，绘制一个矩形，并将其形状效果设置为"阴影 左上对角透视"和"柔化边缘 2.5磅"，然后将其"置于底层"，放置在【标题】文本框下，并将标题文字设置为"白色"，然后退出幻灯片母版视图。

第2步：设置首页和报告概要页面

制作首页和报告概要页面的具体操作步骤如下。

步骤 01 单击标题和副标题文本框，输入主、副标题。然后将主标题的字号设置为"72"，副标题的字号为"32"，调整主副标题文本框的位置，使其右对齐，如下图所示。

步骤 02 新建【仅标题】幻灯片，在标题文本框中输入"报告概要"内容。

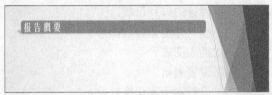

步骤 03 使用形状工具绘制一个圆形，并设置填充颜色，然后绘制一条直线，设置轮廓颜色、线型为"虚线 短划线"。绘制完毕后，选中两个图形，按住【Ctrl】键，复制3个，且设置不同的颜色，排列为"左对齐"，如下图所示。

步骤 04 在圆形形状上，分别编辑序号，字号设置为"32"号。在虚线上插入文本框，输入文本，并设置字号为"32"号，颜色设置为对应的图形颜色，如下图所示。

第3步：制作业绩综述页面

制作业绩综述页面的具体操作步骤如下。

步骤 01 新建一张【标题和内容】幻灯片，并输入标题"业绩综述"。

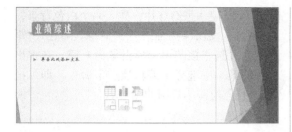

步骤 02 单击内容文本框中的【插入图表】按钮 ，在弹出的【插入图表】对话框中，选择【簇状柱形图】选项，单击【确定】按钮，在打开的Excel工作簿中修改输入下图所示的数据。

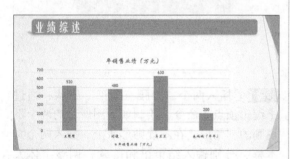

步骤 03 关闭Excel工作簿，在幻灯片中即可插入相应的图表。然后单击【布局】选项卡下【标签】组中的【数据标签】按钮，在弹出的下拉列表中选择【数据标签外】选项，并根据需要设置图表的格式，最终效果如下图所示。

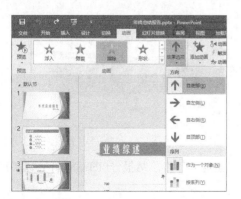

步骤 04 选择图表，为其应用【擦除】动画效果，设置【效果选项】为"自底部"，设置【开始】模式为【与上一动画同时】，设置【持续时间】为"1.5"秒。

第4步：制作销售列表页面

制作销售列表页面的具体操作步骤如下。

步骤 01 新建一张【标题和内容】幻灯片，输入标题"销售列表"文本。

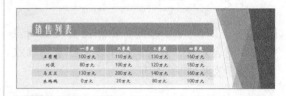

步骤 02 单击内容文本框中的【插入表格】按钮 ，插入"5×5"表格，然后输入如下图所示的内容。

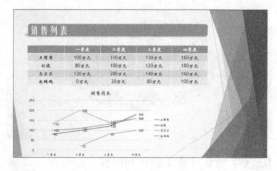

步骤 03 根据表格内容，创建一个折线图表，并根据需要设置其布局，如下图所示。

步骤 04 选择表格，为其应用【擦除】动画效果，设置【效果选项】为"自顶部"。选择图表，为其应用【缩放】动画效果，并设置【开始】模式为【与上一动画同时】，设置【持续时间】为"1"秒。

第5步：制作其他页面

制作地区销售、未来展望及结束页幻灯片页面的具体操作步骤如下。

步骤 01 新建一张【标题和内容】幻灯片，并输入标题"地区销售"文本。然后打开【插入图表】对话框，选择【饼图】选项，单击【确定】按钮，在打开的Excel工作簿中修改输入下图所示的数据。

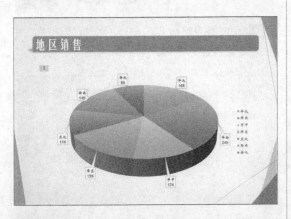

步骤 02 关闭Excel工作簿，根据需要设置图表样式和图表元素，并为其应用【形状】动画效果，最终效果如下图所示。

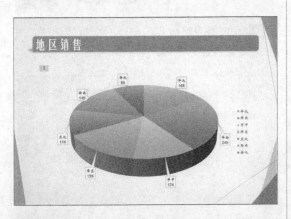

步骤 03 新建一张【标题和内容】幻灯片，并输入标题"展望未来"文本，绘制一个向上箭头和一个矩形框，设置它们的填充和轮廓颜色，然后绘制其他的图形，并调整位置，在图形中添加文字，并逐个为其设置为"轮子"动画效果，如下图所示。

步骤 04 新建一张幻灯片，插入一个白色背景，遮盖背景，然后再绘制一个"青绿，着色1"矩形框，并选中该图形，单击鼠标右键，在弹出的快捷菜单中选择【编辑顶点】命令，即可拖动4个顶点绘制不规则的图形。

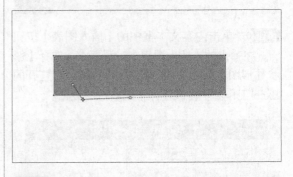

步骤 05 拖动顶点，绘制一个如下图所示的不规则图形。

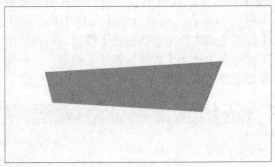

步骤 06 插入两个"等腰三角形"形状，通过【编辑顶点】命令，绘制如下图所示的两个不规则的三角形。在不规则形状上，插入两个文本框，分别输入结束语和落款，调整字体大小、位置，如下图所示。然后分别为3个图形和2个文本框逐个应用动画效果。最后，只需要按【Ctl+S】组合键保存文件即可。

至此，年终总结报告PPT就设计完成了。

第24章

Office在市场营销中的应用

市场营销工作人员经常要制作新产品评估报告、产品目录价格表，这些文件通过Office都可以轻松制作出来。

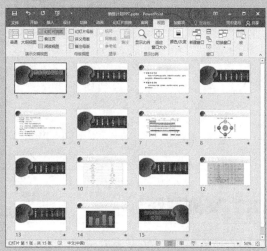

24.1 制作公司宣传页

⏱ **本节教学录像时间：7 分钟**

公司宣传页以公司文化、公司产品为传播内容，是企业对外最直接、最形象、最有效的宣传形式。

24.1.1 案例描述

公司宣传页是通过公司自主投资制作的文字、图片、动画宣传片、宣传画或宣传册，主观介绍公司主营业务、产品、规模及人文历史，用于提高公司知名度，促进宣传。

24.1.2 知识点结构分析

公司宣传页主要由以下几项构成。

（1）宣传公司的名称。

（2）公司简介、经营理念。

（3）活动内容与活动日期。

本节主要涉及以下知识点。

（1）新建、保存文档。

（2）设置文字样式。

（3）插入艺术字并设置艺术字样式。

（4）插入图片、自选图形。

24.1.3 案例制作

制作公司宣传页的具体步骤如下。

● 第1步：设置字体与段落

步骤 01 打开随书光盘中的"素材\ch24\公司宣传页.docx"文档，选中全部文本内容，设置其字体为"华文楷体"，字体颜色为"红色"，单击【开始】选项卡下【段落】组中的【段落设置】按钮 。

步骤 02 弹出【段落】对话框，在【缩进和间距】选项卡下，设置其"首行缩进"为"2字符"，设置段前和段后间距分别为"0.5行"，单击【确定】按钮。

● 第2步：插入艺术字

步骤 01 将光标定位在第1行空白行，单击

【插入】选项卡下【文本】组中的【艺术字】按钮 艺术字 ，在弹出的下拉列表中选择一种艺术字样式。

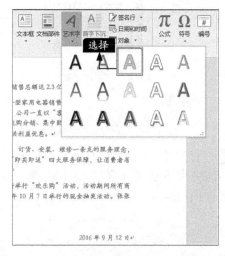

步骤 02 在艺术字文本框中输入"龙马电器销售公司"文本字样，选中艺术字，单击【绘图工具】➤【格式】选项卡下【艺术字样式】组中的【文本效果】按钮，在弹出的下拉列表中选择【转换】➤【上弯弧】文本效果，并移动至合适位置。

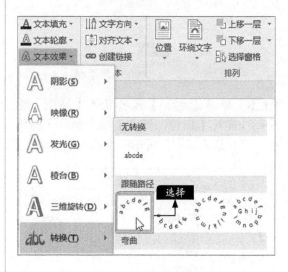

● 第3步：设计背景

步骤 01 单击【设计】选项卡下【页面背景】组中的【页面颜色】按钮，在弹出的下拉列表中选择【填充效果】选项。

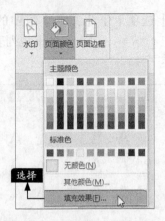

步骤 02 弹出【填充效果】对话框，在【纹理】选项卡下选择【羊皮纸】纹理，单击【确定】按钮。

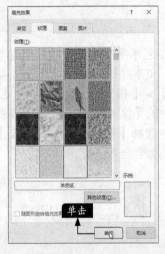

步骤 03 单击【插入】选项卡下【插图】组中的【图片】按钮，弹出【插入图片】对话框，选择插入的图片后单击【插入】按钮。

步骤 04 即可将图片插入到文档中，设置其位

置为"顶端居左，四周型环绕"。

第4步：插入形状

步骤 01 在文本内容下方绘制两个"笑脸"形状，并设置其【形状填充】和【形状效果】，最终效果如下图所示。

步骤 02 最后根据需要调整段落样式，使文档更美观、和谐，效果如下图所示。

自此，就完成了制作公司宣传页的制作。

24.2 制作产品销售清单

🕑 **本节教学录像时间：4 分钟**

制作产品销售清单可以方便公司查看产品的具体销售情况。

24.2.1 案例描述

产品销售清单详细列出了公司各类产品的销售情况，适当设置产品销售清单，不仅可以使其更美观，还方便查看、阅读。

24.2.2 知识点结构分析

产品销售清单主要由以下几点构成。

（1）标题与表头。

（2）销售日期、产品名称、具体单价。

（3）售出数量，折扣力度。

（4）具体盈利。

本节主要涉及以下知识点。

（1）合并单元格。

（2）设置背景。

（3）重命名工作表。

（4）保护工作表。

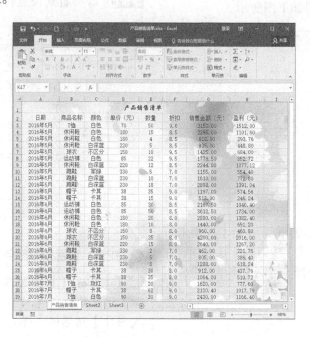

24.2.3 案例制作

制作公司产品销售清单的具体步骤如下。

● 第1步：合并单元格区域并设置行高

步骤01 打开随书光盘中的"素材\ch24\产品销售清单.xlsx"文件，选中单元格区域A1:H1，单击【开始】选项卡下【对齐方式】组中的【合并后居中】按钮 右侧的倒三角箭头，在弹出的下拉列表中选择【合并后居中】选项。

步骤02 合并后的效果如下图所示。

步骤03 选择第一行，单击【开始】选项卡下【单元格】组中【格式】按钮的下拉按钮，在弹出的下拉列表中选择【行高】菜单命令。

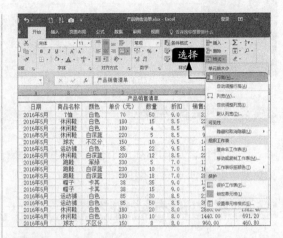

步骤04 弹出【行高】对话框，设置【行高】为"26"，单击【确定】按钮。

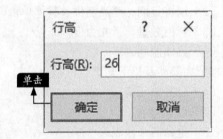

步骤05 即可看到设置行高后的效果，如下图所示。

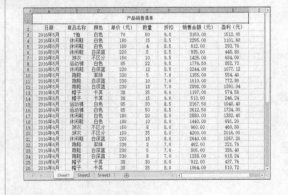

● 第2步：设置背景颜色

步骤01 单击【页面布局】选项卡下【页面设置】选项组中的【背景】按钮，弹出【插入图片】对话框，单击【来自文件】组中的【浏览】按钮。

步骤 02 在弹出的【工作表背景】对话框中选择一幅图片，然后单击【插入】按钮。

步骤 03 完成设置表格背景图案的操作，然后根据需要调整标题行的字体样式。

● 第3步：更改工作表名称

步骤 01 选中"Sheet1"工作表标签名称，单击鼠标右键，在弹出的快捷菜单中选择【重命名】选项。

步骤 02 修改工作表标签名称为"产品销售清单"，单击任意单元格确定输入。

步骤 03 再次使用鼠标右键单击工作表标签，在弹出的快捷菜单中选择【保护工作表】选项，弹出【保护工作表】对话框，选中【删除列】和【删除行】复选框，单击【确定】按钮。

步骤 04 最终效果如下图所示。

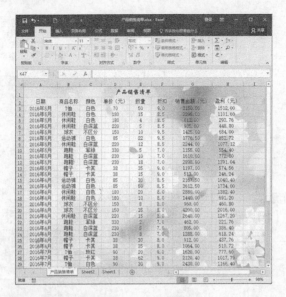

自此，就完成了产品销售清单的制作。

24.3 设计产品销售计划PPT

🔘 **本节教学录像时间：37 分钟**

销售计划是企业为取得销售收入而进行的一系列销售工作的安排，包括确定销售目标、计划执行、费用的预算及效果的预期等。可以使用PowerPoint 2016设计一份详细的销售计划PPT。

24.3.1 案例描述

销售计划从不同的层面可以分为不同的类型，如果从时间长短来分，可以分为周销售计划、月度销售计划、季度销售计划、年度销售计划等；如果从范围大小来分，可以分为企业总体销售计划、分公司销售计划、个人销售计划等。本节就是用PowerPoint制作一份销售部门的周销售计划PPT。

24.3.2 知识点结构分析

产品销售计划PPT主要由以下几项构成。
（1）销售计划的背景与计划目的。
（2）计划概述。
（3）计划的宣传与执行。
（4）费用预算。
本节主要涉及以下知识点。
（1）新建、保存文档。
（2）设置文字样式。
（3）插入艺术字并设置艺术字样式。
（4）插入图片、自选图形。

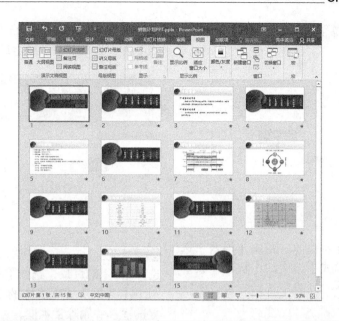

24.3.3　案例制作

制作产品销售计划PPT的具体步骤如下。

● 第1步：设置幻灯片母版

步骤 01 启动PowerPoint 2016，新建幻灯片，并将其保存为名为"销售计划PPT.pptx"的幻灯片。单击【视图】选项卡【母版视图】组中的【幻灯片母版】按钮。

步骤 02 切换到幻灯片母版视图，并在左侧列表中单击第1张幻灯片，单击【插入】选项卡下【图像】组中的【图片】按钮。

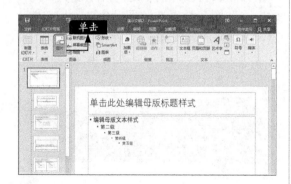

步骤 03 在弹出的【插入图片】对话框中选

择"素材\ch24\图片03.jpg"文件，单击【插入】按钮，将选择的图片插入幻灯片中，选择插入的图片，并根据需要调整图片的大小及位置。

步骤 04 在插入的背景图片上单击鼠标右键，在弹出的快捷菜单中选择【置于底层】▶【置于底层】菜单命令，将背景图片在底层显示。

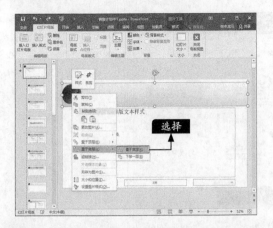

步骤 05 选择标题框内文本，单击【格式】选项卡下【艺术字样式】组中的【快速样式】按钮，在弹出的下拉列表中选择一种艺术字样式。

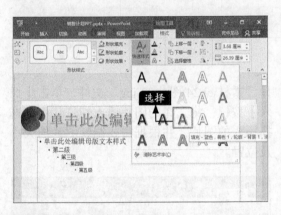

步骤 06 选择设置后的艺术字。设置文字【字体】为"方正楷体简体"、【字号】为"60"，设置【文本对齐】为"左对齐"。此外，还可以根据需要调整文本框的位置。

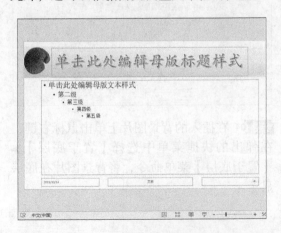

步骤 07 为标题框应用【擦除】动画效果，

设置【效果选项】为"自左侧"，设置【开始】模式为"上一动画之后"。

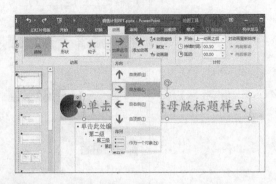

步骤 08 在幻灯片母版视图中，在左侧列表中选择第2张幻灯片，选中【幻灯片母版】选项卡下【背景】选项组中的【隐藏背景图形】复选框，并删除文本框。

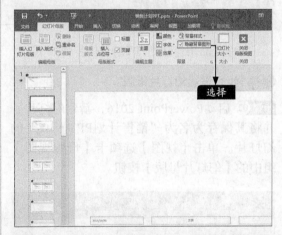

步骤 09 单击【插入】选项卡下【图像】组中的【图片】按钮，在弹出的【插入图片】对话框中选择"素材\ch24\图片04.png"和"素材\ch24\图片05.jpg"文件，单击【插入】按钮，将图片插入幻灯片中。将"图片04.png"图片放置在"图片05.jpg"文件上方，并调整图片位置。

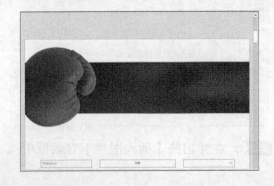

步骤 ⑩ 同时选择插入的两张图片并单击鼠标右键，在弹出的快捷菜单中选择【组合】▶【组合】菜单命令，组合图片并将其置于底层。

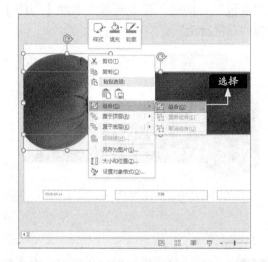

● 第2步：新增母版样式

步骤 ① 在幻灯片母版视图中，在左侧列表中选择最后一张幻灯片，单击【幻灯片母版】选项卡下【编辑母版】组中的【插入幻灯片母版】按钮，添加新的母版版式。

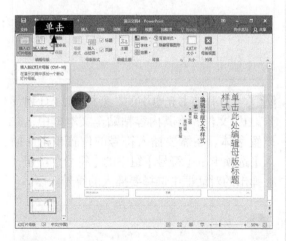

步骤 ② 在新建母版中选择第1张幻灯片，并删除其中的文本框，插入"素材\ch24\图片04.png"和"素材\ch24\图片05.jpg"文件，并将"图片04.png"图片放置在"图片05.jpg"文件上方。

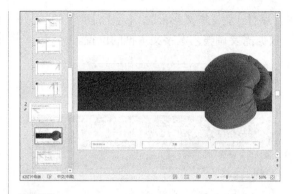

步骤 ③ 选择"图片04.png"图片，单击【格式】选项卡下【排列】组中的【旋转】按钮，在弹出的下拉列表中选择【水平翻转】选项，调整图片的位置，组合图片并将其置于底层。

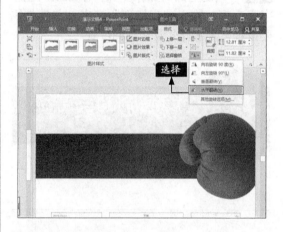

● 第3步：设计销售计划首页幻灯片

步骤 ① 单击【幻灯片母版】选项卡中的【关闭母版视图按钮】按钮，返回普通视图，删除幻灯片页面中的文本框，单击【插入】选项卡下【文本】组中的【艺术字】按钮，在弹出的下拉列表中选择一种艺术字样式。

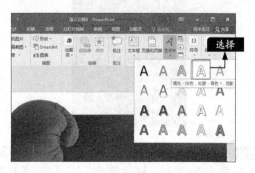

步骤 ② 输入"黄金周销售计划"文本，设置其

【字体】为"华文彩云",【字号】为"80",并根据需要调整艺术字文本框的位置。

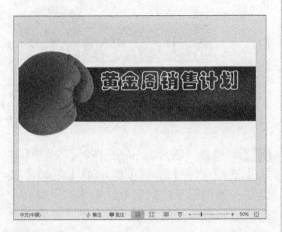

步骤03 重复上面的操作步骤,添加新的艺术字文本框,输入"市场部"文本,并根据需要设置艺术字样式及文本框位置。

第4步:制作计划背景部分幻灯片

步骤01 新建"标题"幻灯片页面,并绘制竖排文本框,输入下图所示的文本,并设置【字体颜色】为"白色"。

步骤02 选择"1.计划背景"文本,设置其【字体】为"方正楷体简体",【字号】为

"32",【字体颜色】为"白色";选择其他文本,设置【字体】为"方正楷体简体",【字号】为"28",【字体颜色】为"黄色";同时,设置所有文本的【行距】为"双倍行距"。

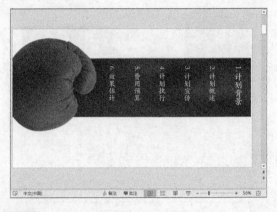

步骤03 新建"仅标题"幻灯片页面,在【标题】文本框中输入"计划背景"。

步骤04 打开随书光盘中的"素材\ch24\计划背景.txt"文件,将其内容粘贴至文本框中,并设置字体。在需要插入符号的位置单击【插入】选项卡下【符号】组中的【符号】按钮,在弹出的对话框中选择要插入的符号。

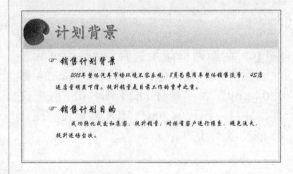

第5步：制作计划概述部分幻灯片

步骤 01 复制第2张幻灯片并将其粘贴至第3张幻灯片下方。

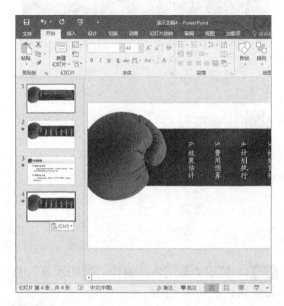

步骤 02 更改"1. 计划背景"文本的【字号】为"24"，【字体颜色】为"浅绿"；更改"2. 计划概述"文本的【字号】为"30"，【字体颜色】为"白色"。其他文本样式不变。

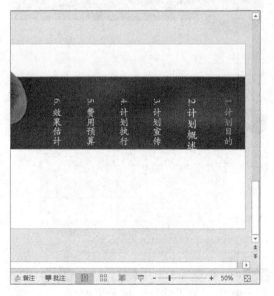

步骤 03 新建"仅标题"幻灯片页面，在【标题】文本框中输入"计划概述"文本，打开随书光盘中的"素材\ch24\计划概述.txt"文件，将其内容粘贴至文本框中，并根据需要设置字体样式。

第6步：制作计划宣传部分幻灯片

步骤 01 重复第5步中**步骤 01**~**步骤 02** 的操作，复制幻灯片页面并设置字体样式。

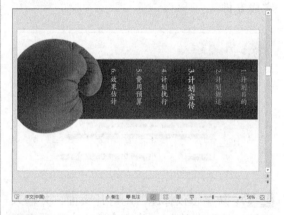

步骤 02 新建"仅标题"幻灯片页面，并输入标题"计划宣传"，单击【插入】选项卡下【插图】组中的【形状】按钮，在弹出的下拉列表中选择【线条】组下的【箭头】按钮，绘制箭头图形。在【格式】选项卡下单击【形状样式】组中的【形状轮廓】按钮，选择【虚线】▶【圆点】选项。

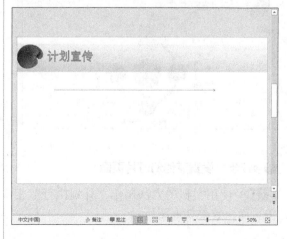

步骤 03 使用同样的方法绘制其他线条，以及绘制文本框标记时间和其他内容。

步骤 04 根据需求绘制咨询图形，并根据需要美化图形，并输入相关内容。重复操作直至完成安排。

步骤 05 新建"仅标题"幻灯片页面，并输入标题"计划宣传"，单击【插入】选项卡下【插图】组中的【SmartArt】按钮，在打开的【选择SmartArt图形】对话框中选择【循环】▶【射线循环】选项，单击【确定】按钮，完成图形插入。根据需要输入相关内容及说明文本。

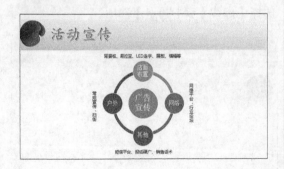

第7步：设置其他幻灯片页面

步骤 01 使用类似的方法制作"计划执行"相关页面，效果如下图所示。

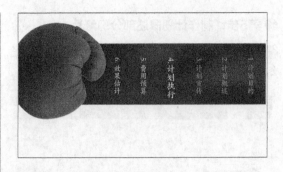

步骤 02 使用类似的方法制作"费用预算"相关页面，效果如下图所示。

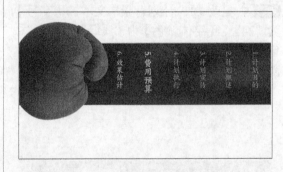

步骤 03 重复第5步中 步骤 01 ～ 步骤 02 的操作，制作"效果估计"目录页面。

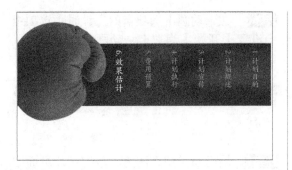

步骤 04 新建"仅标题"幻灯片页面，并输入标题"效果估计"文本。单击【插入】选项卡下【插图】组中的【图表】按钮，在打开的【插入图表】对话框中选择【柱形图】▶【簇状柱形图】选项，单击【确定】按钮，在打开的Excel界面中输入下图所示的数据。

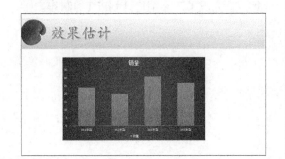

步骤 05 关闭Excel窗口，即可看到插入的图表，对图表进行适当美化，效果如下图所示。

步骤 06 单击【开始】选项卡下【幻灯片】选项组中的【新建幻灯片】按钮，在弹出的下拉列表中选择【Office主题】组下的【标题幻灯片】选项，绘制文本框，并输入"努力完成销售计划！"文本。并根据需要设置字体样式。

第8步：添加切换和动画效果

步骤 01 选择要设置切换效果的幻灯片，这里选择第1张幻灯片。单击【切换】选项卡下【切换到此幻灯片】选项组中的【其他】按钮 ▼，在弹出的下拉列表中选择【华丽型】下的【帘式】切换效果，即可自动预览该效果。

步骤 02 在【切换】选项卡下【计时】选项组中【持续时间】微调框中设置【持续时间】为"03.00"。使用同样的方法，为其他幻灯片页面设置不同的切换效果。

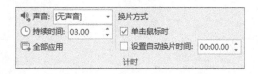

步骤 03 选择第1张幻灯片中要创建进入动画效果的文字。单击【动画】选项卡【动画】组中的【其他】按钮 ▼，弹出如下图所示的下拉列表。在下拉列表的【进入】区域中选择【浮入】选项，创建此进入动画效果。

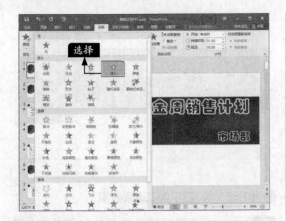

步骤 04 添加动画效果后，单击【动画】选项组中的【效果选项】按钮，在弹出的下拉列表中选择【下浮】选项。

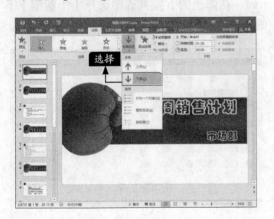

步骤 05 在【动画】选项卡的【计时】选项组中设置【开始】为"上一动画之后"，设置【持续时间】为"01.50"。

步骤 06 使用同样的方法为其他幻灯片页面中的内容设置不同的动画效果。最终制作完成的销售计划PPT如下图所示。

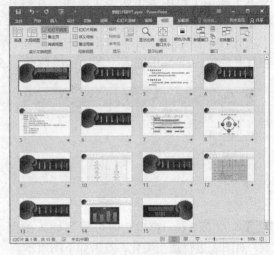

至此，就完成了产品销售计划PPT的制作。

第7篇
高手秘技篇

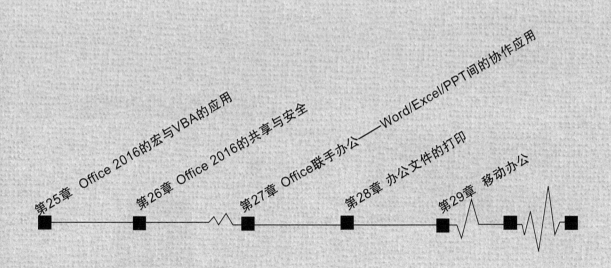

第**25**章

Office 2016的宏与VBA的应用

 学习目标

使用宏命令和VBA可以自动完成某些操作，从而帮助用户提高效率并减少失误。本章介绍
Office 2016的宏与VBA的应用。

 学习效果

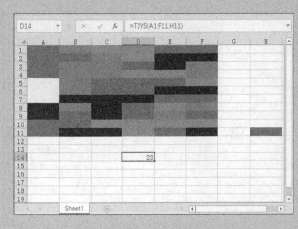

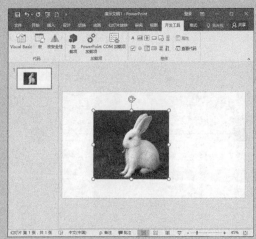

25.1 认识宏和VBA

⊙ 本节教学录像时间：5分钟

宏的用途非常广泛，其中最典型的应用就是可将多个选项组合成一个选项的集合；VBA是Visual Basic的一种宏语言。

25.1.1 宏的定义

宏是由一系列的菜单选项和操作指令组成的、用来完成特定任务的指令集合。VBA是一种基于Visual Basic的宏语言。实际上宏是一个Visual Basic程序，这条命令可以是文档编辑中的任意操作或操作的任意组合。无论以何种方式创建的宏，最终都可以转换为Visual Basic的代码形式。

如果在Office办公软件中重复进行某项工作，可用宏使其自动执行。宏将一系列的命令和指令组合在一起，形成一个命令，以实现任务执行的自动化。用户可以创建并执行一个宏，以替代人工进行一系列费时而重复的操作。

25.1.2 什么是VBA

VBA是Visual Basic for Applications的缩写，它是Microsoft公司在其Office套件中内嵌的一种应用程序开发工具。VBA与VB具有相似的语言结构和开发环境，主要用于编写Office对象（如窗口、控件等）的时间过程，也可以用于编写位于模块中的通用过程。但是，VBA程序保存在Office 2016文档内，无法脱离Office应用环境而独立运行。

25.1.3 VBA与宏的关系

在Microsoft Office中，使用宏可以完成许多任务，但是有些工作却需要使用VBA而不是宏来完成。

VBA是一种应用程序自动化语言。所谓应用程序自动化，是指通过脚本让应用程序，例如Excel、Word自动地完成一些工作。例如在Excel里自动设置单元格的格式、给单元格填充某些内容、自动计算等，使宏完成这些工作的正是VBA。

VBA子过程总是以关键字Sub开始的，接下来是宏的名称（每个宏都必须有一个唯一的名称），然后是一对括号，End Sub语句标志着过程的结束，中间包含该过程的代码。

使用宏有两个方面的好处：一是在录制好的宏基础上直接修改代码，可以减轻工作量；二是在VBA编写中碰到问题时，从宏的代码中可以学习解决方法。

但宏的缺陷就是不够灵活，因此我们在碰到以下情况时，应尽量使用VBA来解决：想使数据库易于维护时；使用内置函数或自行创建函数；处理错误消息时等。

25.1.4 VBA与宏的用途及注意事项

使用VBA和宏的主要作用就是将一系列命令集合到一起，在Office中可以加速日常编辑或格式的设置，使一系列复杂的任务得以自动执行，从而简化操作。具体如下。

（1）可以摆脱乏味的多次重复性操作。

（2）将多步操作整合到一起，成为一个命令集合，一次性完成多步操作。

（3）让Office自动化操作取代人工操作。

（4）增强Office程序的易用性，让不熟悉Office界面操作的用户也能轻松地实现想要完成的任务。

使用VBA和宏时需要注意以下两点。

（1）使用宏时要设置宏的安全性，防止宏病毒。

（2）录制宏后可以在VBA编辑器中编辑代码，使代码简化。

25.2 使用宏

 本节教学录像时间：7 分钟

宏的用途非常广泛，其中最典型的应用就是可将多个选项组合成一个选项的集合，以加速日常编辑或格式的设置，使一系列复杂的任务得以自动执行，从而简化所做的操作。本节主要介绍如何创建宏和使用Visual Basic创建宏。

25.2.1 录制宏

在Word、Excel或PowerPoint中进行的任何操作都能记录在宏中，可以通过录制的方法来创建"宏"，这种以录制的方法来创建"宏"的操作被称为"录制宏"。下面以Excel 2016为例介绍。在Excel 2016工作簿中单击【开发工具】▶【代码】▶【录制宏】按钮 录制宏，即可弹出【录制宏】对话框，如下图所示，在此对话框中设置宏的名称、宏的保存位置、宏的说明。单击【确定】按钮，关闭对话框，即可进行宏的录制。

小提示

如无【开发工具】选项卡，则可打开【Excel选项】对话框，在其中单击选中【自定义功能区】列表框中的【开发工具】复选框。然后单击【确定】按钮，关闭对话框即可。

该对话框中各个选项的含义如下。

【宏名】：输入宏的名称。

【快捷键】：用户可以自己指定一个按键组合来执行这个宏，该按键组合总是使用【Ctrl】键和一个其他的按键。还可以在输入字母的同时按下【Shift】键。

【保存在】：宏保存的位置。

【说明】：宏的描述信息。默认插入用户名称和时间，还可以添加更多的信息。

单击【确定】按钮，即可开始记录用户的活动。

要停止录制宏，可以单击【开发工具】▶【代码】▶【停止录制】按钮 停止录制 。

25.2.2 运行宏

运行宏有多种方法，包括在【宏】对话框中运行宏、单步运行宏等。

1. 测试宏

单击【开发工具】▶【代码】▶【宏】按钮 或者按【Alt+F8】组合键，打开【宏】对话框，在【宏的位置】下拉列表框中选择【所有打开的工作簿】选项，在【宏名】列表框中就会显示出所有能够使用的宏命令，选择要执行的宏，单击【运行】按钮即可执行宏命令。

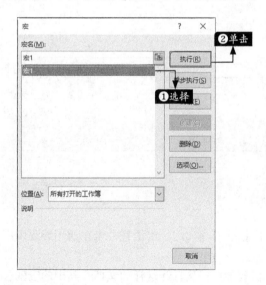

小提示

打开【宏】对话框，选中需要删除的宏名称，单击【删除】按钮即可将宏删除。

2.单步运行宏

单步运行宏的具体操作步骤如下。

步骤 01 打开【宏】对话框，在【宏的位置】下拉列表框中选择【所有打开的工作簿】选项，在【宏名】列表框中选择宏命令，单击【单步执行】按钮。

步骤 02 弹出编辑窗口。选择【调试】▶【逐语句】菜单命令，即可单步运行宏。

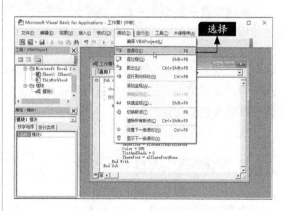

25.2.3 使用加载宏

加载项是Microsoft 组件中的功能之一，它提供附加功能和命令。下面以在Excel 2016中加载【分析工具库】和【规划求解加载项】为例，介绍加载宏的具体操作步骤。

步骤 01 单击【开发工具】选项卡下【加载项】选项组中的【Excel加载项】按钮。

步骤 02 弹出【加载宏】对话框。在【可用加载宏：】列表框中，单击勾选复选框选中要添加的内容，单击【确定】按钮。

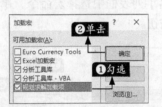

步骤 03 返回Excel 2016界面，选择【数据】选项卡，可以看到添加的【分析】选项组中包含加载的宏命令。

25.3 宏的安全性

⏺ 本节教学录像时间：1 分钟

宏在为用户带来方便的同时，也带来了潜在的安全风险。掌握宏的安全设置就可以帮助用户有效地降低使用宏的安全风险。

25.3.1 宏的安全作用

宏语言是一类编程语言，其全部或多数计算是由扩展宏完成的。宏语言并未在通用编程中广泛使用，但在文本处理程序中应用普遍。

宏病毒是一种寄存在文档或模板的宏中的计算机病毒。一旦打开这样的文档，其中的宏就会被执行，于是宏病毒就会被激活，转移到计算机上，并驻留在Normal模板上。从此以后，所有自动保存的文档都会"感染"上这种宏病毒，而且如果其他用户打开了感染病毒的文档，宏病毒又会转移到其他的计算机上。

因此，设置宏的安全是十分必要的。

25.3.2 修改宏的安全级

为保护系统和文件，请不要启用来源未知的宏。如果有选择地启用或禁用宏，并能够访问需要的宏，可以将宏的安全性设置为"中"。这样，在打开包含宏的文件时，就可以选择启用或禁用宏，同时能运行任何选定的宏。

步骤 01 单击【开发工具】选项卡下【代码】组中的【宏安全性】按钮。

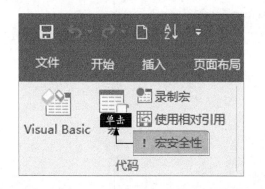

步骤 02 弹出【信任中心】对话框，单击选中【禁用所有宏，并发出通知】单选项，单击【确定】按钮即可。

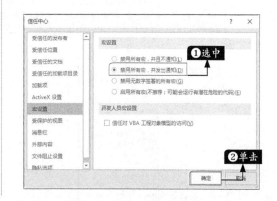

25.4 VBA编程环境

🕐 **本节教学录像时间：6分钟**

Visual Basic 窗口就是编写VBA程序的地方，在使用VBA编写程序之前，我们首先来了解一下VBA的编程环境。

25.4.1 打开VBA编辑器

打开VBA编辑器有3种方法。

方法1：单击【Visual Basic】按钮

单击【开发工具】选项卡下【代码】选项组中的【Visual Basic】按钮，即可打开VBA编辑器。

方法2：使用工作表标签

在Excel工作表标签上单击鼠标右键，在弹出的快捷菜单中选择【查看代码】选项，即可打开VBA编辑器。

方法3：使用快捷键

按【Alt+F11】组合键即可打开VBA编辑器。

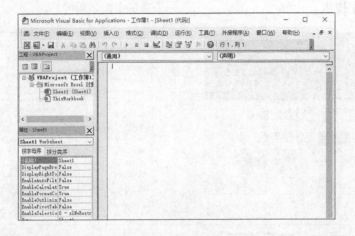

25.4.2 菜单和工具栏

进入VBA编辑器后，首先看到的就是VBA编辑器的主窗口，主窗口通常由【菜单栏】、【工具栏】、【工程资源管理器】、【属性窗口】和【代码窗口】组成。

● 1. 菜单栏

VBA的【菜单栏】包含了VBA中各种组件的命令。单击相应的命令按钮，在其下拉列表中可以选择要执行的命令，如单击【插入】命令按钮，即可调用【插入】的子菜单命令。

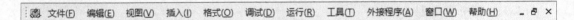

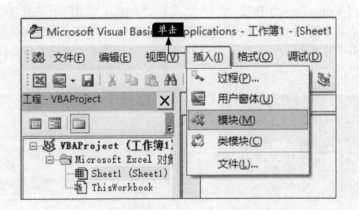

● 2. 工具栏

默认情况下，工具栏位于菜单栏的下方，显示各种快捷操作工具。

25.4.3 工程资源管理器

在【工程 - VBAProject】窗口中可以看到所有打开的Excel工作簿和已加载的加载宏。【工程 - VBAProject】窗口中最多可以显示工程里的4类对象，即Microsoft Excel 对象（包括Sheet 对象和ThisWorkbook 对象）、窗体对象、模块对象和类模块对象。

如果关闭了【工程 - VBAProject】窗口，需要时可以单击【视图】菜单栏中的【工程资源管理器】菜单命令或者直接使用组合键【Ctrl+R】，重新调出【工程 - VBAProject】窗口。

25.4.4 属性窗口

属性窗口位于工程资源管理器的下方，列出了所选对象的属性及其当前设置。当选定多个控件时，属性窗口则包含全部已选定控件的属性设置，可以分别切换到【按字母序】或【按分类序】选项卡查看控件的属性，也可以在属性窗口中编辑对象的属性。

使用快捷键【F4】可以快速调用属性窗口。

25.4.5 代码窗口

代码窗口是编辑和显示VBA代码的地方，由对象列表框、过程列表框、代码编辑区、过程分隔线和视图按钮组成。

```
(通用)                                        ntfs

Function TJYS(rng As Range, cel As Range) '第一个参数是区域,第二个参数是单元格的颜
Dim Cindex As Integer
Cindex = cel.Interior.ColorIndex  '将单元格的背景颜色索引值返回给Cindex
Dim n As Range
For Each n In rng
    If n.Interior.ColorIndex = Cindex Then
        TJYS = TJYS + 1
    End If
Next
End Function
Sub ntfs()

'  ntfx 宏

    With Selection.Font
        .Name = "黑体"
        .Size = 11
        .Strikethrough = False
        .Superscript = False
        .Subscript = False
        .OutlineFont = False
        .Shadow = False
        .Underline = xlUnderlineStyleNone
        .ThemeColor = xlThemeColorLight1
        .TintAndShade = 0
        .ThemeFont = xlThemeFontNone
    End With
    With Selection.Font
        .Name = "黑体"
        .Size = 16
        .Strikethrough = False
        .Superscript = False
        .Subscript = False
```

25.4.6 立即窗口

从菜单栏中执行【视图】▶【立即窗口】菜单命令，或者按【Ctrl+G】组合键，都可以快速打开立即窗口，在【立即窗口】中输入一行代码，按【Enter】键即可执行该代码。如输入"Debug.Print 3 + 2"后，按【Enter】键，即可得到结果"5"。

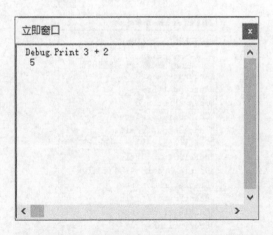

25.4.7 本地窗口

从菜单栏中执行【视图】▶【本地窗口】菜单命令，即可打开【本地窗口】，【本地窗口】主要是为调试和运行应用程序提供的，用户可以在这些窗口中看到程序运行中的错误点或某些特定的数据值。

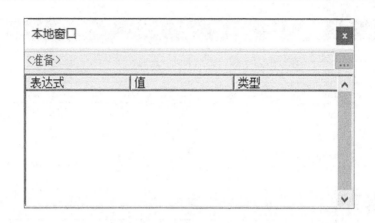

25.5 VBA基本语法

🌐 **本节教学录像时间：5分钟**

VBA作为一种编程语言，具有其本身的语法规则。

25.5.1 常量

常量用于存储固定信息，常量值具有只读特性，也就是在程序运行期间其值不能发生改变。在代码中使用常量的好处有两点。

（1）增加程序的可读性。例如在Excel中，设置活动单元格字体为绿色，就可以使用常量vbGreen（其值为65 280），与数字相比，可读性更强。

ActiveCell.Font.Color=vbGreen

（2）代码的维护升级更容易。除了系统常量外，在VBA中也可以使用Const语句声明自定义常量。

Const CoolName As String="HelloWorld"

如果希望将"HelloWorld"简写为"HW"，只需要将上面代码中的"HelloWorld"修改为"HW"，VBA应用程序中的CoolName将引用新的常量值。

25.5.2 变量

变量用于存储在程序运行中需要临时保存的值或对象，在程序运行过程中其值可以被改变。变量无需声明即可直接使用，但该变量的变体变量将占用较大的存储空间，代码运行效率也比较差。因此，在使用变量之前最好先声明变量。

例如，在VBA中使用Dim语句声明变量。下面的代码声明变量iRow为整数型变量：

Dim iRow as Integer

利用类型声明字符，上述代码可简化为：

Dim iRow%

但是，在VBA中并不是所有的数据类型都有对应的类型声明字符，在代码中可以使用的类型声明字符如下表所示。

数据类型	类型声明字符
Integer	%
Long	&
Single	!
Double	#
Currency	@
String	$

25.5.3 数据类型

数据类型用来决定变量或者常量可以使用何种数据。VBA中的数据类型包括Byte、Boolean、Integer、Long、Currency、Decimal、Single、Double、String、Object、Variant（默认数据类型）和用户自定义类型等。不同的数据类型所需要的存储空间不同，取值范围也不相同。

数据类型	存储空间大小	范围
Byte	1个字节	0~255
Boolean	2个字节	Ture或False
Integer	2个字节	−32 468~32 467
Long（长整型）	4个字节	−2 147 483 648~2 147 483 647
Single（单精度浮点型）	4个字节	负值：−3.402823E38~−1.401298E−45 正值：1.401298E−45~3.402823E38
Double（双精度浮点型）	8个字节	负值：−1.79769313486232E308~−4.94065645841247E−324 正值：1.79769313486232E308~4.94065645841247E−324
Currency	8个字节	−924 337 203 685 477.5808~924 337 203 685 477.5807
Decimal	14个字节	±79 248 162 514 264 337 593 543 950 335（不带小数点）或±7.9 248 162 514 264 337 593 543 950 335（带28位小数点）
Date	8个字节	100年1月1日到9999年12月31日
String（定长）	字符串长度	1~65 400
String（变长）	10字节加字符串长度	0~20亿
Object	4个字节	任何Object引用
Variant（数字）	16个字节	任何数字值，最大可达Double的范围
Variant（字符）	24个字节加字符串长度	与变长String范围相同
用户自定义	所有元素所需数目	与本身的数据类型的范围相同

25.5.4 运算符与表达式

VBA中的运算符有4种。

（1）算术运算符：用来进行数学计算的运算符，代码编译器会优先处理算术运算符。

（2）比较运算符：用来进行比较的运算符，优先级位于算术运算符和连接运算符之后。

（3）连接运算符：用来合并字符串的运算符，包括"&"和"+"运算符两种，优先级位于算术运算符之后。

（4）逻辑运算符：用来执行逻辑运算的运算符。

比较运算符中的运算符优先级是相同的，将按照出现顺序从左到右依次处理。而算术运算符和逻辑运算符中的运算符则必须按照优先级处理。运算符优先顺序如下表所示。

算术运算符	比较运算符	逻辑运算符
指数运算（^）	相等（=）	Not
负数（−）	不等（<>）	And
乘法（*）和除法（/）	小于（<）	Or
整数除法（\）	大于（>）	Xor
求模运算（Mod）	小于或等于（<=）	Eqv
加法（+）和减法（−）	大于或等于（>=）	Imp
字符串连接（&）	Liks、Is	

表达式是由数字、运算符、数字分组符号（括号）、自由变量和约束变量等组成的。如"25+6""26*5/6""(21+23)*5""x>=2""A&B"等均为表达式。

表达式的优先级由高到低为：括号>函数>乘方>乘/除>加/减>字符连接运算符>关系运算符>逻辑运算符。

25.6 使用VBA在Word中设置版式

🕐 **本节教学录像时间：3分钟**

使用VBA可以方便地对Word进行排版。特别是在版式重复时，使用VBA可以节省大量的时间。

● 第1步：创建VBA代码

 打开随书光盘中的"素材\ch25\农产品销量.docx"文件，单击【开发工具】选项卡下【代码】选项组中的【宏】按钮。

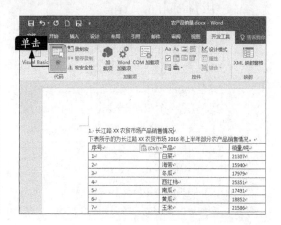

步骤 02 弹出【宏】对话框，在【宏名】文本框中输入"设置标题"，单击【创建】按钮。

步骤 03 弹出VBA编辑窗口，输入下面的代码（素材\ch25\25.1.txt）。

```
Selection.Font.Name = " 华文楷体 "
Selection.Font.Size = 22
With Selection.ParagraphFormat
    .LeftIndent = CentimetersToPoints(0)
    .RightIndent = CentimetersToPoints(0)
    .SpaceBefore = 2.5
    .SpaceBeforeAuto = False
    .SpaceAfter = 2.5
    .SpaceAfterAuto = False
    .LineSpacingRule = wdLineSpaceSingle
    .Alignment = wdAlignParagraphJustify
    .WidowControl = False
    .KeepWithNext = False
    .KeepTogether = False
    .PageBreakBefore = False
    .NoLineNumber = False
    .Hyphenation = True
    .FirstLineIndent = CentimetersToPoints(0)
    .OutlineLevel = wdOutlineLevelBodyText
    .CharacterUnitLeftIndent = 0
    .CharacterUnitRightIndent = 0
    .CharacterUnitFirstLineIndent = 0
    .LineUnitBefore = 0.5
    .LineUnitAfter = 0.5
    .MirrorIndents = False
    .TextboxTightWrap = wdTightNone
    .CollapsedByDefault = False
```

```
    .AutoAdjustRightIndent = True
    .DisableLineHeightGrid = False
    .FarEastLineBreakControl = True
    .WordWrap = True
    .HangingPunctuation = True
    .HalfWidthPunctuationOnTopOfLine = False
    .AddSpaceBetweenFarEastAndAlpha = True
    .AddSpaceBetweenFarEastAndDigit = True
    .BaseLineAlignment = wdBaselineAlignAuto
End With
```

步骤 04 再次单击【开发工具】选项卡下【代码】选项组中的【宏】按钮，弹出【宏】对话框，在【宏名】文本框中输入"正文"，单击【创建】按钮。

步骤 05 弹出VBA编辑窗口，输入下面的代码（素材\ch25\25.2.txt）。

```
Selection.Font.Name = " 华文楷体 "
Selection.Font.Size = 20
Selection.Font.Size = 18
With Selection.ParagraphFormat
    .LeftIndent = CentimetersToPoints(0)
    .RightIndent = CentimetersToPoints(0)
    .SpaceBefore = 0
    .SpaceBeforeAuto = False
    .SpaceAfter = 0
    .SpaceAfterAuto = False
    .LineSpacingRule = wdLineSpace1pt5
    .Alignment = wdAlignParagraphJustify
    .WidowControl = False
    .KeepWithNext = False
    .KeepTogether = False
    .PageBreakBefore = False
    .NoLineNumber = False
```

```
        .Hyphenation = True
        .FirstLineIndent = CentimetersToPoints(0.35)
        .OutlineLevel = wdOutlineLevelBodyText
        .CharacterUnitLeftIndent = 0
        .CharacterUnitRightIndent = 0
        .CharacterUnitFirstLineIndent = 2
        .LineUnitBefore = 0
        .LineUnitAfter = 0
        .MirrorIndents = False
        .TextboxTightWrap = wdTightNone
        .CollapsedByDefault = False
        .AutoAdjustRightIndent = True
        .DisableLineHeightGrid = False
        .FarEastLineBreakControl = True
        .WordWrap = True
        .HangingPunctuation = True
        .HalfWidthPunctuationOnTopOfLine = False
        .AddSpaceBetweenFarEastAndAlpha = True
        .AddSpaceBetweenFarEastAndDigit = True
        .BaseLineAlignment = wdBaselineAlignAuto
    End With
```

步骤06 再次单击【开发工具】选项卡下【代码】选项组中的【宏】按钮,弹出【宏】对话框,在【宏名】文本框中输入"表格",单击【创建】按钮。

步骤07 弹出VBA编辑窗口,输入下面的代码(素材\ch25\25.3.txt)。

```
Selection.Tables(1).Select
    myRows = Selection.Rows.Count
Selection.Rows(1).Select
    Selection.Font.Name = " 黑体 "
    Selection.Font.Name = "Times New Roman"
    Selection.Font.Size = 11
```

```
    Selection.Font.Bold = False
        With Selection.Cells
        With .Shading
            .BackgroundPatternColor = wdColorGray15
        End With
        End With
    Selection.ParagraphFormat.Alignment =
wdAlignParagraphCenter
    Selection.Tables(1).Rows(2).Select
    Selection.MoveDown Unit:=wdLine,
Count:=myRows - 2, Extend:=wdExtend
        Selection.Font.Name = " 宋体 "
    Selection.Font.Name = "Times New Roman"
    Selection.Font.Size = 10
    Selection.MoveDown Unit:=wdLine, Count:=1
    End Sub
```

● 第2步: 运行宏

步骤01 选择 "1. 长江路XX农贸市场产品销售情况" 文本,在【宏】对话框中选择"设置标题"选项,然后单击【运行】按钮。

步骤02 即可看到设置标题后的效果。

步骤 03 选择标题下的文字，在【宏】对话框中选择"正文"选项，然后单击【运行】按钮。

步骤 04 即可看到设置正文版式后的效果。

1. 长江路××农贸市场产品销售情况

下表所示的为长江路××农贸市场 2016 年上半年部分农产品销售情况。

序号	产品	销量/吨
1	白菜	21307
2	海带	15940
3	冬瓜	17979
4	西红柿	25351
5	南瓜	17491
6	黄瓜	18852
7	玉米	21586
8	红豆	15263

2. 花园路 xx 农贸市场产品销售情况
下表所示的为花园路 xx 农贸市场2016 年上半年部分农产品销售情况。

序号	产品	销量/吨
1	白菜	31381
2	海带	25221

步骤 05 选择第一个表格，在【宏】对话框中选择"表格"选项，然后单击【运行】按钮。
步骤 06 即可看到设置表格版式后的效果。

1. 长江路××农贸市场产品销售情况

下表所示的为长江路××农贸市场 2016 年上半年部分农产品销售情况。

序号	产品	销量/吨
1	白菜	21307
2	海带	15940
3	冬瓜	17979
4	西红柿	25351
5	南瓜	17491
6	黄瓜	18852
7	玉米	21586
8	红豆	15263

2. 花园路 xx 农贸市场产品销售情况
下表所示的为花园路 xx 农贸市场2016 年上半年部分农产品销售情况。

步骤 07 使用同样的方法可以为其他内容设置版式。

1. 长江路××农贸市场产品销售情况

下表所示的为长江路××农贸市场 2016 年上半年部分农产品销售情况。

序号	产品	销量/吨
1	白菜	21307
2	海带	15940
3	冬瓜	17979
4	西红柿	25351
5	南瓜	17491
6	黄瓜	18852
7	玉米	21586
8	红豆	15263

2. 花园路××农贸市场产品销售情况

下表所示的为花园路××农贸市场 2016 年上半年部分农产品销售情况。

序号	产品	销量/吨
1	白菜	31381
2	海带	25221
3	冬瓜	15412
4	西红柿	25351
5	南瓜	35211
6	黄瓜	32240
7	玉米	25325
8	红豆	25263

25.7 使用VBA实现对Excel表格的统计和查询

本节教学录像时间：4 分钟

如果Excel工作表的很多单元格都被填充了不同的颜色，可以通过自定义一个函数来完成统计单元格区域中单元格颜色为"红色"的单元格的个数。具体操作步骤如下。

步骤 01 打开随书光盘中的"素材\ch25\颜色表.xlsx"文件，单击【开发工具】选项卡下【代码】选项组中的【Visual Basic】按钮。

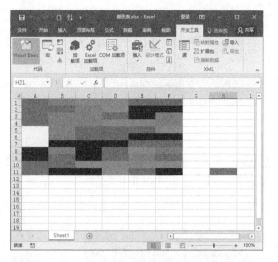

步骤 02 打开【Visual Basic】窗口，选择【插入】▶【模块】选项，完成标准模块的添加。

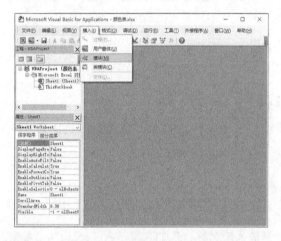

步骤 03 新建模块后，单击选择【插入】▶【过程】菜单命令。

步骤 04 弹出【添加过程】对话框，在【名称】

文本框中输入Function过程名称"TJYS"，在【类型】区域选中【函数】单选项，单击【确定】按钮。

步骤 05 即可在模块中插入新的Function过程。

步骤 06 输入相关代码，最终得到如下图所示代码（素材\ch25\25.4.txt），并根据需要添加注释。

```
    Function TJYS(rng As Range, cel As Range)
'第1个参数是区域,第2个参数是单元格的颜色
    Dim Cindex As Integer
    Cindex = cel.Interior.ColorIndex
'将单元格的背景颜色索引值返回给 Cindex
    Dim n As Range
    For Each n In rng
        If n.Interior.ColorIndex = Cindex Then
        TJYS = TJYS + 1
        End If
    Next
    End Function
```

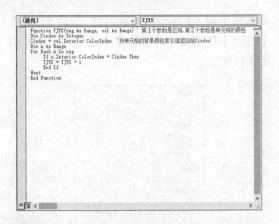

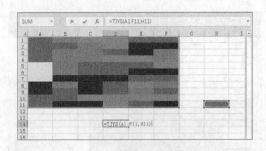

步骤 08 按【Enter】键确认，即可计算出单元格颜色为"红色"的单元格个数为"23"。

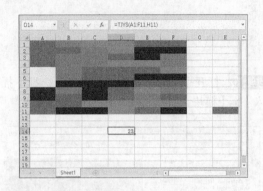

步骤 07 返回至Excel 2016工作表，在单元格D14中输入"=TJYS(A1:F11,H11)"。

25.8 使用VBA在PPT中插入图片

🌐 **本节教学录像时间：2分钟**

使用VBA在PowerPoint 2016中插入图片的具体操作步骤如下。

步骤 01 新建一个Power Point 2016 演示文稿，删除所有的文本占位符，单击【开发工具】选项卡下【代码】选项组中的【宏】按钮。

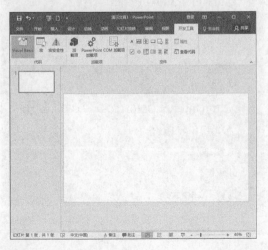

框输入宏名称，例如这里输入"chatu"，单击【创建】按钮。

步骤 03 弹出VBA代码编辑窗口，如要在幻灯片中插入"G:\ch25"文件夹下的"兔子.jpg"文件，设置其距离左为"162"、距离上为

步骤 02 弹出【宏】对话框，在【宏名】文本

"95"，并设置图片高度为"396"、宽度为"349"，可以输入下图所示代码（素材\ch25\25.5.txt），并单击【保存】按钮。

ActiveWindow.Selection.SlideRange.Shapes.
AddPicture(FileName:="G:\ch25\兔子.jpg",
LinkToFile:=msoFalse, SaveWithDocument:
=msoTrue, Left:=162, Top:=95, Width:=396,
Height:=349).Select

步骤 04 再次单击【代码】选项组中的【宏】按钮，在弹出的【宏】对话框中选择"chatu"选项，然后单击【运行】按钮。

步骤 05 运行效果如下图所示。

高手支招

🔴 **本节教学录像时间：5分钟**

设置宏快捷键

可以为宏设置快捷键，便于宏的执行。为录制的宏设置快捷键并运行宏的具体操作步骤如下。

步骤 01 单击【开发工具】选项卡，在【代码】组中单击【录制宏】按钮 录制宏。

步骤 02 弹出【录制宏】对话框，在【将宏指定到】选项组中单击【按钮】按钮。

步骤 03 弹出【Word选项】对话框，单击左侧的【自定义功能区】选项，再单击【键盘快捷方式】后的【自定义】按钮。

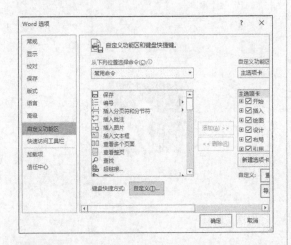

步骤 04 弹出【自定义键盘】对话框，在【类别】选项列表中选择【宏】选项，并在后方的【宏】列表框中选择【宏1】选项。将鼠标光标定位在【请按新快捷键】文本框中，按【Ctrl+G】组合键，然后单击【指定】按钮。

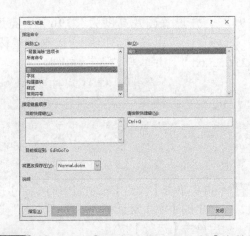

步骤 05 【Ctrl+G】组合键即可显示在【当前快捷键】列表框中，单击【关闭】按钮即可设置完成。录制宏完成之后，按【Ctrl+G】组合键即可执行该命令。

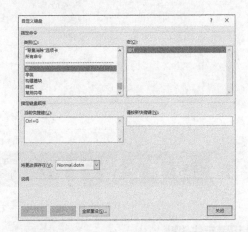

● 启用被禁用的宏

设置宏的安全性后，在打开包含代码的文件时，将弹出【安全警告】消息栏，如果用户信任该文件的来源，可以单击【安全警告】信息栏中的【启用内容】按钮，【安全警告】信息栏将自动关闭。此时，被禁用的宏将会被启用。

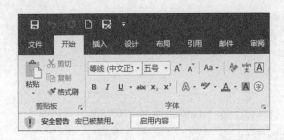

第**26**章

Office 2016的共享与安全

本章主要介绍Office 2016的共享、保护以及取消保护等内容，使用户能更深一步地了解Office 2016的应用，掌握共享Office 2016的技巧，并掌握保护文档的设置方法。

学习效果

26.1 Office 2016的共享

🔊 本节教学录像时间：8分钟

用户可以将Office文档存放在网络或其他存储设备中，以更方便地查看和编辑Office文档；还可以通过跨平台、设备与其他人协作，共同编写论文、准备演示文稿、创建电子表格等。

26.1.1 保存到云端OneDrive

云端OneDrive是由微软公司推出的一项云存储服务，用户可以通过自己的Microsoft账户进行登录，并上传自己的图片、文档等到OneDrive中进行存储。无论身在何处，用户都可以访问OneDrive上的所有内容。

1. 将文档另存至云端OneDrive

下面以PowerPoint 2016为例介绍将文档保存到云端OneDrive的具体操作步骤。

步骤 01 打开随书光盘中的"素材 \ch26\ 礼仪培训 .pptx"文件。单击【文件】选项卡，在打开的列表中选择【另存为】选项，在【另存为】区域选择【OneDrive】选项，单击【登录】按钮。

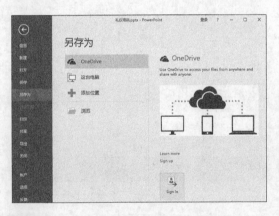

步骤 02 弹出【登录】对话框，输入与 Office 一起使用的账户的电子邮箱地址，单击【下一步】按钮。

步骤 03 在弹出的【登录】对话框中输入电子邮箱地址的密码，单击【登录】按钮。

步骤 04 此时即登录了账号，在 PowerPoint 的右上角显示登录的账号名。在【另存为】区域单击【OneDrive - 个人】选项，在右侧单击【更多选项】连接。

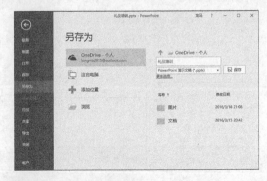

步骤 05 弹出【另存为】对话框，在对话框

中选择文件要保存的位置，这里选择保存在OneDrive的【文档】目录下，单击【保存】按钮。

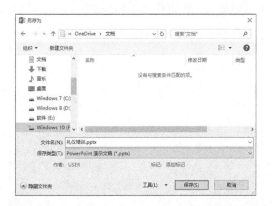

步骤 06 返回 PowerPoint 界面，在界面下方显示"正在等待上载"字样。上载完毕后即可将文档保存到 OneDrive 中。

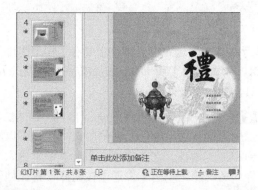

步骤 07 打开电脑上的 OneDrive 文件夹，即可看到保存的文件。

小提示

如果另一台电脑没有安装 Office 2016，可以登录到 OneDrive 网站 https://onedrive.live.com/，单击【文档】选项，即可查看到上传的文档。单击需要打开的文件，即可打开演示文稿。

2. 在电脑中将文档上传至 OneDrive

用户可以直接打开【OneDrive】窗口上传文档，具体操作步骤如下。

步骤 01 在【此电脑】窗口中选择【OneDrive】选项，或者在任务栏的【OneDrive】图标上单击鼠标右键，在弹出的快捷菜单中选择【打开你的 OneDrive 文件夹】选项。都可以打开【OneDrive】窗口。

步骤 02 选择要上传的文档"重要文件 .docx"文件，将其复制并粘贴至【文档】文件夹或者直接拖曳文件至【文档】文件夹中。

步骤 03 在【文档】文件夹图标上即显示刷新图标。表明文档正在同步。

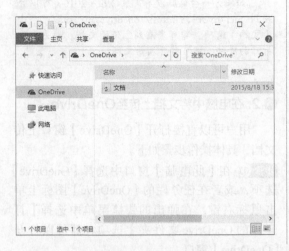

步骤 04 在任务栏单击【上载中心】图标，在打开的【上载中心】窗口中即可看到上传的文件。上传完成后，即可使用上传的文档。

26.1.2 通过电子邮件共享

Office 2016还可以以发送到电子邮件的方式进行共享，发送到电子邮件主要有【作为附件发送】、【发送链接】、【以PDF形式发送】、【以XPS形式发送】和【以Internet传真形式发送】5种形式，本节主要介绍以附件形式进行邮件发送。具体的操作步骤如下。

步骤 01 打开随书光盘中的"素材\ch26\礼仪培训.pptx"文件。单击【文件】选项卡，在打开的列表中选择【共享】选项，在【共享】区域选择【电子邮件】选项，然后单击【作为附件发送】按钮。

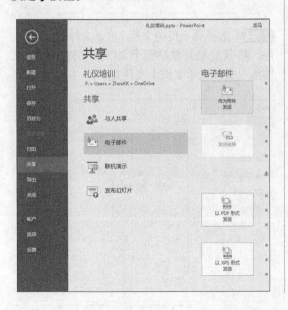

步骤 02 弹出【礼仪培训.pptx - 邮件（HTML）】工作界面，在【附件】右侧的文本框中可以看到添加的附件，在【收件人】文本框中输入收件人的邮箱，单击【发送】按钮即可将文档作为附件发送。

26.1.3 局域网中的共享

局域网是在一个局部的范围内（如一个学校、公司和机关内），将各种计算机、外部设备和数据库等互相连接起来组成的计算机通信网。局域网可以实现文件管理、应用软件共享、打印机共享、扫描仪共享、工作组内的日程安排、电子邮件和传真通信服务等功能。

步骤 01 打开随书光盘中的"素材 \ch26\ 学生成绩登记表 .xlsx"文件、单击【审阅】选项卡下【更改】选项组中的【共享工作簿】按钮 共享工作簿 。

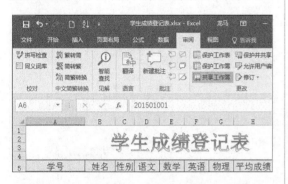

步骤 02 弹出【共享工作簿】对话框，在对话框中单击选中【允许多用户同时编辑，同时允许工作簿合并】复选框，单击【确定】按钮。

步骤 03 弹出【Microsoft Excel】提示对话框，单击【确定】按钮。

步骤 04 工作簿即处于在局域网中共享的状态，在工作簿上方显示"共享"字样。

步骤 05 单击【文件】选项卡，在弹出的列表中选择【另存为】选项，单击【浏览】按钮，即可弹出【另存为】对话框。在对话框的地址栏中输入该文件在局域网中的位置，单击【确定】按钮。

> **小提示**
>
> 将文件的所在位置通过电子邮件发送给共享该工作簿的用户，用户通过该文件在局域网中的位置即可找到该文件。

26.1.4 使用云盘同步重要数据

随着云技术的快速发展，各种云盘也陆续出现，其中使用最为广泛的当属百度云管家、360云盘和腾讯微云3款软件，它们不仅功能强大，而且具备了很好的用户体验。上传、分享和下载是各类云盘最主要的功能，用户可以将重要数据文件上传到云盘空间，可以将其分享给其他人，也可以在不同的客户端下载云盘空间上的数据，方便了不同用户、不同客户端直接的交互。下面介绍使用百度云盘如何上传、分享和下载文件。

步骤01 下载并安装【百度云管家】客户端后，在【此电脑】中，双击【百度云管家】图标，打开该软件。

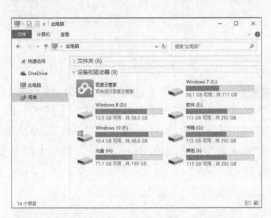

小提示

一般云盘软件均提供网页版，但是为了有更好的功能体验，建议安装客户端版。

步骤02 打开百度云管家客户端，在【我的网盘】界面中，用户可以新建目录，也可以直接上传文件，如这里单击【新建文件夹】按钮，新建一个分类的目录，并命名为"重要数据"。

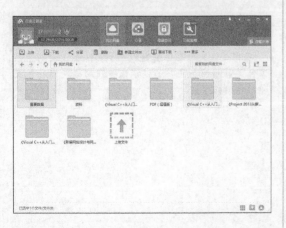

步骤03 打开"重要数据"文件夹，选择要上传的重要资料，拖曳到客户端界面上。

小提示

用户也可以单击【上传】按钮，通过选择路径的方式，上传资料。

步骤04 此时，资料即会上传至云盘中，如下图所示。

步骤05 上传完毕后，当将鼠标光标移动到想要分享的文件后面，就会出现【创建分享】标志 。

小提示

也可以先选择要分享的文件或文件夹，单击菜单栏中的【分享】按钮。

步骤06 单击该标志，显示了分享的3种方式：公开分享、私密分享和发给好友。如果创建公开分享，该文件则会显示在分享主页，其他人都可下载；如果创建私密分享，系统会自动为每个分享链接生成一个提取密码，只有获取密码的人才能通过连接查看并下载私密共享的文件；如果发给好友，选择好友并发送即可。这里单击【私密分享】选项卡下的【创建私密链接】按钮。

步骤07 即可看到生成的链接和密码，单击【复制链接及密码】按钮，即可将复制的内容发送给好友进行查看。

步骤08 在【我的云盘】界面，单击【分类查看】按钮，并单击左侧弹出的分类菜单【我的分享】选项，弹出【我的分享】对话框，当中列出了当前分享的文件，带有标识的表示为私密分享文件，否则为公开分享文件。勾选分享的文件，然后单击【取消分享】按钮，即可取消分享。

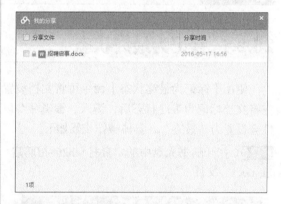

步骤09 返回【我的网盘】界面，当将鼠标光标移动到列表文件后面，会出现【下载】标志，单击该按钮，可将该文件下载到电脑中。

单击【删除】按钮 🗑，可将文件从云盘中删除。另外单击【设置】按钮 ▾，可在【设置】▶【传输】对话框中设置文件下载的位置和任务数等。

步骤10 单击界面右上角的【传输列表】按钮 📶 传输列表，可查看下载和上传的记录，单击【打开文件】按钮 🖼，可查看该文件；单击【打开文件夹】按钮 🗂，可打开该文件所在的文件夹；单击【清除记录】按钮 🧹，可清除该文件传输

的记录。

26.2 Office 2016的保护

📹 本节教学录像时间：9分钟

如果用户不想制作好的文档被别人看到或修改，可以将文档保护起来。常用的保护文档的方法有标记为最终状态、用密码进行加密、限制编辑等。

26.2.1 标记为最终状态

使用【标记为最终状态】命令可将文档设置为只读，以防止审阅者或读者无意中更改文档。在将文档标记为最终状态后，键入、编辑命令以及校对标记都会禁用或关闭，文档的"状态"属性会设置为"最终"，具体操作步骤如下。

步骤01 打开随书光盘中的"素材 \ch26\ 招聘启事 .docx"文件。

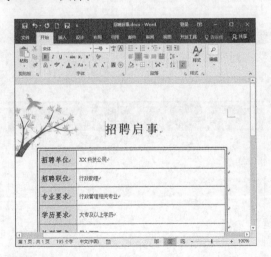

步骤02 单击【文件】选项卡，在打开的列表中选择【信息】选项，在【信息】区域单击【保护文档】按钮，在弹出的下拉菜单中选择【标

记为最终状态】选项。

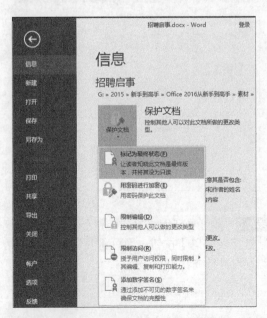

步骤03 弹出【Microsoft Word】对话框，提示

该文档将被标记为终稿并被保存，单击【确定】按钮。

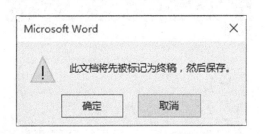

步骤 04 再次弹出【Microsoft Word】提示框，单击【确定】按钮。

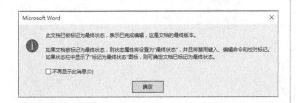

步骤 05 返回 Word 页面，该文档即被标记为最终状态，以只读形式显示。

小提示

单击页面上方的【仍然编辑】按钮，可以对文档进行编辑。

26.2.2 用密码进行加密

在Microsoft Office中，可以使用密码阻止其他人打开或修改文档、工作簿和演示文稿。用密码加密的具体操作步骤如下。

步骤 01 打开随书光盘中的"素材 \ch26\ 招聘启事 .docx"文件，单击【文件】选项卡，在打开的列表中选择【信息】选项，在【信息】区域单击【保护文档】按钮，在弹出的下拉菜单中选择【用密码进行加密】选项。

步骤 02 弹出【加密文档】对话框，输入密码，单击【确定】按钮。

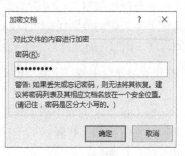

步骤 03 弹出【确认密码】对话框，再次输入密码，单击【确定】按钮。

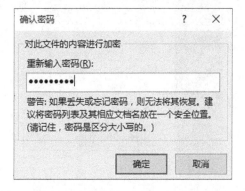

步骤 04 此时就为文档使用密码进行了加密。在【信息】区域内显示已加密。

步骤 05 再次打开文档时，将弹出【密码】对话框，输入密码后单击【确定】按钮。

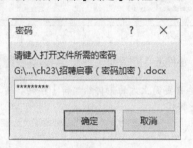

步骤 06 此时就打开了文档。

26.2.3 限制编辑

限制编辑是指控制其他人可对文档进行哪些类型的更改。限制编辑提供了3种选项：格式设置限制可以有选择地限制格式编辑选项，用户可以单击其下方的"设置"进行格式选项自定义；编辑限制可以有选择地限制文档编辑类型，包括"修订""批注""填写窗体"以及"不允许任何更改（只读）"；启动强制保护可以通过密码保护或用户身份验证的方式保护文档，此功能需要信息权限管理（IRM）的支持。为文档添加限制编辑的具体操作步骤如下。

步骤 01 打开随书光盘中的"素材 \ch26\ 招聘启事 .docx"文件，单击【文件】选项卡，在打开的列表中选择【信息】选项，在【信息】区域单击【保护文档】按钮，在弹出的下拉菜单中选择【限制编辑】选项。

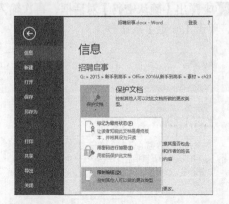

步骤 02 在文档的右侧弹出【限制编辑】窗格，单击选中【仅允许在文档中进行此类型的编辑：】复选框，单击【不允许任何更改（只读）】文本框右侧的下拉按钮，在弹出的下拉列表中选择允许修改的类型，这里选择【不允许任何更改（只读）】选项。

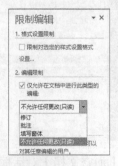

步骤 03 单击【限制编辑】窗格中的【是，启动

强制保护】按钮。

步骤04 弹出【启动强制保护】对话框，在对话框中单击选中【密码】单选项，输入新密码及确认新密码，单击【确定】按钮。

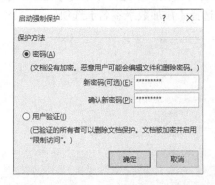

小提示

如果单击选中【用户验证】单选项，已验证的所有者可以删除文档保护。

步骤05 此时就为文档添加了限制编辑。当阅读者想要修改文档时，在文档下方显示【由于所选内容已被锁定，您无法进行此更改】字样。

步骤06 如果用户想要取消限制编辑，在【限制编辑】窗格中单击【停止保护】按钮即可。

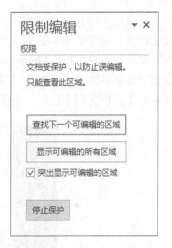

26.2.4 限制访问

限制访问是指通过使用Microsoft Office 2016中提供的信息权限管理（IRM）来限制对文档、工作簿和演示文稿中的内容的访问权限，同时限制其编辑、复制和打印能力。用户通过对文档、工作簿、演示文稿和电子邮件等设置访问权限，可以防止未经授权的用户打印、转发和复制敏感信息，以保证文档、工作簿、演示文稿等的安全。

设置限制访问的方法是：单击【文件】选项卡，在打开的列表中选择【信息】选项，在【信息】区域单击【保护文档】按钮，在弹出的下拉菜单中选择【限制访问】选项。

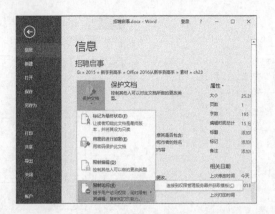

26.2.5 数字签名

数字签名是电子邮件、宏或电子文档等数字信息上的一种经过加密的电子身份验证戳，用于确认宏或文档来自数字签名本人且未经更改。添加数字签名可以确保文档的完整性，从而进一步保证文档的安全。用户可以在Microsoft官网上获得数字签名。

添加数字签名的方法是：单击【文件】选项卡，在打开的列表中选择【信息】选项，在【信息】区域单击【保护文档】按钮，在弹出的下拉菜单中选择【添加数字签名】选项。

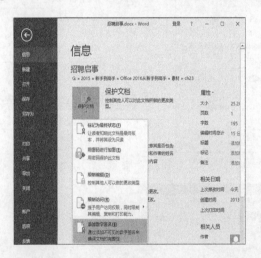

26.3 取消保护

🕐 **本节教学录像时间：2分钟**

用户对Office文件设置保护后，还可以取消保护。取消保护包括取消文件最终标记状态、删除密码等。

● 1.取消文件最终标记状态

取消文件最终标记状态的方法是：打开标记为最终状态的文档，单击【文件】选项卡，在打开的列表中选择【信息】选项，在【信息】区域单击【保护文档】按钮，在弹出的下拉菜单中选

择【标记为最终状态】选项即可取消最终标记
状态。

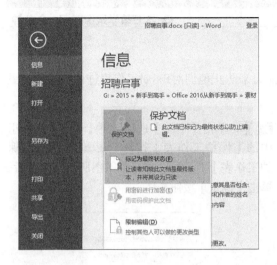

2.删除密码

对Office文件使用密码加密后还可以删除
密码，具体操作步骤如下。

步骤① 打开设置密码的文档。单击【文件】选
项卡，在打开的列表中选择【另存为】选项，
在【另存为】区域选择【这台电脑】选项，然
后单击【浏览】按钮。

步骤② 打开【另存为】对话框，选择文件的另
存位置，单击【另存为】对话框下方的【工具】
按钮，在弹出的下拉列表中选择【常规选项】
选项。

步骤③ 打开【常规选项】对话框，在该对话框
中显示了打开文件时的密码。删除该密码，单
击【确定】按钮。

步骤④ 返回【另存为】对话框，单击【保存】
按钮。另存后的文档就已经删除了密码。

小提示

用户也可以再次选择【保护文档】中的【用密码
加密】选项，在弹出的【加密文档】对话框中删除密
码，单击【确定】按钮即可删除文档设定的密码。

高手支招

● 保护单元格

保护单元格的实质就是限制其他用户的编辑能力来防止他们对Excel工作表进行不需要的更改。具体的操作步骤如下。

步骤01 打开随书光盘中的"素材\ch26\学生成绩登记表.xlsx"文件。选定要保护的单元格，单击鼠标右键，在弹出的快捷菜单中选择【设置单元格格式】选项。

步骤02 弹出【单元格格式】对话框，选择【保护】选项卡，单击选中【锁定】复选框，单击【确定】按钮。

步骤03 单击【审阅】选项卡下【更改】选项组中的【保护工作表】按钮，弹出【保护工作表】对话框，进行如下图所示的设置后，单击【确定】按钮。

步骤04 在受保护的单元格区域中输入数据时，会提示如下内容。

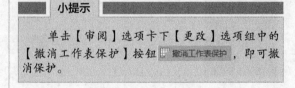

> **小提示**
>
> 单击【审阅】选项卡下【更改】选项组中的【撤消工作表保护】按钮，即可撤消保护。

第 27 章

Office联手办公——
Word/Excel/PPT间的协作应用

学习目标

在Office 2016办公软件中，Word、Excel和PowerPoint的文件可以通过资源共享和相互调用协作使用，以提高工作效率。

学习效果

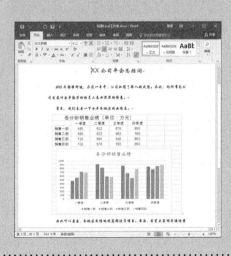

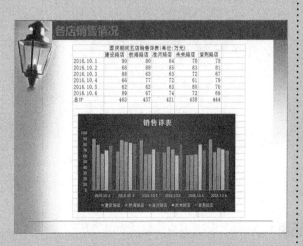

27.1 Word 2016与其他组件的协同

● 本节教学录像时间：11分钟

在Word中不仅可以创建Excel工作表，而且可以调用已有的PowerPoint演示文稿，来实现资源的共用。

27.1.1 在Word中创建Excel工作表

在Word 2016中可以创建Excel工作表，这样不仅可以使文档的内容更加清晰，表达的意思更加完整，还可以节约时间。具体操作步骤如下。

步骤01 打开随书光盘中的"素材\ch27\创建Excel工作表.docx"文件，将鼠标光标定位于需要插入表格的位置，单击【插入】选项卡下【表格】选项组中的【表格】按钮，在弹出的下拉列表中选择【Excel电子表格】选项。

步骤02 返回Word文档，即可看到插入的Excel电子表格，双击插入的电子表格即可进入工作表的编辑状态。

步骤03 在Excel电子表格中输入如下图所示数据，并根据需要设置文字及单元格样式。

步骤04 选择单元格区域A2:E6，单击【插入】选项卡下【图表】组中的【插入柱形图】按钮，在弹出的下拉列表中选择【簇状柱形图】选项。

步骤05 即可在图表中插入下图所示的柱形图，

将鼠标光标放置在图表上，当光标变为 ✛ 形状时，按住鼠标左键，拖曳图表区到合适位置，并根据需要调整表格的大小。

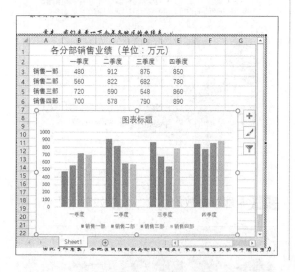

步骤 06 在图表区【图表标题】文本框中输入"各分部销售业绩"，并设置其字体为"宋体"、字号为"14"，单击Word文档的空白位置，结束表格的编辑状态，效果如下图所示。

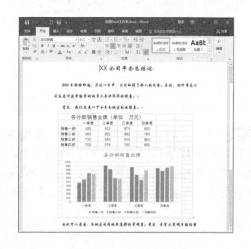

27.1.2 在Word中调用PowerPoint演示文稿

在Word中不仅可以直接调用PowerPoint演示文稿，还可以在Word中播放演示文稿，具体操作步骤如下。

步骤 01 打开随书光盘中的"素材\ch27\Word调用PowerPoint.docx"文件，将鼠标光标定位在要插入演示文稿的位置。

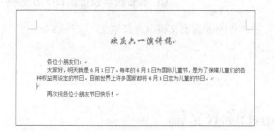

步骤 02 单击【插入】选项卡下【文本】选项组中【对象】按钮 对象 右侧的下拉按钮，在弹出的列表中选择【对象】选项。

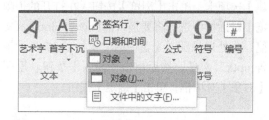

步骤 03 弹出【对象】对话框，选择【由文件创

建】选项卡，单击【浏览】按钮。

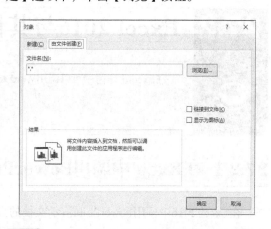

步骤 04 在打开的【浏览】对话框中选择随书光盘中的"素材\ch27\六一儿童节快乐.pptx"文件，单击【插入】按钮。返回【对象】对话框，单击【确定】按钮，即可在文档中插入所选的演示文稿。

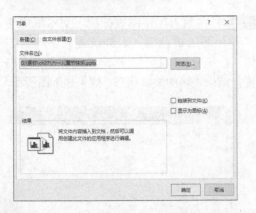

步骤 05 插入PowerPoint演示文稿后，拖曳演示文稿四周的控制点可调整演示文稿的大小。在演示文稿中单击鼠标右键，在弹出的快捷菜单中选择【"演示文稿"对象】▶【显示】选项。

步骤 06 即可播放幻灯片，效果如下图所示。

27.2 Excel 2016与其他组件的协同

本节教学录像时间：5分钟

在Excel工作簿中可以调用Word文档、PowerPoint演示文稿以及其他文本文件数据。

27.2.1 在Excel中调用PowerPoint演示文稿

在Excel 2016中调用PowerPoint演示文稿的具体操作步骤如下。

步骤 01 新建一个Excel工作表，单击【插入】选项卡下【文本】选项组中【对象】按钮 。

步骤 02 弹出【对象】对话框，选择【由文件创建】选项卡，单击【浏览】按钮，在打开的【浏览】对话框中选择将要插入的PowerPoint演示文稿，此处选择随书光盘中的"素材\ch27\统计报告.pptx"文件，然后单击【插入】按钮。返回【对象】对话框，单击【确定】按钮。

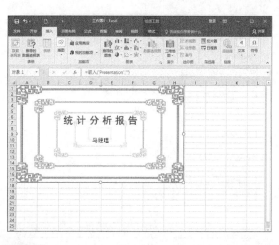

步骤 04 双击插入的演示文稿，即可播放插入的演示文稿。

步骤 03 此时就在文档中插入了所选的演示文稿。插入PowerPoint演示文稿后，还可以调整演示文稿的位置和大小。

27.2.2 导入来自文本文件的数据

在Excel 2016中还可以导入Access文件数据、网站数据、文本数据、SQL Server 数据库数据以及XML数据等外部数据。在Excel 2016中导入文本数据的具体操作步骤如下。

步骤 01 新建一个Excel工作表，将其保存为"导入来自文件的数据.xlsx"，单击【数据】选项卡下【获取外部数据】选项组中【自文本】按钮。

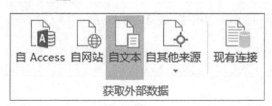

步骤 02 弹出【导入文本文件】对话框中，选择"素材\ch27\成绩表.txt"文件，单击【导入】按钮。

步骤 03 弹出【文本导入向导 - 第1步，共3步】对话框，单击选中【分隔符号】单选按钮，单击【下一步】按钮。

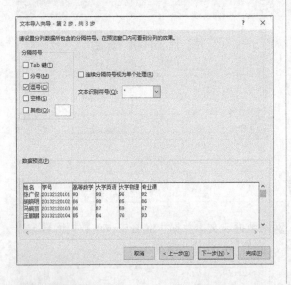

步骤 04 弹出【文本导入向导 - 第2步，共3步】对话框，撤消选中【Tab键】复选框，单击选中【逗号】复选框，单击【下一步】按钮。

步骤 05 弹出【文本导入向导 - 第3步，共3步】对话框，选中【文本】单选项，单击【完成】按钮。

步骤 06 在弹出的【导入数据】对话框中单击【确定】按钮，即可将文本文件中的数据导入Excel 2016中。

	A	B	C	D	E	F
1	姓名	学号	高等数学	大学英语	大学物理	专业课
2	张广俊	20132120101	90	98	96	92
3	胡晓明	20132120102	86	98	85	86
4	马晓丽	20132120103	86	87	59	67
5	王鹏鹏	20132120104	85	84	76	93
6						
7						
8						
9						
10						
11						
12						
13						
14						
15						
16						

27.3 PowerPoint 2016与其他组件的协同

 ● 本节教学录像时间：3分钟

在PowerPoint 2016中不仅可以调用Word、Excel等组件，还可以将PowerPoint演示文稿转化为Word文档。

27.3.1 在PowerPoint中调用Excel工作表

在PowerPoint 2016中调用Excel工作表的具体操作步骤如下。

步骤 01 打开随书光盘中的"素材\ch27\调用Excel工作表.pptx"文件，选择第2张幻灯片，然后单击【新建幻灯片】按钮，在弹出的下拉列表中选择【仅标题】选项。

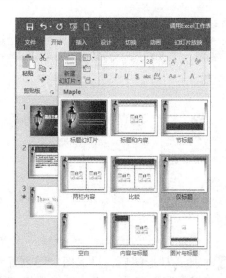

步骤 02 新建一张标题幻灯片，在【单击此处添加标题】文本框中输入"各店销售情况"，并设置【文本颜色】为"红色"。

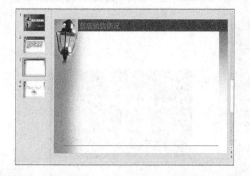

步骤 03 单击【插入】选项卡下【文本】组中的【对象】按钮，弹出【插入对象】对话框，单击选中【由文件创建】单选项，然后单击【浏览】按钮。

步骤 04 在弹出的【浏览】对话框中选择随书光盘中的"素材\ch27\销售情况表.xlsx"文件，然后单击【确定】按钮，返回【插入对象】对话框，单击【确定】按钮。

步骤 05 此时就在演示文稿中插入了Excel表格，双击表格，进入Excel工作表的编辑状态，可调整表格的大小。

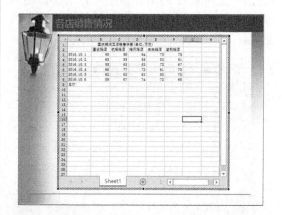

步骤 06 单击B9单元格，单击编辑栏中的【插入函数】按钮，弹出【插入函数】对话框，在【选择函数】列表框中选择【SUM】函数，单击【确定】按钮。

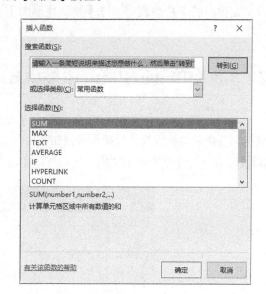

步骤 07 弹出【函数参数】对话框，在【Number1】文本框中输入"B3:B8"，单击【确定】按钮。

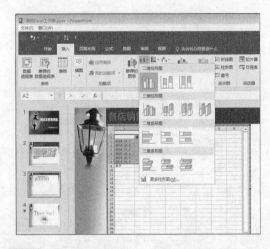

步骤 08 此时就在B9单元格中计算出了总销售额，填充C9:F8单元格区域，计算出各店总销售额。

步骤 09 选择单元格区域A2:F8，单击【插入】选项卡下【图表】组中的【插入柱形图】按钮，在弹出的下拉列表中选择【簇状柱形图】选项。

步骤 10 插入柱形图后，设置图表的位置和大小，并根据需要美化图表。最终效果如下图所示。

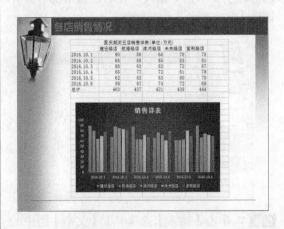

27.3.2 在PowerPoint中插入Excel图表对象

在PowerPoint中插入Excel图表对象，可以方便用户在PowerPoint中查看图表数据，从而快速修改图表中的数据，具体的操作步骤如下。

步骤 01 新建一个空白演示文稿，将幻灯片中的文本占位符删除，如下图所示。

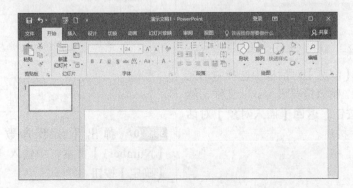

步骤 02 单击【插入】选项卡下【文本】组中的【对象】按钮。弹出【插入对象】对话框，在左侧选择【新建】选项，在【对象类型】列表中选择【Microsoft Excel Chart】选项，单击【确定】按钮。

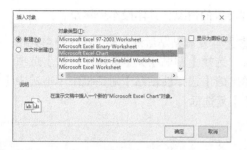

步骤 03 插入如下图所示的图表。

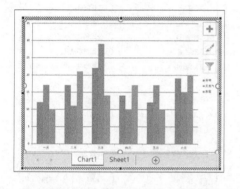

步骤 04 在图表中选择【Sheet1】工作表，将其中的数据修改为"素材\ch27\销售情况表.xlsx"工作簿中的数据，如下图所示。

步骤 05 选择【Chart1】工作表，如下图所示，图表就修改完成了。

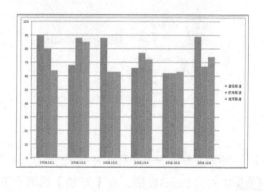

27.3.3 将PowerPoint转换为Word文档

用户可以将PowerPoint演示文稿中的内容转化到Word文档中，以方便阅读、打印和检查，具体操作步骤如下。

步骤 01 打开随书光盘中的"素材\ch27\球类知识.pptx"文件，单击【文件】选项卡，选择【导出】选项，在右侧【导出】区域选择【创建讲义】选项，然后单击【创建讲义】按钮。

步骤 02 弹出【发送到Microsoft Word】对话框，单击选中【只使用大纲】单选项，然后单

击【确定】按钮，即可将PowerPoint演示文稿转换为Word文档。

高手支招

◆ 用Word和Excel实现表格的行列转置

在用Word制作表格时经常会遇到将表格的行与列转置的情况，具体操作步骤如下。

步骤 01 在Word中创建表格，然后选定整个表格，单击鼠标右键，在弹出的快捷菜单中选择【复制】命令。

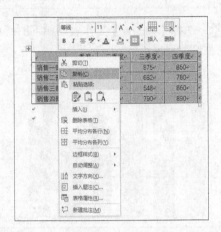

步骤 02 打开Excel表格，在【开始】选项卡下【剪贴板】选项组中选择【粘贴】▶【选择性粘贴】选项，在弹出的【选择性粘贴】对话框中选择【文本】选项，单击【确定】按钮。

步骤 03 复制粘贴后的表格，在任一单元格上单击，选择【粘贴】▶【选择性粘贴】选项，在弹出的【选择性粘贴】对话框中单击选中【转置】复选框。

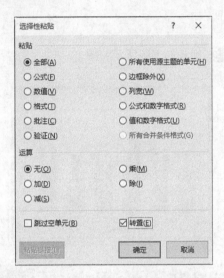

步骤 04 单击【确定】按钮，即可将表格行与列转置，最后将转置后的表格复制到Word文档中即可。

▲	A	B	C	D	E	F
1		一季度	二季度	三季度	四季度	
2	销售一部	480	912	875	850	
3	销售二部	560	822	682	780	
4	销售三部	720	590	548	860	
5	销售四部	700	578	790	890	
6						
7						
8						
9		销售一部	销售二部	销售三部	销售四部	
10	一季度	480	560	720	700	
11	二季度	912	822	590	578	
12	三季度	875	682	548	790	
13	四季度	850	780	860	890	

第**28**章

办公文件的打印

学习目标

打印机是自动化办公中不可缺少的组成部分，是重要的输出设备之一。相关人员具备办公管理所需的知识与经验，能够熟练操作常用的办公器材，是十分必要的。用户可以将电脑中编辑好的文档、图片等资料打印输出到纸上，从而将资料进行存档、报送及作其他用途。本章主要介绍连接并设置打印机、打印Word文档、打印Excel表格、打印PPT演示文稿的方法。

学习效果

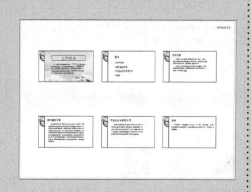

28.1 添加打印机

● 本节教学录像时间：5分钟

打印机是自动化办公中不可缺少的一个组成部分，是重要的输出设备之一。通过打印机，用户可以将在电脑中编辑好的文档、图片等资料打印输出到纸上，从而可以方便地将资料进行存档、报送及作其他用途。

28.1.1 添加局域网打印机

连接打印机后，电脑如果没有检测到新硬件，可以通过安装打印机的驱动程序的方法添加局域网打印机，具体操作步骤如下。

步骤 01 在【开始】按钮上单击鼠标右键，在弹出的快捷菜单中选择【控制面板】选项，打开【控制面板】窗口，单击【硬件和声音】列表中的【查看设备和打印机】选项。

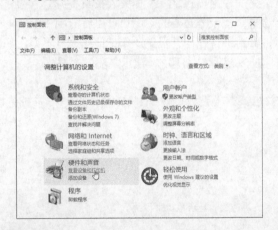

步骤 02 弹出【设备和打印机】窗口，单击【添加打印机】按钮。

步骤 03 即可打开【添加设备】对话框，系统会自动搜索网络内的可用打印机，选择搜索到的打印机名称，单击【下一步】按钮。

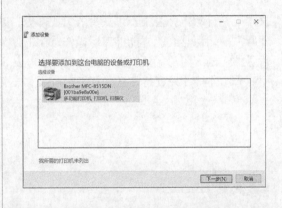

小提示

如果需要安装的打印机不在列表内，可单击下方的【我所需的打印机未列出】链接，在打开的【按其他选项查找打印机】对话框中选择其他的打印机。

步骤 04 将会弹出【添加设备】对话框，进行打印机连接。

步骤 05 完成后提示安装打印机完成。如需要打印测试页看打印机是否安装完成，单击【打印测试页】按钮，即可打印测试页。单击【完成】按钮，就完成了打印机的安装。

步骤 06 在【设备和打印机】窗口中，用户可以看到新添加的打印机。

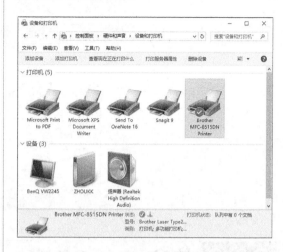

小提示

如果有驱动光盘，直接运行光盘，双击Setup.exe文件即可。

28.1.2 打印机连接测试

安装打印机之后，需要测试打印机的连接是否有误，最直接的方式就是打印测试页。

● 方法1：安装驱动过程中测试

安装启动的过程中，在提示安装打印机成功安装界面，单击【打印测试页】按钮，如果能正常打印，就表示打印机连接正常，单击【完成】按钮完成打印机的安装。

小提示

如果不能打印测试页，表明打印机安装不正确，可以通过检查打印机是否已开启、打印机是否在网络中以及重装驱动来排除故障。

● 方法2：在【属性】对话框中测试

打印机安装完成之后，在打印机图标上单击鼠标右键，在弹出的快捷菜单中单击【打印机属性】菜单命令，即可打开【属性】对话框。单击【打印测试页】按钮，如果能正常打印，就说明打印机安装成功。

28.2 打印Word文档

● 本节教学录像时间：6分钟

打印机安装完成之后，用户就可以打印Word文档了。

28.2.1 认识打印设置项

打开要打印的文档，单击【文件】选项卡，在其列表中选择【打印】选项，即可在【打印】区域查看并设置打印设置项，在打印区域右侧显示的预览界面，如下图所示。

（1）【打印】按钮：单击即可开始打印。

（2）【份数】选项框：选择打印份数。

（3）【打印机】列表：在其下拉列表中可以选择打印机，单击【打印机属性】可设置打印机属性。

（4）【设置】区域：设置打印文档的相关信息。

① 选择打印所有页、打印所选内容或自定义打印范围等。

② 选择自定义打印时，设置打印的页面。

③ 选择单面或双面打印。

④ 设置页面打印顺序。

⑤ 设置横向打印或纵向打印。

⑥ 选择纸张页面大小。

⑦ 选择页边距或自定义页边距。

⑧ 选择每版打印的Word页面数量。

28.2.2 打印文档

当用户在打印预览中对所打印文档的效果感到满意时，就可以对文档进行打印了。其方法很简单，具体的操作步骤如下。

步骤01 打开随书光盘中的"素材\ch28\年度工作报告.docx"文档中，单击【文件】选项卡下列表中的【打印】选项。

【打印机】下拉列表中选择要使用的打印机，单击【打印】按钮，即可开始打印文档，并会打印3份。

步骤02 在【份数】微调框中输入"3"，在

28.2.3 选择性打印

打印文档时如果只需要打印部分页面，就需要进行相关的设置。此外，也可以打印连续或者是不连续的页面。

● 1. 自定义打印内容

步骤01 打开随书光盘中的"素材\ch28\培训资料.docx"文件，选择要打印的文档内容。

步骤02 选择【文件】选项卡，在弹出的列表中选择【打印】选项，在右侧【设置】区域选择【打印所有页】选项，在弹出的快捷菜单中选择【打印所选内容】菜单项。

步骤 03 设置要打印的份数，单击【打印】按钮即可进行打印。

步骤 03 设置要打印的份数，单击【打印】按钮即可进行打印。

小提示

打印后，就可以看到仅打印出了所选择的文本内容。

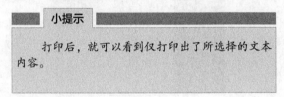

● 2. 打印当前页面

步骤 01 在打开的文档中，选择【文件】选项卡，将鼠标光标定位于要打印的Word页面。

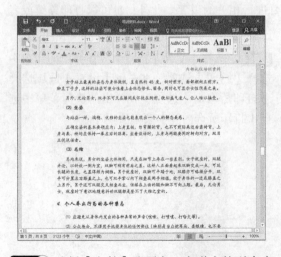

步骤 02 选择【文件】选项卡，在弹出的列表中选择【打印】选项，在右侧【设置】区域选择【打印所有页】选项，在弹出的快捷菜单中选择【打印当前页面】菜单项。

● 3. 打印连续或不连续页面

步骤 01 在打开的文档中，选择【文件】选项卡，在弹出的列表中选择【打印】选项，在右侧【设置】区域选择【打印所有页】选项，在弹出的快捷菜单中选择【自定义打印范围】菜单项。

步骤 02 在下方的【页数】文本框中输入要打印的页码。并设置要打印的份数，单击【打印】按钮
即可进行打印。

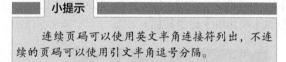

小提示

连续页码可以使用英文半角连接符列出，不连续的页码可以使用引文半角逗号分隔。

28.3 打印Excel表格

📹 **本节教学录像时间：10分钟**

打印Excel表格时，用户也可以根据需要设置Excel表格的打印方法，如在同一页面打印不连续的区域、打印行号、列标或者每页都打印标题行等。

28.3.1 打印Excel工作表

打印Excel工作表的方法与打印Word文档类似，需要选择打印机和设置打印份数。

步骤 01 打开随书光盘中的"素材\ch28\考试成绩表.xlsx"文件，单击【文件】选项卡下拉列表中的【打印】选项。

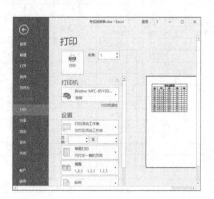

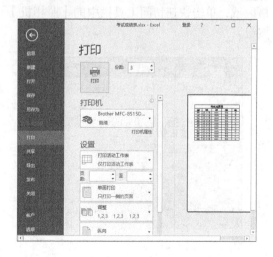

步骤 02 在【份数】微调框中输入"3"，打印3份，在【打印机】下拉列表中选择要使用的打印机，单击【打印】按钮，即可开始打印Excel工作表。

28.3.2 在同一页上打印不连续区域

如果要打印不连续的单元格区域，在打印输出时会将每个区域单独显示在不同的纸张页面上。借助"摄影"功能，可以将不连续的打印区域显示在一张纸上。

步骤 01 打开随书光盘中的"素材\ch28\考试成绩表2.xlsx"文件，工作簿中包含两个工作表，如希望将【Sheet1】工作表中的A2:E8单元格区域与【Sheet2】工作表中的A2:E7单元格区域打印在同一张纸上，首先需要在快速访问工具栏中添加【照相机】命令按钮。

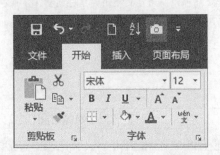

小提示

在快速访问工具栏中添加命令按钮的方法可参照2.2节内容，这里不再赘述。在【从下列位置选择命令】下拉列表中选择【所有命令】，然后在列表框中即可找到【照相机】命令。

步骤 02 在【Sheet2】工作表中选择A3:E7单元格区域，单击快速访问工具栏中的【照相机】按钮。

步骤 03 单击【Sheet1】工作表标签，在表格空白位置单击鼠标左键，即可显示【Sheet2】工作表标签中数据内容的图片。

姓名	班级	考号	科目	分数
李洋	三 (1) 班	2013051	语文	88
刘红	三 (1) 班	2013052	语文	86
张二	三 (1) 班	2013053	语文	88
王思	三 (2) 班	2013054	语文	75
李留	三 (2) 班	2013055	语文	80
王明	三 (2) 班	2013056	语文	76
小丽	三 (3) 班	2013057	语文	69
晓华	三 (3) 班	2013058	语文	88
王路	三 (4) 班	2013059	语文	70
王永	三 (4) 班	2013060	语文	87
张海	三 (4) 班	2013061	语文	80
李洋	三 (1) 班	2013051	语文	88
刘红	三 (1) 班	2013052	语文	86
张二	三 (1) 班	2013053	语文	88
王思	三 (2) 班	2013054	语文	75
李留	三 (2) 班	2013055	语文	80
王明	三 (2) 班	2013056	语文	76
小丽	三 (3) 班	2013057	语文	69
晓华	三 (3) 班	2013058	语文	88
王路	三 (4) 班	2013059	语文	70
王永	三 (4) 班	2013060	语文	87
张海	三 (4) 班	2013061	语文	80

步骤 04 将图片与表格中的数据对齐，然后就可以打印当前工作表，最终打印预览效果如下图所示。

李洋	三 (1) 班	2013051	语文	88
刘红	三 (1) 班	2013052	语文	86
张二	三 (1) 班	2013053	语文	88
王思	三 (2) 班	2013054	语文	75
李留	三 (2) 班	2013055	语文	80
王明	三 (2) 班	2013056	语文	76
小丽	三 (3) 班	2013057	语文	69
晓华	三 (3) 班	2013058	语文	88
王路	三 (4) 班	2013059	语文	70
王永	三 (4) 班	2013060	语文	97
张海	三 (4) 班	2013061	语文	80
李洋	三 (1) 班	2013051	语文	88
刘红	三 (1) 班	2013052	语文	86
张二	三 (1) 班	2013053	语文	88
王思	三 (2) 班	2013054	语文	75
李留	三 (2) 班	2013055	语文	80
王明	三 (2) 班	2013056	语文	76
小丽	三 (3) 班	2013057	语文	69
晓华	三 (3) 班	2013058	语文	88
王路	三 (4) 班	2013059	语文	70
王永	三 (4) 班	2013060	语文	87
张海	三 (4) 班	2013061	语文	80

28.3.3 打印行号、列标

在打印Excel表格时可以根据需要将行号和列标打印出来，具体操作步骤如下。

步骤01 打开随书光盘中的"素材\ch28\考试成绩表.xlsx"文件，单击【页面布局】选项卡下【页面设置】组中的【打印标题】按钮，弹出【页面设置】对话框。在【工作表】选项卡下【打印】组中单击选中【行号列标】单选项，单击【打印预览】按钮。

步骤02 即可查看显示行号列标后的打印预览效果。

	A	B	C	D	E
1			考试成绩表		
2	姓名	班级	考号	科目	分数
3	李洋	三（1）班	2016051	语文	89
4	刘红	三（1）班	2016052	语文	86
5	张二	三（1）班	2016053	语文	88
6	王思	三（2）班	2016054	语文	75
7	李智	三（2）班	2016055	语文	90
8	王明	三（2）班	2016056	语文	76
9	小丽	三（3）班	2016057	语文	69
10	晓华	三（3）班	2016058	语文	88
11	王路	三（4）班	2016059	语文	70
12	王永	三（4）班	2016060	语文	87
13	张海	三（4）班	2016061	语文	80

小提示

在【打印】组中单击选中【网格线】复选框可以在打印预览界面查看网格线；单击选中【单色打印】复选框可以以灰度的形式打印工作表；单击选中【草稿品质】复选框可以节约耗材、提高打印速度，但打印质量会降低。

28.3.4 每页都打印标题行

如果工作表中内容较多，除了第1页外，其他页面都不显示标题行。设置每页都打印标题行的具体操作步骤如下。

步骤01 打开随书光盘中的"素材\ch28\考试成绩表3.xlsx"文件，单击【文件】选项卡下拉列表中的【打印】选项，可看到第1页显示标题行。单击预览界面下方的【下一页】按钮，即可看到第2页不显示标题行。

	A	B	C	D	E
8	王明	三（2）班	2016056	语文	76
9	小丽	三（3）班	2016057	语文	69
10	晓华	三（3）班	2016058	语文	88
11	王路	三（4）班	2016059	语文	70
12	王永	三（4）班	2016060	语文	87
13	张海	三（4）班	2016061	语文	80

步骤02 返回工作表操作界面，单击【页面布局】选项卡下【页面设置】选项组中的【打印标题】按钮。

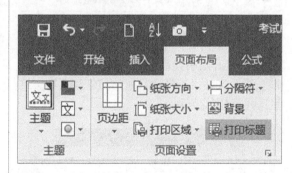

步骤03 弹出【页面设置】对话框，在【工作表】选项卡下【打印标题】组中单击【顶端标题行】右侧的按钮。

步骤04 弹出【页面设置 - 顶端标题行：】对话框，选择第1行和第2行，单击■按钮。

步骤05 返回至【页面设置】对话框，单击【打印预览】按钮，在打印预览界面选择"第2页"，即可看到第2页上方显示的标题行。

	A	B	C	D	E
1	考试成绩表				
2	姓名	班级	考号	科目	分数
8	王明	三（2）班	2016056	语文	76
9	小丽	三（3）班	2016057	语文	69
10	晓华	三（3）班	2016058	语文	88
11	王路	三（4）班	2016059	语文	70
12	王永	三（4）班	2016060	语文	87
13	张海	三（4）班	2016061	语文	80

小提示

使用同样的方法还可以在每页都打印左侧标题列。

28.4 打印PPT文稿

🎧 本节教学录像时间：3分钟

常用的PPT演示文稿打印主要包括打印当前幻灯片、灰度打印以及在一张纸上打印多张幻灯片等。

28.4.1 打印当前幻灯片

打印当前幻灯片页面的具体操作步骤如下。

步骤01 打开随书光盘中的"素材\ch28\工作报告.pptx"文件，选择要打印的幻灯片页面，这里选择第4张幻灯片。

步骤02 单击【文件】选项卡，在其列表中选择【打印】选项，即可显示打印预览界面。

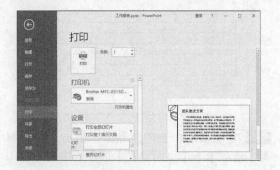

步骤 03 在【打印】区域的【设置】组下单击【打印当前幻灯片】后的下拉按钮，在弹出的下拉列表中选择【打印当前幻灯片】选项。

步骤 04 即可在右侧的打印预览界面显示所选的第4张幻灯片内容。单击【打印】按钮即可打印。

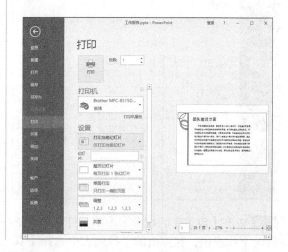

28.4.2 一张纸打印多张幻灯片

在一张纸上可以打印多张幻灯片，以节省纸张。

步骤 01 在打开的"工作报告.pptx"演示文稿中，单击【文件】选项卡，选择【打印】选项。在【设置】组下单击【整页幻灯片】右侧的下拉按钮，在弹出的下拉列表中选择【6张水平放置的幻灯片】选项，设置每张纸打印6张幻灯片。

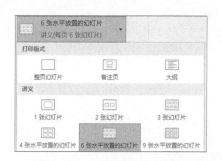

步骤 02 此时可以看到右侧的预览区域一张纸上显示了6张幻灯片。

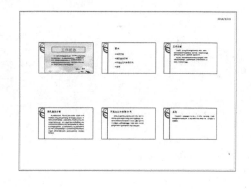

高手支招

● 本节教学录像时间：2分钟

◆ 双面打印文档

打印文档时，可以让文档在纸张上双面打印，以节省办公耗材。设置双面打印文档的具体操作步骤如下。

步骤 01 打开"素材\ch28\培训资料.docx"文档，单击【文件】选项卡，在弹出的界面左侧选择

【打印】选项，进入打印预览界面。

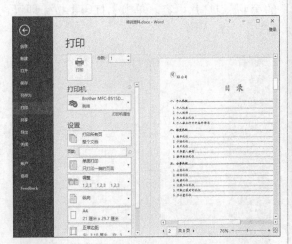

步骤 02 在【设置】区域单击【单面打印】按钮后的下拉按钮，在弹出的下拉列表中选择【双面打印】选项。然后选择打印机并设置打印份数，单击【打印】按钮  即可双面打印当前文档。

小提示

　　双面打印包含"翻转长边的页面"和"翻转短边的页面"两个选项，选择"翻转长边的页面"选项，打印后的文档便于按长边翻阅，选择"翻转短边的页面"选项，打印后的文档便于按短边翻阅。

第**29**章

移动办公

本章介绍如何使用手机、平板电脑等移动设备进行办公。使用移动设备可以随时随地进行办公，轻轻松松甩掉笨重的工作设备。

29.1 移动办公概述

⏺ 本节教学录像时间：4 分钟

"移动办公"也可以称作为"3A办公"，即任何时间（Anytime）、任何地点（Anywhere）和任何事情（Anything）。这种全新的办公模式，可以让办公人员摆脱时间和地点的束缚，利用手机和电脑互联互通的企业软件应用系统，随时随地进行随身化的公司管理和沟通，从而大大提高了工作效率。

移动办公使得工作更简单，更节省时间，只需要一部智能手机或者平板电脑就可以随时随地进行办公。

无论是智能手机，还是笔记本电脑，或者平板电脑等，只要支持办公可使用的操作软件，均可以实现移动办公。

首先让我们了解一下移动办公的优势都有哪些。

➊ 1.操作便利简单

移动办公不需要台式电脑，只需要一部智能手机或者平板电脑，便于携带，操作简单，也不用拘泥于办公室里，即使下班也可以方便地处理一些紧急事务。

➋ 2.处理事务高效快捷

使用移动办公，办公人员无论出差在外，还是正在上班的路上，甚至是休假时间，都可以及时审批公文，浏览公告，处理个人事务等。这种办公模式将许多不可利用的时间有效利用起来，不知不觉中就提高了工作效率。

➌ 3.功能强大且灵活

由于移动信息产品发展得很快，以及移动通信网络日益优化，所以很多要在电脑上处理的工作都可以通过移动办公的手机终端来完成，移动办公的功能堪比电脑办公。同时，针对不同行业领域的业务需求，可以对移动办公进行专业的定制开发，可以灵活多变地根据自身需求自由设计移动办公的功能。

移动办公通过多种接入方式与企业的各种应用进行连接，将办公的范围无限扩大，真正地实现了移动办公模式。移动办公的优势是可以帮助企业提高员工的办事效率，还能帮助企业从根本上降低营运的成本，进一步推动企业

的发展。

能够实现移动办公的设备必须具有以下几点特征。

➊ 1.完美的便携性

移动设备如手机，平板电脑和笔记本电脑（包括超级本）等均适合用于移动办公，由于移动设备较小，便于携带，打破了空间的局限性，不用一直呆在办公室里，在家里、在车上都可以办公。

➋ 2.系统支持

要想实现移动办公，必须具有办公软件所使用的操作系统，如iOS操作系统、Windows Mobile操作系统、Linux操作系统、Android操作系统和BlackBerry操作系统等具有扩展功能的系统设备。现在流行的苹果、三星智能手机，iPad平板电脑以及超级本等都可以实现移动办公。

➌ 3.网络支持

很多工作都需要在连接有网络的情况下进行，如将办公文件传递给朋友、同事或上司等，所以网络的支持必不可少。目前最常用的网络有2G网络、3G网络及WiFi无线网络等。

29.2 将办公文件传输到移动设备

🌐 **本节教学录像时间：5分钟**

将办公文件传输到移动设备中，方便携带，还可以随时随地进行办公。

● 1. 将移动设备作为U盘传输办公文件

可以将移动设备以U盘的形式使用数据线连接至电脑USB接口，此时，双击电脑桌面中的【此电脑】图标，打开【此电脑】对话框。双击手机图标，打开手机存储设备，然后将文件复制并粘贴至该手机内存设备中即可。下图所示为识别的iPhone图标。安卓设备与iOS设备操作类似。

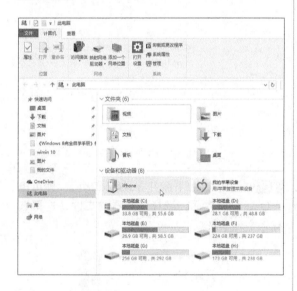

● 2. 借助同步软件

通过数据线或者借由WiFi网络，在电脑中安装同步软件，然后将电脑中的数据下载至手机中，安卓设备主要借用360手机助手等，iOS设备使用iTunes软件实现。右图所示为使用360手机助手连接至手机后，直接将文件拖入【发送文件】文本框中即可实现文件传输。

● 3.使用QQ传输文件

在移动设备和电脑中登录同一QQ账号，在QQ主界面【我的设备】中双击识别的移动设备，在打开的窗口中可直接将文件拖曳至窗口中，实现将办公文件传输到移动设备。

4. 将文档备份到OneDrive

在26.1.1小节已经介绍了直接将办公文件保存至OneDrive，实现电脑与手机文件的同步。此外，用户还可以直接将办公文件存放至【OneDrive】窗口实现文档的传输，下面就来介绍将文档上传至OneDrive的操作。

步骤01 在【此电脑】窗口中选择【OneDrive】选项，或者在任务栏的【OneDrive】图标上单击鼠标右键，在弹出的快捷菜单中选择【打开你的OneDrive文件夹】选项。都可以打开【OneDrive】窗口。

步骤02 选择要上传的文档 "工作报告.docx" 文件，将其复制并粘贴至【文档】文件夹或者直接拖曳文件至【文档】文件夹中。

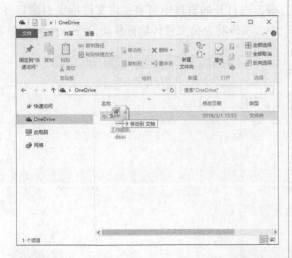

步骤03 在【文档】文件夹图标上即显示刷新图标。表明文档正在同步。

步骤04 上载完成，即可在打开的文件夹中看到上载的文件。

步骤05 在手机中下载并登录OneDrive，即可进入OneDrive界面，选择要查看的文件，这里选择【文件】选项。

步骤 06 即可看到OneDrive中的文件，单击【文档】文件夹，即可显示所有的内容。

29.3 使用移动设备修改文档

🕐 **本节教学录像时间：4分钟**

 移动信息产品的快速发展和移动通信网络的普及，使得人们只需要一部智能手机或者平板电脑就可以随时随地进行办公，使得工作更简单、更方便。

微软已推出了可以在Android 手机、iPhone、iPad以及Windows Phone上运行的Microsoft Word，Microsoft Excel和Microsoft PowerPoint组件，用户选择适合自己手机或平板电脑的组件即可编辑文档。

本节以支持Android 手机的Microsoft Word为例，介绍如何在手机上修改Word文档。

步骤 01 下载并安装Android 版Microsoft Word软件。将随书光盘中的"素材\ch29\工作报告.docx"文档存入电脑的OneDrive文件夹中，同步完成后，在手机中使用同一账号登录并打开OneDrive，找到并单击"工作报告.docx"文档存储的位置，即可使用Microsoft Word打开该文档。

步骤 02 打开文档，单击界面上方的 按钮，全屏显示文档，然后单击【编辑】按钮 ，进入文档编辑状态，选择标题文本，单击【开始】面板中的【倾斜】按钮，使标题以斜体显示。

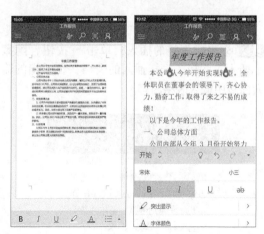

步骤 03 单击【突出显示】按钮，可自动为标题添加底纹，突出显示标题。

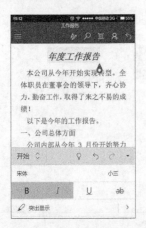

步骤 04 单击【开始】面板，在打开的列表中选择【插入】选项，切换至【插入】面板。此外，用户还可以打开【布局】、【审阅】以及【视图】面板进行操作。进入【插入】面板后，选择要插入表格的位置，单击【表格】按钮。

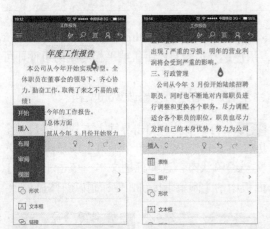

步骤 05 完成表格的插入，单击 ▼ 按钮，隐藏【插入】面板，选择插入的表格，在弹出的输入面板中输入表格内容。

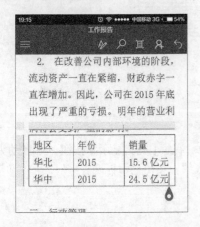

步骤 06 再次单击【编辑】按钮，进入编辑状态，选择【表格样式】选项，在弹出的【表格样式】列表中选择一种表格样式。

步骤 07 即可看到设置表格样式后的效果，编辑完成，单击【保存】按钮即可完成文档的修改。

29.4 使用移动设备制作销售报表

📀 **本节教学录像时间：3 分钟**

本节以支持Android 手机的Microsoft Excel为例，介绍如何在手机上制作销售报表。

步骤 01 下载并安装Android版Microsoft Excel软件，将"素材\ch29\销售报表.xlsx"文档存入电脑的OneDrive文件夹中，同步完成后，在手机中使用同一账号登录并打开OneDrive，单击"销售报表.xlsx"文档，即可使用Microsoft Excel打开该工作簿，选择D3单元格，单击【插入函数】按钮 *fx*，输入"="，然后将选择函数面板折叠。

步骤 02 按【C3】单元格，并输入"*"，然后再按【B3】单元格，单击 ✓ 按钮，即可得出计算结果。使用同样的方法计算其他单元格中的结果。

步骤 03 选中E3单元格，单击【编辑】按钮 ✏️，在打开的面板中选择【公式】面板，选择【自动求和】公式，并选择要计算的单元格区域，单击 ✓ 按钮，即可得出总销售额。

步骤04 选择任意一个单元格，单击【编辑】按钮 。在底部弹出的功能区选择【插入】➤【图表】➤【柱形图】按钮，选择插入的图表类型和样式，即可插入图表。

步骤05 如下图所示即可看到插入的图表，用户可以根据需求调整图表的位置和大小。

29.5 使用移动设备制作PPT

本节教学录像时间：3分钟

本节以支持Android 手机的Microsoft PowerPoint为例，介绍如何在手机上创建并编辑PPT。

步骤01 下载并打开Android版Microsoft PowerPoint软件，进入其主界面，单击顶部的【新建】按钮。进入【新建】页面，可以根据需要创建空白演示文稿，也可以选择下方的模板创建新演示文稿。这里选择【离子】选项。

步骤02 即可开始下载模板，下载完成后将自动创建一个空白演示文稿。然后根据需要在标题文本占位符中输入相关内容。

步骤 03 单击【编辑】按钮 ，进入文档编辑状态，在【开始】面板中根据需要设置副标题的字体大小，并将其设置为右对齐。

步骤 04 单击屏幕右下方的【新建】按钮 ⊞，新建幻灯片页面，然后删除其中的文本占位符。

步骤 05 再次单击【编辑】按钮 ，进入文档编辑状态，选择【插入】选项，打开【插入】面板，单击【图片】选项，选择图片存储的位置并选择图片。

步骤 06 即可完成图片的插入，在打开的【图片】面板中可以对图片进行样式、裁剪、旋转以及移动等编辑操作，编辑完成后即可看到编辑图片后的效果。

步骤 07 使用同样的方法还可以在PPT中插入其他的文字、表格，设置切换效果以及放映等操作，与在电脑中使用Office办公软件类似，这里不再详细赘述。制作完成之后，单击【菜单】按钮 ☰，并单击【保存】选项，在【保存】界面单击【重命名此文件】选项，并设置名称为"销售报告"，就完成了PPT的保存。

高手支招

◎ 本节教学录像时间：2 分钟

使用邮箱发送办公文档

使用手机，平板电脑可以将编辑好的文档发送给领导或者好友，这里以手机发送PowerPoint演示文稿为例进行介绍。

步骤 01 PPT制作完成之后，单击【菜单】按钮，并单击【共享】选项。

步骤 02 在打开的【共享】选择界面选择【作为附件共享】选项。

步骤 03 打开【作为附件共享】界面，选择【演示文稿】选项。

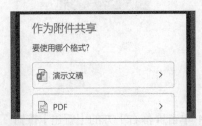

步骤 04 在打开的选择界面选择共享方式，这里选择【电子邮件】选项。

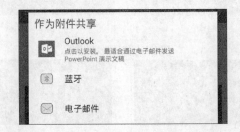

步骤 05 在【电子邮件】窗口中输入收件人的邮箱地址，并输入邮件正文内容，单击【发送】按钮，即可将办公文档以附件的形式发送给他人。